FINANZIERUNG, KAPITALMARKT UND BANKEN

Herausgegeben von Prof. Dr. Hermann Locarek-Junge, Dresden, Prof. Dr. Klaus Röder, Regensburg, und Prof. Dr. Mark Wahrenburg, Frankfurt

Band 82
Maik Kästner
Risikomanagement im Mittelstand – Anforderungen und Ausgestaltung quantitativer Risikosteuerung
Lohmar – Köln 2012 ♦ 396 S. ♦ € 66,- (D) ♦ ISBN 978-3-8441-0161-4

Band 83
Stefan Erdorf
Corporate Diversification and Dependence – Valuation of Multi-Business Firms and Basket Default Swaps
Lohmar – Köln 2012 ♦ 164 S. ♦ € 47,- (D) ♦ ISBN 978-3-8441-0163-8

Band 84
Daniela Hochstein
Konzeptionelle Weiterentwicklung des wertorientierten Managements unter besonderer Berücksichtigung von Kapitalkostenmodellen
Lohmar – Köln 2012 ♦ 280 S. ♦ € 58,- (D) ♦ ISBN 978-3-8441-0189-8

Band 85
Manuel Wittmann
Einfluss von finanziellen und immateriellen Informationen auf die Aktienkursperformance – Eine empirische Analyse europäischer Unternehmen und Weiterentwicklung gängiger Kapitalmarktmodelle
Lohmar – Köln 2012 ♦ 256 S. ♦ € 57,- (D) ♦ ISBN 978-3-8441-0193-5

Band 86
Henrik Schalkowski
Vertraglich fixierte Einflussnahme von Private-Equity-Gesellschaften auf die Corporate Governance ihrer Beteiligungsgesellschaften – Eine ökonomische Analyse im Zweiländervergleich Deutschland – Großbritannien
Lohmar – Köln 2013 ♦ 328 S. ♦ € 62,- (D) ♦ ISBN 978-3-8441-0270-3

JOSEF EUL VERLAG

Vertraglich fixierte Einflussnahme von Private-Equity-Gesellschaften auf die Corporate Governance ihrer Beteiligungsgesellschaften: Eine ökonomische Analyse im Zweiländervergleich Deutschland - Großbritannien

Inauguraldissertation zur Erlangung des akademischen Grads eines Doctor rerum politicarum durch die

Fakultät Sozial- und Wirtschaftswissenschaften
der
Otto-Friedrich-Universität Bamberg

vorgelegt von

Henrik Schalkowski

Wintersemester 2012/2013

Erstgutachter: Herr Univ.-Prof. Dr. Andreas Oehler

Zweitgutachter: Herr Univ. Prof. Dr. Thomas Egner

Tag der Disputation: 17.07.2013

Reihe: Finanzierung, Kapitalmarkt und Banken · Band 86

Herausgegeben von Prof. Dr. Hermann Locarek-Junge, Dresden, Prof. Dr. Klaus Röder, Regensburg, und Prof. Dr. Mark Wahrenburg, Frankfurt

Dr. Henrik Schalkowski

Vertraglich fixierte Einflussnahme von Private-Equity-Gesellschaften auf die Corporate Governance ihrer Beteiligungsgesellschaften

Eine ökonomische Analyse im Zweiländervergleich Deutschland – Großbritannien

Mit einem Geleitwort von Prof. Dr. Andreas Oehler, Otto-Friedrich-Universität Bamberg

EUL VERLAG

Bibliografische Information der Deutschen Nationalbibliothek

Die Deutsche Nationalbibliothek verzeichnet diese Publikation in der Deutschen Nationalbibliografie; detaillierte bibliografische Daten sind im Internet über <http://dnb.d-nb.de> abrufbar.

Dissertation, Otto-Friedrich-Universität Bamberg, 2013

ISBN 978-3-8441-0270-3
1. Auflage August 2013

JOSEF EUL VERLAG GmbH
Brandsberg 6
53797 Lohmar
Tel.: 0 22 05 / 90 10 6-6
Fax: 0 22 05 / 90 10 6-88
http://www.eul-verlag.de
info@eul-verlag.de

Bei der Herstellung unserer Bücher möchten wir die Umwelt schonen. Dieses Buch ist daher auf säurefreiem, 100% chlorfrei gebleichtem, alterungsbeständigem Papier nach DIN 6738 gedruckt.

Geleitwort

Innerhalb des Forschungszweiges der Unternehmensfinanzierung im Allgemeinen und des Bereichs der Eigen- oder Beteiligungsfinanzierung mit hoher Bedeutung für eine Volkswirtschaft (Eigenkapitalmärkte, Unternehmenskontrolle, Corporate Governance) im Besonderen wird bislang sehr wenig die vertraglich festgelegte Einflussnahme von Private-Equity-Gesellschaften auf die Corporate Governance ihrer Beteiligungsunternehmen einerseits und das zugehörige Beziehungsgeflecht der Stakeholder andererseits analysiert. Man gewinnt bisweilen den Eindruck, dass die marktwirtschaftlich gerechtfertigte Orientierung an der Nachfrage nach Fremdkapital (Banken, Sparkassen, Anleihen) den Blick für die gleichzeitige Relevanz für die Eigenfinanzierung durch Finanzintermediäre außerhalb des Bankensektors einschränkt (Private-Equity-Gesellschaften), allerdings trifft dies finanzsystemabhängig stärker für den kontinentaleuropäischen Wirtschaftsraum zu als für den anglo-amerikanischen. Noch weniger berücksichtigt wird dann eine vergleichende ökonomische Analyse zwischen beiden Wirtschaftsräumen, hier insbesondere zwischen Großbritannien und Deutschland als prototypischen Vertretern.

Die vorliegende Dissertation geht den nicht einfachen Weg, diesen Mangel zu beheben, indem nicht nur ökonomische Aspekte der Finanzierungsproblematik analysiert werden, sondern auch die rechtlichen Konstruktionen und ihre Wirkungen auf die Wirtschaftssubjekte (insbesondere Beteiligungsunternehmen als Nachfrager der Eigenfinanzierungsangebote).

Die Arbeit widmet sich in einem sehr umfassenden Ansatz auf der Basis der Theorie der Finanzintermediation und privatwirtschaftlicher Eigenfinanzierungsstrategien der theoretischen und der sekundäranalytischen Empirie möglicher vertraglich festgelegter Einflussnahme von Private-Equity-Gesellschaften auf die Corporate Governance ihrer Beteiligungsunternehmen und die Auswirkungen der Einflussnahme auf die Rendite-Risiko-Relation der einzelnen Interessengruppen. Holzschnittartig formuliert geht es Herrn Schalkowski also um die Identifikation und Analyse angebots- und nachfrageseitiger Eigenfinanzierungsstrategien im Kontext der Intermediation von Private-Equity-Gesellschaften unter Berücksichtigung deren Einflussfaktoren und rechtlichen Ausgestaltung.

Die Dissertation von Herrn Schalkowski unterscheidet sich dabei in den forschungsleitenden Fragestellungen in einigen für die wissenschaftliche, aber genauso auch für die praktische Arbeit wesentlichen Aspekten von verwandten Arbeiten:

- Durch welche vor-vertraglichen Instrumentarien und Vertragsklauseln begründet sich die vertraglich festgelegte Einflussnahme durch die Private-Equity-Gesellschaften in den jeweiligen Beteiligungsphasen?
- Inwiefern nehmen die Private-Equity-Gesellschaften in den jeweiligen Beteiligungsphasen Einfluss auf die Corporate Governance der Beteiligungsunternehmen?
- Wie wirkt sich die Einflussnahme auf die Rendite und die endogenen Risiken der einzelnen Interessengruppen der Beteiligungsunternehmen in den jeweiligen Beteiligungsphasen aus?
- Lassen sich durch die Beantwortung der Fragen 1 bis 3 Gründe für das Auseinanderfallen der Private-Equity-Marktvolumina in Deutschland und Großbritannien in den unterschiedlichen Beziehungsgeflechten identifizieren?

Bereits die einheitliche und systematische sowie kritische Diskussion der verschiedenen Theorie- und Literaturströmungen ist einer wissenschaftlichen Arbeit im Range einer Dissertation würdig. Der eigenständig weiterentwickelte, die Ansätze der Literatur zur empirischen finanzwirtschaftlichen Forschung zusammenführende und zum Teil integrierende Ansatz unter dem Fokus der private-equity-fokussierenden Finanzierungsstrategien sowie auch die umfassende rechtliche Analyse sind darüber hinaus geeignet, die wissenschaftliche Forschung einen wesentlichen Schritt voranzutreiben.

Die vorliegende Arbeit ist damit grundsätzlich im Forschungsgebiet der theoretischen und empirischen finanzwirtschaftlichen Forschung angesiedelt. Sie legt ihren Schwerpunkt auf die eher ganzheitliche Perspektive der Zusammenführung verschiedener Erklärungsansätze sowie die diesbezüglich noch eher stiefmütterlich untersuchte Relevanz der Private-Equity-Finanzierungsstrategien im Kontext der Corporate Governance und der verschiedenen Stakeholder-Interessen.

Der Dissertation gelingt es nach ausführlicher und sorgfältig eingebrachter Grundlegung einen herausragenden Beitrag zur Einflussnahme von Private-Equity-Gesellschaften auf die Corporate Governance ihrer Beteiligungsunternehmen und zu den Auswirkungen der Einflussnahme auf die Rendite-Risiko-Relation der einzelnen Interessengruppen zu leisten. Damit ist ein wesentlicher Beitrag zur betriebswirtschaftlich, insbesondere finanzwirtschaftlich ausgerichteten theoretischen und empirischen Forschung zur Unternehmensfinanzierung im Allgemeinen und zum Bereich der Eigen- oder Beteiligungsfinanzierung mit hoher Bedeutung für eine Volkswirtschaft (Eigenkapitalmärkte, Unternehmenskontrolle, Corporate Governance) im Besonderen zu konstatieren, zumal bislang sehr wenig die vertraglich festgelegte Einflussnahme von Private-Equity-Gesellschaften auf die Corporate Governance ihrer Beteiligungsunternehmen einerseits und das zugehörige Beziehungsgeflecht der Stakeholder andererseits analysiert worden ist.

Bamberg, im Juli 2013 Univ.-Prof. Dr. Andreas Oehler

Vorwort

Die vorliegende Arbeit wurde im Sommersemester 2013 an der Fakultät Sozial- und Wirtschaftswissenschaften der Otto-Friedrich-Universität Bamberg als Dissertation angenommen. Viele haben an dieser Arbeit mitgewirkt, die meisten, ohne es zu wissen.

Mein besonderer Dank gilt meinem Doktorvater und akademischen Lehrer Herrn Univ.-Prof. Dr. Andreas Oehler, sowohl für die umfangreiche Betreuung meines Promotionsvorhabens als auch für das entgegengebrachte Vertrauen in meine Person sowie die Möglichkeit erforderliche Qualifikationen erlangt zu haben. Herrn Univ.-Prof. Dr. Thomas Egner danke ich für die Übernahme sowie für die zügige Anfertigung des Zweitgutachtens. Herrn Univ.-Prof. Dr. Alexander Fliaster danke ich dafür, dass er als dritter Prüfer meiner Disputation zur Verfügung stand.

Meinen Kollegen am Lehrstuhl, die mich während meiner gesamten Zeit mit vielen Anregungen unterstützt und ein harmonisches Arbeitsklima ermöglicht haben, gilt ein großer Dank. Herrn Matthias Horn danke ich für die Unterstützung bei der Umsetzung der Formatierung. Insbesondere danke ich Herrn Andreas Höfer, mit dem ich zusammen spannende Forschungsprojekte bearbeiten sowie nationale und internationale Konferenzteilnahmen erleben durfte. Herzlich danken möchte ich darüber hinaus Herrn Dr. Stefan Wendt, der mich von Anfang an in meinem Vorhaben unterstützt hat, mit dem ich viele Forschungsprojekte realisiert habe und der ferner durch kritisches Lesen zum Gelingen dieser Arbeit beigetragen hat. Ihm wünsche ich viel Erfolg für seine weitere wissenschaftliche Laufbahn.

Danken möchte ich auch Frau Kristin Schalkowski und Simone Wencki sowie den Herren Simon Meyer, Enrico Pfändner und Lars Ziegler. Alle haben mich in vielfältigster Art und Weise bei der Anfertigung dieser Arbeit unterstützt.

Mein größter Dank gilt meinen Eltern für ihren unschätzbaren Beistand sowie die damit verbundene Ermutigung und Schaffung von Freiräumen in allen Lebenswegen. Ihnen ist diese Arbeit gewidmet.

Bamberg, im Juli 2013 Henrik Schalkowski

Inhaltsübersicht

Inhaltsverzeichnis

Abbildungsverzeichnis

Tabellenverzeichnis

Abkürzungsverzeichnis

AG	Aktiengesellschaft
AktG	Aktiengesetz
Aufl.	Auflage
BAG	Bundesarbeitsgericht
BetrVG	Betriebsverfassungsgesetz
BGB	Bürgerliches Gesetzbuch
BGBl.	Bundesgesetzblatt
BGH	Bundesgerichtshof
BMF	Bundesministerium der Finanzen
bspw.	beispielsweise
BVCA	British Private Equity and Venture Capital Association
BVK	Bundesverband Deutscher Kapitalbeteiligungsgesellschaften e.V.
bzgl.	bezüglich
CA	Companies Act
CF	Cash Flow(s)
DCGK	Deutscher Corporate Governance Kodex
d.h.	das heißt
DrittelbG	Gesetz über die Drittelbeteiligung der Arbeitnehmer im Aufsichtsrat
et al.	et alii
f.	folgende
ff.	folgende(n)
grds.	grundsätzlich
FK	Fremdkapital
ggf.	gegebenenfalls
GmbH	Gesellschaft mit beschränkter Haftung
GmbHG	Gesetz betreffend die Gesellschaften mit beschränkter Haftung
HGB	Handelsgesetzbuch
Hrsg.	Herausgeber
inkl.	inklusive
i.e.S.	im engeren Sinne
i.w.S.	im weiteren Sinne
IPO	Initial Public Offering
insb.	insbesondere
Jg.	Jahrgang
Kap.	Kapitel
KGaA	Kommanditgesellschaft auf Aktien
KMU	Kleine und mittlere Unternehmen
MitbestG	Gesetz über die Mitbestimmung der Arbeitnehmer
OLG	Oberlandesgericht
S.	Seite
sog.	sogenannte(n)
Sp.	Spalte
u.a.	unter anderem
u.U.	unter Umständen
Vgl.	Vergleiche

Vol.	Volume (englisch)
z.B.	zum Beispiel

1. Kapitel: Einleitung

1.1 Problemstellung und Zielsetzung

Märkte, Rechtsrahmen sowie Corporate-Governance-Systeme werden in der wirtschaftswissenschaftlichen Literatur auf unterschiedliche Art und Weise miteinander verglichen, wobei vor allem Länder im Vordergrund stehen, die dem kontinentaleuropäischen oder dem angelsächsischen/angloamerikanischen Rechtskreis folgen. Zwei Länder, die für sich genommen den jeweiligen Rechtskreis in seiner Form und Ausgestaltung am deutlichsten widerspiegeln und sich demnach besonders für eine Gegenüberstellung eignen, sind Deutschland für den kontinentaleuropäischen und Großbritannien für den angelsächsischen Raum. Diesbezüglich motivierte Ländervergleiche finden sich auch in Bezug auf Private-Equity-Märkte, wobei die Vergleiche insgesamt erkennen lassen, dass der deutsche gegenüber dem britischen Private-Equity-Markt, gemessen am Bruttoinlandsprodukt, unterentwickelt ist.[1] Die möglichen Gründe für das Auseinanderfallen der Private-Equity-Marktvolumina von Deutschland und Großbritannien sind vielschichtig. Ein Unterschied liegt zunächst im Finanzmarkt- und Bankensystem, das sich aufgrund geschichtspolitischer sowie sozial-ökonomischer Ereignisse divergierend entwickelt hat. Weitere Gründe lassen sich auch in den gegenwärtigen wirtschaftlichen, politischen und rechtlichen Rahmenbedingungen der jeweiligen Finanzmärkte im Allgemeinen und der Private-Equity-Märkte im Besonderen finden, anhand derer die Marktteilnehmer als Kapitalgeber oder -nehmer sich entscheiden, Eigenkapital anzubieten oder nachzufragen.

In der wirtschaftswissenschaftlichen Forschung noch weitgehend unberücksichtigt sind komparative Länderanalysen, die das von den jeweiligen nationalen Rechtsrahmen und Corporate-Governance-Systemen umgebene Beziehungsgeflecht zwischen den Interessengruppen auf den Private-Equity-Märkten analysieren.[2] Ziel dieser Arbeit ist es daher, das Beziehungsgeflecht zwischen den Private-Equity-Gesellschaften und ihren Beteiligungsgesellschaften sowie den dazugehörigen Interessengruppen näher zu untersuchen, um dadurch unter anderem Gründe für das Auseinanderfallen der Private-Equity-Marktvolumina in Deutschland und

[1] Vgl. EVCA (2011), S. 18.

[2] Dies schließt eine (längerfristige) Risiko- und Erfolgsteilung zwischen den einzelnen Interessengruppen ein. Vgl. Oehler (2006a), S. 297 ff.; Oehler/Unser (2002), S.194 f.; Bitz (2002), S. 10. Erst in der jüngeren Vergangenheit werden die Vertragsstrukturen auch in der (empirischen) ökonomischen Literatur näher untersucht. Vgl. Bienz/Walz (2006), S. 1.

Großbritannien zu identifizieren.[3] Im Mittelpunkt stehen dabei sowohl die vertraglich fixierte/festgelegte Einflussnahme der Private-Equity-Gesellschaften auf die Corporate Governance ihrer Beteiligungsgesellschaften als auch die Auswirkungen der Einflussnahme auf die Rendite-Risiko-Relation der einzelnen Interessengruppen. Folgende forschungsleitenden Fragen soll die Analyse im Rahmen dieser Arbeit beantworten:

1. Durch welche vor-vertraglichen Instrumentarien und Vertragsklauseln begründet sich die vertraglich fixierte Einflussnahme durch die Private-Equity-Gesellschaften in den jeweiligen Beteiligungsphasen?

2. Inwiefern nehmen die Private-Equity-Gesellschaften in den jeweiligen Beteiligungsphasen Einfluss auf die Corporate Governance der Beteiligungsgesellschaften?

3. Wie wirkt sich die Einflussnahme auf die Rendite und die endogenen Risiken der einzelnen Interessengruppen der Beteiligungsgesellschaften in den jeweiligen Beteiligungsphasen aus?

4. Lassen sich durch die Beantwortung der Fragen 1 bis 3 Gründe für das Auseinanderfallen der Private-Equity-Marktvolumina in Deutschland und Großbritannien in den unterschiedlichen Beziehungsgeflechten identifizieren?

Bisherige Arbeiten auf dem Gebiet der vergleichenden Corporate-Governance- und Private-Equity-Forschung sind in der Regel entweder aus einer stark juristischen Perspektive oder aus einer stark ökonomischen Perspektive heraus motiviert. Dabei zeigen sich Probleme auf Seiten der juristischen Arbeiten vor allem darin, dass zumeist ökonomische Einordnungen, Zusammenhänge, Interpretationen oder praktische Implikationen fehlen; ökonomische Arbeiten berücksichtigen dagegen die juristischen Aspekte vielfach nur sehr eingeschränkt. Die ökonomische Literatur, die sich der Thematik anhand empirischer Forschungsansätze nähert, weist hauptsächlich Probleme dahingehend auf, dass die zur Verfügung stehenden Daten im

[3] Großbritannien besteht politisch aus den Staaten England, Wales und Schottland. Im Fokus hier steht das englische Recht. Als Synonym für *Beteiligungsgesellschaften* wird auch der Begriff *Beteiligungsunternehmen* verwendet.

Hinblick auf deren Qualität zum größten Teil Mängel aufweisen. Dieser Zustand ist unter anderem auf die getroffene Länderauswahl, lückenhafte Datenbasis und fehlende Datenkonsistenz zurückzuführen, was dadurch zum Ausdruck gelangt, dass beispielsweise bestimmte Datenpunkte angesichts der Intransparenz auf den Private-Equity-Märkten gar nicht erst erhoben werden (können).[4] Ferner leiden vorhandene Daten sodann zumeist an einer fehlenden Güte und Vergleichbarkeit, was darin begründet liegt, dass diese aus verschiedenen Datenquellen zusammengetragen werden und/oder die Datenquellen zum Teil stark interessengeleitet sind.[5]

In der vorliegenden Arbeit erfolgt eine komparative, ökonomische Analyse anhand von ökonomischen Beurteilungskriterien aus Sicht ausgewählter Interessengruppen sowie unter Berücksichtigung gesellschaftsrechtlicher Normen und Grundlagen.[6] Der wissenschaftliche Beitrag dieser interdisziplinär ausgelegten Forschungsarbeit stellt sich neben der genannten Analysemethodik, das heißt der perspektivengetriebenen Analyse, und des deutsch-britischen Vergleichs, insbesondere in dem Beziehungsgeflecht als Analysegegenstand dar. Das Beziehungsgeflecht beziehungsweise die Analyseperspektiven umfassen neben den Private-Equity-Gesellschaften, die weiteren Gesellschaftergruppen, die sich je nach Beteiligungsfortschritt in verbleibende Mehr- oder Minderheitsgesellschafter und zukünftig ausscheidende/ausgeschiedene Gesellschafter unterteilen, als auch das Top-Management als geschäftsführendes Organ, die Mitarbeiter sowie die Fremdkapitalgeber als Interessengruppen der Beteiligungsunternehmen. Um den Private-Equity-Prozess im Detail zu erfassen und die Veränderungen innerhalb des Beziehungsgeflechts zwischen den Private-Equity-Gesellschaften und den weiteren Interessengruppen darzustellen, erfolgt eine Aufteilung des Prozesses in die einzelnen Prozessstufen der Vor-Vertragsphase (Beteiligungsanbahnung), Vertragsphase (Beteiligungs-

[4] Vgl. dazu Levine (2002); Berrar (2001) S. 41 ff.; Gietl/Landau/Hungenberg (2008), S. 6; Müllner (2012), S. 151; Rauch/Umber/Furth (2012). Damit liegt das Hauptproblem in der eigentlichen Komparabilität der Vergleichsgegenstände.

[5] Das Problem der Interessenorientierung entsteht insb. dadurch, dass Forschungsfragen, die auf eine bestimmte Interessengruppe abzielen, stellvertretend durch andere Interessengruppen beantwortet werden. Als Beispiel dienen die oftmals verwendeten Fragebögen- oder Interview-Ansätze deren Adressaten inkongruent mit denjenigen Interessengruppen sind, auf die die Forschungsfragen abzielen. Des Weiteren sind die Daten zum Teil wenig überprüfbar.

[6] Damit wird auch Hellwig zum Teil Folge geleistet: "To understand the differences in corporate governance across countries, one has to look at differences in regulations and … legal traditions. For this purpose it is important to take account of the political economy of corporate governance and to appreciate the mechanisms affecting the evolution of institutions and regulations..." Hellwig (2000), S. 100. Vgl. auch King/Levine (1993); LaPorta et al. (1997); Rajan/Zingales (1998).

beziehung) und Nach-Vertragsphase (Beteiligungsabwicklung) sowie eine Abgrenzung des Beteiligungsgrads in Mehr- oder Minderheitsbeteiligungen. Unter Berücksichtigung der genannten Analyseparameter werden darüber hinaus Implikationen für die Forschung und die Legislative abgeleitet.

1.2 Gang der Untersuchung

Die vorliegende Arbeit gliedert sich in sechs Kapitel.

Nachdem im Einleitungsteil die aufgeworfenen Forschungsfragen, denen sich die Arbeit widmet, sowie die Motivation dargestellt werden (Kapitel 1.1), erfolgt anschließend die Begründung der weiteren Vorgehensweise (Kapitel 1.2).

Um den wissenschaftlichen Rahmen der Arbeit sowohl für die theoretische Einordnung von Private-Equity-Beteiligungen anhand verschiedener Corporate-Governance-Theorien, die Darstellung des deutschen und des britischen Corporate-Governance-Systems als auch für die daran anknüpfende komparative, ökonomische Analyse abzustecken, werden mit den Kapiteln 2, 3 und 4 zunächst die dafür entsprechend notwendigen theoretischen und begrifflichen Grundlagen gelegt. Das zweite Kapitel befasst sich mit den finanzierungstheoretischen Grundlagen und greift hierbei zu Beginn die Neoklassische Kapitalmarkttheorie auf (Kapitel 2.1). Da diese mit ihren Axiomen im Sinne Nutzenmaximierender, omni-kompetenter Wirtschaftssubjekte nur ein verzerrtes Bild liefert, werden im Zuge der Neueren Finanzierungstheorie die Teilstränge der Neuen Institutionenökonomik, Marktmikrostrukturtheorie und der Behavioral Finance dargelegt (Kapitel 2.2). Das Kapitel schließt mit einer Erarbeitung der (Kurz-)Charakteristika zur Eigen- und Fremdfinanzierung sowie mit einer Erörterung der zwei grundlegenden Beurteilungskriterien ökonomischer Zusammenhänge, Rendite und Risiko (Kapitel 2.3). Das dritte Kapitel widmet sich den Grundlagen der Finanzintermediation und Private Equity, indem zuerst die Theorie der Finanzintermediation als Ausgangssituation beschrieben wird (Kapitel 3.1), um im Anschluss daran den Private-Equity-Begriff im Detail zu erörtern. Dies schließt die Begriffsfindung, die Charakterisierung von Private-Equity-Gesellschaften als Finanzintermediäre, die relevanten Finanzierungsanlässe und -stufen, die einzelnen Phasen des Private-Equity-Prozesses sowie die abschließende finanzierungstheoretische Einordnung von Private Equity ein (Kapitel 3.2). Das vierte Kapitel stellt die Themenkomplexe *Private Equity* und *Corporate Governance* in einen Kontext. Dazu erfolgen im ersten Schritt die Begriffsdefinition zu *Corporate Governance* (Kapitel 4.1) und die Erläuterung ausgewählter Corporate-Governance-Theorien (Kapitel 4.2), um im zweiten Schritt die Private-Equity-Beteiligungen anhand dieser Theorien einzuordnen. Darauf aufbauend wird analysiert, inwiefern das Beziehungsgeflecht zwischen den Private-Equity-Gesellschaften und den weiteren Interessengruppen der Beteiligungsgesellschaften durch die Theorien hinreichend erklärt werden und wo gegebenenfalls Grenzen im Aussagegehalt liegen (Kapitel 4.3). Daran anknüpfend erfolgt die Darstellung des deutschen und des britischen Corporate-Governance-Systems, um aufzuzeigen, wie die einzelnen Interessengruppen in Deutschland und Großbritannien auf geltender Gesetzesgrundlage Einfluss im Unternehmen auf andere Interessengruppen ausüben (Kapitel 4.4).

Im Anschluss erfolgt die ökonomische Analyse der vertraglich fixierten Einflussnahme von Private-Equity-Gesellschaften auf die Corporate Governance ihrer Beteiligungsgesellschaften im Zweiländervergleich Deutschland-Großbritannien im Hauptteil der Arbeit. Zu Beginn wird der theoretische Bezugsrahmen erörtert, der die methodische Vorgehensweise darlegt und die für die Analyse relevanten Annahmen definiert (Kapitel 5.1). Die folgenden drei Teilkapitel sind an die Prozessstufen Vor-Vertragsphase (Kapitel 5.2), Vertragsphase (Kapitel 5.3) und Nach-Vertragsphase (Kapitel 5.4) angelehnt und nach der Perspektivenwahl, das heißt der Sichtweise der ausgewählten Interessengruppen, aufgebaut. Als eigenständiger Analyseschritt aller Teilkapitel dient eine Gesamtanalyse unter Einbezug der harmonischen und konfligierenden Beziehungen zwischen den Interessengruppen.

Das sechste Kapitel dient der Schlussbetrachtung. Hierbei werden die Erkenntnisse in Anbetracht der aufgeworfenen Forschungsfragen zusammengefasst und einer kritischen Würdigung unterzogen (Kapitel 6.1). Im Anschluss daran werden weiterer Forschungsbedarf sowie Implikationen sowohl für den Bereich der vergleichenden Corporate-Governance- und Private-Equity-Forschung als auch für die Legislative aufgezeigt. (Kapitel 6.2).

2. Kapitel: Finanzierungstheoretische Grundlagen

2.1 Neoklassische Kapitalmarkttheorie

Die Neoklassische Kapitalmarkttheorie gilt trotz ihrer strengen Annahmen als Ausgangspunkt finanzierungstheoretischer Grundlagen in wirtschaftswissenschaftlichen Arbeiten. Auch diese Arbeit, die sich unter anderem mit der Finanzierungsmöglichkeit durch Private Equity beschäftigt, greift auf die Basis finanzierungstheoretischer Überlegungen zurück. Wie die weiteren und neueren Ansätze in der Finanzierungstheorie, unternimmt die Neoklassische Kapitalmarkttheorie den Versuch, die existierenden Bedingungen, Regeln und Vorgehensweisen an Finanz- und Kapitalmärkten zu erklären und zu analysieren.[7] Geprägt und beeinflusst ist die Neoklassische Kapitalmarkttheorie durch die Entwicklungen der mikroökonomischen Theorie, der Markt-, Preis-, Allokations- sowie der Gleichgewichtstheorie.[8] Im Mittelpunkt der Betrachtung steht der Marktmechanismus als ausgleichende Kraft bei der Koordination wirtschaftlicher Aktivität. Hierzu wird ein funktionierender Markt unterstellt, auf dem die Güter allzeit effizient getauscht werden können. Der Preis dient dabei als Koordinationsmechanismus, an welchem die Anbieter und Nachfrager ihre wirtschaftlichen Aktivitäten ausrichten, was im Ergebnis zu einer effizienten Allokation knapper Mittel führt.[9] Ausgehend von einem vollständigen und vollkommenen Markt bedient sich die Neoklassische Theorie verschiedener restriktiver Prämissen und Annahmen.[10] Als zentrale Annahme gilt das Modell des *homo oeconomicus*. Dieses besagt, dass die Wirtschaftssubjekte ihre Ressourcen über die ganze erwartete Lebenszeit rational nach der Erwartungsnutzentheorie einsetzen, sich durch feststehende Präferenzen auszeichnen sowie über alle vorhandenen und relevanten Informationen verfügen.[11] So wichtig die Neoklassische Kapitalmarkttheorie für das Verständnis ökonomi-

[7] Vgl. Oehler (2002); Oehler (2004); Oehler (2005a); Oehler (2006a); Oehler (2006b).

[8] Vgl. Schmidt/Terberger (1997), S. 388.

[9] Vgl. Erlei/Leschke/Sauerland (1999), S. 45; Hummel (1999), S. 209.

[10] Folgende Annahmen werden dabei zu Grunde gelegt. Jedes Wirtschaftssubjekt kann zu jeder Zeit finanzielle Mittel in beliebiger Höhe zu einem konstanten Zinssatz aufnehmen; Anbieter und Nachfrager sind Mengenanpasser und können den Marktzins durch ihr Verhalten nicht beeinflussen; die Marktteilnehmer maximieren unter Beachtung des Rationalitätsprinzips ihren Nutzen; es existieren keine Präferenzen in räumlicher, sachlicher und persönlicher Hinsicht und damit nur ausschließlich homogene Güter; vollständige Markttransparenz, d.h. alle Teilnehmer am Markt sind vollständig über alle relevanten Preise informiert; alle Anbieter und Nachfrager können sämtliche vorhandene Informationen unmittelbar und richtig verarbeiten (symmetrische Informationsverteilung); die Marktteilnehmer haben die Möglichkeit, vollständige Verträge zu konzipieren, die kontrollierbar und durchsetzbar sind; alle Informationen sind kostenlos verfügbar; es existieren keine Steuern, Abgaben und Transaktionskosten. Vgl. Erlei/Leschke/Sauerland (1999), S. 46; Franke/Hax (1999), S. 337, 343 f.; Krahnen (1993), S. 796; Oehler (2000a), S. 979; Richter/Furubotn (1996), S. 10.

[11] Vgl. Oehler (1992), S. 97 ff.; Oehler (1995), S. 13 ff.; Oehler (2004); Oehler (2005a), S. 28; Oehler (2006a); Oehler (2006b); Oehler/Kohlert (2008); Bamberg/Coenenberg (2006), S. 101 ff.; Eisenführ/Weber (2002), S. 204 ff.; Laux (1998), S. 107 ff.; Schmidt (2004), S. 7 ff.

scher Zusammenhänge ist, bestehen aufgrund fehlender realitätsnaher Annahmen dennoch Zweifel an ihrem Aussagegehalt. Denn Finanzintermediäre und institutionelle Regelungen, die sich mit der Lösung von Finanzierungsproblemen auseinandersetzen, sind aufgrund der Annahmen der Neoklassischen Theorie irrelevant, da der vollständige und vollkommene Markt ihre Funktionen selbst und ohne Kosten erbringen kann.[12] Angesichts der starken Zweifel und in Anbetracht von nicht weniger bedeutenden empirischen Ergebnissen, welche die Relevanz von institutionellen Regelungen und/oder Finanzintermediären bestätigen, dienen heutzutage neuere Ansätze von Finanzierungstheorien, die zur Erklärung ökonomischer Realitäten den Fokus auf eine stärker einzelwirtschaftlich ausgeprägte Betrachtungsweise legen.

2.2 Neuere Finanzierungstheorie

Im Gegensatz zur Neoklassischen Kapitalmarkttheorie berücksichtigt die Neuere Finanzierungstheorie Marktunvollkommenheiten, asymmetrische Informationsverteilungen zwischen den Vertragsparteien sowie die Kosten zur Vertragsgestaltung und -durchsetzung, so dass die institutionelle Ausgestaltung dieser Transaktionen in den Mittelpunkt gerückt wird.[13] Dazu werden die Annahmen der Neoklassischen Theorie nicht grundsätzlich abgelehnt, sondern finden vielmehr durch Erweiterungen und Modifizierungen Anwendung.[14] Zentrale Annahmen sind der methodologische Individualismus, die begrenzte individuelle Rationalität, das Eigennutzenstreben sowie das bedingte opportune Verhalten.[15] Ziel ist es unter anderem, Lösungsmöglichkeiten für die optimale Gestaltung der aus asymmetrisch verteilten Informationen bestehenden Finanzierungsbeziehungen aufzuzeigen.[16] Dazu dienen Anreize die es zu gestalten gilt, damit das Verhalten der Marktteilnehmer gesteuert werden kann.[17] Unter der Neueren Finanzierungstheorie zusammengefasst, finden sich insbesondere die Neue Institutionenökonomik, die Marktmikrostrukturtheorie sowie die Behavioral Finance wieder.[18]

---

[12] Vgl. Oehler (2000a); Oehler (2004); Oehler (2005a), S. 29; Oehler (2005b), S. 217; Oehler (2006a); Oehler (2006b).

[13] Vgl. Schmidt/Terberger (1997), S. 390; Oehler (2000a), S. 978 ff.; Oehler (2001), S. 889 f.; Oehler (2002), S. 844 ff.

[14] Vgl. Richter/Furubotn (1999), S. 3; Schmidt (2004), S. 32; Erlei/Leschke/Sauerland (1999), S. 48 f.

[15] Vgl. Picot/Dietl/Franck (1999), S. 54 f.

[16] Vgl. Schmidt/Terberger (1997), S. 390; Oehler/Unser (2002).

[17] Vgl. Richter/Bindseil (1995), S. 132.

[18] Vgl. Oehler (1995), S. 22; Oehler (2000a); Oehler (2000b); Oehler (2001), S. 889 f.; Oehler (2002), S. 884 f.; Oehler (2004); Oehler (2006a); Heilmann/Läger/Oehler (2000), S. 361 f.

2.2.1 Neue Institutionenökonomik

Die Institutionenökonomik stellt selbst kein einheitliches Theoriegebilde dar, sondern setzt sich wiederum aus unterschiedlichen, sich teilweise überschneidenden Forschungsrichtungen zusammen.[19] Im Kern steht die Analyse von Institutionen, in deren Beziehungskonstrukt sich der ökonomische Austausch vollzieht. Unter Institutionen sind generell Regel- oder Handlungssysteme zu subsumieren, wobei Regelsysteme Ordnungsmechanismen wie zum Beispiel gesetzliche Regeln sind und Handlungssysteme Einrichtungen sind, in denen Menschen zeitweise zusammenarbeiten.[20] Die Institutionenökonomik lässt sich wiederum in die vier grundlegenden Theorien der Property-Rights-Theorie, der Informationsökonomik, die Transaktionskostentheorie sowie in die Prinzipal-Agenten-Theorie untergliedern.[21] Diese Forschungsrichtungen verbindet die Tatsache, dass die Transaktionssituationen in den Fokus gestellt werden, bei denen die institutionelle Ausgestaltung der jeweiligen Transaktionsbedingungen nicht der Neoklassischen Theorie des perfekt funktionierenden Marktes entspricht, da aufgrund von Informationsproblemen oder anfallenden Transaktionskosten eine optimale Marktkoordination verhindert wird.[22]

2.2.1.1 Property-Rights-Theorie

Die Property-Rights-Theorie untersucht auf der einen Seite den Einfluss unterschiedlicher institutioneller Ausgestaltungen von Regelungen auf ökonomische Entscheidungen und auf der anderen Seite, wie die optimale Ausstattung von Verfügungsrechten erfolgen muss.[23] Die Theorie geht in ihrem Grundsatz davon aus, dass für das Eigentum an einem Gut, neben dem Besitz und den physischen Funktionen des Gutes, vor allem die mit diesem Gut in Verbindung stehenden Verfügungsrechte relevant sind und die Ausgestaltung von Verfügungsrechten Anreizwirkungen nach sich zieht.[24] Das Verfügungsrecht selbst wird als jede Art von Berechtigung definiert, über materielle oder immaterielle Ressourcen zu verfügen und besteht

[19] Vgl. Oehler/Voit (1999), S. 968 ff.; Picot/Dietl/Franck (1997), S. 54 ff.; Opper (2001); Picot/Dietl/Franck (2005), S. 46.
[20] Vgl. Haase (2000), S. 13 ff.; Schmoller (1900), S. 61; Opper (2001); Picot/Dietl/Franck (2005), S. 45.
[21] Vgl. Oehler/Unser (2002), S. 199 ff.; Schmidt/Terberger (1997), S. 396 f.; Oehler/Voit (1999), S. 968 ff.; Schmidt (2004), S. 33; Picot/Dietl/Franck (1999), S. 54 f.
[22] Vgl. Schmidt/Terberger (1997), S. 399.
[23] Vgl. Riekhof (1983), S. 390 f.; Göhler/Kühn (1999), S. 24; Picot (1992), S. 81; Beschorner (2002), S. 103 ff.; Leipold (2006), S. 46. Die maßgeblichen Arbeiten zur Property-Rights-Theorie beruhen auf Alchian und Demsetz. Vgl. Alchian (1965); Alchian/Demsetz (1972); Demsetz (1967).
[24] Vgl. Coase (1960), S. 43 f.; Alchian/Demsetz (1973), S. 17; Göhler/Kühn (1999), S. 24 f.; Vgl. im Original Coase (1960); Picot (1992), S. 79.

wiederum aus mehreren Teilverfügungsrechten.[25] Verfügungsrechte teilen die knappen Güter auf unterschiedliche Verwendungen auf, mit dem Effekt, dass diese am produktivsten genutzt werden können.

Ein mögliches Konstrukt der institutionellen Ausgestaltung ist der Vertrag, in dem die entsprechenden Rechte und Pflichten unter den Vertragspartnern festgelegt und damit aufgeteilt sind.[26] Dabei bestimmt sich der Wert eines Gutes hauptsächlich aus dem Umfang der Verfügungsrechte, die bei Vertragsabschluss transferiert werden. Die Rechte stehen ausschließlich den Vertragsparteien zur Verfügung und schließen damit Dritte aus. Dennoch sind die Vertragsparteien nicht in der Lage uneingeschränkt über die Rechte zu verfügen, denn beschränkt und dadurch auch festgelegt und garantiert werden die Verfügungsrechte durch Überwachungs- und Durchsetzungssysteme. Die Wirkungsstärke der Ausnutzung der Verfügungsrechte steht in einem kausalen Zusammenhang zu den Durchsetzungsmöglichkeiten oder den Sanktionen und den dadurch verursachten Kosten. Sie lenken auf diese Weise das Verhalten der Wirtschaftssubjekte, Marktteilnehmer oder Vertragsparteien mit dem Ziel, die Zuteilung der Güter möglichst effizient zu gestalten.[27]

2.2.1.2 Informationsökonomik

Die Informationsökonomik untersucht Märkte unter Unsicherheit sowie die asymmetrische Informationsverteilung unter den Marktteilnehmern. Während im engeren Sinne die individuelle Beschaffung und Übertragung der Informationen zur Reduzierung der Unsicherheit analysiert werden, setzt sich die Informationsökonomik im weiteren Sinne mit den Auswirkungen des unterschiedlichen Informationsstandes der Marktteilnehmer auf die Funktionsweise ökonomischer Systeme auseinander. Insofern verfolgt diese Finanzierungstheorie das Ziel, dass unter dem Begriff der adversen Selektion beschriebene Versagen des Marktes als Folge einer asymmetrischen Informationsverteilung vorzubeugen oder entgegenzuwirken.[28] Demzufolge wird das individuelle Informationsverhalten auf Märkten unter Bezugnahme auf die Kosten der Informationsbeschaffung und -verarbeitung, die Funktionsfähigkeit der Märkte bei asymmetrischer Informationsverteilung und die Möglichkeiten zur Reduzierung von Informations-

[25] Vgl. Göbel (2002), S. 67.
[26] Vgl. Schmidt/Terberger (1997), S. 397.
[27] Vgl. Cezanne/Mayer (1998); Erlei/Leschke/Sauerland (1999), S. 272; Goebel (2002), S. 69; Neus (2005), S. 109; Picot/Dietl/Franck (2005), S. 46; Furubotn/Pejovich (1974), S. 1; Leipold (2006), S. 46; Opper (2001).
[28] Vgl. Weiber/Adler (1995), S. 64. Zum Begriff der adversen Selektion vgl. Akerlof (1970).

asymmetrien näher untersucht. Letztere hängen davon ab, von welcher Marktseite die Initiative zur Überwindung der asymmetrischen Informationsverteilung ausgeht. Hierzu dienen die zwei Mechanismen des *Signaling* und des *Screening*.[29] Beim Signaling sendet die besser informierte Seite ein Signal an die schlechter informierte Seite und teilt dadurch ohne Zwang und glaubhaft ihre wahre Qualität mit, wodurch die Asymmetrie der Informationsverteilung abgebaut werden kann. Durch die glaubhafte Differenzierung von guter und schlechter Qualität entstehen Kosten, die mit der Qualitätsabnahme überproportional ansteigen. Übermittelte Signale für (Investitions-)Projekte schlechter Qualität sind also mit hohen Kosten verbunden, so dass es sich für die schlechter informierte Seite nicht lohnt und auf die Nutzung des Signals verzichtet wird.[30] Als Screening wird die Überprüfung der Qualität durch die schlechter informierte Seite bezeichnet. Es liegt die Annahme zugrunde, dass diese Seite durch eigene Anstrengung und Nachforschung den Informationsvorsprung der besser informierten Seite abbauen kann.[31]

2.2.1.3 Transaktionskostentheorie

Die Transaktionskostentheorie analysiert die Auswirkungen von Transaktionen auf das Verhalten der Durchführung von Austauschbeziehungen zwischen den Wirtschaftssubjekten.[32] Dabei wird auf den Untersuchungsgegenstand der einzelnen Transaktion in Form eines Vertrags zurückgegriffen, wobei insbesondere die Einsparung von Transaktionskosten im Mittelpunkt steht, indem aufgrund der transaktionsspezifischen Eigenschaften die Austauschbeziehungen verschiedenen Beherrschungs- und Überwachungssystemen zugeordnet werden, innerhalb derer die unterschiedlichen Transaktionen kostenminimal abgewickelt werden können.[33] Ziel ist es somit, eine Erklärung für das Vertragsverhalten von Wirtschaftssubjekten zu liefern, die Vielseitigkeit der Austauschbeziehungen zu erläutern und eine möglichst genaue Zuordnung einer Transaktion zu einer optimalen Koordinationsform vorzunehmen.[34] Für die Abwicklung einer mit minimalen Kosten verbundenen Transaktion bestehen vier Grundtypen

[29] Vgl. Kaas (1995), S. 971; Oehler (2000a).

[30] Vgl. Spence (1976), S. 592 f. Die Idee des Signaling wurde zunächst von Spence für den Arbeitsmarkt eingeführt und später auf Finanzmärkte übertragen. Vgl. Spence (1973), S. 358 ff.; Ross (1973), S. 135 ff.

[31] Vgl. Stiglitz (1975), S. 284 ff.; Oehler (2006b), S. 297.

[32] Die von Williamson entwickelte Theorie der Transaktionskosten basiert auf dem Ansatz von Coase, der feststellte, dass Transaktionen über Märkte Kosten verursachen, die bei Durchführung innerhalb von Unternehmen nicht anfallen. Vgl. im Original Coase (1937); Williamson (1990).

[33] Dabei lassen sich die Kosten in die Kosten der Vertragsformulierung, Kosten des Vertragsabschlusses sowie in Kosten der Vertragsdurchsetzung unterteilen. Vgl. Alchian/Woodward (1988), S. 66; Richter (1990), S. 576 f.; Picot/Dietl (1990), S. 178.

[34] Vgl. Williamson (1990), S. 19 f.

von Beherrschungs- und Überwachungssystemen. Bei der Durchführung nichtspezifischer Transaktionen aus gelegentlichen oder häufig wiederkehrenden Verträgen besteht das System durch den Markt (1. Grundtyp). Im Rahmen von gelegentlichen hochspezifizierten Transaktionen findet ein dreiseitiges System Anwendung, bei dem eine dritte Partei involviert ist um etwaige Konflikte beizulegen und die Leistungen zu bewerten (2. Grundtyp). Werden Transaktionen regelmäßig durchgeführt, können diese in einem zweiseitigen System abgewickelt werden. Hierbei werden die entstehenden ex post Probleme den Vertragsparteien überlassen (3. Grundtyp). Häufig wiederkehrende Transaktionen, welche für vollständig spezifische Investitionen innerhalb eines Unternehmens gelten, sind in erster Linie in einem einheitlichen System vorzunehmen, da nur hier eine einfache Koordination gewährleistet werden kann (4. Grundtyp).[35]

2.2.1.4 Prinzipal-Agenten-Theorie

Die Prinzipal-Agenten-Theorie untersucht die arbeitsteilige Beziehung zwischen dem Auftraggeber als Prinzipal und dem Auftragnehmer als Agent. Das (Beziehungs-)Geflecht entsteht durch die Beauftragung des Agenten durch den Prinzipal, eine spezifische Tätigkeit auszuüben. Im Zuge der Auftragsdurchführung trifft der Agent Entscheidungen, welche sowohl das Ausmaß der Aufgabenerfüllung, das Nutzenniveau des Prinzipals als auch sein eigenes beeinflussen.[36] Es wird suggeriert, dass ein potenzieller Interessen- und Zielkonflikt zwischen Prinzipal und Agent vorhanden ist, welcher durch die Annahme des Opportunismus beider, die Verfolgung unterschiedlicher Ziele sowie durch differente Risikopräferenzen ausgelöst ist.[37] In der Beziehung zwischen Auftraggeber und -nehmer und der damit verbundenen Leistungsausführung des Agenten für den Prinzipal unterliegen die Informationen, Gestaltungskompetenzen sowie die Betroffenheit zwischen den Vertragsparteien der asymmetrischen Verteilung. Mit dieser Situation gehen sowohl verhaltensabhängige (endogene) Risiken als auch verhaltensunabhängige (exogene) Risiken einher.[38] Letztere Risikokategorie resultiert aus der Unsicherheit, dass sowohl der Auftraggeber als auch der Auftragnehmer nicht die

[35] Vgl. Williamson (1990), S. 81 ff.

[36] Vgl. Richter/Furubotn (1996), S. 163 f. Die Prinzipal-Agenten-Theorie geht zurück auf die Arbeiten von Jensen, Meckling und Fama. Vgl. Jensen/Meckling (1976), S. 305 ff.; Fama/Jensen (1983), S. 301 ff.

[37] In der Regel werden eine risikoneutrale Einstellung beim Prinzipal und eine risikoaverse Einstellung beim Agenten unterstellt. Für eine umfassende Darstellung zur Risikoaversion von Agenten vgl. Oehler (1998), S. 230 ff.

[38] Vgl. Oehler (2005b), S. 218; Oehler (2006b), S. 297; Arrow (1985), S. 37 ff.

Fähigkeit besitzen alle möglichen Umweltzustände zu prognostizieren und bestimmte Aspekte weder von der einen noch von der anderen Vertragspartei beeinflusst werden können.[39]

In Abhängigkeit von den Stadien der vertraglichen Beziehung lassen sich unterschiedliche Arten von Unsicherheiten feststellen. Vor Vertragsabschluss (ex ante) ist die Situation dadurch gekennzeichnet, dass der Prinzipal die zumindest nicht mehr ohne Kosten änderbaren Eigenschaften des Agenten nicht kennt (Hidden Characteristics). Erst ex post werden dem Prinzipal die wahren Eigenschaften des Agenten offenbart.[40] Durch die Gefahr, dass der Agent dem Prinzipal falsche Tatsachen vorspiegelt, kann es zum Problem der Auswahl unerwünschter Vertragspartner kommen (Adverse Selection).[41] Nach Vertragsabschluss ist die Beziehung zwischen Prinzipal und Agent durch Handlungs- und Motivationsunsicherheit geprägt. Handlungsunsicherheit stellt die Unsicherheit des Prinzipals über das Verhalten des Agenten dar, welches selbst nach Vertragsabschluss nicht beobachtet werden kann (Hidden Action; Hidden Information). Zwar ist das geleistete Ergebnis des Agenten erkennbar, es ist jedoch nicht eindeutig bestimmbar, ob das Resultat auf Leistungen des Agenten zurückzuführen ist oder auf exogenen Faktoren beruht (Moral Hazard).[42] Während der Vertragslaufzeit (ex interim) ist die Situation zwischen Prinzipal und Agent durch Motivunsicherheit charakterisiert. Hierbei handelt es sich um die Unsicherheit des Prinzipals über die Einstellung und Motive sowie das vom Agenten beabsichtigte Verhalten. Die Motivunsicherheit (Verhaltensunsicherheit), die grundsätzlich schon vor Vertragsabschluss vorhanden ist, kann im Gegensatz zum Moral Hazard nach Vertragsabschluss beobachtet werden. Infolgedessen hat der Prinzipal generell die Möglichkeit das opportune Verhalten des Agenten zu erkennen, allerdings ist er nicht im Stande es zu verhindern. Diese Verhaltensunsicherheit wird als Hold Up (Hidden Intention) bezeichnet.[43]

[39] Vgl. Oehler/Unser (2002), S. 200.
[40] Vgl. Dietl (1993), S. 137; Franke/Hax (1999), S. 410.
[41] Vgl. Akerlof (1970); Matschke (2001); Dietl (1993), S. 137.
[42] Vgl. Spremann (1990), S. 571 ff.; Dietl (1993), S. 139; Picot/Dietl/Franck (1997), S. 88 f.; Alchian/Woodward (1987), S. 116 f.; Alchian/Woodward (1988), S. 68 f.
[43] Vgl. Oehler (2005a), S. 31; Hartmann-Wendels/Pfingsten/Weber (2004), S. 100; Milgrom/Roberts (1992), S. 167 f.; Dietl (1993), S. 141. Ferner besteht grds. das Koordinationsproblem des Kontrollrisikos. Dies ist mit der Gefahr definiert, dass die Agenten die tatsächliche Höhe des Vertragsrückflusses verschweigen und niedriger angeben, während die Prinzipale das Ergebnis nicht oder lediglich unter einem nicht ökonomisch gerechtfertigten Aufwand beobachten können. Vgl. Oehler (2005a), S. 32 f.

Der Prinzipal als Auftraggeber wird vor und während der vertraglichen Beziehung Maßnahmen ergreifen, um diese Unsicherheiten zu begrenzen oder sogar zu verhindern, was wiederum mit Kosten verbunden ist.[44] Diese Kosten lassen sich grundsätzlich in Überwachungs- oder Kontrollkosten des Auftraggebers und in Kautions- oder Signalisierungskosten des Auftragnehmers sowie den Residualverlust (verbleibender Wohlfahrtsverlust) einteilen.[45]

2.2.2 Marktmikrostrukturtheorie

Die Marktmikrostrukturtheorie analysiert in ihrer Ausrichtung die rechtlichen und institutionellen Rahmenbedingungen auf (Finanz-)Märkten, insbesondere aber Wertpapierbörsen, die für die Gewährleistung von zulässigen und durchführbaren Transaktionen erforderlich sind.[46] Ziel ist es, Aussagen über die Effizienz des untersuchten Marktes zu erhalten. Somit ist der Untersuchungsgegenstand die Frage, welchen Einfluss die Organisation eines Marktes auf das Marktergebnis hat und trifft damit die Annahme, dass die Teilnehmer am Markt durch bestimmte Regeln koordiniert werden. Des Weiteren wird unterstellt, dass die Informationen in Bezug auf die bewertungsrelevanten Eigenschaften der auf dem Markt gehandelten Objekte asymmetrisch unter den Marktteilnehmern verteilt sind, was verschiedene Regeln und in Kombination mit den jeweiligen Informations- und Entscheidungsprozessen unterschiedliche Kurse und Umsätze nach sich zieht.[47] Grundsätzlich ist die Markteffizienz durch die individuelle Zielerreichung messbar. Sind diese Ziele nicht bekannt, kann auf geeignete Kriterien wie zum Beispiel die Informationseffizienz, Markttransparenz, Liquidität und/oder Transaktionskosten für die Messung zurückgegriffen werden.[48]

---

[44] Vgl. Oehler (2005a), S. 33; Oehler/Unser (2002), S. 201 ff.; Picot/Dietl/Franck (1999), S. 90.

[45] Diese Art von Kosten entsteht sowohl bei Vertragsformulierung und -ausführung als auch bei der Vertragsdurchsetzung. Vgl. Jensen/Meckling (1976), S. 308 f.

[46] Vgl. Oehler (2000a); Oehler (2000b); Oehler (2002), S. 847; Unser/Oehler (1997). Als Finanzmärkte können grds. spezielle Märkte angesehen werden, auf denen als Güter Finanzkontrakte gehandelt werden. Finanzkontrakte sind Verträge, die Ansprüche auf gegenwärtige oder zukünftige Zahlungen darstellen. Vgl. Oehler (2006c); Hartmann-Wendels/Pfingsten/Weber (2007), S. 2.

[47] Vgl. Oehler (2004); Hirth (2000), S. 1, 6 ff.

[48] Vgl. Oehler (2001), S. 889; Schmidt (2004), S. 35 f. Als Voraussetzung zur Ableitung aussagekräftiger Erkenntnisse ist in erster Linie die Identifikation eindeutiger Ursache-Wirkungs-Zusammenhänge innerhalb der Komplexität des Marktgeschehens von Relevanz. Vgl. Oehler (2000a); Oehler (2000b).

2.2.3 Behavioral Finance

Die Behavioral Finance oder Verhaltensökonomik untersucht die Entscheidungsprozesse des einzelnen Marktteilnehmers.[49] Hierfür wird auf die Aspekte der Psychologie zurückgegriffen, damit ein besseres Verständnis des tatsächlichen Verhaltens von Marktteilnehmern entwickelt werden kann. Besonders die Informationsaufnahme und -verarbeitung, Erwartungsbildung sowie die daraus resultierende Entscheidungsfindung sind Gegenstand dieser Forschungsrichtung, wobei als Basis die *Bounded Rationality* dient.[50] Demnach wird die Entscheidungsfindung zwar grundsätzlich von einer rational abgeleiteten Verhaltensweise geleitet, jedoch können verschiedene Situationen vorliegen, in denen Entscheidungen unter normativen Restriktionen gefällt werden.[51] Dabei lassen sich verschiedene Ursachen finden, die zu nicht optimalen oder fehlerhaften Entscheidungen und deshalb zu einem beschränkt rationalen Verhalten entsprechend der normativen Entscheidungstheorie führen. Dies kann sowohl in dem eingeschränkten Informationsstand durch Unvollkommenheiten auf dem Markt, den Einschränkungen im motivationalen und emotionalen Bereich sowie in den beschränkten kognitive Fähigkeiten begründet liegen.[52]

2.3 Unternehmensfinanzierung

2.3.1 Eigen- und Fremdfinanzierung

Die Finanzierung eines Unternehmens ist sowohl durch die Innenfinanzierung als auch durch die Außenfinanzierung möglich, wobei auf Seiten der Außenfinanzierung die Finanzierungsformen der Eigen- und Fremdfinanzierung zu unterscheiden sind. Beide Finanzierungsformen ziehen verschiedenartige Konsequenzen hinsichtlich der Zahlungsansprüche (zum Beispiel laufende Zahlungen und Rückzahlungen des ursprünglich eingezahlten Betrags) und der Rechtsstellung (zum Beispiel Rechte und Pflichten; Haftungsansprüche im Solvenz- und Insolvenzfall) nach sich. Tabelle 1 stellt beide Finanzierungsformen gegenüber und zeigt im Überblick die idealtypische Ausgestaltung der Eigenfinanzierung und der Fremdfinanzierung.

[49] Vgl. grundlegend Oehler (2000a); Oehler (2000b); Oehler (2002); Oehler (2004); Oehler (2011a); Oehler (2011b); Oehler/Reisch (2008); Oehler/Reisch (2009); Oehler/Rummer/Wendt (2008). Weiterführende Literatur zur Behaviroal Finance, insb. im Kontext der Verbraucherforschung in Deutschland, vgl. Oehler (1995); Oehler (2000a); Oehler (2005a); Oehler (2006b); Oehler (2012a); Oehler (2012b); Oehler (2012c); Oehler (2012d); Oehler (2012e); Oehler (2013); Oehler/Wilhelm-Oehler (2011); Oehler/Reisch (2012); Oehler/Kohlert/Jungermann (2009); Micklitz/Oehler/Piorkowsky/Reisch/Strünck (2010); Oehler/Höfer/Wendt (2012).

[50] Vgl. Oehler (2000a); Oehler (2002), S. 848; Bitz/Oehler (1993); Simon (1955), S. 99 ff.

[51] Vgl. Bitz/Oehler (1993), S. 250; Oehler (1995), S. 60 f.

[52] Vgl. Oehler (2000a), S. 980.

Die Eigenfinanzierung ist in der idealisierten Ausprägung durch erfolgsabhängige laufende Ansprüche und erfolgsabhängige Rückzahlungsansprüche gekennzeichnet, wobei in erster Linie die Rückzahlung grundsätzlich zeitlich nicht festgelegt ist. Die Erfolgsabhängigkeit erstreckt sich ebenso auf den Insolvenzfall, das heißt, dass der Eigenkapitalgeber keine Ansprüche bei Misserfolg hat, solange weitere Ansprüche an das Unternehmen nicht erfüllt wurden, und dieser gegebenenfalls mit dem Privatvermögen haftet. Im Gegensatz zur Erfolgsabhängigkeit seiner Ansprüche hat der Eigenkapitalgeber als Eigentümer oder Gesellschafter umfassende Mitwirkungs- und Kontrollrechte, das bedeutet volle Geschäftsführungskompetenz. Die Idealausprägung der Fremdfinanzierung ist durch erfolgsunabhängige, vorab festgelegte laufende Ansprüche und fixierte Rückzahlungsansprüche gekennzeichnet, die im Insolvenzfall bevorrechtigt (Gläubigerstellung) bedient werden müssen. Fremdkapitalgeber haben dabei grundsätzlich keine Mitwirkungs- und Kontrollrechte.[53]

Idealformen von Eigen- und Fremdfinanzierung		
Beurteilungskriterien	**Eigenfinanzierung**	**Fremdfinanzierung**
Ergebnisabhängigkeit der Ansprüche	Erfolgsabhängige Ergebnisverteilung	Erfolgsunabhängiger (fester) Zins
Rückzahlungsansprüche	Erfolgsabhängige Liquidationserlöse	Erfolgsunabhängiger (fester) Betrag
Mitwirkungs- und Kontrollrechte	Geschäftsführungskompetenz	Keine Mitwirkungs- und Kontrollrechte
Rechtsstellung in der Insolvenz	Nachrangige Behandlung im Insolvenzfall; ggf. Haftung mit dem Privatvermögen	Vorrangige Behandlung im Insolvenzfall; Gläubiger mit bevorrechtigten Ansprüchen

Tabelle 1: Idealformen von Eigen- und Fremdfinanzierung
(Darstellung in Anlehnung an Bitz (2002), S. 10; Oehler/Unser (2002), S. 194 f.)

2.3.2 Renditeforderungen und Risiken

Finanzmittelgeber fordern für ihr an Finanzmittelnehmer überlassenes Eigen- oder Fremdkapital eine Rendite, die generell den Erfolg oder Ertrag der (monetären/nicht-monetären) Kapitalüberlassung darstellt und sich aus dem risikolosen Zins (*Price of Time*) und einer Risikoprämie (*Price of Risk*) zusammensetzt.[54] In Abhängigkeit von der zeitlichen Betrachtung ist die Rendite danach zu differenzieren, ob diese erwartet (gefordert) oder bereits tatsächlich realisiert worden ist. Die erwartete Rendite versteht sich als ex ante-Erwartung an ein bestimmtes Projekt und setzt sich demzufolge aus dem geforderten risikolosen Zins sowie aus einem Risikozuschlag zusammen, dessen Höhe sich unter anderem durch Szenarien oder Pla-

[53] Vgl. Bitz (2002), S. 10; Oehler/Unser (2002), S. 194 ff. Für einen weiteren Überblick vgl. auch Wendt (2011), S. 43 ff. Zu den Mitwirkungs- und Kontrollrechten vgl. im Speziellen Oehler/Schalkowski/Wendt (2013).

[54] Vgl. Oehler (2010), S. 152; Bitz (1999), 1.3-47.

nungen ableiten lässt. Im Gegensatz dazu bezieht sich die realisierte Rendite auf die Rendite die tatsächlich im Zuge der Projektrealisation und -abwicklung erwirtschaftet wird.[55] Als Risiko wird „die aus der Unsicherheit über zukünftige Entwicklungen resultierende Gefahr, dass eine (finanzwirtschaftliche) Zielgröße von einem Referenzwert negativ abweicht"[56] verstanden. Dabei können mögliche Zielgrößen für die Definition von Abweichungen Zahlungsströme, Vermögensgrößen oder deren absolute Veränderungen (Gewinne und Verluste) oder Veränderungsraten von Zahlungsmittel- oder Vermögensbeständen sein. Potenzielle (subjektive) Referenzwerte für diese Zielvariablen sind zum Beispiel das ursprünglich eingesetzte Vermögen oder auch die Alternativverzinsung. Das Risiko besteht demnach darin, dass die (erwartete) Rendite nicht erzielt wird und somit Abweichungen vom Erwartungswert entstehen. Abbildung 1 gibt einen Überblick darüber, welche exogenen und endogenen Risiken auf die einzelnen Renditegrößen (Gesamt-, Eigenkapitalrendite) innerhalb eines Unternehmens wirken. Das Ausmaß der Risiken erstreckt sich dabei neben den allgemeinen, inhaltlich nicht voneinander trennscharf abgrenzbaren sowie in Wechselbeziehung zueinander stehenden exogenen Risikoarten auch auf die existierenden endogenen Informations-, Delegations- und Betroffenheitsrisiken.[57] Letztere verhaltensabhängige Risiken bezeichnen demnach die Gefahr, dass die (monetären/nicht-monetären) Zielgrößen aufgrund der bestehenden Asymmetrien zwischen den Interessengruppen von den Referenzwerten negativ abweichen.[58]

---

[55] Die Berechnung der Rendite ist ex post z.B. anhand bestimmter Performance-Messungen möglich.

[56] Bitz (1993), S. 642.

[57] Vgl. Oehler/Unser (2002), S. 14 f., 21. Zu den exogenen Risikoarten gehören bspw. Preis-/Marktrisiken, Kreditrisiken, Liquidationsrisiken, leistungswirtschaftlichen Risiken, Betriebsrisiken, operationelle Risiken oder rechtliche Risiken.

[58] Wie die einzelnen Risiken die Interessengruppen beeinflussen, hängt entscheidend davon ab, wie diese aus Sicht der Interessengruppen bewertet und gewichtet werden, wobei das grds. Problem in der mangelnden Quantifizierung liegt. Bzgl. monetärer Zielgrößen können potenzielle Abweichungen typischerweise auch als monetäre Differenz zum Referenzwert gemessen werden. Bei nicht-monetären Zielgrößen und Referenzwerten lassen sich Abweichungen hingegen kaum quantifizieren oder lediglich als Anzahl von Fällen, in denen der Referenzwert nicht erreicht wird.

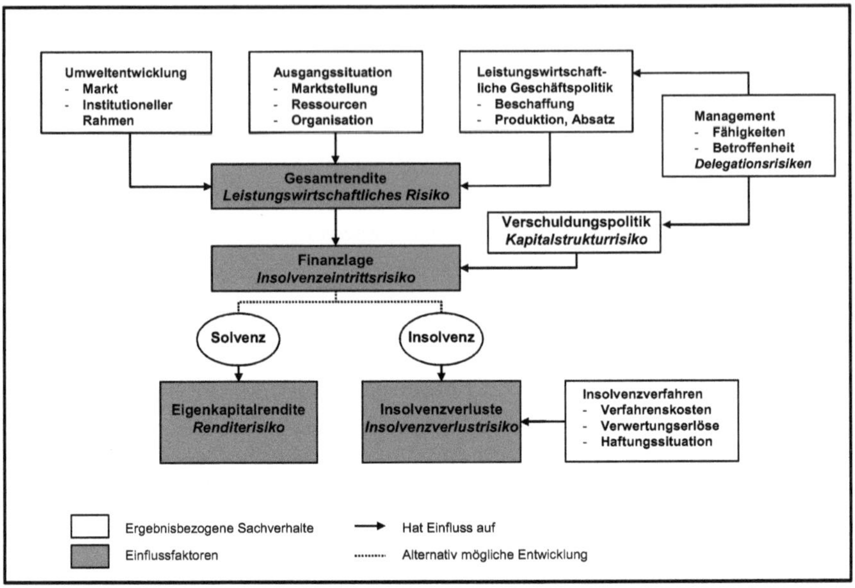

Abbildung 1: Übersicht Rendite und Risiko
(Zur Darstellung vgl. Oehler (2010), S. 152; Bitz (1999), 1.3-47).

3. Kapitel: Grundlagen der Finanzintermediation und Private Equity

3.1 Theorie der Finanzintermediation

Die Theorie der Finanzintermediation beschäftigt sich mit der Institution des Finanzintermediärs als Bindeglied zwischen den Marktteilnehmern in einem System des arbeitsteiligen Wirtschaftens. In diesem System ist es erforderlich, dass zwischen dem Finanzbedarf einzelner Wirtschaftssubjekte und dem Anlagebedarf anderer Wirtschaftssubjekte ein Ausgleich stattfindet.[59] Der erste Strang der Finanzintermediationstheorie verfolgt die Analyse und Erklärung des Verhaltens von Finanzintermediären, wobei diese Art von Ansätzen die Finanzintermediäre als exogen gegeben annehmen. Der zweite Strang ist auf die Existenzerklärung von Finanzintermediären gerichtet.[60] Diese Ansätze versuchen die Existenz von Finanzintermediären endogen zu erklären, indem sie aus einem Modell heraus abgeleitet werden. Die Ansätze schwächen die neoklassischen Prämissen ab und begründen die Existenz von Finanzintermediären damit, dass sich ihre Verwendung bei gegebenen Unvollkommenheiten des Marktes als relativ vorteilhaft in Analogie zu einer Nutzung der Finanzmärkte erweist, obgleich damit weitere zusätzliche Kooperationsprobleme entstehen.[61]

3.1.1 Begriff und Formen von Finanzintermediären

Als Intermediär wird grundsätzlich derjenige bezeichnet, der eine Position als Zwischenglied einnimmt.[62] Daraus ableitend stehen Finanzintermediäre zwischen den Transaktionspartnern des Finanzmarktes und agieren somit zwischen den Finanzmittelgebern und -nehmern.[63] Dabei stellt der Finanzmarkt neben den Finanzintermediären eine weitere Möglichkeit der Koordination von Finanzmittelgebern und -nehmern dar und kommt damit, wie Märkte im Allgemeinen, seiner Koordinations-, Allokations- und seiner Auswahlfunktion nach. Durch die Koordinationsfunktion werden Marktangebot und -nachfrage zusammengeführt. Die Allokationsfunktion besteht darin, durch die Generierung von Marktpreisen, Informationen über die begrenzte Anzahl der gehandelten Güter bereitzustellen und in Folge dessen die Basis für eine effiziente Allokation der Ressourcen zu bilden. Indem die Märkte durch spezifische Zugangs-

[59] Vgl. Oehler (2006c), S. 75 ff.; Hartmann-Wendels/Pfingsten/Weber (2004), S. 2.
[60] Vgl. Hartmann-Wendels/Pfingsten/Weber (2007), S. 84 f.; Straßberger (2005), 526 ff.; Breuer (1993), S. 57 f.; Hummel (1999), S. 214.
[61] Vgl. Hartmann-Wendels/Pfingsten/Weber (2007), S. 84 f., 111 ff.; Straßberger (2005), S. 526 ff.; Voit (2002), S. 42.
[62] Vgl. Duden (1997), S. 371.
[63] Vgl. Spiwoks (1998), S. 5; Hockmann/Thießen (2002), S. 8. Im Folgenden werden die Begriffe *Finanzmittel* und *Kapital* als Synonym verwendet. Für eine Übersicht und Systematisierung verschiedener Definitionen von Finanzintermediären vgl. Breuer (1993), S. 19 ff.

beschränkungen für Marktteilnehmer nur bestimmten Anbietern und Nachfragern Marktzutritt gewähren, wird die Auswahlfunktion erfüllt. Der Zusammenkunft von Finanzmittelgebern und -nehmern und die damit einhergehende Einigung zwischen den Marktteilnehmern über die Bestimmungen der Kapitalüberlassung stehen verschiedene potenzielle Konflikte gegenüber. Tabelle 2 stellt diese Problemfelder sowie die Transformationsleistungen von Finanzintermediären überblicksartig dar.[64]

Problemfelder	Transformationsleistungen
Informationsprobleme: Weder Finanzmittelgeber noch Finanzmittelnehmer verfügen bei Übereinkunft über Kenntnisse hinsichtlich geeigneter Transaktionspartner sowie über Informationen über die Verlässlichkeit in Bezug auf die Rückzahlungsversprechen.	**Informationsbedarfstransformation:** Durch die Existenz von Finanzintermediären ersparen sich Finanzmittelgeber und -nehmer die Suche nach individuellen Kontraktpartnern. Dadurch reduziert sich der Bedarf an Informationen auf die Kenntnis eines spezifischen Finanzintermediärs, mit der Folge, dass lediglich ein Informationsbedarf in Bezug auf die Verlässlichkeit dieses Finanzintermediärs verbleibt.
Losgrößenprobleme: Anlage- und Finanzierungsvolumen von zwei Marktteilnehmern sind nicht kompatibel.	**Losgrößentransformation:** Finanzintermediäre platzieren die Depositen mehrerer Finanzmittelgeber betragsmäßig in kleinen Einheiten, um die Präferenz von Unternehmen mit Hinblick auf einen betragsmäßig hohen Bedarf an Kapital zu erfüllen. Hierdurch wird die Anzahl der Vertragsbeziehungen reduziert.
Fristenprobleme: Die Vorstellungen beider Markteilnehmer in Bezug auf die Laufzeit des Finanzkontraktes divergieren.	**Fristentransformation:** Finanzintermediäre schaffen durch eine revolvierende Finanzierung, dass durch die Finanzmittelgeber kurzfristig zur Verfügung gestellte Kapital, langfristig an die Finanzmittelnehmer zu verleihen.
Risikoprobleme: Es kommt nur dann zu einem Vertragsabschluss, wenn auch der Finanzmittelgeber bereit ist die aus dem Finanzkontrakt resultierenden Risiken in einem bestimmten Umfang mitzutragen.	**Risikotransformation:** Finanzintermediäre verändern durch Diversifikation, Selektion sowie Gestaltung das Ausfallrisiko und haften als Intermediär. Ferner sind die Finanzintermediäre in der Lage, durch Aufspaltung eines Gesamtzahlungsstroms in heterogen strukturierte Finanzierungskontrakte, den verschiedenen Risikowünschen der Finanzmittelgeber zu entsprechen.

Tabelle 2: Problemfelder und Transformationsleistungen (eigene Darstellung)

Ausgehend von der Situation, dass der Intermediär unterschiedlich stark in das Transaktionsgeschehen involviert ist, lassen sich Finanzintermediäre selbst im engeren und im weiteren Sinne klassifizieren. Im engeren Sinne sind Finanzintermediäre als Unternehmen zu beschreiben, deren primärer Gesellschaftszweck darin besteht, einen Ausgleich zwischen dem Anlagebedarf der Finanzmittelgeber und dem Finanzbedarf der Finanzmittelnehmer herbeizuführen. Hierzu gehören zum Beispiel Kreditinstitute, Kapitalbeteiligungsgesellschaften einschließlich Wagnisfinanzierungsgesellschaften, Venture-Capital-/Private-Equity-Fonds oder Versicherungsunternehmen. Intermediäre nehmen als Anlageleistung von Finanzmittelgebern

[64] Vgl. Oehler (2004), S. 7; Oehler (2006c), S. 78 ff.; Bitz (2005), S. 28 ff.; Hartmann-Wendels/Pfingsten/Weber (2004), S. 2 ff.

Zahlungsmittel entgegen, welche den Finanzmittelnehmern zur Verfügung gestellt werden. Durch diese Art des Geflechts ersetzen die Finanzintermediäre das potenzielle Anspruchs- und Verpflichtungsverhältnis zwischen Finanzmittelgeber und -nehmer. Im weiteren Sinne werden Finanzintermediäre als Unternehmen beschrieben die den unmittelbaren Kontraktabschluss zwischen Finanzmittelgebern und -nehmern im eigentlichen Verständnis erst zustande bringen oder diesen zeit- und kostengünstiger herbeiführen. Dazu gehören beispielsweise Finanzmakler, Finanzvertriebsgesellschaften, Börsendienste oder Rating-Agenturen. Dabei sind die Intermediäre selbst nicht Partner eines solchen Vertrags. Sie erbringen hierbei insbesondere Leistungen in den Bereichen der Risikoübernahme, Informationsabgabe und Vermittlung.[65] Neben den Unternehmen an sich, können auch die Finanzmärkte selbst als Finanzintermediäre angesehen werden, da auch diese keine andere Funktion erfüllen als das Abschließen und Vermitteln von verschiedenen Kontrakten.[66] Daraus schlussfolgernd ist ein Finanzsystem grundsätzlich als Geflecht einer Vielzahl interagierender und miteinander vertraglich verbundener Finanzintermediäre zu verstehen.[67]

3.1.2 Funktionen und Existenzerklärungen von Finanzintermediären

In der Modellwelt der Neoklassischen Kapitalmarkttheorie, die durch den vollkommenen und vollständigen Markt gekennzeichnet ist, fehlt es den Finanzintermediären an einer Existenzgrundlage.[68] Damit ist es Finanzintermediären nicht möglich einen zusätzlichen Nutzen für die beteiligten Marktakteure zu stiften, da allein die direkten Kooperationsbeziehungen optimal sind.[69] Dies lässt sich vor allem mit der Annahme der vollständigen Transparenz auf den Märkten, des kostenfreien Tauschprozesses, der Transaktionssicherheit sowie durch den Koordinationsmechanismus Preis, der bereits alle notwendigen Informationen für eine effiziente Allokation knapper Mittel enthält, begründen.[70] Die Funktion von Finanzintermediären erscheint dann als sinnvoll, wenn Informations- und Anreizprobleme sowie die damit verbundenen Kosten für den Vertragsabschluss und die Vertragsdurchsetzung berücksichtigt wer-

[65] Vgl. Bitz (2005), S. 14 ff.; Oehler (2004); Büschgen (1999), S. 128 f. Eine weitere Klassifizierung von Finanzintermediären kann ebenfalls nach den Adressaten und der Art ihrer Transformationsleistungen vorgenommen werden. Vgl. Bitz (2002).
[66] Vgl. Oehler (2006c), S. 75 ff.
[67] Vgl. Oehler (2004); Hellwig (2000), S. 98.
[68] Vgl. Bank (1997), S. 39; Breuer (1993), S. 23 ff.
[69] Vgl. Bank (2001), Sp. 837 f.; Straßberger (2005), S. 526 ff.
[70] Vgl. Erlei/Leschke/Sauerland (1999), S. 45 ff.; Hummel (1999), S. 209.

den.[71] Erst diesen genannten Marktfriktionen, wie zum Beispiel Informationsasymmetrien oder Transaktions-/Anpassungskosten, verdanken Finanzintermediäre ihre Existenz.[72] Dabei löst die Tatsache, dass die Existenzberechtigung nur so lange gegeben ist, wie auch Marktunvollkommenheiten zugegen sind, grundsätzlich weitere Überlegungen aus, denn angesichts der zunehmenden Informationsglobalisierung durch die steigende Vernetzung und Verfügbarkeit von Informationsquellen sowie die damit einhergehende Reduzierung von Informationsasymmetrien und Transaktionskosten würde dies in der Schlussfolgerung bedeuten, dass den Finanzintermediären weniger Bedeutung zukommt, was zu einer Disintermediation führen müsste. Nichtsdestotrotz zeigen empirische Studien diesen kausalen Zusammenhang nicht.[73] Der Grund für diese Entwicklung wird in der Verschiebung des Aufgabenfeldes von Finanzintermediären gesehen, die sich auf die Erbringung von immer komplexer werdenden Funktionen, wie zum Beispiel das Risikomanagement, konzentrieren.[74] Demnach müssen die Finanzintermediäre sich in dem dynamischen Umfeld an die ständig veränderten Nachfragebedingungen anpassen, um ihre Existenz zu sichern.[75]

3.2 Private Equity

3.2.1 Zum Begriff Private Equity

3.2.1.1 Systematisierung ausgewählter Definitionsansätze

Für das Verständnis und die Bedeutung des Begriffs *Private Equity* existiert eine große Vielfalt von Erklärungsansätzen. Insofern findet sich weder in der Praxis noch in wissenschaftlichen Ausführungen eine allgemein akzeptierte oder (auch) standardisierte Definition.[76] Inhalt und Verwendung der im Zusammenhang mit Private Equity verwandten Begriffe sind vielmehr durch die Finanzierungspraxis geprägt, als dass sie aus theoretischen Überlegungen abgeleitet werden.[77] Nachfolgend wird versucht den weitläufigen Begriff im Rahmen einer Sys-

[71] Vgl. Schmidt/Terberger (1997), S. 461.
[72] Vgl. Oehler (2000a).
[73] Vgl. Allen/Santomero (1998), S. 1461 ff.; Scholtens/Wensveen van (2000), S. 1243 ff.; Scholtens/Wensveen van (2004), S. 231 ff.
[74] Vgl. Allen/Santomero (2000), S. 271 ff. Zum Risikomanagement im Allgemeinen vgl. Oehler/Unser (2002). Zum Risikomanagement bei Finanzintermediären im engeren Sinne vgl. Oehler (2007). Zum Risikomanagement bei Finanzintermediären im weiteren Sinne vgl. Oehler/Höfer/Schalkowski/Wendt (2011). Zum Risikomanagement in KMU vgl. Oehler/Schalkowski/Wendt (2012).
[75] Die Gruppe der neueren Ansätze zur Existenzerklärung von Finanzintermediären ist nicht nur auf die Arbeiten von Allen/Santomero (2000) und Scholtens/Wensveen van (2000) beschränkt. Einen Überblick bietet z.B. Krauß (2004), S. 143 ff.
[76] Vgl. Pankotsch (2005), S. 8.
[77] Vgl. Willert (2006), S. 16.

tematisierung bisheriger Definitionen inhaltlich zu klassifizieren und dessen Charakteristika herauszuarbeiten. In der bestehenden Literatur ist zu erkennen, dass die ausgewählten Definitionsansätze hinsichtlich ihrer Bedeutung und ihrem Verständnis sowie mit Bezug auf ihren Inhalt grundsätzlich stark miteinander korrelieren.[78] Nichtsdestotrotz zeichnen sich zum Teil definitorische Abweichungen in Bezug auf den Investitionshorizont sowie auf die Perspektivenbetrachtung im Rahmen einer Private-Equity-Beteiligung ab. Auf der einen Seite definieren Autoren den Investitionshorizont als kurz- bis mittelfristig, andere Autoren gehen von einem mittel- bis langfristigen Investitionszeitraum aus.[79] Bezüglich der Perspektiven und Funktionen von Private Equity lassen sich unterschiedliche Ansatzweisen ausmachen. Während in mancher Hinsicht die Fokussierung auf der Seite der Private-Equity-Investoren liegt, das heißt *Private Equity* als Asset-Klasse oder als Investment für die Vermögens- und Renditeanlage verstanden wird,[80] zentrieren andere Definitionen die Perspektive der Portfolio- oder Beteiligungsunternehmen, das bedeutet, dass *Private Equity* eher als Finanzierungsform verstanden wird.[81] Der in der Literatur ebenfalls vorzufindende Begriff *Beteiligungskapital* fungiert in seiner Abgrenzung zum Terminus Private Equity im Grunde genommen als reine methodologische und inhaltliche Übersetzung und ist infolgedessen mit Private Equity gleichzusetzen.[82]

Zur Systematisierung des Begriffs *Private Equity* gehört auch die thematische und definitorische Einbeziehung des Begriffs *Venture Capital*.[83] Die Abgrenzung zwischen den beiden Begriffen ist sowohl in der Theorie als auch in der Praxis nicht eindeutig. Darüber hinaus finden

---

78 Für eine Auswahl an Definitionen siehe z.B. Ahrweiler/Börner (2003), S. 59; Bakhaya (2006), S. 226 f.; Bottazzi/Da Rin (2002), S. 231 f.; Bilo (2002), S. 8; EVCA (1998); EVCA (2007); EVCA/Thomson Financial (2005); Fraser-Sampson (2007), S. 1; Friedrich (2005), S. 12; Graf/Gruber/Grünbichler (2001), S. 24; Green (2003), S. 9; Groh (2004), S. 21; Kaserer/Achleitner/Einem von/Schiereck (2007a), S. 12; Kokalj/Paffenholz/Moog (2003), S. 11; Lechner (2007), S. 38; Leopold/Fromann/Kühr (2003), S. 7; Loos (2005); Schappert (2008), S. 50 f.; Striebel (2009), S. 13. Bzgl. einer historischen Betrachtung der verschiedenen Begriffsdefinitionen vgl. Leopold/Fromann/Kühr (2003); Vater (2003), S. 13-15.

79 Zum kurz- bis mittelfristigen Investitionshorizont vgl. Brettel/Kauffmann/Kühn/Sobczak (2008), S. 10 f. Zum mittel- bis langfristigen Investitionshorizont vgl. Bader (1996), S. 10; Hale (2007), S. 5; Kraft (2001), S. 34.

80 Vgl. BVK (2007).

81 Vgl. Bader (1996), S. 10; Brettel/Kauffmann/Kühn/Sobczak (2008), S. 10 f.; Cattanach/Kelley/Sweeney (2000), S. 5; Fenn/Liang/Prowse (1997); Kraft (2001), S. 34.

82 Definitionen finden sich u.a. in Albach (1983), S. 70; Baader (1997), S. 8; Büschgen (1976), S. 51; Espel (2008), S. 34; Kulicke (1993), S. 15; Kulicke (1998), S. 3; Matz (2002), S. 35; Nevermann/Falk (1986), S. 43; Palka/Weber (1988), S. B28; Schröder (1992), S. 18; Schumann (2005), S. 19; Vater (2003), S. 12.

83 Für eine Auswahl an Definitionen siehe z.B. Achleitner (2001), S. 514; Brinkrolf (2002), S. 14 ff.; Groh (2004), S. 16; Grüner/Bur (1990), S. 326; Hirsch (2004), S. 23; Jessen (2002), S. 52 ff; Kau (1983), S. 2; Kranz (2008), S. 5; Leitinger/Strohbach/Schöfer/Hummel (2000), S. 21; Nathusius (2005); Pichotta (1990), S. 9; Quillmann (1987), S. 669; Röper (2004), S. 18 ff.; Ruppen (2002), S. 18; Stein (2004), S. 4; Welpe (2004), S. 19; Weimerskirch (1999), S. 9 ff.; Werner (2000), S. 29; Zemke (1995), S. 27 f.

die Begriffe im angloamerikanischen Raum und in Kontinentaleuropa unterschiedliche Verwendung und erscheinen mehrdeutig. Während einerseits Venture Capital inhaltlich als äquivalent zu Private Equity verstanden wird,[84] stellt es für andere Autoren lediglich einen untergeordneten Begriff zu Private Equity dar und bildet somit eine Subkategorie oder Teilmenge ab.[85] Demnach wird der eigentliche Unterschied zwischen den beiden Termini in der Lebenszyklusphase des Beteiligungsunternehmens gesehen, welches finanziert wird oder in dem speziellen Investitionsfokus des Kapitalgebers liegt. Andere Autoren entfernen sich von einer grundsätzlichen Abgrenzung zwischen den Begriffen, indem sie Venture Capital in der deutschen Übersetzung als *Wagniskapital* oder *Risikokapital* bezeichnen.[86] Mit Blick auf den Investitionshorizont lässt sich konstatieren, dass zwar vereinzelnd konkret festgesteckte Zeiträume in den Definitionsansätzen genannt werden, zum größten Teil erfolgt jedoch keine zeitliche Begrenzung des Investitionshorizonts. Bezüglich der Perspektivenbetrachtung wird Venture Capital sowohl als Finanzierungsform als auch als Finanzierungsmethode angesehen. Das markanteste Merkmal ist der Finanzierungsaspekt von unter anderem *jungen Unternehmen*, das heißt in der Entwicklungsphase befindlichen, wachstumsstarken, hochtechnologischen oder auch innovativen Unternehmen.[87]

3.2.1.2 Begriffsentwicklung und zweckmäßige Definition

Aufgrund heutiger Entwicklungstendenzen in der Private-Equity-Praxis besteht die Notwendigkeit die entsprechende Weiterentwicklung der klassischen Definitionsansätze abzubilden, um daran anschließend eine zweckmäßige Definition für diese Arbeit festzulegen. Um diese Begriffsentwicklung zu veranschaulichen wird im Kern die von *Bader (1996)* verwendete Definition exemplarisch für viele andere Definitionen herangezogen, da diese die wesentlichsten (Teil-)Merkmale zur Erklärung von Entwicklungstendenzen enthält.[88]

---

[84] Vgl. Kobel (2005), S. 153; Wrede (1987), S. 32 f.

[85] Vgl. Bell (2000), S. 34 f.; Betsch/Groh/Schmidt (2000), S. 16 f.; Breitfeld (2008), S. 164 f.; EVCA (1998), S. 5; Gompers/Lerner (1999), S. 23.

[86] So etwa in Betsch/Groh/Schmidt (2000), S. 14 f.; Leopold/Frommann (1998), S. 5; Möller (2003), S. 21 f.; Wolf (2004), S. 12 f. Zum Begriff des Risikokapitals vgl. Albach (1983), S. 6; Betsch/Groh/Schmidt (2000), S. 14 f.; Güllmann (2000), S. 14 f.; Knips (2000), S. 18; Matz (2002), S. 34; Sabadinowitsch (2000), S. 8 f.; Süchting (1995), S. 28.

[87] Vgl. Cattanach/Kelley/Sweeney (2000), S. 5; Hagenmüller (2004), S. 12; Nevermann/Falk (1986), S. 19 f.

[88] Der ausgewählte Definitionsansatz lässt dahingehend einen gewissen Interpretationsspielraum zu, dass für die Darstellung der genannten Begriffsweiterentwicklung einzelne bedeutende Teilaspekte dieser Definition noch detaillierter beschrieben werden können und der Bezug zu den heutigen Entwicklungstendenzen gezogen werden kann.

„Private Equity ist eine Finanzierungsart, bei welcher nicht kotierten Unternehmen in einer entscheidenden Phase ihrer Entwicklung, ohne ausreichende Sicherheiten, mittel- bis langfristig Kapital und, bei Bedarf, Managementunterstützung zur Verfügung gestellt wird. Zur Realisierung eines dem Risiko entsprechenden Gewinnes besteht von vornherein die Absicht, die Beteiligung wieder zu veräussern.“ [89]

In einer Diskussion über das in dieser Definition vorzufindende (Teil-)Merkmal, dass es sich bei dem Beteiligungs-/Zielunternehmen um ein *nicht kotiertes* (nicht börsennotiertes) *Unternehmen* handelt, zeigen Theorie und Praxis unterschiedliche Ausprägungen. Während sich die Theorie streng an die genannte Komponente eines nicht börsennotierten Unternehmens (das heißt kein Public Equity) hält, sind in der Praxis vermehrt auch Beteiligungen von Private-Equity-Gesellschaften an börsennotierten Unternehmen zu beobachten. In einer Arbeit die sich dem Thema theoriegeleitet nähert und in der auch die Prozessstufe der Beteiligungsveräußerung fokussiert wird, das bedeutet insbesondere auch die Exit-Strategie des Börsengangs, ist eine Beteiligung an einem nicht börsennotierten Unternehmen insofern streng vorausgesetzt.[90] Das verwendete (Teil-)Merkmal *entscheidende Phase ihrer Entwicklung* verdeutlicht, dass Eigenkapital im Zuge einer Private-Equity-Beteiligung in verschiedenen Phasen der Unternehmensentwicklung herangezogen werden kann und eine tatsächliche Absteckung hinsichtlich des Finanzierungsanlasses und des Unternehmenstyps nicht möglich ist. Das (Teil-) Merkmal *mittel- bis langfristig Kapital* zeigt, dass hinsichtlich des Zeitraums, in dem das Kapital zur Verfügung gestellt wird, keine konkreten Jahresräume genannt werden und bleibt mit dieser Wortwahl bezüglich der Zeitspanne offen. Bei einer zweckmäßigen Definition sollte das Investitionsintervall nicht mit einem eindeutigen Zeitraum festgelegt werden, um eine spezifisch eingrenzende Begriffsbestimmung/-einschränkung zu vermeiden. Das (Teil-) Merkmal *Managementunterstützung* stellt dar, dass zwar Private-Equity-Gesellschaften Managementunterstützung leisten, dies aber im Umkehrschluss nicht immer der Fall sein muss. In der Praxis ist jedoch eine starke Tendenz zur Managementunterstützung wahrzunehmen.[91] Bereits bei einer Minderheitsbeteiligung ist hierbei mindestens davon aus-

[89] Bader (1996), S. 10.

[90] Zum Börsengang (Initial Public Offering) vgl. auch Oehler et al. (2011); Oehler/Herberger (2011); Oehler/Rummer/Smith (2005a); Oehler/Rummer/Smith (2005b); Oehler (2000c), S. 50 f.

[91] Dies zeigen z.B. einschlägige Fälle aus der Unternehmenspraxis. Bekannte Fälle in Deutschland sind bspw. die der Unternehmen Märklin oder Grohe.

zugehen, dass vertraglich fixierte Mitwirkungs- und/oder Kontrollrechte existieren.[92] Gerade das letzte (Teil-) Merkmal veranschaulicht, dass sich das Verständnis für Private Equity prinzipiell mit der Zeit und Marktentwicklung ständig verändert und weiterentwickelt hat. *Klier/Welge/Harrigan (2009)* sehen dies als Ursache für das heutzutage existierende Bild von Private Equity:

> *„Many of today's private equity firms have transformed their management model to reflect the changes in the marketplace. While a strong financial motivation persists, they have increased their operational capacities and now focus more strongly on active ownership and intervention in their portfolio companies.“*[93]

Insofern werden Private-Equity-Gesellschaften auf der einen Seite als *Financial Investor* gesehen, der mit der starken Fokussierung auf die Finanzsteuerung für die traditionelle Form von Private Equity steht und auf der anderen Seite werden Private-Equity-Gesellschaften als *Interventionist* erkannt, der die moderne Form repräsentiert, in der die aktive Einflussnahme auf die Unternehmenssteuerung/-kontrolle im Vordergrund steht. Demzufolge ist Private Equity mehr als nur die Vergabe von (haftendem) Eigenkapital, sondern vielmehr auch die (*aktive*) operative/strategische Unterstützung bei gleichzeitiger Übernahme des unternehmerischen Risikos. Die große Vielfalt existierender Definitionen von Private Equity sowie die dargestellten Entwicklungstendenzen zwingen dazu, bei einer Arbeit zu diesem Thema, das eigene Verständnis des Begriffs wie folgt zu definieren:[94]

> *Private Equity ist eine Form der Eigenkapitalfinanzierung, im Rahmen dessen nicht börsennotierten Unternehmen (Beteiligungsgesellschaften) in einer entscheidenden Entwicklungsphase für einen bestimmten Zeitraum Eigenkapital über eine direkte Beteiligung (Mehr- oder Minderheitsbeteiligung) zur Verfügung gestellt wird. Die Eigentums- und Verfügungsrechte der Private-Equity-Gesellschaften bestimmen sich nach den vertraglichen Vereinbarungen. Abhängig vom Beteiligungsgrad geht die Private-Equity-Beteiligung mit einer Unterstützung oder Übernahme der Steuerung und Kon-*

---

[92] Vgl. z.B. Koltes (2008).

[93] Klier/Welge/Harrigan (2009), S. 7 f.

[94] Die zweckmäßige Definition schließt Venture-Capital-Finanzierungen mit ein. Damit erfolgt keine differenzierte Betrachtung zwischen den Begriffen *Private Equity* und *Venture Capital*.

trolle in den Beteiligungsgesellschaften einher. Nach Ablauf der Beteiligung besteht die Absicht, die Unternehmensanteile wieder zu veräußern.

3.2.2 Private-Equity-Gesellschaften als Finanzintermediäre

3.2.2.1 Funktionen

Private-Equity-Gesellschaften sind spezialisierte Finanzintermediäre, welche Kapital nachfragenden Unternehmen Finanzierungsmittel zur Verfügung stellen, die im Vorhinein durch Investoren in Private-Equity-Fonds gebündelt werden. Über den mit der reinen finanziellen Verflechtung in Verbindung stehendem Beteiligungserwerb hinaus, nutzen Private-Equity-Gesellschaften ihre vertraglich festgelegten Eigentums- und Verfügungsrechte, um an der Wertschöpfung und Entwicklung der Beteiligungsunternehmen zu partizipieren.[95] In dieser Hinsicht kann auch von einem erweiterten Verständnis der Finanzintermediär-Rolle bei Private-Equity-Gesellschaften gesprochen werden, was auch durch den in der Literatur vorzufindenden Begriff des *hybriden Intermediärs* charakterisiert wird.[96] Die verschiedenen Funktionen hängen davon ab, welchen Interessengruppen diese dienen und lassen sich selbst abermals zusammenfassen. Insofern verfolgen Private-Equity-Gesellschaften aus Sicht der Investoren (Kapitalgeber) und den Entscheidungsträgern der Beteiligungsgesellschaften (zum Beispiel die geschäftsführenden Gesellschafter) vielfältige, gegenüber anderen Intermediärsformen erweiterte Funktionen, die sich überwiegend anhand der Transformationsleistungen ableiten lassen. Im Vordergrund steht die Finanzierungsfunktion, das bedeutet die rechtzeitige Bereitstellung und effiziente Organisation der Finanzierungsmittel. Darüber hinaus zählen insbesondere die Betreuungsfunktion (Managementunterstützung), Monitoringfunktion, Bewertungs- und Auswahlfunktion, Transaktionsdurchführungsfunktion, Diversifikationsfunktion sowie die Fungibilisierungs-/Exitfunktion zu den speziellen Transformationsleistungen.[97]

3.2.2.2 Klassifikation und Segmentierungsansätze

In Anbetracht dessen, dass Private-Equity-Gesellschaften sich in einer Reihe von Merkmalen, wie zum Beispiel hinsichtlich des Gesellschaftszwecks (zum Beispiel Förderung oder Rendi-

---

[95] Vgl. Siemes (2003), S. 115 ff.; Kaserer/Achleitner/Einem von/Schiereck (2007a), S. 13; Rudolph (2008), S. 161; European Commission, Internal Market and Services DG (2006), S. 9.

[96] Vgl. Rudolph (2008), S. 168.

[97] Vgl. Diller (2007), S. 50 ff.; Vgl. Kaserer/Achleitner/Einem von/Schiereck (2007b), S. 14; Matz (2002), S. 20 ff. Aufgrund der beschriebenen Funktionen von Private-Equity-Gesellschaften sind Effizienz- und Skalenvorteile vor allem in der Organisation des Selektionsprozesses und in der Betreuung der Unternehmen sowie bei den Monitoring- und Kontrollaktivitäten identifizierbar. Vgl. Diller (2007), S. 49 ff.

teorientierung), der Gesellschaftsform, der Investoren oder auch in Bezug auf die Kapital nachfragenden Unternehmen (zum Beispiel bestimmte Unternehmensentwicklungsphasen, Branchen oder Regionen) voneinander unterscheiden, ist es erforderlich Private-Equity-Gesellschaften typologisch zu klassifizieren und zu segmentieren.[98] Ansätze finden sich in der Trägerschaft selbst wieder.[99] Demnach orientieren sich Private-Equity-Gesellschaften bezüglich ihrer institutionellen Gestaltung und aufgrund ihrer Existenzabhängigkeit von den bereitgestellten finanziellen Mitteln an den Interessen der Investoren.[100] Die Differenzierung erfolgt zwischen der unabhängigen (independent), abhängigen (captive) und der halbabhängigen (semi-captive) Trägerschaft.[101] Die unabhängigen Trägerschaften befinden sich zumeist im Eigentum ihrer (geschäftsführenden) Partner oder Gesellschafter und agieren in diesem Sinne unabhängig von übergeordneten Organisationsstrukturen, wobei keiner der Investoren über eine mehrheitliche Eigentümerstellung verfügt.[102] Angesichts dessen, können Entscheidungen innerhalb der Private-Equity-Gesellschaften selbstständig, also weitestgehend unabhängiger von Weisungsbefugnissen der Investoren getroffen werden. Im Gegensatz dazu, sind die abhängigen Trägerschaften als Tochtergesellschaften vorderhand durch eine übergeordnete Organisations-/Konzernstruktur geprägt. Demzufolge verwalten diese das von der Muttergesellschaft zur Verfügung gestellte Kapital und führen die getroffenen Entscheidungen aus.[103] Die halbabhängigen Trägerschaften als Mischform stehen nicht im Eigentum nur eines, sondern gehören mehreren Investoren im Verhältnis ihrer Anteile.[104] Im Unterschied zu den unabhängigen Trägerschaften ist das Management zwar in die Entscheidungsvorbereitung eingebunden, jedoch grundsätzlich nicht stimmberechtigt, da das Stimmrecht hauptsächlich den Investoren vorbehalten ist.[105]

3.2.2.3 Organisation und Struktur

Die Begriffe *Private-Equity-Gesellschaften* und *Private-Equity-Fonds* werden oftmals als Synonym verwendet, obwohl diese voneinander dahingehend zu trennen sind, dass Private-

---

[98] Vgl. ZEW (2005), S. 2.

[99] Dieser Unterscheidungsansatz ist an bestehende Segmentierungsansätze, die traditionell überwiegend im angelsächsischen Raum verbreitet sind, geknüpft und Mitte der 1990er Jahre in Deutschland zum ersten Mal als Erklärungsmuster erarbeitet wurden. Vgl. Vater (2003), S. 80; Zemke (1995).

[100] Vgl. Zemke (1995), S. 93; Pfeffer/Salancik (1978).

[101] Vgl. EVCA (1997); BVCA (1992), S. 18.

[102] Vgl. Zemke (1995), S. 84.

[103] Vgl. Vater (2003), S. 80 f.

[104] Vgl. Willert (2006), S. 21 f.

[105] Vgl. Vater (2003), S. 81.

Equity-Gesellschaften als Finanzintermediäre auf der einen Seite den Beteiligungsunternehmen gegenüber in Erscheinung treten und als Eigenkapitalgeber Unternehmensanteile halten und die Private-Equity-Fonds auf der anderen Seite als reine Kapitalsammelstelle, in der die zur Investition benötigten finanziellen Mittel der Kapitalgeber gebündelt werden. Demnach sind die Kapitalgeber Anteilseigner der Fonds und nicht Anteilseigner der Private-Equity-Gesellschaften und/oder Beteiligungsunternehmen.

Merkmale von Private-Equity-Fonds
1) Kapitaleinlage: Erfolgt durch die Kapitalgeber als Kommanditisten/Limited Partners sowie durch den Komplementär/General Partner. Die jeweilige Höhe bestimmt sich weitestgehend durch die im Gesellschaftsvertrag festgehaltenen Vereinbarungen. Die Haftung der Kommanditisten/Limited Partners beschränkt sich nur auf die getätigte Kapitaleinlage (Committed Capital).[106]
2) Vergütungsstruktur: Diese wird im Verhältnis zur Kapitaleinlage vertraglich individuell festgelegt und gliedert sich in eine erfolgsunabhängige Management-Fee (Verwaltungsgebühr) und ein erfolgsabhängiges Carried Interest.[107]
3) Fondslaufzeit: Diese ist nicht reglementiert und unterliegt individuellen Vertragsvereinbarungen. Nachdem die Laufzeit des Private-Equity-Fonds beendet ist, wird dieser aufgelöst. Dabei wird mit Bezug auf einen nachfolgenden Fonds nicht bis zum Ablauf der Laufzeit eines bestehenden Fonds gewartet, sondern vielmehr bereits nach dessen Ende ein neuer Private-Equity-Fonds aufgelegt.[108]
4) Kapitalabruf-/Ausschüttungsmodus: Der Kapitalabruf der Einlage wird bei Auflage des Fonds nicht komplett durchgeführt, sondern entsprechend am jeweiligen Kapitalbedarf über die Investitionsphase verteilt ausgerichtet.[109] Nachdem eine bestimmte Halteperiode erreicht ist und die Beteiligungen wieder veräußert werden, kommt es zu Rückflüssen an die Kapitalgeber in Form von flüssigen Mitteln oder in Form von Aktien im Fall eines Börsenganges.[110]

Tabelle 3: Merkmale von Private-Equity-Fonds
(eigene Darstellung)

Generell existieren bei der Betrachtung des Beziehungsgeflechts zwischen Private-Equity-Gesellschaften und Private-Equity-Fonds zwei Beteiligungsstrukturen. Einerseits der sogenannte One-Entity-Approach und andererseits der Two-Entity-Approach, wobei der Letztgenannte die Charakteristika von deutschen und britischen Private-Equity-Fonds aufweist. Hierbei sind die Initiatoren des Private-Equity-Fonds über zwei Gesellschaften (durch eine Managementgesellschaft als Komplementär/General Partner und einer Kommanditgesellschaft/Limited Partnership) an der Fondsgesellschaft beteiligt. Für ein besseres Verständnis bezüglich der Funktionsweise sowie zur Organisation und Struktur von Private-Equity-Fonds

106 Vgl. Willert (2006), S. 35; Anzinger/Jekerle (2008); Sahlmann (1990); Schröder (1992).

107 Vgl. Willert (2006), S. 35 f.; Schröder (1992). Studien zeigen, dass mit zunehmender Fondsgröße die Management-Fee auf Werte um 1% sinkt. Vgl. Sahlman (1990); Fenn/Liang/Prowse (1995); Eidenmüller (2007); Willert (2006), S. 36; Altfelder (2005); Diller (2007), S. 54; Lorenz (2001).

108 Vgl. Willert (2006), S. 36 f.; Fenn/Liang/Prowse (1995).

109 Vgl. Bauer/Fischer (2009); Ljungqvist/Richardson (2003).

110 Vgl. Willert (2006), S. 37; Sahlman (1990).

stellt Tabelle 3 die wesentlichen Charakteristika zur Kapitaleinlage, Vergütungsstruktur, Fondslaufzeit sowie des Kapitalabruf- und Ausschüttungsmodus dar.

3.2.2.4 Existenzerklärungen

Die Grundlage zur Existenz von Private-Equity-Gesellschaften liefert aus ökonomischer Sichtweise zunächst die Existenz einer Institution selbst und zwar der Private-Equity-Markt, auf dem das Kapitalangebot durch die Investoren mit der Kapitalnachfrage der potenziellen Beteiligungsunternehmen zusammengeführt wird. Des Weiteren begründet sich die Existenz dadurch, dass die Private-Equity-Gesellschaften als spezialisierte und hybride Finanzintermediäre komplexe Funktionen und Aufgabenfelder übernehmen und damit trotz der bestehenden Marktfriktionen, wie zum Beispiel den Informations- oder Anreizproblemen, für die Marktteilnehmer Nutzenvorteile erzielen. Demzufolge besteht der Mehrwert aus Sicht der Kapitalgeber/-nehmer nicht nur in der reinen Weitergabe/Vergabe und der anschließenden Rückforderung von Eigenkapital, sondern auch in der unternehmerischen Beteiligung, die sowohl die strategische/operative Unterstützung der Unternehmensführung als auch die Unternehmenskontrolle impliziert, was grundsätzlich von den vertraglichen Vereinbarungen abhängt.

3.2.3 Finanzierungsanlässe

Anlässe für die Entscheidungsträger im Rahmen der Unternehmensfinanzierung auf Private Equity zurückzugreifen sind vielseitig und unterscheiden sich von Unternehmen zu Unternehmen. Um diesem Umstand Rechnung zu tragen, werden nachfolgend nur bestimmte Typen von Unternehmen exemplarisch für das breite und heterogene Feld von Unternehmen ausgewählt, wobei eine Rechtsformbetrachtung unberücksichtigt bleibt. In der Literatur werden üblicherweise *junge und wachstumsstarke Unternehmen* sowie *mittelständische Unternehmen* als Unternehmenstypen herangezogen, da anhand dieser die einzelnen Merkmale in Bezug auf die Finanzierungsanlässe, trotz möglicher Schnittstellen in Bezug auf quantitative und qualitative (Einteilungs-)Kriterien, am deutlichsten voneinander abgrenzbar sind.[111] Tabelle 4 stellt in einem Überblick die Einteilung anhand qualitativer Kriterien kurz dar.[112]

[111] Typische Assoziationen von *jungen und wachstumsstarken Unternehmen* sind bspw. Existenzgründungsunternehmen, junge, innovative Technologieunternehmen oder Wachstumsunternehmen. Vgl. nur Vater (2003), S. 57 ff. Typische Assoziationen von *mittelständischen Unternehmen* sind bspw. kleine und mittlere Unternehmen (KMU), Mittelstandsbetriebe oder Familienunternehmen. Eine weitere Einteilung erfolgt in die Klasse der *Großunternehmen*. Da diese Unternehmen aus einem größeren Bestand geeigneter Finanzierungsinstrumente auswählen können und Private Equity als Finanzierungsinstrument nur in geringen Fällen zum

Unternehmenstypen
1) Junge und wachstumsstarke Unternehmen - „Jung“ im betriebswirtschaftlichen Sinne von noch nicht *ausgereift* und *etabliert* (Unternehmensstruktur und -organisation befindet sich im Aufbau). Dabei handelt es sich um neue oder differente, zeitbezogene Produkt-/ Markt-Kombinationen mit jeweils hoher subjektiver Erfolgsaussicht. „Jung“ impliziert ferner, dass das betreffende Unternehmen noch keine oder zumindest keine längere Unternehmensgeschichte hat.[113] - „Wachstumsstark“ impliziert grundsätzlich ein ausgeprägtes (überproportionales) Wachstumspotenzial, das heißt, dass das Unternehmen in allen wesentlichen Unternehmensbereichen ein kontinuierliches, hohes Wachstum, insbesondere im Branchenvergleich und vor allem in den Bereichen Umsatz und Mitarbeiter aufweist.[114] - Mangelnde Erfahrungen des Managements mit dieser neuartigen Unternehmensidee, Dienstleistungs- oder Produktpalette oder auch dem speziellen Marktumfeld.[115] - Häufig keine Trennung zwischen Eigentum und Management.[116]
2) Mittelständische Unternehmen - Im Vergleich zu 1) ist dieser Unternehmenstyp im betriebswirtschaftlichen Sinne bereits *ausgereift* und *etabliert*, d.h. bzgl. der Ablauf-/Aufbauorganisation, Institutionalisierung, Marktpositionierung und dem damit zusammenhängenden Produkt- oder Dienstleistungsangebot.[117] - Es existieren sowohl Fremdmanagementstrukturen (Trennung zwischen Eigentum und Management) als auch (Familien-)Eigentümer-Management-Strukturen.[118]

Tabelle 4: Unternehmenstypen
(eigene Darstellung)

Für die Entscheidungsträger in jedem der zwei ausgewählten Unternehmenstypen bestehen im Laufe des Unternehmenslebenszyklus ganz bestimmte Anlässe, im Zuge der Unternehmensfinanzierung auf Private Equity zurückzugreifen. Als Finanzierungsanlässe werden nachfolgend der *Finanzierungsbedarf*, die *Unternehmensumstrukturierung* sowie die *Unternehmensnachfolge* ausgewählt und im Detail näher betrachtet, begründet dadurch, dass diese für sich genommen besondere Charakteristika aufweisen und indirekt auf die spezielle Finanzierungsphase eines Unternehmens hindeuten. Mit Bezug auf den Finanzierungsbedarf bei jungen und wachstumsstarken Unternehmen ist zu konstatieren, dass eigene finanzielle Mittel im Zuge der Innenfinanzierung zum größten Teil nicht generierbar sind (Frühphasenfinanzierung) und Kredite zumeist nicht bedient werden können.[119] Des Weiteren existieren besicherungsfähige

Tragen kommt (z.B. bei Unternehmensabspaltung; Übernahme durch ein fremdes Management (Management-Buyout) oder bei einem Spin-Off), wird dieser Unternehmenstypus nicht weiter betrachtet. Vgl. zu dieser Thematik grds. Fink (2002), S. 18.

112 Angesichts großer Abweichungen hinsichtlich der quantitativen Kriterien werden diese an dieser Stelle nicht mit einbezogen.

113 Vgl. Stubner (2004), S. 9; Schopper (2001), S. 283; Fallgatter (2004), S. 32.

114 Vgl. Matz (2002), S. 9; Brettel/Rudolf/Witt (2005), S. 2; Stubner (2004), S. 11; Volkmann/Tokarski, S. 16.

115 Vgl. Fink (2002), S. 26 ff.

116 Vgl. z.B. Oehler/Schalkowski/Wendt (2010); Oehler/Schalkowski/Wendt (2011); Oehler/Schalkowski/Wendt (2012); Schalkowski/Wendt (2011).

117 Für einen Überblick in Bezug auf die definitorische Eingrenzung des Mittelstands-Begriffs siehe Lüpken (2003), S. 4 ff.; Wesel (2010), S. 15 ff.; Hausch (2004), S. 12 ff. Für einen Überblick über das Finanzierungsverhalten und Finanzierungsprobleme siehe Schulte (2008), S. 189 ff.

118 Vgl. auch Oehler/Schalkowski/Wendt (2010); Oehler/Schalkowski/Wendt (2011); Oehler/Schalkowski/Wendt (2012); Oehler/Kohlert/Linn (2009); Oehler/Kohlert (2009); Schalkowski/Wendt (2011).

119 Vgl. Fink (2002), S. 26 ff.; ZEW (2005), S. 4.

Vermögensgegenstände nur in einem geringen Umfang oder überhaupt nicht.[120] Bei mittelständischen Unternehmen sind die thesaurierten Gewinne zur Finanzierung meist nicht ausreichend und/oder die Aufnahme weiterer Gesellschafter nicht möglich (Expansions- oder Spätphasenfinanzierung).[121] Ferner verhindert eine restriktive Vergabe von Fremdkapital sowie die nur schwer zugängliche Kapitalmarktfinanzierung die Außenfinanzierung.[122]

Im Hinblick auf die Unternehmensumstrukturierung bei jungen und wachstumsstarken Unternehmen ist festzuhalten, dass (Um-)Strukturierungen in der Regel wirtschaftliche, organisatorische, arbeitsrechtliche oder steuerrechtliche Gründe haben. Gerade bei diesen Unternehmenstypen leisten Private-Equity-Gesellschaften einen Nutzen dahingehend, dass sie sowohl Finanzmittel als auch Unterstützung auf Managementebene leisten (Restructuring- oder Turnaround-Capital).[123] Bei mittelständischen Unternehmen wird Private Equity ebenso als Restructuring- oder Turnaround-Capital in Fällen mangelnder Eigenkapitalausstattung (zum Beispiel aufgrund ausbleibender Cash-Flows) oder fehlender Sicherheiten zur Verfügung gestellt, um unter Umständen zusätzliches Fremdkapital für weitere Investitionen zu generieren.[124]

Mit Bezug auf die Unternehmensnachfolge bei jungen und wachstumsstarken Unternehmen ist diese im Sinne eines vorzeitigen Unternehmensverkaufs (Exit) zu verstehen, da eine Unternehmensnachfolge aufgrund von Altersgründen oder eines Generationenwechsels zwar theoretisch denkbar, jedoch in der Praxis eher als untypisch einzustufen ist.[125] Aus Sicht des Käufers ist der Rückgriff auf Private Equity dahingehend zu begründen, dass der nötige Kapitalstock häufig fehlt. Zudem erscheint eine Unterstützung des Managements aufgrund fehlen-

[120] Vgl. Achleitner/Nathusius (2004), S. 4 ff.; Gompers/Lerner (2004), S. 157 f.

[121] Vgl. Achleitner/Poech/Groth (2005).

[122] Vgl. Kaserer/Achleitner/Einem von/Schiereck (2007b), S. 26 f.; Blum (2008), S. 36 f.; Matz (2002), S. 17 ff.

[123] Vgl. z.B. Kraft (2001), S. 62; Behrens (2008), S. 72 ff.; Böttger/Ebhardt, S. 249.

[124] Einen Überblick über die Gründe von Buyout-Transaktionen liefert Diller (2007), S. 41 ff.; Brandes (2008).

[125] Unter der Unternehmensnachfolge ist im Allgemeinen die führungs- und kapitalmäßige Überleitung oder Übergabe der Unternehmensgeschicke von einem abtretenden Unternehmer auf den oder die übernehmenden zukünftigen Unternehmer zu verstehen. Vgl. Olbrich (2003), S. 143 f. Dieser frühe Exit kann darin begründet liegen, dass der jetzige Unternehmer selbst keine für die Zukunft weiteren Unternehmenspotenziale erkennt oder aus strategischen Gründen bewusst einen vorzeitigen Verkauf verwirklichen will. Die mangelnde Beachtung von Unternehmensnachfolgen bei diesem Unternehmenstyp spiegelt sich auch in der Literatur wider, da sich der überwiegende Teil mit Unternehmensnachfolgen bei (etablierten) mittelständischen Unternehmen oder Familienunternehmen auseinandersetzt. Der Unternehmenstyp der *jungen* und *wachstumsstarken Unternehmen* wird – verständlicherweise – nur selten thematisiert. Vgl. grds. zur Unternehmensnachfolge(-problematik) Oehler (2006a).

der Kenntnis und Fähigkeit gerade in Bezug auf die Nachfolge und zu Beginn der Unternehmensfortsetzung als erforderlich.[126] Aus Sicht des Verkäufers können Private-Equity-Gesellschaften als Finanzinvestoren selbst agieren, da diese den Kreis potenzieller Käufer für den Verkäufer erweitern. Dadurch entsteht unter anderem die Möglichkeit einer Ingangsetzung eines verstärkten Wettbewerbs im Zuge des Verkaufsprozesses.[127] Bei den mittelständischen Unternehmen spielt die Sicherung der Unternehmensnachfolge eine bedeutende Rolle.[128] Die Inanspruchnahme von Private Equity erfolgt dabei über unterschiedliche Wege, wobei eine interne Nachfolge – zumeist durch Familienmitglieder oder langjährige Mitarbeiter – und der Unternehmensverkauf an einen strategischen Käufer (Wettbewerber) bereits im Vorhinein ausgeschlossen sind. Denkbare Optionen sind unter anderem Management-Buyout- oder Management-Buyin-Strategien sowie der Unternehmensverkauf an eine Private-Equity-Gesellschaft oder der Gang an die Börse.[129]

3.2.4 Finanzierungsstufen

Im Rahmen des Private-Equity-Prozesses existieren verschiedene Finanzierungsstufen die wiederum eng mit dem Unternehmenslebenszyklus verknüpft sind. Dabei entsteht auf jeder Stufe ein ganz bestimmter Finanzierungsbedarf im Unternehmen der gedeckt werden muss, wobei für jedes einzelne Unternehmen eine differenzierte Beantwortung und Bewertung notwendig ist. Aufgrund dessen erlaubt die Dynamik und Individualität der Unternehmensentwicklung in der Praxis keine streng definitorische Abgrenzung und Unterteilung.[130] *Bader (1996)* unterteilt die Finanzierungsstufen in *Seed Financing*, *Startup Financing*, *Early-Stage Financing*, *Expansion Financing* und *Later-Stage Financing*.[131] Exemplarisch für viele weitere Ansätze werden diese einzelnen Finanzierungsstufen nachfolgend im Detail kurz erläutert.

In der Finanzierungsstufe *Seed Financing* existiert in der Regel nur eine Idee oder ein Konzept, wobei ein Prototyp und Business-Plan in Bezug auf das Produkt-/Dienstleistungsangebot meistens noch nicht ausgearbeitet ist. Ferner ist außer dem Unternehmensgründer noch kein

[126] Vgl. nur Schefczyk (2000), S. 23.

[127] Dies ist insb. für Unternehmen interessant, die entweder in einer soliden Marktposition für Investoren attraktive Rendite erwirtschaften oder ein außergewöhnliches Marktentwicklungspotenzial aufweisen, das die Übernahme aus finanziellen Gründen attraktiv erscheinen lässt. Vgl. Felden/Pfannenschwarz (2008), S. 31.

[128] Vgl. z.B. Oehler (2006a).

[129] Siehe auch Diller (2007), S. 41 ff.

[130] Vgl. Hirsch (2004), S. 26; Bader (1996), S. 104.

[131] Vgl. Bader (1996), S. 103 ff. Weitere Unterteilungsansätze finden sich in Nathusius (2001), S. 55-63; Schefczyk (2004), S. 40-42; Matz (2002), S. 10-14; Vater (2003), S. 48-55; Baltzer (2002), S. 53-59.

Managementteam vorhanden. Für gewöhnlich ist die Stufe dann abgeschlossen, wenn der Prototyp funktionstüchtig ist, Marktstudien die ökonomische Machbarkeit bestätigen und der Business-Plan ausgereift ist. In der Stufe *Startup Financing* sind der Businessplan und die Marktstudien regelmäßig abgeschlossen und der Prototyp befindet sich in der Testphase. Ziel ist es, die technischen und organisatorischen Voraussetzungen für einen erfolgreichen Markteintritt zu schaffen. In der Stufe *Early-Stage Financing* hat das Produkt oder Dienstleistungsangebot bereits eine bestimmte Akzeptanz am Markt erreicht. Die Zielvorstellungen reichen dahingehend, dass der Markt weiter durchdrungen und eine Umsatzsteigerung realisiert wird. Weiterhin stellen das Erreichen der Profitabilität, die Stückkostensenkung und der Aufbau eines Distributionssystems zusätzliche Ziele dar. Außerdem sieht sich der Unternehmensgründer verstärkt mit den Funktionen und Aufgaben des Managements konfrontiert. Im Unterschied zum *Early-Stage Financing* werden innerhalb der Finanzierungsstufe *Expansion Financing* höhere Umsätze und Auftragseingänge erreicht. Als wesentliche Ziele stehen das Erreichen selbst festgelegter Umsatz-, Wachstums- oder Marktanteilsvorgaben im Vordergrund.

Die Stufe *Later-Stage Financing* ist nochmals hinsichtlich verschiedener Unterkategorien differenzierbar. Eine erste Kategorie betrifft das *Bridge Financing*. Zweck dieser Finanzierung ist es sowohl eine Verbesserung der Eigenkapitalquote als auch die Finanzierung der Going-Public-Kosten bereitzustellen. Die zweite Kategorie stellt *Replacement Capital* dar, wobei es darum geht, bereits existierendes Eigenkapital zu übernehmen und kein neues anzubieten. Im Rahmen einer dritten Kategorie kann *Restructuring Capital* zur Verfügung gestellt werden. Ziel ist es, das Unternehmen in der Krise finanziell umzustrukturieren und neu zu positionieren. Durch das *Later-Stage Financing* wird zumeist durch Profitabilitätssteigerungen der Gang an die Börse, ein Merger oder ein Buy-Out vorbereit. Des Weiteren besteht diese Finanzierungsstufe aus dem *Buyout Financing*, wobei hier wiederum zwischen *Management-Buy-Out*, *Management-Buy-In* und *Leveraged-Buyout* zu unterscheiden ist.[132]

[132] Vgl. Bader (1996), S. 103 ff.; Ruhnka/Young (1987), S. 167-184.

3.2.5 Beteiligungs- und Wertschöpfungsprozess

3.2.5.1 Systematisierung ausgewählter Prozessmodelle und Prozesserweiterung

Neben der organisatorischen und strukturellen Sichtweise auf Private Equity werden für das wertschöpfende Potenzial im Rahmen von Private-Equity-Beteiligungen hauptsächlich die relativ kurze Beteiligungsdauer, die Erzielung eines Gewinns aus dem Verkauf von Unternehmensanteilen ohne laufende Gewinnausschüttung, die *aktive Beteiligung* in Form der Unterstützung oder Übernahme des Managements, das bedeutet eine über die ausschließliche Wahrnehmung von Kontrollrechten hinausgehende Rolle, verantwortlich gemacht.[133] Sowohl in der Literatur als auch in der Praxis existieren hinsichtlich des Beteiligungs- und Wertschöpfungsprozesses abweichende Darstellungsvarianten, Modellmodifikationen und Umsetzungsmöglichkeiten, die zwar bezüglich ihrer Abfolge weitestgehend identisch sind, sich jedoch in ihrem Detailierungsgrad der Schritte sowie zu Beginn und am Ende der Schrittfolge unterscheiden. Insofern ist es wichtig, die verschiedenen Prozessmodelle zu systematisieren, um im Anschluss daran ein für diese Arbeit zweckmäßiges Beteiligungs- und Wertschöpfungsprozessmodell für das Verständnis der weiteren Vorgehensweise zu entwickeln. Die zahlreichen Prozessmodelle lassen sich in verschiedener Weise klassifizieren.

Tabelle 5 stellt einzelne Modelle (Prozessmodelle A) überblicksartig dar, die *Pankotsch (2005)* nach dem Ablauf auf Ebene der Beteiligungsunternehmen, der Private-Equity-Gesellschaften sowie der Investoren zuordnet. Dabei ist den Prozessmodellen gemein, dass diese lediglich solche Schritte aufzeigen, die im unmittelbaren Zusammenhang zu einem konkreten Beteiligungsunternehmen stehen. Insofern nehmen diese Modelle die Perspektive ein, die auch ein Beteiligungsunternehmen auf den Ablauf des Beteiligungsprozesses hat.[134]

[133] Vgl. Willert (2006), S. 29.
[134] Vgl. Pankotsch (2005), S. 29-31.

Prozessmodelle A	
Autoren	**Prozessablauf**
Betsch/Groh/Lohmann (1998)[135]	Identifikation/Bewertung und Auswahl (erste Filtrierung und Detailprüfung der Beteiligungsoptionen)/Betreuung/Desinvestition
Tyebjee/Bruno (1984)[136]	Deal Origination (Identifizierung potenzieller Investmentmöglichkeiten)/ Screening (Prüfung zur Reduzierung der ausgewählten Investmentmöglichkeiten)/Evolution (Intensive Prüfung zur Ermittlung der Chancen und Risiken)/ Structuring (Wertfeststellung der Beteiligung; Verhandlung und Festlegung des Vertragswerkes)/Post Investment Activities (Zusammenarbeit mit dem Beteiligungsunternehmen)
Pape/Beyer (2001)[137]	Beteiligungsakquisition (Prüfung; Entscheidung; Verhandlung; Vertrag)/ Unternehmensentwicklung/Desinvestment (Beteiligungsbeendigung durch Verkauf oder Liquidation)

Tabelle 5: Prozessmodelle A
(eigene Darstellung)

Tabelle 6 stellt die zweite Art von Ablaufmodellen (Prozessmodelle B) dar, die die Ebene der Private-Equity-Gesellschaften beschreiben, da diese den Aspekt der Kapitalakquisition zusätzlich mit aufnehmen und dieser organisatorisch den bereits genannten Schritten vorangestellt wird. Nach *Pankotsch (2005)* ist diesen Prozessmodellen gemein, dass diese das operative Geschäft im Vorfeld der Beteiligungsphase abdecken und somit die vorherige Fondsauflegung implizieren.[138]

Prozessmodelle B	
Autoren	**Prozessablauf**
Kokalj (1989)[139]	Kapitalsammelphase/Investmentphase/Betreuungsphase/Desinvestmentphase
Schefczyk (2004)[140]	Kapitalakquisition/Beteiligungsakquisition/Beteiligungsprüfung/Beteiligungsverhandlung/Managementunterstützung/Desinvestition
Zemke (1998)[141]	Fundraising/Deal Flow/Due Diligence/Decision Making/Monitoring/Exit

Tabelle 6: Prozessmodelle B
(eigene Darstellung)

In einer Gesamtbetrachtung der Prozessmodelle A und B scheint bisweilen ungeklärt, inwiefern der Beteiligungsgrad an sich, also die durch die Private-Equity-Gesellschaften eingehenden Minder- oder Mehrheitsbeteiligungen (siehe Kapitel 3.2.1.2 zur zweckmäßigen Definition), als erweiterter Ansatz in einem Ablaufmodell Berücksichtigung findet. Notwendig ist diese Überlegung aus dem Grund, dass der Grad der Beteiligung wiederum Auswirkungen sowohl auf die Intensität des rechtlichen und wirtschaftlichen Einflusses im Rahmen des Be-

[135] Vgl. Betsch/Groh/Lohmann (1998), S. 227-229.
[136] Vgl. Tyebjee/Bruno (1984), S. 1052-1054.
[137] Vgl. Pape/Beyer (2001), S. 633.
[138] Vgl. Pankotsch (2005), S. 32.
[139] Vgl. Kokalj (1989), S. 5.
[140] Vgl. Schefczyk (2004), S. 38-40.
[141] Vgl. Zemke (1998), S. 212.

treuungsprozesses im Speziellen, als auch auf die Unternehmenssteuerung/-kontrolle insgesamt haben kann.[142] In der Konsequenz und Schlussfolgerung sollte sich das Gesamtbild des Ablaufmodells demnach auch an dem Beteiligungsgrad ausrichten. Aufgrund der Tatsache, dass sich Minder- und Mehrheitsbeteiligungen an sich nochmals differenzieren und die individuelle Vertragsgestaltung in einem einzigen Modell nicht komplett abzubilden ist sowie des Diskurses darüber, in welchem Zusammenhang die unterschiedlichen Beteiligungsausrichtungen zur jeweiligen Finanzierungsstufe stehen, müssen gewisse Annahmen getroffen werden, damit diese in einem Prozessmodell darstellbar sind.

Losgelöst von dem Grad der Beteiligung wird es stets das Ziel von Private-Equity-Gesellschaften sein, einen gewissen Einfluss auf die Beteiligungsgesellschaften auszuüben, wobei dies mit zunehmendem Beteiligungsgrad in der Regel umso stärker erfolgt.[143] Gesetzt den Fall, dass eine typische Mehrheitsbeteiligung mit mehr als 50 Prozent der Unternehmensanteile oder Stimmrechte gegeben ist, womit umfangreiche vertragliche Möglichkeiten zur Einflussnahme im Beteiligungsunternehmen einhergehen, sowie anzunehmen ist, dass bei einer Beteiligung von unter 10 Prozent die Einflussnahme auf die Steuerungs- und Kontrollprozesse sowie die damit einhergehenden unternehmerischen Entscheidungen durch die Private-Equity-Gesellschaften nur eingeschränkt möglich ist, ist davon auszugehen, dass sich eine typische Minderheitsbeteiligung mit Bezug auf die Anteile oder Stimmrechte grundsätzlich zwischen 10 und 49 Prozent bewegt.[144] Ein Ablaufmodell, dass die oben genannten Sichtweisen der Beteiligungsunternehmen, Private-Equity-Gesellschaften und der Investoren sowie die Überlegungen zur Minder- und Mehrheitsbeteiligung mit einbezieht, sollte nach der Prozessstufe der Vertragsgestaltung und vor der Betreuungsprozessstufe zwei voneinander abweichende Richtungen aufweisen, die von dem Zustand der Minder- oder Mehrheitsbeteiligung abhängig sind.

[142] Vgl. Koltes (2008).

[143] Unter dem Begriff *Einfluss* wird hier die potenzielle oder faktische Wirkung einer Interessengruppe auf eine andere Interessengruppe und im Speziellen die vertraglich fixierte Einflussnahme verstanden. Damit bestimmt sich die Möglichkeit der Einflussnahme sowohl über das Recht, Einfluss ausüben zu können, als auch über die tatsächlich durchsetzbare Einflussnahme. Der Einfluss erstreckt sich insgesamt auf die Durchsetzung der individuellen Zielerreichung.

[144] Siehe auch Koltes (2008).

In Anlehnung an *Pankotsch (2005)* zeigt Abbildung 2 in erweiterter Form die verschiedenen Betrachtungsebenen.[145] Aus Sicht der Investoren besteht der Ablauf aus der Kapitalakquisition, die im Anschluss stattfindende Verwendung des Kapitals durch die Private-Equity-Gesellschaften sowie die schlussendliche Kapitalrückzahlung an die Investoren. Aus Sicht der Private-Equity-Gesellschaften stellt neben der Akquisition und Rückzahlung, die Kapitalverwendung, die mit der Investition in die Beteiligungsgesellschaften beginnt, das eigentliche operative und strategische Geschäft dar. Aus dieser Perspektive heraus erscheint eine weitere Detaillierung dieses Schrittes in Richtung Beteiligungssuche bis einschließlich Vertragsgestaltung sinnvoll. Als Ergebnis der Vertragsgestaltung steht sodann fest, ob die Private-Equity-Gesellschaften eine Minder- oder Mehrheitsbeteiligung eingehen werden. Dementsprechend gestaltet sich der Betreuungsprozess über die Beteiligungslaufzeit und endet mit dem Ziel der Beteiligungsveräußerung. Aus Sicht der Beteiligungsunternehmen beginnt der Private-Equity-Prozess mit der (Beteiligungs-)Anbahnung der Private-Equity-Gesellschaften, weshalb die Schritte der Kapitalakquisition, -verwendung und -rückzahlung hier ausgeblendet sind.

Im weiteren Verlauf werden die bedeutendsten Unternehmensaufgaben für die Private-Equity-Gesellschaften und die Entscheidungsträger der Beteiligungsgesellschaften entlang des Beteiligungsprozesses entsprechend der Wertschöpfungskette von *Porter (1985)* im Detail näher betrachtet und in einzelne Bestandteile zerlegt.[146]

---

[145] Vgl. Pankotsch (2005), S. 33 f.

[146] Vgl. Porter (1985), Zu den einzelnen Prozessphasen siehe auch Schröder (1992); Zemke (1995); Matz (2002), S. 36 ff.

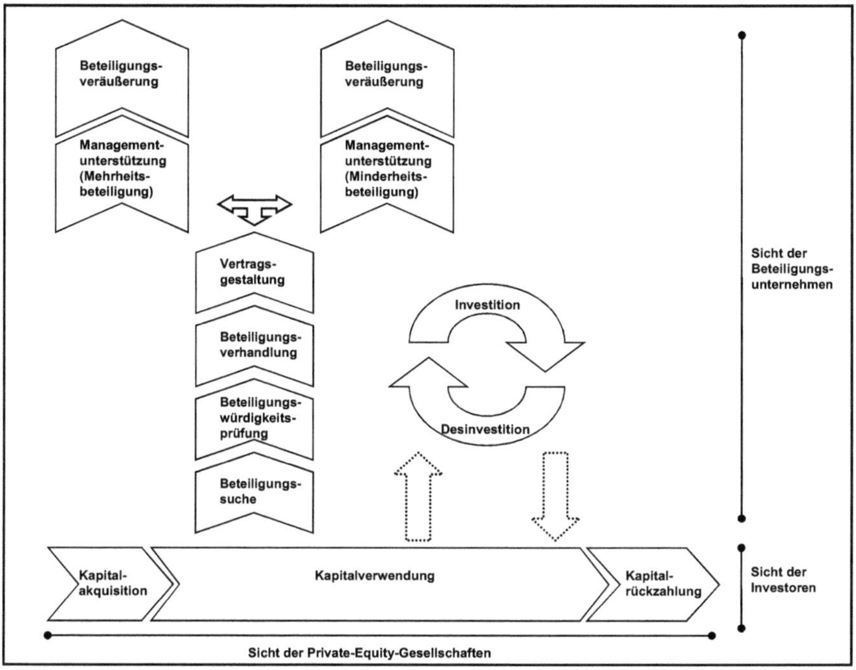

Abbildung 2: Prozesserweiterung
(eigene Darstellung in Anlehnung an Pankotsch (2005), S. 92 ff.)

3.2.5.2 Kapitalakquisition

Der Beteiligungsprozess beginnt mit der Akquisition des Kapitals (Fundraising), das sodann in die Private-Equity-Fonds fließt und dort gesammelt wird. Aus Sicht der Private-Equity-Gesellschaften erfordert die Akquisition im Vorfeld selbst die Suche und Motivation von potenziellen Investoren.[147] Dies kann durch das persönliche Netzwerk geschehen oder durch die Unterstützung von externen Beratern und Vermittlern. Im Einzelnen umfasst die Akquisition die Festlegung von Mindestinvestitionssummen und die Erstellung eines Investitionsplans. Die Überprüfung der Risikobereitschaft potenzieller Investoren lässt sich nur schwer abschätzen oder messen. In diesem Fall ist es den Private-Equity-Gesellschaften lediglich möglich über mögliche Risiken aufzuklären. Diese Aufklärung erfolgt durch detaillierte Informationen über die Gesellschaft, Manager, Investitionsstrategie, geplante Fondsgröße, rechtliche Struk-

[147] Vgl. Willert (2006), S. 30 f.; Bygrave/Peeters/Hay (1999).

turen sowie Management- und Performance-Fees im Rahmen des Offering Document oder Private Placement Memorandum. Aus Sicht der Investoren zählt die zu erwartende Internal Rate of Return als wichtigstes Entscheidungskriterium. Als ein weiteres Kriterium dient die Fonds-Strategie, welche sowohl die Branchen- und Regionenfokussierung, die Ausrichtung bestimmter Investitionsphasen oder Transaktionstypen als auch den Diversifizierungsansatz beinhaltet.[148] Am Schluss steht die Zeichnung des Fondsvolumens in zumeist mehreren Runden. Nachdem die Private-Equity-Fonds geschlossen sind, werden die Kapitalgeber durch Investor-Relationship-Maßnahmen, zum Beispiel durch die Bereitstellung von Geschäftsberichten, wiederkehrend kontaktiert.[149]

3.2.5.3 Beteiligungssuche und Potenzialprüfung

Die eigentliche Beteiligungsanbahnung beginnt vorderhand mit der Beteiligungssuche (Deal Flow) und die daran anschließende Potenzialprüfung (Due Diligence). Die Beteiligungssuche gestaltet sich über ein gezieltes Marketing zur Schaffung von Investitionsmöglichkeiten sowie des Deal-Flow-Managements. Ziel ist es, die Investitionsstrategie und Dienstleitungen der Private-Equity-Gesellschaften bei den Marktteilnehmern bekannt zu machen und die Reputation als finanzieller Investor aufzubauen. Dafür wird sowohl auf klassische Marketinginstrumente, wie beispielsweise auf Public Relations zurückgegriffen. Ferner werden Branchenanalysen hinsichtlich ihrer Entwicklungsprognosen und Wettbewerbssituationen durchgeführt, um mögliche Zielunternehmen unmittelbar zu identifizieren und gezielt anzusprechen. Das Management des Deal Flows beinhaltet, zusammen mit den aus dem Marketing und den Analysen gewonnen Ergebnissen, die wichtigsten Daten potenzieller Investitionsmöglichkeiten zu erfassen und strategisch einzuordnen sowie die Prüfung deren Relevanz vor dem Hintergrund der jeweiligen Investitionsstrategie auszuführen. Darüber hinaus findet im Anschluss eine erste Kontaktaufnahme zum Zielunternehmen statt und es werden zu diesem Zeitpunkt im Einzelfall bereits Vertraulichkeitserklärungen, Absichtserklärungen oder Vorverträge unterzeichnet.[150] Mit der Potenzialprüfung wird die zuvor durchgeführte Beteiligungssuche evaluiert und auf ihre Eignung für eine Finanzierung sowie deren finanzielle Bewertung hin untersucht. Ziel ist es, vor Vertragsabschluss unter anderem ein ansatzweise realistisches oder objektiviertes Bild über die Entwicklungschancen der Zielunternehmen zu erhalten. Zunächst

[148] Vgl. Daniels von (2004), S. 34 f.
[149] Vgl. Willert (2006), S. 30; Bygrave/Peeters/Hay (1999).
[150] Vgl. Daniels von (2004), S. 36.

erfolgt das Initial Screening, welches individuell fixierte, grundsätzliche Voraussetzungen mit Hilfe von K.O.-Kriterien beinhaltet, die wiederum Ausprägungen wie die Kapitalbedarfshöhe, Branchenfokussierung, Finanzierungsrunden, Verständlichkeit des Entwicklungsmodells und auch absehbare Exit-Möglichkeiten umfassen. Infolge dieser Vorselektion kann der Großteil der Beteiligungsgesuche schnell und kosteneffizient abgestoßen werden. Im anschließenden Second Screening werden bereits persönliche Gespräche mit den Entscheidungsträgern der Zielunternehmen geführt und die bereits erwähnten K.O.-Kriterien in Abhängigkeit von der Strategie und den Interessen der Private-Equity-Gesellschaften erweitert. Danach erfolgt die Due Diligence im engeren Sinne, in der meistens nur noch ein geringer Anteil der zuvor zur Wahl gestandenen Zielunternehmen einer wirtschaftlichen und rechtlichen Prüfung unterzogen werden, um den Informationsvorsprung des Verkäufers sowie das Transaktionsrisiko des Käufers zu verringern. Prüfungstiefe und -gegenstand werden unter anderem vom jeweiligen Finanzierungsanlass, der Finanzierungsstufe und einer Kosten-Nutzen-Analyse abhängig gemacht. Daran anschließend und angesichts einer lediglich sehr geringen Auswahl potenzieller Beteiligungsunternehmen, erfolgt abschließend die Bewertung mit Hilfe von substanz-, ertrags- und marktorientierten Bewertungsansätzen.[151]

3.2.5.4 Verhandlung und Vertragsgestaltung

Mit den nach der Bewertung verbleibenden möglichen Unternehmen werden konkrete Beteiligungsverhandlungen aufgenommen und ein Beteiligungsvertrag ausgestaltet (Deal Structuring).[152] Dafür werden durch die Private-Equity-Gesellschaften Investment Proposals (wie zum Beispiel Term Sheets) angefertigt, die die wesentlichen Vertragselemente beinhalteten und als Grundlage für die Verhandlungen dienen. Im Zuge dieses Verhandlungsprozesses stehen mehrere Punkte im Fokus. Einer dieser Punkte stellt vorwiegend die Unternehmensbewertung dar, wobei auch das Verhältnis zwischen den einzelnen involvierten Interessengruppen (zum Beispiel den Fremdkapitalgebern oder den ausscheidenden/verbleibenden Gesellschaftern) eine besondere Bedeutung spielt. Aus der Perspektive der Private-Equity-Gesellschaften sind beispielsweise Bürgschaften und Garantien der Mitgesellschafter oder das Einflusspotenzial der Gläubiger oft verwendete Mittel um Kaufpreisminderungen durchzusetzen. Ein weiterer Punkt betrifft die Wahl der Finanzierungsinstrumente sowie die Festlegung von Kontrollrechten, insbesondere der erweiterten Informations- und Mitbestimmungsrechte

[151] Vgl. Willert (2006), S. 31 f.; Bygrave/Peeters/Hay (1999); Daniels von (2004), S. 37.
[152] Vgl. Willert (2006), S. 32; Bygrave/Peeters/Hay (1999).

(Key-Management Contracts).[153] Ferner können Instrumente zur Motivation (Anreizsysteme) für das Management der Beteiligungsgesellschaften Anwendung finden (zum Beispiel durch Manager-/Mitarbeiterbeteiligungen oder Options- und Bonus-Programme).[154] Als ein weiterer wichtiger Punkt gilt die Festlegung und Sicherung der Exit-Strategie, womit die Private-Equity-Gesellschaften eine Absicherung zum Ende der Beteiligung schaffen, um aus ihrer Investition auszusteigen.[155]

3.2.5.5 Managementunterstützung

Nach Beendigung der Beteiligungsverhandlungen, in der nochmals ein hoher Anteil potenzieller Beteiligungsunternehmen aussortiert wird, erfolgt der eigentliche Abschluss des Beteiligungsvertrages. Mit der sich im Rahmen des Private-Equity-Prozesses anschließenden Managementunterstützung startet eine der zeitlich längsten Beteiligungs- und Wertschöpfungsstufen.[156] In diesem Kontext zeigt die Unterstützung des Managements selbst vielfältige Facetten, die jeweils von der individuellen Gestaltung der abgeschlossenen Verträge abhängig sind. Grundsätzlich ist unter der Managementunterstützung sowohl eine aktive/passive Betreuung als auch eine Kontrolle oder ein Monitoring zu verstehen, wobei erneut deutlich wird, dass das operative und strategische Private-Equity-Geschäft über die reine Finanzierungsfunktion hinausgeht.[157] Denn Ziel ist es, vor allem den Unternehmensbeteiligungswert zu steigern. Die Aufgabenbereiche erstrecken sich demnach von der Mitwirkung in etwaigen Kontroll-/Aufsichtsgremien über die Beratung in Einzelfragen bis hin zur Durchführung eines Beteiligungscontrollings.[158]

3.2.5.6 Beteiligungsveräußerung

Mit der Beteiligungsveräußerung (Exit) und Freisetzung des gebundenen Kapitals durch die Gewinn- oder Verlustrealisation endet der Beteiligungs- und Wertschöpfungsprozess.[159] Bei

[153] Vgl. Daniels von (2004), S. 40 ff.; Kraft (2001), S. 207.

[154] Siehe auch Brück (1998).

[155] So werden z.B. im Falle eines geplanten Börsengangs bestimmte Vertragsklauseln festgehalten, mit denen die Private-Equity-Gesellschaften die Beteiligungsunternehmen indirekt auch zu einem Gang an die Börse zwingen können. Vgl. Daniels von (2004), S. 41 ff.; Brück (1998), S. 113 ff.

[156] Vgl. Willert (2006), S. 32 f.; Bygrave/Peeters/Hay (1999); Daniels von (2004), S. 44.

[157] Vgl. Daniels von (2004), S. 42. Auf Managementebene und aus Organisationssicht kann zwischen einer eher aktiven (Hands-on) und passiven Rolle (Hands-off) der Managementgesellschaft unterschieden werden, wobei die Achse zwischen „aktiv" und „passiv" die Intensität der Involvierung in das Beteiligungsunternehmen darstellt. Vgl. Manigart et al. (2002); Willert (2006), S. 32 f.; Bygrave/Peeters/Hay (1999).

[158] Vgl. Daniels von (2004), S. 42 ff.; Lerner (1995), S. 301 ff.; Schefczyk (2000), S. 42.

[159] Vgl. Daniels von (2004), S. 44.

der Gestaltung des Exits sind verschiedene Ansätze (Kanäle) denkbar. Aus diesem Grund besteht die Notwendigkeit, aus der Planung der Exit-Strategie, alternative (Exit-)Kanäle zu evaluieren und zu sondieren, um sodann den Zeitpunkt und das Verfahren des Exits zu definieren. Der vorzubereitende Verkauf der Unternehmensbeteiligung umfasst im Kern die Dokumentation der für die potenziellen Unternehmenskäufer relevanten Unternehmensinformationen in einem Verkaufsprospekt, die Durchführung einer aktuellen Unternehmensbewertung sowie die Bestimmung der rechtlichen Rahmenbedingungen im Zuge des Unternehmensverkaufs.[160] Als Exit-Strategie kommen generell die Publikumsöffnung (Initial Public Offering), der Verkauf an strategische Investoren oder andere Unternehmen (Trade Sale/Corporate Acquisition) sowie an andere Finanzinvestoren (Secondary-Buy-Out/-Sale/-Purchase), der Rückkauf durch Alt-/Mitgesellschafter (Share-/Company-Buy-Back) oder die Desinvestition der Aktiva und die Schließung (Write-Off/Liquidation) in Frage.[161] Der Börsengang ist ein klassischerweise angesetztes Instrumentarium, da es gegenüber anderen Exit-Varianten sehr hohe Gewinne aufweist.[162] Die Nachteile werden insgesamt in den existierenden Anforderungen an die Publizität, den Folgekosten, der Unsicherheit sowie in der Veräußerungssperre (Lock-Up Periode) und der beschränkten Zulassung für bestimmte Unternehmen gesehen.[163] Der Trade Sale weist hingegen Vorteile in der Weise auf, dass gegenüber dem Börsengang eine eher kurze Transaktionszeit und niedrige Transaktionskosten vorliegen. Des Weiteren sprechen sowohl die relativ hohe Bewertung (Bereitschaft des Käufers zu einem Aufschlag für strategische Nutzeneffekte) als auch die Tatsache, dass der Anteil sofort verkauft werden kann, für diese Exit-Strategie.[164] Der Secondary-Buy-Out führt hauptsächlich wegen der Notwendigkeit weiterer Finanzierungsrunden oder der strategischen Neuausrichtung durch die Private-Equity-Gesellschaften zu dessen Wahl.[165] Der Share-/Company-Buy-Back fällt dann in den Fokus der Gesellschafter, wenn die Beteiligungsunternehmen zumeist nur eine geringe Performance aufzeigen und sich dadurch bedingt kein Kaufinteresse einstellt.[166] Schließlich ist die Beteiligungsveräußerung noch über die Liquidation/Write-Off möglich, indem die Un-

[160] Vgl. Willert (2006), S. 33; Bygrave/Peeters/Hay (1999).
[161] Vgl. Bader (1996), S. 137 f.; Wall/Smith (1997); Matz (2002), S. 36 ff. Zur Exit-Strategie von Initial Public Offerings vgl. Herberger/Oehler (2011).
[162] Dies konnte in empirischen Untersuchen gezeigt werden. Vgl. Bygrave/Timmons (1992), S. 169; Levy (2000); Bader (1996), S. 138.
[163] Vgl. Daniels von (2004), S. 46 ff.
[164] Vgl. Barclay/Holderness (1989), S. 371-395; Wall/Smith (1997), S. 9; Bader (1996), S. 147 f.
[165] Vgl. Daniels von (2004), S. 50.
[166] Ferner kann der Share-Buy-Back in Betracht gezogen werden, falls das Management über die Mehrheit der Unternehmensanteile verfügt und sich dem Verkauf an Dritte insofern widersetzt, dass es den Share-Buy-Back im Zuge eines Management Buyout faktisch erzwingt. Vgl. Wall/Smith (1997), S. 11.

ternehmensaktiva verkauft werden, um letztendlich einen höheren Wert zu generieren, als dieser bei der Fortführung der Beteiligung zu erwarten wäre.[167]

3.2.6 Finanzierungstheoretische Einordnung von Private Equity

Nachdem sowohl die finanzierungstheoretischen Grundlagen als auch die Grundlagen zur Finanzintermediation und Private Equity erläutert worden sind, erfolgt des Weiteren die finanzierungstheoretische Einordnung von Private Equity. Die realitätsfremden Annahmen und Prämissen der Neoklassischen Kapitalmarkttheorie (vollkommener und vollständiger Kapitalmarkt) liefern weder eine Erklärung für die Existenz oder Relevanz des Bedarfs an Private Equity, noch für die Existenz von Private-Equity-Gesellschaften als Finanzintermediäre.[168] Dies betrifft vor allem die im Zuge von Private-Equity-Beteiligungen existierenden Probleme der Informationsasymmetrie, Anreizgestaltung und der Informations- oder auch Transaktionskosten.[169] Ebenfalls existiert ein beschränkter Zugang zum Private-Equity-Markt, der zum Beispiel aus den Determinanten wie der Netzwerkverbindung der Private-Equity-Gesellschaften resultiert. Schließlich sind zukünftige Investitionsstrategien im Bereich von Private Equity in der Weise nicht prognostizierbar, dass sie in Abhängigkeit von vergangenen Finanzierungsentscheidungen stehen. Des Weiteren sind die Mittel eines Private-Equity-Fonds und das mögliche Verschuldungspotenzial begrenzt.[170]

Anhand der Property-Rights-Theorie ist Private Equity finanzierungstheoretisch in der Weise einzuordnen, dass anstatt der Annahme der vollkommenen oder effizienten Informationen davon ausgegangen werden kann, dass das Zustandekommen von Verträgen bestimmte Kosten verursacht. Ebenso werden sämtliche Handlungen der involvierten Interessengruppen auf ihre eigene Nutzenmaximierung zurückgeführt. Durch den Abschluss verschiedener Verträge und Managementbeteiligungsprogrammen sowie durch das Eingreifen in die Führung der Beteiligungsgesellschaften wird das Ziel verfolgt, die Ansprüche der Interessengruppen auf die Ziele der Private-Equity-Gesellschaften in Form einer ertragssteigernden Veränderung auszurichten. Die Property-Rights-Theorie liefert grundsätzlich Anhaltspunkte für die Unterstützungsintensität und Organisationsform der Betreuung und erklärt das Verhalten der Inte-

[167] Vgl. Daniels von (2004), S. 53; Brück (1998), S. 40; Bader (1996), S. 150.
[168] Vgl. Daniels von (2004), S. 28 f.; Güllmann (2000), S. 31 ff.; Portisch (2008), S. 243; Kranz (2008), S. 38 f.; Sobczak (2007), S. 59 ff.
[169] Vgl. Bader (1996), S. 22; Schmidt (1985), S. 421 ff.; Schween (1996), S. 7 f.; Güllmann (2000), S. 34.
[170] Vgl. Kranz (2008), S. 59.

ressengruppen im Rahmen von Private-Equity-Beteiligungen. Daraus schlussfolgernd ist zu konstatieren, dass die Property-Rights-Theorie die Grundlagen für die weitere finanzierungstheoretische Einordnung von Private Equity, vor allem aber für die Transaktionskostentheorie und die Prinzipal-Agenten-Theorie, legt.[171]

Anhand der Informationsökonomik ist Private Equity in der Weise einzuordnen, dass innerhalb des Private-Equity-Prozesses Informationen zwischen den Interessengruppen asymmetrisch verteilt liegen und insofern auf einem Private-Equity-Markt Unsicherheiten existieren. Damit wird jeder einzelne Marktteilnehmer in die Lage versetzt, mit Hilfe von unterschiedlichen Strategien dem Zustand dieser bestehenden Schwächen in der Funktion des Marktmechanismus entgegenzuwirken. Je nachdem von welcher Marktseite die Initiative zur Überwindung der asymmetrischen Informationsverteilung ausgeht, hat dies abweichende Handlungen zur Folge, die sich in den Mechanismen des Signaling und des Screening auszeichnen. Dabei ist zu beachten, dass bei einer Private-Equity-Beteiligung sowohl die Private-Equity-Gesellschaften als auch die Entscheidungsträger der Beteiligungsunternehmen oder die weiteren Interessengruppen der Beteiligungsunternehmen zugleich die Mechanismen des Signaling/Screening benutzen.[172]

Anhand der Transaktionskostentheorie ist Private Equity dahingehend einzuordnen, dass die Funktionen der Private-Equity-Gesellschaften als Finanzintermediäre immer dann beansprucht werden, wenn die mit der Reduktion von Informationsasymmetrien verbundenen Kosten niedriger sind als die Kosten der alternativen Aktionsform oder die Vorteile der Intermediation den Zuwachs an Transaktionskosten überkompensiert. Die Senkung der Transaktionskosten ist hauptsächlich auf die Spezialisierungsvorteile der Private-Equity-Gesellschaften bei der Beschaffung, Verarbeitung und Bereitstellung von Informationen sowie auf die Institutionalisierung, Standardisierung oder auch auf die Losgrößenoptimierung zurückzuführen.[173]

Anhand der Prinzipal-Agenten-Theorie ist Private Equity finanzierungstheoretisch dahingehend einzuordnen, dass sich Private-Equity-Beteiligungen sowohl durch mehrstufige, kom-

[171] Vgl. Kranz (2008), S. 40 f., 59; Schefczyk/Gerpott (1998).

[172] Vgl. Spence (1976), S. 592 f.; Güllmann (2000), S. 77; Stiglitz (1975), S. 284 ff.; Oehler (2006a), S. 297.

[173] Vgl. Matz (2002), S. 20 ff.; Benston/Smith (1976), S. 220; Zemke (1995), S. 48 f.; Daniels von (2004), S. 32 f.; Schappert (2008), S. 80 f.

plexe und differente als auch durch dynamische und wechselnde Prinzipal-Agenten-Beziehungen auszeichnen.[174] Demnach ist der Informationsvorsprung einerseits den Private-Equity-Gesellschaften und andererseits den weiteren Interessengruppen der Beteiligungsgesellschaften zu unterstellen. Agency-Probleme treten beispielsweise dadurch auf, dass hinsichtlich der zur Realisierung erforderlichen Ressourcen, der Qualifikation und Motivation der beteiligten Personen (zum Beispiel überzeichneter Spezialisierungsvorteil oder die Vernachlässigung von Aufgaben und Funktionen) getäuscht wird. Die Prinzipal-Agenten-Theorie liefert insgesamt einen Erklärungsbeitrag für die Art und Intensität der Betreuung, die Qualität des Informationsaustausches sowie für die Organisationsform der Betreuung.[175]

Die finanzierungstheoretische Einordnung von Private Equity durch die Marktmikrostrukturtheorie ist grundsätzlich für die Private-Equity-Märkte selbst möglich und schließt in ihren Überlegungen sowohl die rechtlichen und steuerrechtlichen Rahmenbedingungen (regulatorisches Umfeld) als auch das mit den Private-Equity-Märkten im engen Zusammenhang stehende Unternehmensfinanzierungs-/Bankensystem mit ein. Aussagen über die Qualität von Private-Equity-Märkten können der Marktmikrostrukturtheorie folgend, anhand geeigneter Kriterien erfolgen, wie beispielsweise der Markttransparenz, der Marktreife oder der Transaktionskosten.

Anhand der Behavioral Finance ist das Verhalten der Interessengruppen und Entscheidungsträger, dass sich innerhalb der Grenzen beschränkter Rationalität bewegt, innerhalb des Private-Equity-Prozesses anhand unterschiedlicher Phänomene einzuordnen.[176] Als Beispiel lässt sich das Phänomen *Overconvidence Bias* auf Private-Equity-Investoren oder geschäftsführende Personen in Private-Equity-Gesellschaften und Beteiligungsunternehmen ableiten, da auch diese Interessengruppen ihre Fähigkeiten und Kenntnisse in den jeweils spezifischen Entscheidungsgebieten, den Gehalt von Informationen, Qualitätsprognosen sowie ihre Handlungs- und Einflussmöglichkeiten überschätzen (können).[177] Im Ergebnis erscheint eine Art

[174] Meistens werden nur zweistufige Prinzipal-Agenten-Geflechte eingeordnet oder charakterisiert. Siehe Güllmann (2000), S. 71; Schefczyk (2006), S. 68 ff.
[175] Vgl. Sobczak (2007), S. 59 ff.
[176] Vgl. Storck (2006), S. 205-212. Vgl. zur Behavioral Finance grundlegend die in dem Kap. 2.2.3 zitierten Literaturstellen.
[177] Vgl. Gervais/Odean (2001), S. 2; Shiller (2000), S. 3 ff.

Kontrollillusion, die dazu führt, dass die genannten Interessengruppen vielfach bereit sind, höhere Risiken einzugehen und damit Gefahr laufen, Fehleinschätzungen zu treffen.[178]

Des Weiteren spielt die Akzeptanz zur Finanzierung mit Private Equity aus Sicht der potenziellen Interessengruppen der Beteiligungsgesellschaften eine bedeutende Rolle. Skepsis und Misstrauen gegenüber *Private Equity* oder Private-Equity-Gesellschaften sind durch verhaltensökonomische Phänomene erklärbar, die auch auf traditionelle und kulturelle (Finanzierungs-)Gegebenheiten sowie durch mit Private Equity in Verbindung stehende negative Ereignisse zurückzuführen sind (zum Beispiel die sogenannte „Heuschrecken-Debatte"). Demnach zeigt sich zum Beispiel anhand des Phänomens der *Verfügbarkeitsheuristik*, dass nicht alle bedeutenden Informationen in den Entscheidungsprozess einbezogen werden, sondern lediglich die jüngsten oder jene an die man sich leicht erinnert, was vor allem durch lebensnahe Ereignisse oder solche, die in den Medien Aufmerksamkeit erhalten haben, der Fall ist.[179] Ein weiterer Aspekt, der die (mangelnde) Akzeptanz von Private Equity ausmacht, ist der, dass die Entscheidungsträger der Beteiligungsunternehmen häufig an bestehenden Finanzierungswegen festhalten und Alternativen meiden. Als Beispiel kann dabei die in der Vergangenheit und gegenwärtig bestehende Beziehung der Entscheidungsträger zu ihrer Hausbank (Hausbankenbeziehung) gelten, auf die auch im Rahmen zukünftiger Finanzierungs-/Investitionsprojekte zurückgegriffen wird. Dieses Verhaltensphänomen ist durch den *Status Quo Effekt* zu erklären, welcher besagt, dass die Subjekte dahin tendieren, im gegenwärtigen Status Quo zu verharren, da die Nachteile einen bestimmten Zustand zu verlassen, größer als die diesbezüglichen Vorteile erscheinen.[180]

[178] Vgl. Schäfer/Vater (2002), S. 745. Weitere Phänomene stellen die des sog. „Winner´s Curse" und „Herding" dar. Ersteres beschreibt eine Verhandlungssituation mit asymmetrischer Verteilung der Informationen, wobei Unsicherheit über den wahren Wert des Kaufgegenstandes bzw. -objektes existiert. Letzteres charakterisiert die Tendenz von Marktteilnehmern auf Kapitalmärkten, wonach diese bestimmten Vorbildern folgen. Vgl. Storck (2006), S. 205-212. Zum Herding siehe auch Oehler/Wendt (2009); Oehler/Chao (2000).

[179] Vgl. Tversky/Kahneman (1974), S.1124-1131; Kahneman/Slovic/Tversky (1982).

[180] Vgl. Thaler (1992), S. 72; Samuelson/Zeckhauser (1988), S. 7 ff. Eine von negativen Ereignissen umgebene Skepsis gegenüber *Private Equity* ist auch in der britischen Öffentlichkeit entstanden. Im Ergebnis der Auseinandersetzung münden die heute zur Anwendung kommenden Guidelines for Disclosure and Transparency in Private Equity (auf Basis des Walker-Reports). Vgl. Gradow/Schönefelder (2009), S. 689; Kirkbride (2008), S. 93-96. Weitere Ansätze zu Private-Equity-Beteiligungen im Kontext zur Behavioral Finance vgl. Poech (2010).

4. Kapitel: Private Equity im System der Corporate Governance

4.1 Zum Begriff Corporate Governance

4.1.1 Systematisierung ausgewählter Definitionsansätze und finanzierungstheoretische Einordnung

Aufgrund vielfältiger Interpretationen des Begriffs *Corporate Governance* ist es erforderlich, ausgewählte Definitionsansätze zu klassifizieren um schließlich eine zweckmäßige Definition für den weiteren Verlauf dieser Arbeit zu bestimmen. Aufgrund des großen Ausmaßes von Definitionsansätzen werden nachfolgend exemplarisch vier ausgewählt und zwar die der Regierungskommission Deutscher Corporate Governance Kodex, des United Kingdom Financial Reporting Counsils sowie der Autoren Shleifer/Vishny und Jensen/Ruback. Die Entscheidung für die ersten beiden Quellen begründet sich dahingehend, dass die Institutionen in Deutschland und Großbritannien die jeweiligen Best Practice-Standards innerhalb der nationalen Kodices festlegen. Die Wahl der beiden Quellen aus der Literatur fußt darauf, dass diese eine große Verbreitung in den Wirtschaftswissenschaften gefunden haben und finanzierungstheoretische Bezugspunkte aufweisen.

Die Regierungskommission *Deutscher Corporate Governance Kodex (2012)* definiert den Begriff *Corporate Governance* nicht direkt, weswegen die Ausführungen in der Präambel des Kodex herangezogen werden, um eine mögliche Definition abzuleiten:

> *„Der vorliegende Deutsche Corporate Governance Kodex...stellt wesentliche gesetzliche Vorschriften zur Leitung und Überwachung...(Unternehmens-führung) dar und enthält international und national anerkannte Standards guter und verantwortungsvoller Unternehmensführung. Er will das Vertrauen der internationalen und nationalen Anleger, der Kunden, der Mitarbeiter und der Öffentlichkeit in die Leitung und Überwachung deutscher börsennotierter Gesellschaften fördern. Der Kodex verdeutlicht die Verpflichtung von Vorstand und Aufsichtsrat, im Einklang mit den Prinzipien der sozialen Marktwirtschaft für den Bestand des Unternehmens und seine nachhaltige Wertschöpfung zu sorgen (Unternehmensinteresse).“*[181]

[181] Regierungskommission DCGK (2012).

Aus dem Wortlaut ist abzuleiten, dass unter *Corporate Governance* grundsätzlich ein System zu verstehen ist, dass die Unternehmensleitung und -überwachung umfasst und sich durch Best Practice Standards auszeichnet. Dabei wird *Corporate Governance* als ein umfangreiches Gebilde angesehen, das sowohl die Stakeholder aus (externer) Sicht als auch die Unternehmensorgane aus interner Sicht einschließt. Der hier nur abgeleitete Definitionsansatz ist systematisch und im Allgemeinen als ein eher institutionenorientierter (zum Beispiel „Leitung und Überwachung") und verhaltensorientierter (zum Beispiel „Verpflichtung von Vorstand und Aufsichtsrat") Ansatz zu betrachten, der in seiner Interpretation sehr umfassend ist.

Im Gegensatz dazu definiert das *United Kingdom Financial Reporting Counsil (2012)* den Begriff *Corporate Governance* in dem UK Corporate Governance Code wie folgt:

> *„1. The purpose of corporate governance is to facilitate effective, entrepreneurial and prudent management that can deliver the long-term success of the company.*
> *2. ... Corporate governance is the system by which companies are directed and controlled. Boards of directors are responsible for the governance of their companies. The shareholders' role in governance is to appoint the directors and the auditors and to satisfy themselves that an appropriate governance structure is in place. The responsibilities of the board include setting the company's strategic aims, providing the leadership to put them into effect, supervising the management of the business and reporting to shareholders on their stewardship. The board's actions are subject to laws, regulations and the shareholders in general meeting."*[182]

Das Verständnis für *Corporate Governance* ist auch bei dieser Interpretation sehr weit gefasst und kann als institutionenorientierter (zum Beispiel „...the system...") und verhaltensorientierter (zum Beispiel „...directors are responsible for...") Definitionsansatz charakterisiert werden. Analog zur Definition der Regierungskommission DCGK stellt dieser Definitionsansatz auf die Unternehmensführung und -kontrolle ab (zum Beispiel „...by which companies are directed and controlled."). Ebenso steht die Verpflichtung der Entscheidungsträger und der Aufsichts-/Kontrollinstanzen der Unternehmen im Vordergrund, wobei im angelsächsi-

---

[182] Financial Reporting Council (2012). Der UK Corporate Governance Code wird als Erweiterung zum Cadbury-Report, Greenbury-Report, Hampel-Report und Combined-Code angesehen.

schen Raum keine explizite Trennung zwischen Vorstand und Aufsichtsrat gegeben ist, sondern die Unternehmensführung/-kontrolle in einem Board zusammengeführt ist.

Eine in der Literatur weit verbreitete wissenschaftliche Arbeit zum Thema Corporate Governance ist die der Autoren *Shleifer/Vishny (1997)*, die den Begriff in ihrem Essay wie folgt definieren:

> *"Corporate Governance deals with the ways in which suppliers of finance to corporations assure themselves of getting a return on their investment...Our perspective on corporate governance is a straightforward agency perspective, sometimes referred to as separation of ownership and control. We want to know how investors get the managers to give them back their money."*[183]

Diese Definition entfernt sich inhaltlich von den bereits genannten Begriffserläuterungen dahingehend, dass diese augenscheinlich von einer institutionellen (institutionenorientierten) Sichtweise losgelöst ist und eine mehr finanztheoretische Betrachtung aufweist, die sich einerseits durch die Kontraktbeziehung zwischen dem Unternehmen und den Finanzmittelgebern zeigt und andererseits durch den Kontext zur Prinzipal-Agenten-Betrachtung verdeutlicht wird. Nichtsdestotrotz bleibt die Begriffsfindung zu *Corporate Governance* teilweise unerfüllt, da der Definitionsansatz lediglich von Möglichkeiten spricht, diese jedoch nicht näher konkretisiert.

Eine weitere, stark verbreitete wissenschaftliche Arbeit ist die der Autoren *Jensen/Ruback (1983)*, die statt dem Begriff *Corporate Governance*, den Begriff *Corporate Control* verwenden. Der Definitionsansatz stellt sich wie folgt dar:

> *"Corporate control is frequently used to describe many phenomena ranging from the general forces that influence the use of corporate resources (such as legal and regulatory systems and competition in product and input markets) to the control of a majori-*

[183] Shleifer/Vishny (1997).

ty of seats on a corporation's board of directors. We define corporate control as the rights to determine the management of corporate resources."[184]

Im Vergleich zu den zuvor beschriebenen Begriffsverwendungen ist eine wirkliche Abstraktion mit Bezug auf diesen Definitionsansatz nicht festzustellen. Ebenfalls steht der Begriff *Corporate Control* in Verbindung zur Ausübung und Durchsetzung von Verfügungsrechten innerhalb eines Unternehmens. Damit entspricht der Begriff dem Grunde nach und generell dem Verständnis von *Corporate Governance*, indem bestimmte Steuerungs-, Koordinations- und Kontrollstrukturen gemeint sind.

Sekundäranalytisch lässt sich der Corporate-Governance-Begriff in verschiedener Weise finanzierungstheoretisch einordnen. Aufbauend auf dem Definitionsansatz von *Shleifer/Vishny (1997)* ordnet *Hellwig (2000)* den Begriff dahingehend ein, dass Unternehmen auf exogene oder externe Finanzmittel oder Zahlungsströme angewiesen sind und diese durch das existierende Finanzsystem von den Haushalten an die Unternehmen weitergeleitet werden.[185] In diesem skizzierten System werden die Interessen der Finanzmittelgeber durch die Übertragung von Kontroll- und Verfügungsrechten sowie die damit einhergehende Möglichkeit zur Intervention bei Missmanagement gewahrt. Eine weitere finanzierungstheoretische Einordnung nimmt *Oehler (2006)* vor, in dem er die (institutionellen) Regeln der Unternehmenssteuerung und -kontrolle (dort als Corporate Governance & Control bezeichnet) in einem funktionalen Zusammenhang darstellt. Hierbei lassen sich die Kriterien *laufende Erträge* und *Rückzahlungsbetrag* als Erfolgsteilungsregeln und die Kriterien *Mitwirkungs-/Kontrollrechte* und *Rechtsstellung im Insolvenzverfahren* als Risikoteilungsregeln innerhalb des Corporate-Governance- und Control-Konstrukts kennzeichnen.[186] Insgesamt vergegenwärtigen beide genannten Ansätze, dass ein Kontraktgebilde existiert, in dem Zahlungsströme ausgetauscht und die institutionellen Regeln aufgrund von Verfügungsrechten aufrechterhalten werden.

4.1.2 Zweckmäßige Definition

Erst die Systematisierung ausgewählter Definitionsansätze sowie die finanzierungstheoretische Einordnung können als Voraussetzung dafür gelten, eine zweckmäßige Definition von

[184] Jensen/Ruback (1983).
[185] Vgl. Hellwig (2000), S. 95 ff.
[186] Vgl. Oehler (2006a), S. 300 ff. Vgl. auch Bitz (2002).

Corporate Governance zu vergegenständlichen. Innerhalb dieser Arbeit wird für den Begriff folgendes Verständnis entwickelt:

> *Unter Corporate Governance werden die Steuerungs- und Kontrollprozesse eines Unternehmens verstanden. Dabei ergreifen die Interessengruppen des Unternehmens explizit und implizit Maßnahmen, um ihre individuellen ökonomischen Ziele durchzusetzen.*

Der Definitionsansatz impliziert, dass es einerseits zur Durchführung der Steuerungs- und Kontrollprozesse an Informationen bedarf und Einfluss aufgrund von Gestaltung in vielfältiger Weise ausgeübt wird. Andererseits existiert aufgrund der opportunistischen Durchsetzung individueller Interessen ein Zielkonflikt, der (finanzielle) Betroffenheit für bestimmte Interessengruppen auslösen kann. Zu beachten ist, dass die zweckmäßige Definition keiner spezifischen eingrenzenden Begriffsbestimmung folgt. Insofern werden in diesem Definitionsansatz keine allgemeinen Einschränkungen, wie sie in weiten Bereichen der Literatur zu diesem Themenbereich vorzufinden sind, in Hinblick auf die Rechtsform des Unternehmens, den Zeitbezug, den beteiligte Personen oder Wirkungsweisen vorgenommen.[187]

4.2 Corporate-Governance-Theorien

Innerhalb dieser Arbeit werden verschiedene, ausgewählte Corporate-Governance-Theorien herangezogen.[188] Die Notwendigkeit der Auswahl dieser nicht abschließend aufführbaren Ansätze liegt in der anhaltend weiter entwickelnden und dynamischen Perspektivenverschiebung in der Corporate-Governance-Forschung sowie der wechselnden Interpretation in der Corporate-Governance-Diskussion begründet. Damit einhergehend steht auch die Forderung nach neuen, das heißt erweiterten Modellen und Ansätzen, die der komplexen Realität in der Auseinandersetzung mit Corporate Governance besser entsprechen. Somit werden neben traditionellen Corporate-Governance-Ansätzen ebenso darüber hinausgehende (oftmals als *mo-*

[187] Des Weiteren werden auch keine Vorgaben zum Verhalten von Personen oder zur Ausgestaltung von Maßnahmen, Regelungen und Systemen fixiert. Damit wird im Gegensatz zu den bereits genannten Definitionen keine Aussage über die Qualität der Corporate Governance oder der unternehmerischen Entscheidungen getroffen. Nur eine einschränkungs- und wertfreie Definition ermöglicht eine unvoreingenommene Analyse. Vgl. auch Oehler/Wendt (2007), S. 124 (Fußnote 15).

[188] Die Begriffe *Corporate-Governance-Theorie(n)* und *Corporate-Governance-Ansatz-/Ansätze* werden nachfolgend als Synonym verwendet.

dern bezeichnete) Perspektiven und Theoriezweige in die Betrachtung mit einbezogen.[189] Angesichts dessen, dass die Transaktionskostentheorie, Property-Rights- und die Prinzipal-Agenten-Theorie bereits Bestandteile des finanzierungstheoretischen Grundlagenteils sind (Kapitel 2.2.1), wird nachfolgend lediglich die Vertragstheorie als theoretischer Ausgangspunkt dargestellt. Daneben werden weitere Theorien und Ansätze wie die Stewardship-Theorie, Procedural-Justice-Theorie sowie die ressourcen- und wissensorientierte Ansätze ausgewählt und erläutert. Die Auswahl begründet sich dahingehend, dass sich diese (*modernen*) Ansätze neben den *klassischen* Ansätzen in der wirtschaftswissenschaftlichen Literatur verbreitet und etabliert haben.

4.2.1 Vertragstheorie

Die Vertragstheorie stellt im Grunde genommen die Basis aller weiteren Corporate-Governance-Theorien dar.[190] Der Grundgedanke geht auf die Betrachtung beliebig vieler Kontrakte innerhalb des zugrunde liegenden Beziehungsgeflechts zurück. Der Vertrag selbst ist eine bindende explizite oder implizite Vereinbarung über den Austausch von Gütern und Leistungen.[191] Die Möglichkeit für alle Umweltzustände vollständige Verträge zu formulieren besteht nicht, mit der Konsequenz, dass unvollständige Verträge der Revision und Nachverhandlung unterliegen.[192] Grundsätzlich betrachtet die Vertragstheorie die optimale Vertragsausgestaltung zwischen den Kontraktpartnern, unter Berücksichtigung der strategischen Interaktion der Entscheidungsträger. Angesichts dessen, dass jeder Entscheidungsträger über ein Monopol an privaten Informationen verfügt, wird er diese nutzen, um dadurch zu seinem Vorteil zu gelangen. Ein optimal ausgestalteter Vertrag berücksichtigt das Problem der Vorteilserlangung durch asymmetrisch verteilte Informationen, indem die vertraglichen Regelungen so gestaltet werden, dass die Verhaltenssteuerung der Entscheidungsträger erreicht wird, die zu einer optimalen Allokation der vorhandenen Ressourcen sowie unter Unsicherheit, einer optimalen Risikoteilung führt.[193] Da die Referenzsituation mit symmetrisch verteilten Informationen, in der vollständige Verträge eine triviale Lösung bieten, irreal ist und es gerade nicht möglich erscheint, in den Vertrag sämtliche Ausnahmeregelungen sowie besondere Spezifika-

[189] Vgl. Lippert (2008), S. 42.
[190] Vgl. auch Hellwig (2000), S. 96.
[191] Vgl. Wolff (1994), S. 42; Schweizer (1999).
[192] Vgl. auch Hart/Moore (1988).
[193] Ein optimaler Vertrag muss nicht nur dafür sorgen, dass ein effizienter Ressourceneinsatz erfolgt. Vielmehr muss auch gewährleistet sein, dass die Aufteilung des erwirtschafteten Outputs nach Maßstäben erfolgt, die keiner der beteiligten Parteien Anreize zum Vertragsbruch geben. Vgl. Bannier (2005), S. 11 ff.

tionen aufzunehmen, ist es notwendig, dass bereits die grundlegenden vertraglichen Vereinbarungen der Kontraktpartner ausreichende oder angemessene Anreize setzen, um sich den Vertragszielen entsprechend zu verhalten. Damit findet die Vertragstheorie als Gesamtkonstrukt ihre Anwendungsgebiete dort, wo durch asymmetrische Informationen Anreizprobleme entstehen, wie es beispielsweise bei der Vereinbarung von Finanzierungs- oder Beteiligungsverträgen der Fall ist.[194]

4.2.2 Stewardship-Theorie

Die Stewardship-Theorie baut inhaltlich auf der Prinzipal-Agenten-Theorie auf, indem sie diese konzeptionell ergänzt oder erweitert. Dabei werden neue und gegensätzliche Perspektiven berücksichtigt und andere Annahmen zugrunde gelegt, welche sich aus der Kritik zentraler Annahmen der Prinzipal-Agenten-Theorie entwickelt haben. Im Fokus der Kritik stehen die Prämisse des opportunistischen Verhaltens und der extrinsischen Motivation der Vertragspartner im engeren Sinne oder der Interessengruppen im weiteren Sinne, also das unterstellte, nach Meinung der Kritiker zu negative Menschenbild miteinander handelnder Individuen und deren Alleinstellung, die ihren eigenen Nutzen maximieren, indem sie monetäre Leistungen vereinnahmen sowie sich Sanktionen entziehen.[195] Der Stewardship-Theorie nach, greifen die Annahmen der reinen individuellen Nutzenmaximierung sowie des opportunistischen Handelns zu kurz. Sie nimmt im Gegensatz zur Prinzipal-Agenten-Theorie vielmehr ein Kollektiv sowie eine intrinsische, primär nicht-finanzielle Motivation der Auftragnehmer an, die zu einem Verhalten im Interesse der Prinzipale führt, da ihr Auftrag hinreichend zufriedenstellend erfüllt wird.[196] Demnach werden die Auftragnehmer nicht als Agenten, sondern als Stewards (Verwalter des Unternehmensvermögens) angesehen, die aus dem Erfolg für die Prinzipale mehr Nutzen ziehen, als aus ihren spezifischen Vorteilen, die zu Lasten der Prinzipale sowie anderer Interessengruppen gehen können. Die intrinsische Motivation der Stewards liegt insbesondere in Zielen wie Anerkennung, Verantwortung, Leistung, Bildung,

[194] Vgl. Bannier (2005), S. 3 ff.

[195] Vgl. Doucouliagos (1994), S. 877 ff.; Davis/Schoormann/Donaldson (1997), S. 20; Donaldson/Davis (1991); Donaldson (1990a). Zu den weiteren Ansatzpunkten der Kritik siehe Bettis/Donaldson (1990), S. 367 f.; Barney (1990); Donaldson (1990a). Nach Nippa/Grigoleit richtet sich die Kritik gegenüber dem Prinzipal-Agenten-Ansatz vor allem an dem „einseitigen Annahmengebäude“, in Rahmen dessen alternative Möglichkeiten zur Gestaltung einer effizienten Corporate Governance – außer Kontrolle und Sanktionen – generell vernachlässigt werden. Vgl. Nippa/Grigoleit (2006), S. 1 ff.

[196] Vgl. Donaldson (1990a); Davis/Schoormann/Donaldson (1997), S. 24 ff.

Steigerung der Reputation oder innerer Zufriedenheit begründet.[197] Im Vordergrund stehen somit Kooperation und Vertrauen zwischen den einzelnen Interessengruppen.[198] Für die Gestaltung der Corporate-Governance-Strukturen bedeutet dies, dass kein Anreizproblem der Stewards existiert, womit der Fokus nicht auf etwaigen Anreiz- und Kontrollmechanismen liegt, sondern auf der Einrichtung von Strukturen, die es den Stewards ermöglichen, ihre Motivation und Potenziale in einen entsprechenden Erfolg für die Prinzipale umzusetzen. Demzufolge sollten die Prinzipale den Stewards weitreichende (unternehmerische) Freiheiten gewähren und auf den Einsatz von Kontrollmechanismen verzichten, um die Entscheidungsmacht und Handlungsfähigkeit der Stewards zu ermöglichen.[199] Die Trennung von Eigentum und Kontrolle ist folglich kein zu überwindendes Problem, sondern vielmehr eine Situation, welche einen geeigneten Ordnungsrahmen, zum Beispiel in Form eines effektiven Managements, erst ermöglicht.[200] Die durch die Prinzipale konstituierten Aufsichtsgremien werden demnach nicht als unabhängige Instanzen zur Überwachung und Disziplinierung der Auftragnehmer angesehen, sondern als Gremien, die die Auftragnehmer beim Entscheidungsprozess im Rahmen eines Mentoring kooperativ und beratungsorientiert unterstützen.[201] Zu beachten ist, dass auch im Hinblick auf die Prinzipal-Steward-Beziehung das grundsätzliche Problem komplexer wechselseitiger Geflechte sowie der Zuordnung von Prinzipalen und Stewards (vice versa) besteht.

4.2.3 Procedural-Justice-Theorie

Die Procedural-Justice-Theorie betrachtet im Gegensatz zur Prinzipal-Agenten-Theorie nicht den Einfluss vertraglicher Strukturen auf das Ergebnis von Entscheidungsvorgängen im Rahmen einer Auftragsbeziehung, sondern zielt auf den Entscheidungsprozess selbst ab.[202] Mittelpunkt dieser Theorie ist nicht die Gerechtigkeit im Ergebnis, sondern die Gerechtigkeit

[197] Vgl. Donaldson (1990b), S. 371-373.

[198] Vgl. Donaldson/Davis (1991), S. 51. Beachtet werden muss, dass den Stewards kein grenzenloses Vertrauen entgegengebracht werden kann, müssen und wollen sie doch zur Sicherung ihrer eigenen Existenz entlohnt werden. Die Stewards stehen demzufolge in einem Trade-off zwischen den Unternehmenszielen und ihren persönlichen Präferenzen, wobei die Tendenz eher in Richtung Pflicht-/Aufgabenerfüllung zugunsten der Prinzipale geht. Vgl. Davis et al. (1997), S. 20 ff.; Doucouliagos (1994), S. 877 ff.; Davis/Schoormann/Donaldson (1997), S. 20.

[199] Vgl. Doucouliagos (1994), S. 877 ff.; Davis/Schoormann/Donaldson (1997), S. 20; Donaldson/Davis (1991), S. 49-64.

[200] Vgl. Learmount (2002).

[201] Vgl. Hillman/Dalziel (2003), S. 383-396; Shen (2003), S. 466-476.

[202] Vgl. Pankotsch (2005), S. 87.

während des Prozesses, der zu dem Ergebnis führt.[203] Der Theorie nach soll die Ausgestaltung eines Entscheidungsprozesses die Wahrnehmung der beteiligten Interessengruppen zu seiner Fairness und ihre Beurteilung der Entscheider beeinflussen sowie die Einschätzung unabhängig von einer Bewertung der Ergebnisgerechtigkeit getroffen werden.[204] Die Faktoren, die die Wahrnehmung eines Entscheidungsprozesses als gerecht bestimmen, lassen sich in die Bereiche formelle/strukturelle Merkmale eines Entscheidungsprozesses (zum Beispiel die Wahl zwischen verschiedenen Abläufen), Faktoren zum persönlichen Umgang miteinander während des Prozesses (beispielsweise Ehrlichkeit; Respektieren von Rechten; Rücksicht; Vermeidung von Zwang) und die mit der Entscheidung verbundenen Informationen (zum Beispiel ausreichende Informationsgrundlagen des Entscheiders; unmittelbare, adäquate und ehrliche Begründung der getroffenen Entscheidung) gliedern.[205]

In Bezug auf die gefundenen Wirkungszusammenhänge lassen sich die Erklärungsmodelle der *Self-Interest Models* sowie der *Group Value Models* differenzieren. Erstgenannte Modelle stellen voran, dass Individuen einen Entscheidungsprozess beurteilen und steuern wollen, weil sie um die Entscheidungsauswirkungen auf sich persönlich besorgt sind. Ein fairer Prozess wird demnach als Instrument für ein gerechtes Ergebnis angesehen. Im Fokus der Erklärung steht demnach das kurzfristige Eigeninteresse. Im Mittelpunkt der weiteren Modelle stehen die langfristigen Interessen von Personen. Deren Interessen an einer langfristigen Beziehung innerhalb einer Gruppe werden als wesentlicher Treiber bei der Beurteilung der Prozessgerechtigkeit betrachtet. In der Folge werden also Prozesse bevorzugt, die die Solidarität der Gruppe befördern.[206] Im Ergebnis setzt sich die Procedural-Justice-Theorie mit den Auswirkungen von Fairness in Entscheidungsstrukturen auf die Einstellungen und das Verhalten der in die Entscheidung involvierten und von den Entscheidungen betroffenen Individuen auseinander. Gerechte Entscheidungsprozesse wirken danach förderlich auf die Unterstützung der Entscheidung, auf das Zugehörigkeitsgefühl der Gruppe und auf die Unterstützung des Entscheiders. Die Entscheidungs- und Kontrollstrukturen, die von den Teilnehmern einer Kooperationsbeziehung als „fair" empfunden werden, führen zu einer emotional stärkeren Bindung und Motivation sowie weniger opportunistischen Verhaltensweisen der Kooperationsteilneh-

[203] Vgl. Greenberg (1990), S. 402.
[204] Vgl. Konovsky (2000), S. 492.
[205] Vgl. Lind/Tyler (1988) S. 94-106, 216; Greenberg (1990), S. 411 f.; Konovsky (2000), S. 495 f.
[206] Vgl. Greenberg (1990), S. 407 f.; Konovsky (2000), S. 493-495; Lind/Tyler (1988), S. 222-240.

mer, als es beispielsweise durch die Prinzipal-Agenten-Theorie angenommen wird.[207] Somit kann sich aus Sicht der Prinzipale ein Verzicht auf ausgeprägte Maßnahmen der Kontrolle als vorteilhaft erweisen.[208] Die Agenten werden sich nach dem entgegenbrachten Vertrauen ebenso vertrauenswürdig verhalten, wenn die Kosten dieses Verhaltens geringer sind als der daraus resultierende Nutzen.[209]

4.2.4 Ressourcen- und wissensorientierte Ansätze

Die ressourcen- und wissensorientierten Ansätze setzen sich insbesondere aus der Theorie des innovierenden Unternehmens, des Ressource-Based-View sowie der Knowledge-Based-Theory zusammen. Alle drei Theorieansätze ergänzen und erweitern die Sichtweise der Prinzipal-Agenten-Theorie indem sie auf Fragen der Kompetenzentwicklung und Wettbewerbsfähigkeit eines Unternehmens abzielen und die Systeme der Corporate Governance aus diesem Blinkwinkel bewerten.[210] Der Theorie des innovierenden Unternehmens nach, muss ein Corporate-Governance-System vor allem dazu beitragen, die dynamischen Fähigkeiten im Unternehmen zu fördern, worunter konkret der kollektive und akkumulative Lernprozess zu verstehen ist, der zum Aufbau der „skill base" im Unternehmen beiträgt. Corporate Governance wird demnach als Rahmen verstanden, durch den ein Unternehmen seine wettbewerbsrelevanten Kompetenzen und Fähigkeiten entwickelt.[211]

Der Resource-Based-View interpretiert das Unternehmen als ein Bündel produktiver Ressourcen, worunter grundsätzlich alle internen materiellen und immateriellen Vermögenswerte, Prozesse, Systeme sowie individuelle und organisatorische Fähigkeiten innerhalb des Unternehmens zu verstehen sind. Dabei wird als Wachstum der Prozess bezeichnet, die Ressourcen zur Ausschöpfung produktiver Möglichkeiten zu nutzen und die Ressourcenbasis auszudehnen.[212] Ein optimaler Pfad des Unternehmenswachstums erfordert demnach eine Balance zwischen dem Einsatz bestehender und der Entwicklung neuer Ressourcen.[213] Die grundlegende Annahme des Ressource-Based-View ist die Vielzahl verschiedener Ressourcen eines Unter-

[207] Vgl. Wright/Robbie (1998), S. 547 f.
[208] Vgl. Pörschke (1996), S. 24.
[209] Vgl. Ripperger (1998), S. 137.
[210] Vgl. nur Lazonick/O´Sullivan (1998); Lazonick/O´Sullivan (2000).
[211] Vgl. Lazonick (2006), S. 30.
[212] Vgl. Penrose (1959); Bamberger/Wrona (1996), S. 132.
[213] Vgl. Willert (2006), S. 163 ff.

nehmens innerhalb einer Branche und die damit verbundene Wettbewerbsfähigkeit, die auf die existierenden Ressourcen sowie die Fähigkeit diese zu nutzen, zurückzuführen ist.[214]

Die Knowledge-Based-Theory stellt die Institution *Wissen* als eine wesentliche Quelle von Wettbewerbsvorteilen dar und erachtet das Wissen des Unternehmens als dessen strategisch wichtigste Ressource, welches generiert, akkumuliert und transferiert werden muss.[215] Alle drei Ansätze kritisieren am klassischen Paradigma der Prinzipal-Agenten-Theorie die inhaltliche Ausblendung von Innovationsgesichtspunkten, weshalb keine Aussagen darüber getroffen werden, wie Corporate-Governance-Systeme und -strukturen ausgestaltet sein müssen, damit sie die (nachhaltige) Unternehmensentwicklung unterstützen.[216]

4.3 Private-Equity-Beteiligungen aus Sicht ausgewählter Corporate-Governance-Theorien

4.3.1 Theoretischer Bezugsrahmen

4.3.1.1 Methodische Vorgehensweise

Nachdem eine Auswahl von Corporate-Governance-Theorien näher erläutert worden ist, erfolgt anhand dieser nun die inhaltliche Einordnung des Private-Equity-Prozesses im weiteren Sinne sowie der Private-Equity-Beteiligung im engeren Sinne.[217] In der Literatur werden Private-Equity-Beteiligungen hauptsächlich anhand der Prinzipal-Agenten-Theorie analysiert, wobei diese Theorie bei der (Beziehungs-)Charakterisierung und in ihrem Erklärungsgehalt Lücken aufweist.[218] Weitere Theorien, wie zum Beispiel die Stewardship-Theorie finden nur ansatzweise Berücksichtigung, mit der Folge, dass die Untersuchungen weitestgehend undifferenziert und unvollständig sind.[219] Dabei ist die Motivation der Charakterisierung von Private-Equity-Beteiligungen gerade durch die unterstellten Annahmen der Stewardship-Theorie

---

[214] Vgl. Wernerfelt (1995), S. 172; Hansen/Wenerfelt (1989), S. 399-411.

[215] Vgl. Grant (1996).

[216] Vgl. Lazonick (2006), S. 30.

[217] Die Begriffe *Corporate-Governance-Theorie(n)* und *Corporate-Governance-Ansatz-/Ansätze* werden nachfolgend als Synonym verwendet.

[218] Vgl. dazu Arthurs/Busenitz (2003). Diese Arbeit baut im Wesentlichen auf den Erkenntnissen von Barney et al. (1989), Sahlman (1990) und Sapienza/Gupta (1994) auf. Analysen in Bezug auf Private-Equity-Beteiligungen finden sich z.B. in Matz 2002 und Willert 2006. Für Venture-Capital-Beteiligungen vgl. z.B. Schween (1996), Schefczyk (2000) und Röper (2004).

[219] Dies begründet sich überwiegend dadurch, dass weitere Theorien oder Ansätze keine Berücksichtigung in der (Beziehungs-)Charakterisierung finden und dass die untersuchten Beziehungsgeflechte weitgehend nur aus zwei Interessengruppen bestehen. Und zwar den Kapitalgebern (z.B. „die“ Private-Equity-/Venture-Capital-Gesellschaft oder „der“ Venture Capitalist) sowie den Kapitalnehmern (z.B. „das“ Beteiligungs-/Portfoliounternehmen oder „der“ Entrepreneur/Unternehmensgründer).

gegeben, gilt diese doch angesichts der Annahme eines intrinsisch motivierten Auftragnehmers als Kontrast zur Prinzipal-Agenten-Theorie.[220] Ziel ist es nachfolgend, Private-Equity-Beteiligungen sowie die damit zusammenhängenden Beziehungsgeflechte aus verschiedenen Interessengruppen entlang der Beteiligungsprozessstufen und anhand der oben genannten Auswahl an Corporate-Governance-Theorien im Detail näher zu charakterisieren, um die Anwendbarkeit und Übertragbarkeit dieser auf Private-Equity-Beteiligungen zu untersuchen. Methodisch erfolgt dafür eine vom Grundlagenteil der Arbeit losgelöste theoriegeleitete Analyse. Der Analysegegenstand wird dahingehend erweitert, dass die bisweilen nur einseitig betrachteten Beziehungsgeflechte um weitere relevante Interessengruppen ergänzt werden. Um den Erkenntnissen vergangener Arbeiten, wie zum Beispiel jenen von *Arthurs/Busenitz (2003)* gerecht zu werden, wird methodisch nicht auf eine getrennte und statische Betrachtung (vor/nach Investitionsentscheidung) zurückgegriffen, sondern vielmehr auf eine (prozessorientierte) Betrachtung entlang des Beteiligungsprozesses, die die einzelnen Finanzierungsstufen (Early- und Later-Stage-Phase) und unterschiedlichen Interessengruppen einbezieht. Dies schließt auch die in der Private-Equity-Praxis differenten Beteiligungsgrade (Mehr- und Minderheitsbeteiligung) ein, um die Intensität des rechtlichen, wirtschaftlichen und faktischen Einflusses im Rahmen des Beteiligungsprozesses zu berücksichtigen.

Der Betrachtungsschwerpunkt liegt besonders auf der Prinzipal-Agenten-Theorie und auf der Stewardship-Theorie, das heißt, dass die Analyse anhand dieser beiden Theorien entlang aller Beteiligungsprozessstufen erfolgt. Da die weiteren Corporate-Governance-Theorien (Procedural-Justice-Theorie; ressourcen- und wissensorientierte Ansätze) zu großen Teilen auf der Prinzipal-Agenten-Theorie aufbauen, erfolgt die Analyse anhand der letztgenannten Theorien lediglich entlang der Prozessstufe der Managementunterstützung, um die aus Sicht der Prinzipal-Agenten-Theorie identifizierten Grenzen der Aussagekraft aufzugreifen und zu analysieren.

4.3.1.2 Ausgewählte Interessengruppen

Im Rahmen einer Private-Equity-Beteiligung sind verschiedene Interessengruppen vertreten, die sowohl konfligierende als auch harmonische Ziele verfolgen und die unterschiedlich Einfluss auf die Steuerungs- und Kontrollprozesse innerhalb des Unternehmens ausüben. Da der

[220] Vgl. Velte (2010), S. 285.

Fokus dieser Arbeit auf der Corporate Governance der Beteiligungsgesellschaften liegt, werden folgende – mit dem Beteiligungsunternehmen selbst unmittelbar verbundene – Interessengruppen für die theoriegeleitete Analyse begründet ausgewählt sowie die jeweiligen ökonomischen (monetären) Ziele der Interessengruppen definiert (siehe Tabelle 7). Zu beachten ist, dass sich das Verhältnis aus Sicht einzelner Interessengruppen zur Gesellschaft/zum Unternehmen im Laufe des Private-Equity-Prozesses verändert. Dies betrifft zum einen die Private-Equity-Gesellschaften, die während der Beteiligungsanbahnung noch keine Gesellschafter sind (zukünftige Gesellschafter) und zum anderen die jetzigen Gesellschafter der Beteiligungsunternehmen, deren Gesellschafterstellung sich mit der Unternehmensbeteiligung verändert (verbleibende Mehr- oder Minderheitsgesellschafter). In Bezug auf die Private-Equity-Gesellschaften wird des Weiteren die Annahme getroffen, dass es sich hierbei um eine homogene Interessengruppe handelt, das bedeutet dass zwischen den Kapitalgebern/Investoren der Private-Equity-Fonds sowie zwischen den Eigentümern, des angestellten Top-Managements sowie der Mitarbeiter in den Private-Equity-Gesellschaften und der weiteren Gruppen Interessenharmonie besteht. Des Weiteren wird die Annahme getroffen, dass die Private-Equity-Gesellschaften lediglich Eigenkapital vergeben. Die Fremdkapitalgeber werden ebenso als harmonische Interessengruppe angesehen, die während allen Prozessstufen eine Gläubiger-Schuldner-Beziehung zu den Beteiligungsgesellschaften führen und ausschließlich Fremdkapital vergeben.

<table>
<tr><th colspan="3">Beteiligungsprozess und ausgewählte Interessengruppen</th></tr>
<tr><th>Beteiligungs-
anbahnung</th><th>Beteiligungs-
beziehung</th><th>Beteiligungs-
abwicklung</th></tr>
<tr><td>Private-Equity-Gesellschaften als zukünftige Gesellschafter</td><td>Private-Equity-Gesellschaften als Mehr- oder Minderheitsgesellschafter</td><td>Private-Equity-Gesellschaften als Mehr- oder Minderheitsgesellschafter</td></tr>
<tr><td>Gesellschafter der Beteiligungsunternehmen als Mehr- oder Minderheitsgesellschafter</td><td>Verbleibende Gesellschafter als Mehr- oder Minderheitsgesellschafter</td><td>Verbleibende Gesellschafter als Mehr- oder Minderheitsgesellschafter</td></tr>
<tr><td colspan="3">Begründung der Auswahl und ökonomische Ziele
- Die Private-Equity-Gesellschaften als Eigenkapitalgeber und (zukünftige) Gesellschafter sowie die jetzigen Gesellschafter als Eigenkapitalnehmer stellen im Rahmen des Private-Equity-Prozesses eine der wichtigsten Interessengruppen dar (Erfolgs- und Risikoteilung), die zur Wertschöpfung beitragen sollen (Unternehmenswertsteigerung).
- Die Private-Equity-Gesellschaften oder die verbleibenden Gesellschafter verfügen im Fall einer Mehrheitsbeteiligung über eine entsprechende Geschäftsführungskompetenz (Eigentums- und Verfügungsrechte).
<u>Ziel:</u> Optimierung der Rendite-Risiko-Position</td></tr>
<tr><td>Top-Management der Beteiligungsunternehmen</td><td>Top-Management der Beteiligungsunternehmen</td><td>Top-Management der Beteiligungsunternehmen</td></tr>
<tr><td colspan="3">Begründung der Auswahl und ökonomische Ziele
- Das Top-Management stellt einen wichtigen Teil des Humankapitals oder des intellektuellen Beziehungskapitals der Beteiligungsunternehmen dar.
- Das Top-Management hat keine Gesellschafterposition inne, verfügt dennoch aufgrund vertraglicher Vereinbarung über Geschäftsführungskompetenz.
<u>Ziel:</u> Erhöhung des Einkommenzahlungsstroms/Reduzierung des Risikos des Zahlungsstromausfalls</td></tr>
<tr><td>Mitarbeiter der Beteiligungsunternehmen</td><td>Mitarbeiter der Beteiligungsunternehmen</td><td>Mitarbeiter der Beteiligungsunternehmen</td></tr>
<tr><td colspan="3">Begründung der Auswahl und ökonomische Ziele
- Die Mitarbeiter stellen einen wichtigen Teil des Humankapitals oder des intellektuellen Beziehungskapitals der Beteiligungsunternehmen dar.
- Die Mitarbeiter haben keine Gesellschafterposition inne und verfügen über keine Geschäftsführungskompetenz. Dennoch existieren bestimmte Möglichkeiten, im Zuge der Mitbestimmung, auf unternehmerische Entscheidungen einzuwirken.
<u>Ziel:</u> Erhöhung des Einkommenzahlungsstroms/Reduzierung des Risikos des Zahlungsstromausfalls</td></tr>
<tr><td>Fremdkapitalgeber der Beteiligungsunternehmen</td><td>Fremdkapitalgeber der Beteiligungsunternehmen</td><td>Fremdkapitalgeber der Beteiligungsunternehmen</td></tr>
<tr><td colspan="3">Begründung der Auswahl und ökonomische Ziele
- Die Fremdkapitalgeber haben keine Gesellschafterposition inne und verfügen über keine Geschäftsführungskompetenz. Dennoch existieren bestimmte Gläubigerrechte, die sich einerseits aus dem Gesetz und andererseits aus den vertraglichen Vereinbarungen ableiten lassen.
- Zwischen den Fremdkapitalgebern und den Entscheidungsträgern der Beteiligungsunternehmen besteht eine Gläubiger-Schuldner-Beziehung. Da sich die bestehende Kreditbeziehung auch auf die Steuerungs- und Kontrollprozesse innerhalb der Kredit nehmenden Beteiligungsunternehmen auswirkt, besteht insofern eine Wechselbeziehung zu den Private-Equity-Gesellschaften, die sich in Zukunft an den Unternehmen beteiligen wollen und damit auch die rechtliche Schuldnerposition übernehmen.
- Die Fremdkapitalgeber werden im Insolvenzfall des Beteiligungsunternehmens vorrangig behandelt.
<u>Ziel:</u> Erhöhung der Zins- und Tilgungszahlungsströme/Reduzierung des Risikos des Zahlungsstromausfalls</td></tr>
</table>

Tabelle 7: Beteiligungsprozess und ausgewählte Interessengruppen (eigene Darstellung)

4.3.1.3 Finanzierungsstufen und Beteiligungsprozess

Für die theoriegeleitete Analyse und Einordnung werden in Bezug zu den Finanzierungsstufen (Early-Stage/Later-Stage) sowie zum Beteiligungsprozess weitere wesentliche Annahmen getroffen und Charakteristika aufgezeigt (siehe Tabelle 8).

Finanzierungsstufen
Beteiligungsunternehmen in der Early-Stage-Phase - Private-Equity-Gesellschaften als Mehrheitsgesellschafter (geschäftsführend) oder Minderheitsgesellschafter (nicht geschäftsführend); verbleibende Gesellschafter sind im Fall einer Minderheitsbeteiligung durch die Private-Equity-Gesellschaften geschäftsführende Mehrheitsgesellschafter/Gründer. - Es existiert kein Betriebsrat.
Beteiligungsunternehmen in der Later-Stage-Phase - Private-Equity-Gesellschaften als Mehrheitsgesellschafter (geschäftsführend) oder Minderheitsgesellschafter (nicht geschäftsführend); verbleibende Gesellschafter als Minderheits- oder Mehrheitsgesellschafter - Es existiert ein Fremdmanagement: Es handelt sich hierbei um eine gegenüber der Perspektive der geschäftsführenden Mehrheitsgesellschafter separate Analyseperspektive bzw. gesondert betrachtete Situation. Dies bedeutet, dass das Top-Management nicht gleichzeitig mit oder nicht zusätzlich zu den geschäftsführenden Mehrheitsgesellschaftern agiert. - Es existiert ein Betriebsrat.
Beteiligungsprozess
- Wechselnde Perspektivenbetrachtung aufgrund mehrstufiger, dynamischer und wechselseitiger Beziehungsgeflechte.[221] - Der formale Beteiligungsgrad korreliert positiv mit der Einflussnahme sowie der unternehmerischen Mitwirkung der Private-Equity-Gesellschaften an der strategischen und operativen Unternehmensführung.[222] - Die Einteilung der Beteiligungsprozessstufen folgt den unterschiedlichen Stadien einer Vertragsbeziehung, d.h. der Vertragsanbahnung (ex ante/vor bzw. während der Investitionsentscheidung; Beteiligungssuche und Potenzialprüfung sowie Beteiligungsverhandlung und Vertragsgestaltung, der Vertragsbeziehung (ex interim/nach Investitionsentscheidung; Managementunterstützung) sowie der Vertragsabwicklung (ex post; Exit).[223]

Tabelle 8: Finanzierungsstufen und Beteiligungsprozess (eigene Darstellung)

Auf besondere Unterschiede zwischen den Finanzierungsstufen wird innerhalb der Analyse hingewiesen. Die vorgenommene Aufteilung begründet sich dahingehend, dass die zwei Finanzierungsstufen für sich genommen individuelle Merkmale aufweisen. Die für die Stufen jeweils gesondert existierenden Merkmale und Ausprägungen erfordern daher eine separate Betrachtung innerhalb der Analyse. In einer Gesamtbetrachtung ist die Early-Stage-Phase typischerweise den frühen Unternehmenslebenszyklusphasen zuzuordnen. Zwar liegt die Assoziation zur Unternehmensklasse der jungen und wachstumsstarken Unternehmen nah, dies

[221] Entgegen der weit verbreiteten Literatur, die mehrheitlich die Annahme trifft, den Private-Equity-/Venture-Capital-Geber als Prinzipal und den Private-Equity-/Venture-Capital-Nehmer als Agenten/Steward zu definieren. Zu einer finanzierungstheoretischen Einordnung sowie einer Einordnung aus Sicht der Prinzipal-Agenten-Theorie des Bond-Ratings siehe beispielhaft Oehler/Voit (1999).

[222] Die Korrelation begründet sich dadurch, dass mit dem steigenden Beteiligungsgrad auch mehr Eigentums- und Verfügungsrechte einhergehen.

[223] Vgl. Oehler/Unser (2002); Oehler (2005a), S. 31 ff.

kann aufgrund der Dynamik und Individualität der Unternehmensentwicklungs- und Finanzierungsphasen jedoch keine Verallgemeinerung finden. Die Later-Stage-Phase ist klassischerweise den bereits späteren (etablierten) Unternehmenslebenszyklusphasen zuzuordnen und grenzt sich damit im Wesentlichen von der Early-Stage-Phase ab.

4.3.2 Prinzipal-Agenten-Theorie

4.3.2.1 Beteiligungssuche und Potenzialprüfung

Die Besonderheit der Beteiligungssuche besteht darin, dass zwischen den Private-Equity-Gesellschaften und Beteiligungsgesellschaften kein unmittelbarer Kontakt besteht.[224] Vielmehr suchen beide Seiten auf dem Private-Equity-Markt getrennt voneinander nach Kapitalnehmern/-gebern. Dabei werden potenzielle Beteiligungsmöglichkeiten identifiziert und selektiert, wobei zu diesem Zeitpunkt zunächst eine unbestimmte Auswahl an möglichen Entscheidungsobjekten (-alternativen) für die Entscheidungsträger im Rahmen des Entscheidungsprozesses zur Verfügung steht. Erst bei der Potenzialprüfung kann ein unmittelbarer Kontakt angenommen werden, im Zuge dessen neben den extern verfügbaren Unternehmensinformationen (zum Beispiel veröffentlichte Jahresabschlussinformationen) nunmehr auch interne Informationen verfügbar sind. Inwiefern sich für die Prozessstufe der Beteiligungssuche überhaupt Auftraggeber und -nehmer in Form von Prinzipale und Agenten identifizieren lassen, ist aufgrund des fehlenden Kontaktes zweifelhaft. Denn während der Beteiligungssuche und Potenzialprüfung ist dahingehend zu differenzieren, ob die Private-Equity-Gesellschaften als Private-Equity-Geber und/oder die Beteiligungsunternehmen als Private-Equity-Nehmer Kenntnis voneinander haben. Mit Bezug zur Beteiligungssuche kann einerseits argumentiert werden, dass der nicht unmittelbare Kontakt zwischen der anbietenden und suchenden Partei dazu führt, dass keine Prinzipal-Agenten-Beziehung existiert. Andererseits kann angesichts des relativ kleinen Private-Equity-Marktes (Marktvolumen, Anzahl der Private-Equity-suchenden Parteien), auf welchem eine kanalisierte Suche zwischen Anbieter und Nachfrager gegeben ist, eine zumindest indirekte Vertrags- oder Beteiligungsanbahnung begründet liegen. Zwar liegt bei fehlender Kenntnis voneinander, in diesem Stadium noch keine eigentliche Vertragsbeziehung vor, jedoch lässt sich zumindest eine mittelbare Prinzipal-Agenten-Beziehung charakterisieren.

[224] Gegebenenfalls ist ein mittelbarer Kontakt, z.B. über Netzwerke, Verbände oder Gesellschafter, die aus den Beteiligungsunternehmen ausscheiden wollen, anzunehmen.

Bis auf die Private-Equity-Gesellschaften, die Entscheidungsträger der Beteiligungsunternehmen und/oder das Top-Management, sind keine weiteren Interessengruppen in diesem Stadium involviert. In dem Beziehungsgeflecht zwischen den Private-Equity-Gesellschaften und den Gesellschaftern/Gründern lassen sich anhand der Prinzipal-Agenten-Theorie erstere als Prinzipale und letztere als Agenten charakterisieren. Die Einordnung der **Gesellschafter/Gründer als Agenten** ist dadurch zu begründen, dass diese spätestens während der Potenzialprüfung über einen erheblichen Informationsvorsprung gegenüber den Prinzipalen verfügen. Dies wird insofern deutlich, dass die Private-Equity-Gesellschaften bei/vor der Investitionsentscheidung lediglich begrenzte Informationen über die potenziellen Beteiligungsgesellschaften besitzen, die beispielsweise durch publizierte Jahresabschlussinformationen oder sonstiger Datenrecherche gewonnen werden. Unterschiede zwischen der Early- und Later-Stage-Phase sind insbesondere dahingehend skizzierbar, dass in der Early-Stage-Phase befindliche Unternehmen in der Regel nicht kapitalmarktorientiert sind und sich dadurch die Informationssuche und anschließende Potenzialprüfung entsprechend diffizil gestaltet. Dem entgegengesetzt sind in der Later-Stage-Phase aufgrund der bereits erfolgten Unternehmensetablierung, gesetzlich vorgeschriebener Publizitätspflichten oder freiwilliger Berichterstattung, in der Regel qualitativ und quantitativ bessere Informationen verfügbar. Ist ein unmittelbarer Kontakt zwischen den beiden Entscheidungsträgern zu unterstellen, besteht die Gefahr, dass die im Rahmen der Potenzialprüfung zur Verfügung gestellten Unterlagen durch die Agenten, aufgrund von falschen/überoptimistischen Angaben, nicht die tatsächliche Wirtschaftslage des Unternehmens wiedergeben. Die gegensätzliche Einordnung der **Gesellschafter/Gründer als Prinzipale** und die **Private-Equity-Gesellschaften als Agenten** lässt sich durch die Prinzipal-Agenten-Theorie insofern erklären, dass die Gesellschafter/Gründer vor Vertragsabschluss einen potenziellen Informationsnachteil gegenüber den Private-Equity-Gesellschaften in der Weise haben, dass diese zu diesem Zeitpunkt keine Kenntnis über die tatsächliche Beteiligungsstrategie besitzen. Gerade Unternehmen, die sich in der Early-Stage-Phase befinden, können noch in viele (strategische) Richtungen geführt werden, die gegebenenfalls nicht den Vorstellungen der Unternehmensgründer entsprechen. Dies begründet sich darin, dass diese Unternehmenstypen mit Bezug auf ihre Unternehmensstruktur und -organisation sowie ihre Marktpositionierung und dem damit zusammenhängenden Produkt- oder Dienstleistungsangebot noch nicht *ausgereift* und *etabliert* sind (siehe Kapitel 3.2.3).

Für den Fall, dass in einer Beteiligungsgesellschaft der Later-Stage-Phase ein Fremd-Management existiert, besteht das Beziehungsgeflecht zwischen den Private-Equity-Gesellschaften und dem Top-Management, welches die operative Unternehmensführung innehat und damit über alle relevanten Informationen, auch im Rahmen der Due Diligence, verfügt. Grundsätzlich lassen sich desgleichen in diesem Geflecht beide Parteien sowohl als Prinzipale, als auch als Agenten charakterisieren. Trotz der Tatsache, dass das Top-Management im Vergleich zu den Gesellschaftern andere ökonomische Ziele verfolgt, entspricht das Informationsrisiko in dieser Prozessstufe grundsätzlich dem im Beziehungsgeflecht zwischen den Private-Equity-Gesellschaften und den Gesellschaftern vorfindbarem Risiko.

4.3.2.2 Verhandlung und Vertragsgestaltung

Während der Vertragsverhandlungen wird die zukünftige Verteilung der Eigentums- und Verfügungsrechte zwischen den hinzutretenden Gesellschaftern (Private-Equity-Gesellschaften) und den Gesellschaftern/Gründern anhand bestimmter Vertragsklauseln im Beteiligungsvertrag festgehalten. Des Weiteren erfolgt die vertragliche Ausgestaltung dahingehend, wie mit Beginn der Beteiligungsbeziehung zusammengearbeitet werden soll, wie die Kompetenzen und Entscheidungsbefugnisse im Unternehmen verteilt werden und wer für die Steuerungs- und Kontrollprozesse verantwortlich ist. Neben den Vertragspartnern, das heißt den Private-Equity-Gesellschaften und den Gesellschaftern/Gründern oder dem Top-Management, können auch die Mitarbeiter der Beteiligungsunternehmen (zum Beispiel über den Betriebsrat) und/oder die Fremdkapitalgeber (zum Beispiel im Fall von entsprechenden Vereinbarungen im Kreditvertrag) in die Verhandlungen involviert sein. Anhand der Prinzipal-Agenten-Theorie lassen sich in dem Beziehungsgeflecht zwischen den Private-Equity-Gesellschaften und den Gesellschaftern/Gründern erstere zunächst als Agenten und letztere als Prinzipale charakterisieren. Die Einordnung der **Gesellschafter/Gründer als Prinzipale** begründet sich dadurch, dass diese einem potenziellen Informationsnachteil insofern unterliegen, dass sie durch die Agenten hinsichtlich der zur Realisierung erforderlichen Ressourcen, Qualifikation und Motivation (zum Beispiel überzeichneter Spezialisierungsvorteil) getäuscht werden könnten. Werden dem entgegengesetzt die **Private-Equity-Gesellschaften als Prinzipale** eingeordnet, zeichnen sich auch auf dieser Seite ähnliche Informations- und Gestaltungsasymmetrien ab. Die Unsicherheit besteht beispielsweise darin, dass die Private-Equity-Gesellschaften die rechtliche/faktische Entscheidungskompetenz und -gewalt von beteiligten nicht-geschäftsführenden Minderheitsgesellschaftern – die ihre Minderheitsrechte weiterhin aufrechterhalten und damit ihren Einfluss innerhalb des Unternehmens sichern wollen (zum Beispiel im Rahmen der Zustimmung zu einer Private-Equity-Beteiligung) – im Zweifel nicht genau beurteilen können. Besonderheiten in diesen beiden Prozessstufen, die auf beiden Seiten des Beziehungsgeflechts bestehen, zeichnen sich dahingehend aus, dass Informationen aus strategischen oder taktischen Gründen sowie durch falsche/überoptimistische Angaben zurückgehalten werden und dass die Prinzipale einen potenziellen Informationsnachteil bezüglich der Fähigkeiten und der Qualifikation der Agenten haben.

In der Later-Stage-Phase einer Beteiligungsgesellschaft existiert laut den unterstellten Annahmen des Weiteren ein Beziehungsgeflecht zwischen den Private-Equity-Gesellschaften und dem Top-Management. Letztere Interessengruppe ist in die Verhandlungen und die Vertragsgestaltung als Entscheidungsträger eingebunden. Anhand der Prinzipal-Agenten-Theorie lassen sich die **Private-Equity-Gesellschaften als Prinzipale** dadurch einordnen, dass diese einen potenziellen Informationsnachteil bezüglich der Fähigkeiten/Qualifikation des Top-Managements haben. Insofern erstreckt sich die Qualitätsunsicherheit aus Perspektive der Private-Equity-Gesellschaften in der Art, dass diese nicht in der Lage sind genau einzuschätzen, inwiefern und ob das gegenwärtige Top-Management für zukünftige Strategien in den potenziellen Beteiligungsunternehmen geeignet ist. Die gegensätzliche Einordnung des **Top-Managements als Prinzipal** begründet sich in dem Sinne, dass diese unsicher bezüglich der künftigen Beteiligungsstrategie sind, da mit dieser Strategie womöglich ein Teilwechsel oder ein Austausch des Managements einhergehen kann und/oder das Top-Management in Zukunft stringenteren Vorgaben oder Änderungen des Anreizsystems ausgesetzt ist. Ein Unterschied zum Beziehungsgeflecht zwischen den Private-Equity-Gesellschaften und den Gesellschaftern/Gründern besteht somit weniger in den Informationsrisiken, sondern vielmehr in den Betroffenheitsrisiken. Dies begründet sich durch die Verfolgung anderer ökonomischer Ziele als die der Gesellschafter/Gründer.[225]

---

[225] Nach den hier getroffenen Annahmen verfolgt das Top-Management im Gegensatz zu den Gesellschaftern/Gründern als ökonomisches Ziel die Erhöhung ihres Einkommenzahlungsstroms/Reduzierung des Risikos des Zahlungsstromausfalls. Z.B. wäre die Verfolgung dieses Ziels bei Abbruch der Verhandlungen und Vertragsgestaltungen zunächst nicht unmittelbar gefährdet.

Gemäß den hier getroffenen Annahmen besteht in den Beteiligungsunternehmen der Later-Stage-Phase ein Betriebsrat. Durch diese betriebliche Institution sind die Mitarbeiter in der Lage bei bestimmten Betriebsänderungen zumindest mittelbaren Einfluss im Rahmen von Beteiligungsverhandlungen und Vertragsgestaltungen auszuüben, womit sich zwischen den Private-Equity-Gesellschaften und den Mitarbeitern eine zumindest mittelbare Auftragsbeziehung abzeichnet. Anhand der Prinzipal-Agenten-Theorie lassen sich demnach die **Private-Equity-Gesellschaften als Prinzipale** charakterisieren, ausgedrückt durch ein bestehendes Informationsrisiko (Qualitätsunsicherheit). Dennoch differenziert sich dieses Risiko, angesichts der Tatsache, dass dem Betriebsrat im Zweifel nur Unterrichtungs-/Beratungsrechte sowie Mitbestimmungsrechte zustehen, in der Qualität der Informationen von den zuvor genannten Interessengruppen (Gesellschafter/Gründer; Top-Management), was wiederum in Abhängigkeit zur Zielausrichtung der Betriebsräte in Bezug auf die zukünftige Private-Equity-Beteiligung steht. Werden in entgegengesetzter Weise die **Mitarbeiter als Prinzipale** eingeordnet, zeigt sich das Informationsrisiko als Unsicherheit dahingehend, dass diese nicht in der Lage sind genau zu beurteilen, wohin die Unternehmensbeteiligung nach der Investitionsentscheidung führt. Dies kann zum Beispiel mit der Gefahr des Arbeitsplatzverlustes aufgrund von Einsparmaßnahmen oder mit bestimmten anderweitigen einschränkenden Unternehmensvorgaben einhergehen. Darüber hinaus besteht nicht nur ein Informationsrisiko gegenüber den Private-Equity-Gesellschaften als Agenten, sondern auch gegenüber den Betriebsräten selbst.[226]

Während der Verhandlung und Vertragsgestaltung besteht ein weiteres Beziehungsgeflecht zwischen den Private-Equity-Gesellschaften und den Fremdkapitalgebern. Den Fremdkapitalgebern werden auf Grundlage abgeschlossener Kreditkontrakte und Covenants neben den gesetzlich manifestierten, auch bestimmte vertraglich vereinbarte Gläubigerrechte eingeräumt, was somit eine zumindest indirekte Prinzipal-Agenten-Beziehung oder mittelbare Auftragsbeziehung zu den Private-Equity-Gesellschaften begründen lässt. Anhand der Prinzipal-Agenten-Theorie lassen sich die **Private-Equity-Gesellschaften als Prinzipale** einordnen, da auf Seiten derer Unsicherheit in dem tatsächlichen Umfang und der Durchsetzung der vertraglich festgelegten Gläubigerrechte besteht, wodurch es den Private-Equity-Gesellschaften auch nicht möglich ist, sowohl den Einfluss als auch die Interessenlage der Fremdkapitalgeber ge-

[226] Dieses Beispiel verdeutlicht die zumeist mehrstufigen Prinzipal-Agenten-Beziehungen.

nau zu beurteilen.[227] Die gegensätzliche Einordnung der **Fremdkapitalgeber als Prinzipale** drückt sich angesichts der Unsicherheit über die zukünftige unternehmerische Beteiligung aus, das bedeutet, dass aufgrund von zusätzlichen Entscheidungsträgern (den Private-Equity-Gesellschaften) innerhalb des Unternehmens die Rechte der Fremdkapitalgeber durch die im Beteiligungsvertrag womöglich neu geregelte Gesellschafts- und Finanzstruktur (zum Beispiel durch eine stärkere Eigenkapitalbasis) gegenüber den weiteren Kapitalgebern nachgelagert werden.[228] Dies geht auch stark mit dem Investitions- und Verschuldungsanreizproblem einher, nach welchem die Private-Equity-Gesellschaften nach erfolgter Aufnahme des Kredits noch über die von den Fremdkapitalgebern nicht kontrollierbaren Möglichkeiten zur Variation des Investitionsprogramms verfügen oder die Private-Equity-Gesellschaften als Agenten ein aus ihrer Sicht vorteilhafteres Finanzierungsprogramm realisieren, als die geplanten Programme.[229]

4.3.2.3 Managementunterstützung

Nachdem der Beteiligungsvertrag zwischen den Private-Equity-Gesellschaften und den Entscheidungsträgern der Beteiligungsunternehmen abgeschlossen ist, beginnt die Prozessstufe der Managementunterstützung. Die Unterstützung fällt von Beteiligung zu Beteiligung in ihrer Ausgestaltung unterschiedlich aus. Dabei reicht das Ausmaß von der reinen Beratungsfunktion über die Wahrnehmung eines Kontrollmandats bis hin zur Besetzung in der (alleinigen) Geschäftsführung. Gemäß den hier getroffenen Annahmen, können die Private-Equity-Gesellschaften entweder eine Mehr- oder eine Minderheitsbeteiligung eingehen. Je nach Beteiligungskonstellation stehen den Private-Equity-Gesellschaften die (verbleibenden) Gesellschafter/Gründer als Minder- oder Mehrheitsgesellschafter in dem Beziehungsgeflecht gegenüber. Anhand der Prinzipal-Agenten-Theorie lassen sich die **Private-Equity-Gesellschaften als Prinzipale** einordnen, wobei sich das Informationsrisiko während der Managementunterstützung als Handlungsunsicherheit darstellt, da die Private-Equity-Gesellschaften nicht in der Lage sind abschließend zu beobachten (beispielsweise aufgrund mangelndem Einfluss ange-

[227] Gerade als Nicht-Gesellschafter stehen den Private-Equity-Gesellschaften innerhalb von Verhandlungen und Vertragsgestaltungen nicht alle Informationen zur Verfügung, die hierauf Aufschluss geben könnten.

[228] In dieser Situation, d.h. in der sich neben den bestehenden Fremdkapitalgebern zusätzliche Eigenkapitalgeber an dem Unternehmen beteiligen, verschiebt sich u.U. die bisherige Verteilung der Mitwirkungs- und Kontrollrechten aller Kapitalgeber. Vgl. dazu im Detail Oehler/Schalkowski/Wendt (2013).

[229] Siehe auch Bitz/Niehoff/Terstege (2001), S. 221 ff. Insgesamt betrachtet, ist das Betroffenheitsrisiko der Fremdkapitalgeber als Prinzipale dahingehend beschränkt, dass diese mit Hinsicht auf die Erreichung ihrer ökonomischen Ziele im Insolvenzfall vorrangig bedient werden.

sichts einer reinen Beraterposition im Zuge einer Minderheitsbeteiligung), ob das Ergebnis in Form der Unternehmenswertsteigerung durch die Handlungen der (verbleibenden) Gesellschafter/Gründer als geschäftsführende Mehrheitsgesellschafter zustande gekommen ist.[230] Motivunsicherheit zeigt sich, indem die Private-Equity-Gesellschaften auch während der Mitwirkung als Mehr- oder Minderheitsgesellschafter innerhalb der Beteiligungsunternehmen über mangelnde Informationen betreffend der Absichten der (verbleibenden) Gesellschafter/Gründer als Agenten verfügen. Im Hinblick auf die Differenzierung zwischen einer Mehr- und Minderheitsbeteiligung ist grundsätzlich anzunehmen, dass die Informationsasymmetrien mit zunehmendem Beteiligungsgrad reduziert werden. Dies lässt sich dadurch begründen, dass die Mehrheitsbeteiligung gegenüber der Minderheitsbeteiligung mit einer intensiveren Managementunterstützung einhergeht und dadurch gewisse Kontrollinstrumente existieren. Die dem Grundsatz entgegenstehende Ausnahme zeigt jedoch, dass die stark ausgeprägte Mitarbeit im operativen und strategischen Geschäft zu weiteren Konfliktsituationen führen kann.[231] In der gegensätzlichen Einordnung der **(verbleibenden) Gesellschafter als Prinzipale** ist das Informationsrisiko dahingehend zu charakterisieren, dass diese nicht genau in der Lage sind zu beobachten, ob die Steigerung des Unternehmenswertes tatsächlich durch die Aktivitäten der Private-Equity-Gesellschaften hervorgerufen worden ist, sei es aus einer Minderheitsposition, beispielsweise durch eine Aufsichtsrats- oder Beratungsfunktion oder aus einer Mehrheitsposition heraus (zum Beispiel durch die *aktive Beteiligung* im Management oder die komplette Übernahme der Managementfunktion). Ferner besteht das Informationsrisiko ebenso aufgrund der mangelnden Informationen über die wahren Absichten (zum Beispiel hinsichtlich der Strategie; Unkenntnis über weitere Vorgehensweise) der Private-Equity-Gesellschaften. Angenommen werden kann, dass sich Handlungs- und Motivunsicherheit aus Perspektive der (verbleibenden) Gesellschafter/Gründer als Prinzipale mit zunehmenden Beteiligungsrad der Private-Equity-Gesellschaften am Unternehmen verstärken, da deren Einfluss im Rahmen der Managementunterstützung schwindet. Damit gehen zugleich in umge-

[230] Während der Prozessstufe der Managementunterstützung bestehen neben dem Informationsrisiken demnach auch Delegationsrisiken.

[231] Sowohl die Handlungs- als auch die Motivunsicherheit können aus Sicht der Private-Equity-Gesellschaften (gerade als Minderheitsgesellschafter) bspw. durch einseitige Abhängigkeiten von den (verbleibenden) Gesellschaftern/Gründern verstärkt werden. Fraglich ist, ob das aus der Handlungsunsicherheit heraus resultierende Risiko (Moral Hazard; willensabhängige Unsicherheit), also ob die Hidden Action der (verbleibenden) Gesellschafter/Gründer tatsächlich den Interessen der Private-Equity-Gesellschaften als Prinzipale zuwiderlaufen und die (verbleibenden) Gesellschafter/Gründer die fehlende Zuordenbarkeit des Ergebnisses ausnutzen, um ihren eigenen Nutzen zu steigern, in dem Ausmaß auf den Analysegegenstand einer Private-Equity-Beteiligung übertragbar ist. Denn Ziel der Beteiligung ist es, gemeinsam den Wert des Beteiligungsunternehmens zu steigern.

kehrter Weise einseitige Abhängigkeiten sowie das Gefühl der Abgabe von zu hohen Anteilen an die Private-Equity-Gesellschaften als auch die Gefahr eines Alleinherrschens einher.[232]

Ein weiteres Beziehungsgeflecht existiert zwischen den Private-Equity-Gesellschaften und dem Top-Management. Anhand der Prinzipal-Agenten-Theorie können die **Private-Equity-Gesellschaften als Prinzipale** dahingehend eingeordnet werden, dass das bestehende Informations-/Delegationsrisiko für die Private-Equity-Gesellschaften mit zunehmendem Beteiligungsgrad reduziert wird, da diese mehr Einflussmöglichkeiten während der Managementunterstützung innehaben und das Top-Management damit in eine nur untergeordnete Position gesetzt ist und sich insofern den Weisungen und Handlungen der Private-Equity-Gesellschaften fügen oder unterwerfen muss. In der entgegengesetzten Einordnung des **Top-Managements als Prinzipal** erscheint das Informations-/Delegationsrisiko in umgekehrter Weise dahingehend, dass dem Management die Grundlage der alleinigen Entscheidungs- und Verfügungsgewalt mit steigendem Beteiligungsrad entzogen wird und Unsicherheit darüber besteht, gegebenenfalls durch neue Top-Manager ersetzt zu werden, sowie die Gefahr das neue Unternehmensvorgaben gewisse Anreizsysteme zukünftig nicht zulassen.[233]

Unabhängig von der Existenz von Betriebsräten besteht im Rahmen der Managementunterstützung eine Auftrags-/Delegationsbeziehung zwischen den Private-Equity-Gesellschaften und den Mitarbeitern, da die hier getroffenen Entscheidungen durch die Private-Equity-Gesellschaften wiederum (un-)mittelbare Auswirkungen auf jeden einzelnen Mitarbeiter haben, wobei die Wirkung in Abhängigkeit zum Beteiligungsgrad steht. Anhand der Prinzipal-Agenten-Theorie lassen sich die **Private-Equity-Gesellschaften als Prinzipale** einordnen, da Motiv- und Handlungsunsicherheit in der mangelnden Information bezüglich der Absichten, dem Engagement und dem Arbeitseinsatz der Mitarbeiter als Agenten während der Managementunterstützung besteht. Des Weiteren zeigt sich die Unsicherheit darin, dass die durch die Prinzipale getroffenen (betrieblichen) Anweisungen und Vorgaben durch die Mitarbeiter nicht

[232] Die Gestaltungskompetenzen liegen in der Art asymmetrisch verteilt, dass je nachdem wer über die mehrheitliche Beteiligung während der Vertragsbeziehung verfügt, diesem auch zum größten Teil die Gestaltung der Unternehmenspolitik samt aller zu treffenden Entscheidungen unterliegt. Betroffenheitsasymmetrien bestehen auf Seiten der (verbleibenden) Gesellschafter/Gründer z.B. dann, wenn die Private-Equity-Gesellschaften im Zuge Beteiligungsstrategie weiteres Fremdkapital zu Lasten der Beteiligungsunternehmen aufnehmen.

[233] Die Gestaltungskompetenzen liegen in der Art asymmetrisch verteilt, dass je nach Mehr- oder Minderheitsbeteiligung die Gestaltung über die Unternehmenspolitik samt der zu treffenden operativen Unternehmensentscheidungen, unter der Voraussetzung der Wahrnehmung der jeweils eingeräumten Rechte, bei der jeweils anderen Partei liegt.

in der geforderten Weise eingehalten werden. In der entgegengesetzten Einordnung der **Mitarbeiter als Prinzipale** charakterisiert sich die Unsicherheit grundsätzlich in dem Informationsnachteil in Bezug auf die durch die Private-Equity-Gesellschaften als Agenten verfolgte Beteiligungsstrategie sowie alle damit einhergehenden Maßnahmen, die sich in direkter oder indirekter Weise auf das Arbeitsumfeld der Mitarbeiter beziehen. Dies impliziert sowohl strukturelle Veränderungen hinsichtlich des Arbeitsplatzes als auch Veränderungen in der gegenwärtigen Entlohnungs-/Vergütungsstruktur.

Ferner existiert ein Beziehungsgeflecht zwischen den Private-Equity-Gesellschaften und den Fremdkapitalgebern, wobei sich anhand der Prinzipal-Agenten-Theorie erstere als Prinzipale und letztere als Agenten gruppieren lassen. Die Einordnung der **Private-Equity-Gesellschaften als Prinzipale** ist in erster Linie dadurch zu begründen, dass während der Managementunterstützung weiterhin Unsicherheit hinsichtlich der den Fremdkapitalgebern eingeräumten Mitspracherechte besteht, wodurch es den Private-Equity-Gesellschaften nicht abschließend möglich ist, den Einfluss auf die Unternehmensführung/-kontrolle der Beteiligungsgesellschaften genau zu beurteilen, insbesondere im Fall einer Minderheitsbeteiligung, in der diese keine Geschäftsführungskompetenz inne haben. In einer entgegengesetzten Einordnung der **Fremdkapitalgeber als Prinzipale** lässt sich das Informationsrisiko dahingehend beschreiben, dass gerade im Rahmen einer Mehrheitsbeteiligung durch die Private-Equity-Gesellschaften sowohl Handlungs- als auch Motivunsicherheit bestehen, die vergleichbar mit der zwischen den (verbleibenden) Gesellschaftern und den Private-Equity-Gesellschaften sind (mangelnde Informationen über die wahre Beteiligungsabsicht). Hinsichtlich einer Mehr- oder Minderheitsbeteiligung ist bei dem Beziehungsgeflecht zwischen den Private-Equity-Gesellschaften und den Fremdkapitalgebern dahingehend zu differenzieren, dass bei einer Mehrheitsbeteiligung eine typische Prinzipal-Agenten-Beziehung besteht. Das bedeutet, dass die Private-Equity-Gesellschaften als Geschäftsführer tätig sind und die Fremdkapitalgeber eine Überwachungsfunktion im Fall eines Aufsichtsratsmandats wahrnehmen und bei einer Minderheitsbeteiligung unter Umständen beide genannten Interessengruppen in einem mit der Überwachung des Unternehmens beauftragten Gremium sitzen, wodurch ebenso Prinzipal-Agenten-Konflikte auftreten können.[234]

[234] Die Aufsicht bzw. Kontrolle kann durch die Fremdkapitalgeber auch indirekt z.B. über das Reporting erfolgen. Vgl. diesbezüglich auch Oehler/Schalkowski/Wendt (2013).

4.3.2.4 Beteiligungsveräußerung

Mit der Beteiligungsveräußerung und Freisetzung des gebundenen Kapitals durch die Gewinn- oder Verlustrealisation endet der Beteiligungs- und Wertschöpfungsprozess und es erfolgt die Vertragsabwicklung.[235] Dabei sind bei der Gestaltung des Exits verschiedene Exit-Kanäle denkbar, die sich wiederum unterschiedlich auf die Betroffenheit der Interessengruppen auswirken. Bis auf die Liquidation ist für alle Exit-Kanäle gleich, dass die Private-Equity-Gesellschaften ihren Unternehmensanteil verkaufen wollen, unter Umständen neue Gesellschafter hinzutreten, jetzige Gesellschafter ausscheiden und/oder das Top-Management sowie die Mitarbeiter weiterhin im Unternehmen verbleiben. Anhand der Prinzipal-Agenten-Theorie können die **Private-Equity-Gesellschaften als Prinzipale** in dem Sinne eingeordnet werden, dass auch nach Vertragsende ein Informationsrisiko besteht, dass mit einer fehlenden/eingeschränkten Überwachungs- und Kontrollmöglichkeit in der Abwicklungsphase einhergeht und aus Sicht der Prinzipale gerade aus einer Minderheitsposition entsprechend hoch ist. Demnach ist es den Private-Equity-Gesellschaften bei einer Minderheitsbeteiligung im Zweifel nur teilweise möglich, die Absicht über die tatsächliche Beteiligungsveräußerung der (verbleibenden) Gesellschafter/Gründer als Agenten genau einzuschätzen, was insofern die Phase betrifft, in der die Exit-Strategie entworfen wird (Vorbereitung zum Exit). Werden dem entgegengesetzt die **(verbleibenden) Gesellschafter als Prinzipale** eingeordnet, zeichnet sich das Informationsrisiko für diese aus der Unsicherheit über die wahren Exit-Strategieabsichten (zum Beispiel Gang an die Börse oder Verkauf an einem strategisch ausgerichteten Investor) der Private-Equity-Gesellschaften aus.[236]

Des Weiteren lassen sich anhand der Prinzipal-Agenten-Theorie in dem Beziehungsgeflecht zwischen den Private-Equity-Gesellschaften und dem Top-Management erstere als Prinzipale und letztere als Agenten beschreiben. Für die **Private-Equity-Gesellschaften als Prinzipale** existiert verstärkt Unsicherheit darüber, inwiefern das gegenwärtige Top-Management in der Lage ist, Einfluss auf die Exit-Strategie zu nehmen oder selbst Teil dieser zu sein, zum Beispiel durch einen Management-Buy-Out. Gerade aus einer Minderheitsposition heraus besteht für die Private-Equity-Gesellschaften aufgrund der mangelnden Überwachungs- und Kon-

[235] Vgl. Daniels von (2004), S. 44; Willert (2006), S. 33.

[236] Das Betroffenheitsrisiko beider Parteien wird danach u.a. vom Ausmaß der (durchsetzbaren) Haftung des jeweils anderen Vertragspartners für Vertragsstörungen beeinflusst, welche sowohl in Abhängigkeit der gewählten Exit-Strategie als auch zu den vertraglich festgehaltenen Haftungsansprüchen stehen, an die wiederum die jeweilige Ausgestaltung der Mehr- und Minderheitsrechte gebunden ist.

trollmöglichkeit ein verstärktes Informationsrisiko. Dem entgegengesetzt lässt sich ebenso das **Top-Management als Prinzipal** charakterisieren. Unabhängig von einer Mehr- oder Minderheitsbeteiligung durch die Private-Equity-Gesellschaften, besteht auf Seiten des Top-Managements Unsicherheit über die wahren Exit-Absichten der Private-Equity-Gesellschaften und damit ein entsprechendes Informationsrisiko.

In den weiteren Beziehungsgeflechten, das heißt zwischen den Private-Equity-Gesellschaften und den Mitarbeitern sowie zwischen den Private-Equity-Gesellschaften und den Fremdkapitalgebern lassen sich erstere als Agenten und letztere als Prinzipale charakterisieren. Diese Geflechte sind im Vergleich zu den weiteren Interessengruppen eher einseitiger Natur. Dies lässt sich hauptsächlich dadurch begründen, dass den Mitarbeitern und Fremdkapitalgebern (wenn nicht entsprechende kreditvertragliche Abreden existieren) im Zuge des Exits nur sehr wenige Möglichkeiten gegeben sind, auf diesen Einfluss auszuüben. Zwischen den Private-Equity-Gesellschaften als Agenten und den Mitarbeiter/Fremdkapitalgeber als Prinzipale bestehen die, die bereits im Zusammenhang mit den Gesellschaftern/Gründern und dem Top-Management erwähnten, Informationsrisiken.

4.3.2.5 Lösungsansätze für das Prinzipal-Agenten-Problem

In dem Stadium vor der Investitionsentscheidung sind aus Sicht der ausgewählten Interessengruppen in der Early- und Later-Stage-Phase verschiedene Lösungsansätze für das existierende Prinzipal-Agenten-Problem denkbar. Aus Perspektive der Private-Equity-Gesellschaften können diese zum Abbau der Informationsasymmetrien zwischen den Interessengruppen insofern beitragen, dass vor allem die Entscheidungsträger, das bedeutet die (verbleibenden) Gesellschafter/Gründer oder das Top-Management, über beabsichtigte Strategien in angemessener und ausreichender Weise informiert werden, zum Beispiel in Form von definierten Meilensteinen, Zielvorgaben/-vereinbarungen oder vorstellbaren Unternehmensszenarien. Die (verbleibenden) Gesellschafter/Gründer und Fremdkapitalgeber können vor der Investitionsentscheidung durch Eigenrecherche zunächst Informationen zu den Private-Equity-Gesellschaften (beispielsweise Verbandsinformationen) einholen, um das Informationsrisiko zu reduzieren. Innerhalb konkreter Verhandlungen lassen sich darüber hinaus bestimmte Vertragsklauseln adjustieren, die es den Vertragsparteien ermöglichen, das wechselseitige Informationsrisiko zu minimieren. Es gilt im Stadium der Vertragsanbahnung, eine für alle involvierten Interessengruppen angemessene Ausgangslage an Informationen zu schaffen, die es ermöglicht, adäquate Entscheidungen zu treffen. Denn nicht zuletzt wirkt sich eine stark asymmetrisch verteilte Informationslage in diesem Vertragsstadium auch auf die ex interim-Phase aus und verstärkt womöglich das Prinzipal-Agenten-Problem. Diesbezüglich stehen den Interessengruppen je nach Perspektivenfokus (Prinzipal/Agent) die oben genannten Maßnahmen des Screening (zum Beispiel das Sammeln von relevanten Informationen zur Qualifikation der Agenten durch die Prinzipale) und das Signaling (zum Beispiel durch die Vorstellung über Zielvorgaben der Agenten für die Prinzipale) zur Verfügung.

Bei der Gestaltung der Lösungsansätze in dem Stadium nach der Investitionsentscheidung ist diese vom Beteiligungsgrad abhängig. Aus Sicht der Private-Equity-Gesellschaften (gilt vice versa auch für die (verbleibenden) Gesellschafter/Gründer und das Top-Management) lassen sich Informations-, Gestaltungs- und Betroffenheitsasymmetrien im Rahmen einer Mehrheitsbeteiligung beispielsweise dadurch reduzieren, dass die (verbleibenden) Gesellschafter/Gründer aus einer Minderheitenstellung heraus oder das Top-Management weiterhin in die strategische und operationale Führung eingebunden werden. Daneben sollte ein System geschaffen werden, dass eine adäquate Informationsweitergabe gewährleistet, zum Beispiel in Form eines Reportings oder anderweitiger regelmäßiger Berichterstattung, wodurch ein kybernetischer Prozess des Informationsaustausches zwischen beiden Interessengruppen stattfindet. Im Fall einer Minderheitsbeteiligung kann über die bereits skizzierten Mechanismen hinaus, der Abschluss bestimmter anreizkompatibler Verträge dazu führen, dass die gesellschaftsrechtlich mehrheitlich beteiligte Interessengruppe auch im Interesse der anderen Partei handelt. In dem Beziehungsgeflecht zu den Fremdkapitalgebern, die über bestimmte gesetzlich festgeschriebenen Gläubigerrechte oder individuell vereinbarte Mitspracherechte verfügen, lassen sich die Asymmetrien vor allem durch ein wechselseitiges Informationssystem abbauen, welches durch die Weitergabe der Informationen dazu beiträgt, das Informations- und Delegationsrisiko (Investitions- und Verschuldungsanreizprobleme) zu minimieren. Über den bloßen Austausch von Unternehmensdaten/-analysen hinaus, sollte eine möglichst enge Kooperation mit allen Interessengruppen angestrebt werden, um ebenso die gegenseitige Expertise nutzen zu können.

4.3.2.6 Aussagekraft und Grenzen

Die Prinzipal-Agenten-Theorie kann den überwiegenden Teil des Beziehungsgeflechts zwischen den Private-Equity-Gesellschaften und den Interessengruppen der Beteiligungsunternehmen innerhalb der Early- und Later-Stage-Phase erklären, jedoch existieren an bestimmten Stellen innerhalb einzelner Prozessstufen und zwischen einzelnen Interessengruppen gewisse Grenzen. Laut *Arthurs/Busenitz (2003)* stößt die Prinzipal-Agenten-Theorie immer dann an die Grenzen ihrer Aussagekraft, wenn zwischen den einzelnen Interessengruppen eine bestimmte Ziel- und Motivationskongruenz vorliegt, die sich vor allem in der Prozessstufe der Managementunterstützung zeigt.[237] Je nachdem welche Interessengruppen als Prinzipale/Agenten miteinander in Interaktion treten, ist die Kongruenz entweder stärker oder schwächer ausgeprägt wahrnehmbar, was wiederum unmittelbar mit dem Beteiligungsgrad und der jeweiligen Finanzierungsstufe zusammenhängt. Eine starke Zielkongruenz verdeutlicht sich zum Beispiel im Rahmen der Managementunterstützung dann, wenn die (verbleibenden) Gesellschafter/Gründer und die Private-Equity-Gesellschaften miteinander interagieren. Zwar liegen die zwischen den beiden Vertragsparteien bekannten Asymmetrien vor, jedoch sind letztendlich beide Parteien daran interessiert den Wert der Beteiligungsgesellschaft zu steigern, in dem die Asymmetrien dann abgebaut werden können, wenn sowohl die Private-Equity-anbietende als auch die Private-Equity-suchende Seite die Eigenkapitalbeteiligung als ein unternehmerisches Miteinander definieren. Gerade der innerhalb der Private-Equity-Thematik etablierte Begriff der *aktiven Beteiligung* verdeutlicht diesen Ansatz einer partnerschaftlichen Beziehung, welche mehr einem langfristig ausgelegten Investment, als einer kurzfristig orientierten Investition ähnelt. Die differenzierte Wahrnehmung einer stärker oder schwächer ausgeprägten Ziel- und Motivationskongruenz steht weiterhin in Abhängigkeit zu den in Interaktion tretenden Interessengruppen. Hierbei ist festzustellen, dass je enger die einzelne Interessengruppe in (gesellschaftsrechtlicher) Verbindung zum Beteiligungsunternehmen steht, desto stärker ist die Kongruenz mit der Private-Equity-Gesellschaft.[238]

Die Ausführungen unterstützen die Analyseergebnisse von *Arthurs/Busenitz (2003)*, welche zeigen, dass die Prinzipal-Agenten-Theorie das Beziehungsgeflecht zwischen Private-Equity-

[237] Vgl. Arthurs/Busenitz (2003), S. 146 ff.

[238] So kann bspw. angenommen werden, dass zwischen der Private-Equity-Gesellschaft und dem Gründer (innerer Kreis) eine stärker ausgeprägte Zielkongruenz vorliegt, als zwischen der Private-Equity-Gesellschaft und dem Fremdkapitalgeber (äußerer Kreis). Vgl. Arthurs/Busenitz (2003).

Gesellschaften und Beteiligungsunternehmen zwar für die Prozessstufen der Beteiligungssuche und -würdigkeitsprüfung sowie der Beteiligungsverhandlung und Vertragsgestaltung erklären kann, jedoch nach der Investitionsentscheidung, also mit Beginn der Managementunterstützung, die Aussagekraft begrenzt ist.[239] Diese Grenzen werden mit Beginn der letzten Prozessstufe des Exits insofern wieder aufgehoben, dass alle in dem Beziehungsgeflecht in Verbindung stehenden Interessengruppen durch die Prinzipal-Agenten-Theorie erklärt werden können. Dies begründet sich dadurch, dass die Private-Equity-Gesellschaften mit Abwicklung des Vertrags im Rahmen des Exits eine maximale Realisierung der Unternehmenswertsteigerung verfolgen und somit keine Kongruenz mehr zu den gegenüberstehenden Zielen der weiteren Interessengruppen der Beteiligungsgesellschaften anzunehmen ist. Das grundsätzliche Problem der fehlenden Zuordnung ob Agent oder Prinzipal (vice versa) besteht weiterhin.

4.3.3 Stewardship-Theorie

4.3.3.1 Beteiligungssuche und Potenzialprüfung

Die Besonderheit der Beteiligungssuche besteht darin, dass zwischen den Private-Equity-Gesellschaften und den Entscheidungsträgern der Beteiligungsunternehmen (Gesellschafter; Top-Management) kein unmittelbarer Kontakt besteht.[240] Vielmehr suchen beide Seiten auf dem Private-Equity-Markt getrennt voneinander nach Kapitalnehmern/-gebern. Dabei werden potenzielle Beteiligungsmöglichkeiten identifiziert und selektiert, wobei zu diesem Zeitpunkt zunächst eine unbestimmte Auswahl an möglichen Entscheidungsobjekten (-alternativen) für die Entscheidungsträger im Rahmen des Entscheidungsprozesses zur Verfügung steht. Erst bei der Potenzialprüfung kann ein unmittelbarer Kontakt angenommen werden. Inwiefern sich für die Prozessstufe der Beteiligungssuche überhaupt Auftraggeber und -nehmer in Form von Prinzipalen und Stewards identifizieren lassen, ist aufgrund des fehlenden Kontaktes zweifelhaft. Darüber hinaus sind in diesem Stadium bis auf die Private-Equity-Gesellschaften und die genannten Entscheidungsträger keine weiteren Interessengruppen involviert. Ein möglicher Ansatz zur Erklärung dieser nur mittelbar bestehenden Beziehungsgeflechte während der Beteiligungssuche, wäre anhand der Stewardship-Theorie, dass sowohl die Kapitalgeber (Private-Equity-Gesellschaften) als auch die Kapitalnehmer (Entscheidungsträger) bereits jetzt nach zukünftig geeigneten Vertragspartnern schauen und die Beteiligungssuche demnach als

[239] Vgl. Arthurs/Busenitz (2003), S. 153.

[240] Grds. kann jedoch ein mittelbarer Kontakt, z.B. über Netzwerke, Verbände oder Gesellschafter, die aus den Beteiligungsunternehmen ausscheiden wollen, angenommen werden.

gegenseitige Suche nach kongruenten Interessen verstanden werden kann. Im Rahmen dieser Beteiligungssuche suchen die Private-Equity-Gesellschaften entweder nach Unternehmen, an denen sie sich mit dem Ziel der Unternehmenswertsteigerung beteiligen und dafür Änderungen, zum Beispiel durch den Austausch des bestehenden Top-Managements, vornehmen oder die Gesellschafter/Gründer oder das Top-Management nach Private-Equity-Gesellschaften suchen, die die laufenden Geschäftstätigkeiten und Unternehmensprozesse unterstützen. Die selektive Suche und intrinsische Motivation beider Parteien schließt aus Sicht der Stewardship-Theorie dabei primär persönliche und soziale Kriterien mit ein, die auf die zukünftige (partnerschaftliche) Zusammenarbeit und Kooperation abzielen und dahingehend ausgerichtet sind. Insofern kann von einer Adjustierung und Ausgestaltung der in der Zukunft liegenden Private-Equity-Beteiligung innerhalb der ersten beiden Prozessstufen gesprochen werden. Nichtsdestotrotz ist sowohl bezüglich der Auswahl und Eignung als auch in Bezug auf die intrinsische Motivation der jeweiligen Vertragspartner nicht nur auf die nicht-finanziellen Komponenten abzustellen, sondern auch eine Orientierung an den finanziellen/ökonomischen Auswahlkriterien, wie zum Beispiel den Eigenkapital-Konditionen, kritisch zu unterstellen.

Unterschiede zwischen der Early- und Later-Stage-Phase zeigen sich insbesondere dahingehend, dass in der Early-Stage-Phase befindliche Unternehmen in der Regel nicht kapitalmarktorientiert sind und sich dadurch die Informationssuche und anschließende Potenzialprüfung entsprechend diffizil gestalten. Dem entgegengesetzt sind für Unternehmen, die sich in der Later-Stage-Phase befinden aufgrund der bereits erfolgten Unternehmensetablierung durch gesetzlich vorgeschriebene Publizitätspflichten oder freiwillige Berichterstattung in der Regel qualitativ bessere und quantitativ mehr Informationen verfügbar. Im Gegensatz zur Beteiligungssuche werden während der Potenzialprüfung sodann die oben genannten Auswahlkriterien in dem Sinne spezifiziert, dass die nunmehr vorhandenen internen Unternehmensinformationen verfügbar sind und ein entsprechender Informationsaustausch zwischen den Private-Equity-Gesellschaften und den Entscheidungsträgern der Beteiligungsunternehmen möglich ist.[241]

[241] Insgesamt verändert sich das mittelbare Beziehungsgeflecht bei der Beteiligungssuche hin zu einem unmittelbaren Beziehungsgeflecht mit Beginn der Potenzialprüfung.

4.3.3.2 Verhandlung und Vertragsgestaltung

Während der Vertragsverhandlungen wird die zukünftige Verteilung der Eigentums- und Verfügungsrechte zwischen den Private-Equity-Gesellschaften und den Gesellschaftern/Gründern oder dem Top-Management anhand bestimmter Vertragsklauseln im Beteiligungsvertrag festgehalten. Des Weiteren erfolgt die vertragliche Ausgestaltung dahingehend, wie ab Beginn der Beteiligungsbeziehung zusammengearbeitet werden soll, wie die Kompetenzen und Entscheidungsbefugnisse im Unternehmen verteilt sind und wer für die Steuerungs- und Kontrollprozesse verantwortlich ist. Neben den originären Vertragspartnern können auch die Mitarbeiter der Beteiligungsgesellschaften (zum Beispiel über den Betriebsrat) in die Verhandlungen involviert sein. Im Gegensatz zu den ersten beiden Beteiligungsstufen lässt sich der Private-Equity-Prozess anhand der Stewardship-Theorie für diese Stufe als vertragliche Adjustierung der zukünftigen partnerschaftlichen Beteiligung sowie die Sicherstellung der Interessenkongruenz nach erfolgter Beteiligungssuche, -auswahl und -entscheidung einordnen. Dabei beziehen sich die Vertragsklauseln primär auf die nicht-finanziellen Aspekte, die die Kooperation zwischen den Interessengruppen selbst betreffen. Dies schließt sowohl für den Fall der Mehr- oder Minderheitsbeteiligung als auch für Unternehmen in der Early- oder Later-Stage-Phase erweiterte Informationsrechte und Zustimmungs-/Vetorechte, zum Beispiel zur Unterstützung der Geschäftstätigkeiten und Unternehmensprozesse, sowie Entsenderechte oder Abberufungs-/Neubesetzungsrechte, um zum Beispiel das bestehende Top-Management auszuwechseln, ein. Alle genannten Vertragsklauseln garantieren demzufolge die Möglichkeit einer beratungsorientierten und kooperativen *aktiven Beteiligung* durch die Private-Equity-Gesellschaften. Analog zu den ersten beiden Prozessstufen ist für dieses Stadium ebenso die Annahme der intrinsischen Motivation beider Vertragspartner kritisch zu hinterfragen, da neben den bereits genannten Komponenten auch Vertragsklauseln verhandelt und durchgesetzt werden, die zum Beispiel die Gewinnverteilung und Gewinnabführungs-regelungen oder die Cash-Flow-Rechte betreffen.

4.3.3.3 Managementunterstützung

Nachdem der Beteiligungsvertrag zwischen den Private-Equity-Gesellschaften und den Entscheidungsträgern geschlossen ist, beginnt die Prozessstufe der Managementunterstützung. Die Unterstützung fällt von Beteiligung zu Beteiligung in ihrer Ausgestaltung unterschiedlich aus. In dem Beziehungsgeflecht zwischen den Private-Equity-Gesellschaften und den (verbleibenden) Gesellschaftern/Gründern lassen sich anhand der Stewardship-Theorie erstere als Stewards und letztere als Prinzipale charakterisieren. Die Einordnung der **Private-Equity-Gesellschaften als Stewards** ist in erster Linie dadurch zu begründen, dass diesen angesichts ihrer Qualifikation (Spezialisierungsvorteil; Expertise und Erfahrungen mit Unternehmensbeteiligungen) diese Position zumindest in fachlicher Hinsicht zunächst einmal zugetraut werden kann. Dabei beruht die unterstellte intrinsische Motivation hauptsächlich auf Grundlage der eher langfristig ausgerichteten Beteiligung, bei der die Unternehmenswertsteigerung sowie die Realisierung des Gewinns aus der Veräußerung des Unternehmensanteils maßgeblich sind. Zweifelsohne beinhaltet die Steigerung des Unternehmenswertes neben der kooperativen Zusammenarbeit zwischen den Beteiligten dennoch die Tatsache, dass bestimmte ökonomische (monetäre) Ziele aus Sicht beider Interessengruppen erreicht werden wollen. Im Fall einer Mehrheitsbeteiligung verlieren die **(verbleibenden) Gesellschafter/Gründer als Prinzipale** zwar die alleinige Gesellschafterstellung und Entscheidungsbefugnis, jedoch beteiligen sich mit den Private-Equity-Gesellschaften Mehrheitsgesellschafter, die die notwendige Sachkenntnis und das erforderliche Know-How mitbringen, um die Unternehmen zu führen. Ähnlich lässt sich der Fall einer Minderheitsbeteiligung einordnen, bei denen die Private-Equity-Gesellschaften als Stewards nicht selbst die Geschäftsführung innehaben, sondern als Ansprechpartner und Berater zur Verfügung stehen. Des Weiteren garantieren die erweiterten Informationsrechte in den Vertragsklauseln eine zumindest indirekte Teilnahme an der Geschäftsführung, gerade auch aus der Minderheitsposition heraus. Der Einordnung als Stewards wird insofern entsprochen, dass trotz der Kontroll-/Überwachungsfunktion, beispielsweise durch einen Sitz im Aufsichtsrat oder Beirat, ein ständiger kooperativer Informations- und Erfahrungsaustausch stattfindet, wodurch die (verbleibenden) Gesellschafter/Gründer als Prinzipale gegenüber den Stewards kein Kontrollverlustgefühl entwickeln.

Die Charakterisierung der (verbleibenden) Gesellschafter, insbesondere der Unternehmensgründer als Prinzipale, kommt dem aus Sicht der Stewardship-Theorie vor allem in der Early-Stage-Phase sehr nah, da diese in dieser bestimmten Unternehmensentwicklungsphase zwar fachliche Expertise bezüglich ihres Produkt- oder Dienstleistungsangebotes aufweisen, jedoch Erfahrungen im Management womöglich fehlen. Diese Lücke wird durch die **Private-Equity-Gesellschaften als Stewards** insofern geschlossen, dass sie den Unternehmensgründern, gerade aufgrund der stark ausgeprägten unternehmerischen Mitwirkung in den Unternehmensprozessen und -entscheidungen, sei es im Fall einer Mehr- oder Minderheitsbeteiligung, zur Seite stehen. Dennoch kann das Steward-Bild nur zum Teil aufrechterhalten werden, da die Private-Equity-Gesellschaften durch die aktive Mitwirkung auch die ökonomische Zweckerfüllung verfolgen. Die gegensätzliche Einordnung der **(verbleibenden) Gesellschafter/Gründer als Stewards** erscheint anhand der Stewardship-Theorie nur sehr eingeschränkt möglich. Ein potenzieller Erklärungsansatz für den unterstellten intrinsischen Impuls für die (verbleibenden) Gesellschafter als Stewards, insbesondere für die Gründer in der Early-Stage-Phase eines Unternehmens, ist lediglich darin zu sehen, dass diese mit Bezug auf ihr neues, innovatives Produkt-/Dienstleistungsangebot Erfahrungen im Management sammeln oder von den Prinzipalen ermöglichte Synergieeffekte nutzen wollen.

In dem Beziehungsgeflecht zwischen den Private-Equity-Gesellschaften und dem Top-Management (Geschäftsführung) lassen sich anhand der Stewardship-Theorie ebenso erstere als Stewards und letztere als Prinzipale charakterisieren, wobei überwiegend auf die oben genannten Ausführungen verwiesen werden kann. Weitere, ergänzende Charakteristika zeigen sich in diesem Geflecht dahingehend, dass anhand der Stewardship-Theorie im Fall einer Minderheitsbeteiligung sich die **Private-Equity-Gesellschaften als Stewards** aus dem Grund einordnen lassen, da diese trotz ihrer gesellschaftsrechtlichen Minderheitsstellung in den Unternehmen, zum Beispiel in Form eines Sitzes in den Kontrollgremien, in beratender Funktion gegenüber dem Top-Management auftreten. Des Weiteren können die Vertragsvereinbarungen auch eine Teilnahme am Management, beispielsweise über die Entsendung eines zusätzlichen Mitglieds in die Geschäftsführung, vorsehen. Die gegensätzliche Einordnung der **Private-Equity-Gesellschaften als Prinzipale** begründet sich unabhängig von einer Mehr- oder Minderheitsbeteiligung in gleicher Weise durch das existierende Vertrauenskonstrukt, bei welchem das Top-Management davon ausgehen kann, dass dieses angesichts geschaffener Strukturen in den Unternehmen, zum Beispiel durch die entsprechende Möglichkeit der unternehmerischen Einbindung, im Sinne der Private-Equity-Gesellschaften handelt. Die unterstellte intrinsische Motivation des Top-Managements kann dabei weitgehend sowohl auf nicht-monetären Komponenten, wie zum Beispiel dem Ausbau des persönlichen Netzwerkes oder dem Sammeln von Managementerfahrungen, als auch auf der monetären Komponente des langfristig ausgelegten Investments und der damit einhergehende Unternehmenswertsteigerung beruhen. Hierbei sollte das Erreichen der letztgenannten monetären Komponente angesichts der Tatsache, dass das Top-Management letztendlich auch das Ziel der Sicherung des Arbeitsplatzes sowie des Einkommenszahlungsstroms verfolgt, überwiegen.

Anhand der Stewardship-Theorie ist auch die Beziehung zwischen den Private-Equity-Gesellschaften und den Mitarbeitern in den Beteiligungsunternehmen als Prinzipal-Steward-Beziehungsgeflecht in der Art begründbar, dass davon ausgegangen werden kann, dass die **Private-Equity-Gesellschaften als Stewards** als neue (Mit-)Entscheidungsträger innerhalb der Unternehmen, gegenüber den **Mitarbeitern als Prinzipale** und bedeutendster Unternehmensressource, eine Vertrauensbasis schaffen müssen, welche sich auf die Dauer des Investments bezieht. Die gegensätzliche Einordnung der **Private-Equity-Gesellschaften als Prinzipale** begründet sich insofern, dass die Mitarbeiter den Private-Equity-Gesellschaften Informationen aus den Unternehmen heraus liefern (Informationsaustausch), welche sodann durch die Prinzipale entsprechend ausgewertet werden können und auch auf Basis dieser Informationen weitere bedeutende Entscheidungen für das Unternehmen getroffen werden, die in der Konsequenz beispielsweise ebenso die Arbeitsplätze der Stewards betreffen. Die intrinsische Motivation der Mitarbeiter als Stewards gelangt vor allem durch das Gefühl zum Ausdruck, in die Unternehmensentscheidungen eingebunden zu sein oder über diese informiert zu werden, wobei diese nicht-opportune Annahme generell nur dann aufrecht zu erhalten ist, wenn entsprechende Betriebsvereinbarungen diesen Informationsaustausch vertraglich garantieren, zum Beispiel im Rahmen bestimmter Mitbestimmungsformen.[242]

Schließlich besteht ein weiteres Beziehungsgeflecht aus den Private-Equity-Gesellschaften und den Fremdkapitalgebern. Anhand der Stewardship-Theorie lassen sich die **Private-Equity-Gesellschaften als Stewards** insofern charakterisieren, dass diese in Abhängigkeit ihres Einflusses auf das operative/strategische Geschäftsfeld wichtige unternehmerische Maßnahmen treffen, die zum Beispiel das Financial Engineering betreffen. Letzteres ist zumeist darauf zurückzuführen, dass die jetzigen Gesellschafter/Gründer oder das Top-Management nicht in der Lage sind, ein adäquates Finanzmanagement zu betreiben und die Private-Equity-Gesellschaften als Stewards im Zuge der Managementunterstützung die finanzielle (Neu-)St-

[242] Löst man sich von den oben genannten Gedanken, dass die Prinzipal-Steward-Beziehung zwischen der Private-Equity-Gesellschaft und jedem einzelnen Mitarbeiter besteht, kann die Beziehung ebenso zwischen der Private-Equity-Gesellschaft und dem Betriebsrat charakterisiert werden, wobei der Betriebsrat die Interessen der Mitarbeiter bündelt und als eine Gruppe gegenüber der Private-Equity-Gesellschaft auftritt.

rukturierung durchführen, auch um das Ausfall-/Bonitätsrisiko der Fremdkapitalgeber als Prinzipale einzuschränken, sei es durch die Stärkung der Eigenkapitalbasis oder die Optimierung der weiteren Finanzierungs- und Kapitalstruktur. Die entgegengesetzte Einordnung der **Private-Equity-Gesellschaften als Prinzipale** begründet sich dahingehend, dass letztere Interessengruppe neben den Private-Equity-Gesellschaften als wichtige Begleitpersonen innerhalb der Private-Equity-Beteiligung agieren, da diese über entsprechende Informationen sowohl über die Beteiligungsgesellschaften selbst als auch über das geschäftliche (Markt-)Umfeld verfügen. Die auf Seiten der Fremdkapitalgeber als Stewards vermutete intrinsische Motivation begründet sich insbesondere durch die Situation, dass den Entscheidungsträgern (geschäftsführende Gesellschafter/Gründer oder Top-Management) ein erfahrener Partner zur Verfügung steht, wodurch die Beteiligungsunternehmen zukünftig erfolgreicher wirtschaften können und damit der Erhalt der vereinbarten Zins- und Tilgungsleistungen für die Fremdkapitalgeber garantiert bleibt.

4.3.3.4 Beteiligungsveräußerung

Mit der Beteiligungsveräußerung endet der Beteiligungs- und Wertschöpfungsprozess.[243] Anhand der Stewardship-Theorie erfolgt mit dem Exit die (vertragliche) Abwicklung der einzelnen Beziehungsgeflechte dahingehend, dass sowohl die Stewards als auch die Prinzipale das Investment beenden und dabei die gegenseitigen nicht-finanziellen Interessen berücksichtigt werden. Dies schließt je nach Exit-Kanal zum Beispiel die Adjustierung zukünftiger Beziehungsgeflechte zwischen den jetzigen und neuen Gesellschaftern (zum Beispiel bei einem Verkauf an andere Finanzinvestoren) ein. Die intrinsische Motivation der Stewards lässt sich hauptsächlich in Zielen wie der Steigerung der Reputation begründen. Demnach wird es beispielsweise den Private-Equity-Gesellschaften bei Desinvestition und Exit-Wahl daran gelegen sein, gegenüber anderen Investoren bei einem Verkauf an einen anderen Finanzinvestoren oder gegenüber dem bereiten öffentlichen Publikum bei dem Gang an die Börse das Renommee der weiteren Interessengruppen (zum Beispiel der weiteren Gesellschafter) nicht zu gefährden, sondern vielmehr zu steigern.

[243] Vgl. Daniels von (2004), S. 44; Willert (2006), S. 33; Bygrave/Peeters/Hay (1999).

4.3.3.5 Aussagekraft und Grenzen

Ausgehend von den charakteristischen Besonderheiten von Private-Equity-Beteiligungen, das heißt dem Ziel der Unternehmenswertsteigerung und dem Gewinn bei Desinvestition sowie der Unterstützung beziehungsweise dem (teilweisen)Austausch der Geschäftsführung im Beteiligungsunternehmen, gelingt es der Stewardship-Theorie innerhalb einzelner Prozessstufen, die in der Prinzipal-Agenten-Theorie liegenden Grenzen der Aussagekraft zu überwinden. Nichtsdestotrotz stößt aber auch die Stewardship-Theorie bei der Erklärung einzelner Beziehungsgeflechte an ihre Grenzen, und zwar immer dann, wenn die Annahme der intrinsisch motivierten Stewards als Auftragnehmer für die Interessengruppen in den Beziehungsgeflechten aufgrund der individuellen (monetären) Nutzenmaximierung jedes Einzelnen oder der Verfolgung und Durchsetzung eigener (finanzieller) Interessen/Ansprüche aus ökonomischer Sicht nicht mehr argumentierbar sind. Eine Einschränkung in ihrem Aussagegehalt erfährt die Stewardship-Theorie zum Beispiel in der Beziehung zwischen den Private-Equity-Gesellschaften und den Fremdkapitalgebern, wobei eine nur schwach ausgeprägte Zielkongruenz zu den Private-Equity-Gesellschaften anzunehmen ist.[244] Darüber hinaus stößt die Stewardship-Theorie im Rahmen der differenzierten Betrachtung von Mehr- und Minderheitsbeteiligungen sowie der damit in Verbindung stehenden Ausprägungen/Auswirkungen auf das jeweilig zu untersuchende Beziehungsgeflecht an ihre Grenzen, da das existierende Vertrauens- und Kooperationskonstrukt zwischen den Prinzipalen und den Stewards nicht unmittelbar an den Beteiligungsgrad der Private-Equity-Gesellschaften gebunden sein muss und demzufolge unabhängig davon als gegeben anzunehmen ist, was ferner auch nicht für die unterstellte intrinsische Motivation der Stewards gelten kann. Insgesamt bildet die Stewardship-Theorie jedoch den Zustand der *aktiven Beteiligung* recht nah ab, dies umso mehr, je schwächer das angenommene opportunistische Verhalten zwischen den jeweiligen Interessengruppen ist. Im Ergebnis trägt die Stewardship-Theorie als eine von vielen Corporate-Governance-Theorien maßgeblich dazu bei, Private-Equity-Beteiligungen als Analysegegenstand zu erklären und zu charakterisieren.

[244] So konnte gezeigt werden, dass eine Prinzipal-Steward-Beziehung zwischen den Private-Equity-Gesellschaften und den Fremdkapitalgebern zwar im bestimmten Maß definiert werden kann, gewisse Situationen im Rahmen einer Private-Equity-Beteiligung oder einer Managementunterstützung aus Sicht der Stewardship-Theorie nicht (hinreichend) zu erklären ist, z.B. dann, wenn die Private-Equity-Gesellschaften zusätzliches Fremdkapital von anderen Fremdkapitalgebern zur Verfolgung zukünftiger Private-Equity-Strategien aufnehmen, mit der Folge, dass die jetzigen Fremdkapitalgeber in ihrer Gläubigerstellung ggf. gegenüber diesen (neuen) Fremdkapitalgebern noch nachrangiger behandelt werden.

4.3.4 Procedural-Justice-Theorie

4.3.4.1 Managementunterstützung

Im Gegensatz zur Prinzipal-Agenten-Theorie, die den Einfluss vertraglicher Strukturen auf das Ergebnis von Entscheidungsvorgängen betrachtet, fokussiert die Procedural-Justice-Theorie den Entscheidungsprozess selbst. Insofern wird folgend an der Prozessstufe der Managementunterstützung, in der die Entscheidungen auf vielfältiger Art und Weise zwischen den Private-Equity-Gesellschaften und den Entscheidungsträgern der Beteiligungsunternehmen verteilt sind, angeknüpft. Sowohl in formeller als auch in verhaltensbezogener Hinsicht sind beide Vertragsparteien von den Wirkungen dieser Entscheidungen betroffen. Dabei erhöht sich die Entscheidungsgewalt der Private-Equity-Gesellschaften mit steigendem Beteiligungsgrad.[245] Gerade die unternehmerische Mitwirkung in Form einer *aktiven Beteiligung* durch die Private-Equity-Gesellschaften spiegelt die Annahmen der Procedural-Justice-Theorie an zahlreichen Stellen wider. Dies geht damit einher, dass es den Private-Equity-Gesellschaften im Fall einer Mehrheitsbeteiligung möglich ist, für eine adäquate Ausgestaltung eines Entscheidungsprozesses Sorge zu tragen. Während des Entscheidungsprozesses existieren verschiedene Einflussfaktoren des persönlichen Umgangs zwischen den Private-Equity-Gesellschaften und den (verbleibenden) Gesellschaftern/Gründern, wie zum Beispiel Ehrlichkeit oder die Vermeidung von Zwang, welche aufgrund der langfristigen strategischen Ausrichtung einer Private-Equity-Beteiligung oder den langfristigen Interessen von Private-Equity-Gesellschaften und Gesellschaftern hervorgerufen werden.

Um einen fairen Entscheidungsprozess zu garantieren, müssen die mit der Entscheidung verbundenen Informationen auf einer ausreichenden Informationsgrundlage des Entscheidungsträgers beruhen. Ferner sollte die getroffene Entscheidung unmittelbar, adäquat und ehrlich begründet werden. Das Konstrukt der *aktiven Beteiligung* zeigt also, dass zwischen den Private-Equity-Gesellschaften und den Gesellschaftern/Gründern Anknüpfungspunkte liegen, die weniger restriktive Kontrollmechanismen erfordern, da durch die Austauschbeziehung innerhalb der Managementunterstützung Vertrauen zwischen den Parteien geschaffen wird, was zudem zu einer emotional stärkeren Bindung und Motivation sowie weniger opportunistischen Verhaltensweisen der Kooperationsteilnehmer führt. In dem Beziehungsgeflecht zwischen den Private-Equity-Gesellschaften und den (verbleibenden) Gesellschaftern/Gründern

[245] Dies begründet sich nicht zuletzt dadurch, dass mit dem steigenden Beteiligungsgrad auch grds. steigende Eigentums- und Verfügungsrechte einhergehen (siehe dazu die getroffenen Annahmen, Kap. 4.3.1).

kann in Abhängigkeit zum Beteiligungsgrad, also je nachdem aus welcher Rolle heraus die Private-Equity-Gesellschaften agieren, entweder als Mehrheitsgesellschafter in der operativen und strategischen Unternehmensführung selbst oder als Minderheitsgesellschafter in einem überwachenden Gremium, eine vorteilhafte Austauschbeziehung sowie die damit einhergehende Ausgestaltung eines fairen Entscheidungsprozesses angenommen werden. In ähnlicher Weise treffen die Ausführungen der Procedural-Justice-Theorie auch auf die weiteren Beziehungsgeflechte im Rahmen der Prozessstufe der Managementunterstützung zu. In Relation zum Beteiligungsgrad werden aus Sicht der Private-Equity-Gesellschaften bereits ex ante mit den Interessengruppen des Top-Managements, der Mitarbeiter sowie der Fremdkapitalgeber wichtige Austauschbeziehungen etabliert (zum Beispiel in Form von Gesprächen), die einen adäquaten Entscheidungsprozess hervorrufen.

4.3.4.2 Aussagekraft und Grenzen

Die Procedural-Justice-Theorie ergänzt in ihrem Aussagegehalt in Bezug auf die Prozessstufe der Managementunterstützung in der Early- und Later-Stage-Phase die Prinzipal-Agenten-Theorie sinnvoll und erweitert oder konkretisiert die Stewardship-Theorie in ihren Aussagen. Anzunehmen ist, dass die Procedural-Justice-Theorie analog zur Stewardship-Theorie bei der Erklärung einzelner Beziehungsgeflechte zwischen den Interessengruppen (zum Beispiel Fremdkapitalgeber) sowie in Bezug zu den Prozessstufen vor der Investitionsentscheidung an ihre Grenzen stößt. Damit geht einher, dass sich die Procedural-Justice-Theorie zwar mit dem Prozess an sich, beispielsweise der Gestaltung der Managementunterstützung, jedoch nicht mit dem Ergebnis des Prozesses auseinandersetzt.

4.3.5 Ressourcen- und wissensorientierte Ansätze

4.3.5.1 Managementunterstützung

Innerhalb der Prozessstufe der Managementunterstützung besteht die Möglichkeit und das Potenzial, sowohl fehlendes Wissen zu generieren als auch weitere Ressourcen in den Beteiligungsgesellschaften zu identifizieren und zu nutzen. Besonders in Unternehmen der Early-Stage-Phase beschränken sich die Ressourcen zumeist auf das Wissen und die Motivation des Gründers sowie auf das Know-how, welches der Geschäftsidee zugrunde liegt. Im Rahmen einer Private-Equity-Beteiligung und während der Managementunterstützung können die Private-Equity-Gesellschaften sowohl aus einer Mehrheitsposition als auch aus einer Minderheitsposition heraus dazu beitragen, Ressourcenlücken der Beteiligungsunternehmen zu identifizieren sowie relevante Ressourcen und Fähigkeiten zur Verfügung zu stellen. Das spezialisierte Wissen der Private-Equity-Gesellschaften wird ferner dazu eingesetzt, die (verbleibenden) Gesellschafter/Gründer hinsichtlich ihrer Kompetenzen und Fähigkeiten zu fördern und zu entwickeln. Durch die *aktive Beteiligung* und Teilnahme der Private-Equity-Gesellschaften am operativen und strategischen Geschäft entsteht durch die enge Verbindung oder Kooperation zu den weiteren Gesellschaftern/Eigentümern der kollektive und akkumulative Lernprozess, welcher sich über die Laufzeit der Beteiligung weiter entfaltet und wodurch die nachhaltige Unternehmensentwicklung der Beteiligungsunternehmen beeinflusst und unterstützt wird. Anhand des Ressource-Based-View kann demzufolge ebenso eine Balance zwischen dem Einsatz in der Beteiligungsgesellschaft bestehender und der Entwicklung neuer Ressourcen (durch die Private-Equity-Gesellschaften) sowie ein optimaler Pfad des Unternehmenswachstums erfolgen und die Ressource *Wissen* erweitert oder effektiv ausgebaut werden. In Analogie dazu lassen sich anhand der ressourcen- und wissensorientierten Ansätze die Beziehungsgeflechte zwischen den Private-Equity-Gesellschaften und dem Top-Management sowie zwischen den Private-Equity-Gesellschaften und den Mitarbeitern charakterisieren, welche nicht der Early-, sondern der Later-Stage-Phase zuordbar sind. Ähnliche Muster zeigen sich hinsichtlich der Beziehung zwischen den Private-Equity-Gesellschaften und den Fremdkapitalgebern. Beide Interessengruppen verfügen über die notwendige Expertise, die gegenseitig ausgetauscht werden kann. Dabei trifft verschiedenartiges Wissen aufeinander, dass in Synergien umsetzbar ist. Gerade die Fremdkapitalgeber, welche möglicherweise über eine lange Hausbankbeziehung zu den Beteiligungsunternehmen pflegen, besitzen umfassende und weitreichende (interne) Unternehmensinformationen oder Informationen, die das Marktumfeld betreffen.

4.3.5.2 Aussagekraft und Grenzen

Feststellbar ist, dass die ressourcen- und wissensorientierten Ansätze die Prinzipal-Agenten-Theorie hinsichtlich der Wesenscharakterisierung der im Rahmen einer Private-Equity-Beteiligung durchgeführten Managementunterstützung in der Early- und Later-Stage-Phase zweckmäßig erweitern. Jedoch treffen die Annahmen dieser Ansätze nicht auf alle in der Prozessstufe involvierten Interessengruppen zu. In vielen Beziehungsflechten besteht im Vorhinein keine Absicht oder Notwendigkeit bestimmte Ressourcen zu identifizieren oder diese sogar gegenseitig zur Verfügung zu stellen, was in gleichen Maßen ebenso für die Ressource *Wissen* gilt.

4.3.6 Fazit

Als Ergebnis der theoriegeleiteten Analyse stellt sich zunächst heraus, dass die einzelnen Beziehungsgeflechte zwischen den Private-Equity-Gesellschaften und den weiteren Interessengruppen der Beteiligungsunternehmen in ihren Strukturen und aufgrund des dynamischen Beteiligungsprozesses sowie angesichts differenter Beteiligungshöhen sehr komplex sind. Neue Erkenntnisse im Bereich der (Beziehungs-)Charakterisierung können insbesondere in der Differenzierung zwischen einer Mehr- und Minderheitsbeteiligung sowie in der Unterscheidung der Finanzierungsstufen Early- und Later-Stage gewonnen werden. In diesen Fällen dominiert die Prinzipal-Agenten-Theorie, wobei die darauf aufbauenden Corporate-Governance-Theorien die Prinzipal-Agenten-Theorie an vielen Stellen ergänzen und erweitern. Insbesondere die Stewardship-Theorie spiegelt zahlreiche Ansatzpunkte für das Erklärungsmodell der Prozessstufe der Managementunterstützung wider und kommt dem Zustand einer *aktiven Beteiligung* in seiner modellhaften Abbildung recht nah. Insgesamt bilden die weiterführenden Theorien und Ansätze das Beziehungsgeflecht umso besser ab, je schwächer das angenommene opportune Verhalten zwischen den jeweiligen Interessengruppen ausgeprägt ist. Letztendlich besteht das grundsätzliche Charakterisierungsproblem auf Seiten der Prinzipal-Agenten-Theorie und Stewardship-Theorie in der schwierigen Zuordnung als Agent/Steward und Prinzipal (vice versa).

4.4 Das deutsche und das britische Corporate-Governance-System

4.4.1 Vorbemerkungen

Im Vorfeld der ökonomischen Analyse ist es notwendig zu betrachten, von welchem äußeren System der Corporate Governance die Interessengruppen der Beteiligungsgesellschaften in Deutschland und Großbritannien umgeben sind. Dies begründet sich dahingehend, dass dieses wiederum (un-)mittelbare Auswirkungen auf die Corporate Governance hat oder in umgekehrter Weise das System durch die Corporate Governance geprägt wird.[246] Unter einem Corporate-Governance-System wird nachfolgend der rechtliche Rahmen verstanden, innerhalb

[246] Nur wenn das spezifische Umfeld, das die Struktur eines Unternehmens maßgeblich beeinflusst, in die Analyse mit einbezogen wird, kann eine konsistente und gesamtheitliche Analyse erfolgen. Vgl. Hellwig (2000), S. 100.

dessen die einzelnen Interessengruppen auf geltender Gesetzesgrundlage direkt oder indirekt Einfluss im Unternehmen auf andere Interessengruppen ausüben können. Ziel ist es demnach, die formale und institutionelle Ausgestaltung dieses rechtlichen Rahmens für eine jeweils für Deutschland und Großbritannien ausgewählte Rechtsform sowie die Rechte und Pflichten, die sich aus dem gesetzlichen Rahmen (ergänzt um vertragliche Vereinbarungen) für die einzelnen Interessengruppen ergeben, komparativ darzustellen. Die unter dem Begriff *Corporate Governance* verstandenen Steuerungs- und Kontrollprozesse (Kapitel 4.1.2) setzen sich grundsätzlich aus einem auslösenden Ereignis (zum Beispiel die Unternehmensgründung; Festlegung der Eigentums- und Verfügungsrechte im Gesellschaftsvertrag), dem Input und einer bestimmten Leistung (zum Beispiel durch die Ausübung/Durchsetzung von Rechten oder die Durchsetzung von ökonomischen Zielen durch die Interessengruppen) sowie einem Output in Form eines Prozessergebnisses, dass sich monetär durch die Rendite/das Risiko (die Risiken) ausdrückt, zusammen. Zur Ausübung der Steuerungs- und Kontrollprozesse und der Durchsetzung innerhalb der Prozesse sind Eigentums- und Verfügungsrechte notwendig.[247] Demnach werden die in die Prozesse involvierten oder für die Prozesse verantwortlichen Personen durch die unterschiedliche Verteilung dieser Rechte mit Kompetenzen (Geschäftsführungskompetenz), Entscheidungsbefugnissen und Gestaltungsspielräumen ausgestattet sowie Handlungsanreize und Haftungstatbestände gesetzt. Zu beachten ist, dass die Steuerungsprozesse auf der einen Seite und die Kontrollprozesse auf der anderen Seite nicht trennscharf voneinander abzugrenzen sind, da der eine Prozess den anderen Prozess aufgrund von Wechselwirkungen bedingt.[248]

4.4.2 Vergleichskriterien und Rechtsformauswahl

Die Darstellung der formalen und institutionellen Ausgestaltung erfolgt anhand bestimmter Vergleichskriterien, wodurch herausgestellt werden soll, wie die einzelnen Interessengruppen insbesondere Einfluss auf die Steuerungs- und Kontrollprozesse im Unternehmen ausüben können. Zu den Vergleichskriterien zählen die Kriterien *Steuerung*, *Kontrolle*, *Mitbestimmung*, *Anreiz*, *Haftung* und *Gläubigerschutz*. Während unter die ersten zwei Kriterien die gesetzliche und vertraglich vereinbarte Geschäftsführung (Geschäftsführungskompetenz) bezie-

[247] Während Erstere die Ergebnisabhängigkeit der Ansprüche, den Rückzahlungsanspruch (ex interim) sowie die Rechtsstellung in der Insolvenz (ex post) bestimmen, legen Zweitere die Mitwirkungs- und Kontrollrechte (ex interim) fest. Vgl. Oehler (2012f), S. 20 ff.

[248] Der Rechtsstand ist März 2012.

hungsweise Unternehmensaufsicht fällt, ist unter dem Kriterium Mitbestimmung die gesetzliche und vertraglich vereinbarte Unternehmenskontrolle zu verstehen, die vor allem die Interessengruppe der Mitarbeiter betrifft, die keine Gesellschafterstellung innehaben und ihre Arbeitnehmerinteressen durchsetzen wollen. Das Kriterium Anreiz subsumiert die Ausgestaltung der vertraglichen Anreiz- und Vergütungsstrukturen, mit dem Ziel einer bestimmten Interessen- und Entscheidungsausrichtung, -motivation und -durchsetzung. Anhand des Kriteriums Haftung werden die Ansprüche und die Durchsetzung gesetzlicher sowie vertraglich vereinbarter Haftungstatbestände dargestellt. Mit dem Kriterium Gläubigerschutz erfolgt für die Interessengruppe der Fremdkapitalgeber die Darstellung, wie diese auf Grundlage gesetzlicher und vertraglicher Vereinbarungen, Einfluss innerhalb des Unternehmens ausüben und gesetzliche Schuldverhältnisse durchsetzen können.[249]

Neben den dargestellten Kriterien ist eine Auswahl der Rechtsformen notwendig. Aufgrund der hohen Intransparenz auf den Private-Equity-Märkten existiert bezüglich der genauen Verteilung der Rechtsformen Unklarheit. Können Beteiligungsunternehmen, die als Kapitalgesellschaften firmieren, angesichts der verpflichtenden Offenlegungs- und Publizitätsvorschriften vorwiegend identifiziert werden, fehlt es an Informationen über Beteiligungsunternehmen in der Rechtsform der Personengesellschaft. Demzufolge werden zur Rechtsformauswahl Verbandsinformationen für Deutschland (Bundesverband Deutscher Kapitalbeteiligungsgesellschaften) und Großbritannien (British Venture Capital Association) herangezogen, die ausschließlich Marktbeobachtungen aus einer unvollständigen Blickrichtung wiedergeben. Dabei ist der erkennbare Ausschnitt des Private-Equity-Marktes in Deutschland vor allem durch Investitionen in Kapitalgesellschaften mit einer sichtbaren Dominanz auf Gesellschaften mit beschränkter Haftung (GmbH) geprägt.[250] Ein ähnliches Bild der Rechtsformverteilung zeichnet sich ebenso für Großbritannien ab. Auch hier geben die Angaben des Verbandes wieder, dass die Mehrzahl aller Beteiligungsgesellschaften in der Rechtsform einer Kapitalge-

[249] Das Kriterium fasst insofern die Aspekte der Unternehmensaufsicht, -publizität und -transparenz zusammen, wobei die Aufsicht die Gläubigerrechte der Fremdkapitalgeber widerspiegelt und die Publizität es ermöglicht, die der tatsächlichen Gefährdung der Forderungen angemessenen Maßnahmen (zur Durchsetzung) im Rahmen der Aufsicht zu ergreifen sowie als Informations- und Entscheidungsbasis in der Beziehung zwischen Beteiligungsunternehmen und Fremdkapitalgeber dient. Vgl. Moxter (1962), S. 225.

[250] Den Verbandsinformationen des BVK nach, sind mehr als 90 % der finanzierten Unternehmen Kapitalgesellschaften. Der BVCA bestätigt, dass der größte Anteil Private Companies ausmacht. Vgl. BVK (2011) und BVCA (2011). Personengesellschaften spielen generell in Großbritannien eine eher untergeordnete Rolle. Vgl. Schnittker (2007), S. 9; Schnittker/Bank (2008), S. 10; Heinemann (2002), S. 9; Triebel et al. (1995), S. 215.

sellschaft, und zwar die der Private Company Limited by Shares (Private Company) geführt ist. Die Wahl zur Rechtsform ist analog zu Deutschland grundsätzlich auch vom steuerrechtlichen Effizienzgedanken geleitet.[251] Angelehnt an die Beobachtungen durch die Private-Equity-Verbände in Deutschland und Großbritannien werden für die komparative Darstellung die GmbH und die Private Company als Rechtsformen ausgewählt.[252]

Nachfolgend werden die Interessengruppen zunächst begrifflich eingeordnet und definiert sowie notwendige Annahmen getroffen. Diese Vorgehensweise ist notwendig, um im Zuge der Gegenüberstellung beider Rechtskreise einheitliche Begriffe zu verwenden, um der hinter dem Terminus stehenden Bedeutung gerecht zu werden.[253] Einleitend werden zwar die englischen Termini für diejenigen Interessengruppen genannt, jedoch wird an dem jeweils deutschen Begriff auch für die englische Deskription festgehalten und nur in den Fällen einer tatsächlich fehlenden Äquivalenz der englische Begriff verwendet.[254]

4.4.3 Interessengruppen der Beteiligungsgesellschaften

4.4.3.1 Gesellschafter und ausgeschiedene Gesellschafter

Tabelle 9 gibt einen Überblick über die ausgewählten Gesellschaftergruppen sowie die dazu getroffenen Annahmen.

[251] Vgl. Triebel et al. (1995), S. 215; Elwell (2007), S. 123.

[252] Hierbei ist zu beachten, dass die Rechtsform der GmbH und der Private Company zwar Schnittstellen miteinander aufweisen, jedoch nicht allgemein aufeinander übertragbar sind. Vgl. Heckschen/Köklü/Maul (2005), S. 5; Güthoff (2004), S. 4; Triebel et al. (1995), S. 215. Die GmbH und Private Company sind in verschiedene Rechtskreise eingebettet. Das deutsche Gesellschaftsrecht besteht aus einzelnen speziellen Gesetzen oder Rechtsquellen, die abhängig von der jeweiligen Rechtsform sind. Die spezifischen Bestimmungen zur GmbH finden sich insb. im GmbH-Gesetz und Handelsgesetzbuch. Das englische Gesellschaftsrecht (Company Law) ist anders als das allgemeine englische Recht, überwiegend durch Gesetze determiniert, wobei neben dem Richterrecht, der Companies Act 2006 und 1985 (CA 2006 und CA 1985) die bedeutendsten Rechtsquellen darstellen. Vgl. Schmidbauer(2008), S. 9; Heinz (2006), S. 17 f.; Elwell (2007), S. 123; Silberberg/Schwendemann (2007), S. 31 f.

[253] Vgl. Neuling (1997), S. 4 f.

[254] Des Weiteren werden nur die wesentlichen juristischen Charakteristika und spezifischen Besonderheiten dargestellt, die für die spätere ökonomische Analyse von Relevanz sind.

Gesellschafter und ausgeschiedene Gesellschafter
1) Mehrheitsgesellschafter **a) Geschäftsführende Mehrheitsgesellschafter** - Diese agieren aufgrund ihrer mehrheitlichen Beteiligung (größer 50%) als geschäftsführende Mehrheitsgesellschafter und haben die strategische und operationelle Unternehmensführung inne. - Bei Einnahme dieser Perspektive wird angenommen, dass kein Top-Management (Fremdmanagement) geschäftsführend tätig ist.[255] **b) Nicht-geschäftsführende Mehrheitsgesellschafter** - Bei Einnahme dieser Perspektive wird angenommen, dass ein Top-Management existiert und diese Mehrheitsgesellschafter im Unternehmen selbst nicht geschäftsführend tätig sind. Es existieren parallel auch keine geschäftsführenden Mehrheitsgesellschafter.
2) Nicht-geschäftsführende Minderheitsgesellschafter - Diese Gesellschafter verfügen aufgrund ihrer Minderheitsbeteiligung (kleiner 50%) über bestimmte Minderheitsrechte und partizipieren nicht aktiv an der Unternehmensführung.
3) Ausgeschiedene Gesellschafter - Es handelt sich um Gesellschafter, die nach dem Austritt oder nach Abschluss des Beteiligungsvertrags ihre bisherigen Eigentums- und Verfügungsrechte übertragen.

Tabelle 9: Gesellschafter und ausgeschiedene Gesellschafter (eigene Darstellung)

Die gesetzliche und vertraglich vereinbarte Geschäftsführung (Kriterium *Steuerung*) in der **GmbH** ist je nach Gesellschaftergruppe unterschiedlich determiniert. Die Gesellschaft muss mindestens durch einen Geschäftsführer geleitet werden, wobei das Prinzip der Fremdorganschaft gilt, das heißt dass auch Nicht-Gesellschafter als Geschäftsführer bestellt werden können.[256] Neben der Geschäftsführung der Gesellschaft im Innenverhältnis vertreten die **geschäftsführenden Mehrheitsgesellschafter** diese auch im Außenverhältnis.[257] Die Rechte zur Wahrnehmung der Unternehmensführung und damit die Gestaltung der Leitungsstruktur, bestimmen sich im Grundsatz nach den Vereinbarungen im Gesellschaftsvertrag, soweit diese nicht gesetzlichen Vorschriften entgegenstehen.[258] Da die Geschäftsführung betreffende Rechte für die Mehrheitsgesellschafter allumfassend und inhaltlich nicht eingeschränkt sind, erstreckt sich dies auch auf die Interessengruppe der **nicht-geschäftsführenden Mehrheitsgesellschafter**, auch wenn diese nicht an der (aktiven) Führung der Gesellschaft partizipieren.[259] Sowohl die genannten Gesellschaftergruppen als auch die Minderheitsgesellschafter setzen sich in der Gesellschafterversammlung als ein weiteres Unternehmensorgan zusam-

[255] Der mehrheitliche Unternehmensanteil wird von einem Gesellschafter (hinzutretende Private-Equity-Gesellschaft oder verbleibender Gesellschafter) gehalten, der restliche Anteil verteilt sich auf eine nicht bestimmte Anzahl von Minderheitsgesellschaftern (1+X). Demzufolge wird keine explizite Einteilung in weitere Anteilsklassen oder gesellschaftsrechtliche Schwellen (z.B. 95%, 75% oder auch 25%, 10% oder 5%) vorgenommen.

[256] Vgl. § 6 Absatz 3 GmbHG. Literatur zum deutschen Gesellschaftsrecht sowie speziell zur GmbH vgl. insb. Schäfer (2011); Saenger (2010); Eckhardt/Hermanns (2011); Lutz (2011).

[257] Vgl. § 35 Absatz 1 GmbHG.

[258] Vgl. § 45 Absatz 1 GmbHG.

[259] Hier sei zu beachten, dass es sich um eine andere Analyseperspektive handelt, d.h. dass keine geschäftsführenden Mehrheitsgesellschafter existieren (siehe Tabelle 9).

men, innerhalb dessen über Gesellschafterbeschlüsse notwendige Entscheidungen abgestimmt wird.[260] Im Ergebnis erstreckt sich der Einfluss der geschäftsführenden und nicht-geschäftsführenden Mehrheitsgesellschafter angesichts ihrer weitreichenden Rechte und Befugnisse unmittelbar auf die Steuerungsprozesse der GmbH.

Auch die **Private Company** ist durch mindestens einen Director zu führen.[261] Dabei existiert desgleichen in Großbritannien das Prinzip der Fremdorganschaft.[262] In der Regel halten Directors Anteile am Gesellschaftsvermögen und sind demnach als **geschäftsführende Gesellschafter** mit einem Mehr- oder Minderheitsanteil zu klassifizieren. Haben mehrere Gesellschafter die Geschäftsführung inne, vereinen sich diese im Board of Directors, wobei in dem Fall die Möglichkeit besteht etwaige Geschäftsführungsbefugnisse an eine kleine Gruppe von Board-Mitgliedern zu verteilen.[263] Die mit Geschäftsführungskompetenz ausgestatteten Directors werden als Executive (Managing) Directors bezeichnet.[264] Directors, die nicht in das operative Geschehen involviert sind, werden Non-Executive Directors genannt und nehmen eine eher überwachende, kontrollierende Funktion wahr.[265] In Hinblick auf die **nicht-geschäftsführenden Mehrheitsgesellschafter**, die in diesem Fall keine Directors sind, ist zu beachten, dass diese im Rahmen des General Meeting (im Sinne einer Gesellschafterversammlung) über keine Entscheidungskompetenz in Einzelfragen der Unternehmensführung verfügen. Damit sind die Geschäftsführung direkt betreffenden Rechte aus Sicht dieser Gesellschaftergruppe ausgeschöpft.[266] Das Treffen unternehmerischer Entscheidungen bleibt den (geschäftsführenden) Directors vorbehalten, die den Gesellschaftern gegenüber nicht weisungsunterworfen sind.[267] Dem General Meeting als Träger der Entscheidungsgewalt und maßgebliches Unternehmensorgan obliegt lediglich die Konstitution der satzungsmäßigen Kompetenzverteilung, die Festlegung der generellen Unternehmensausrichtung, die Befugnis, die Directors bei Verletzung ihrer Pflichten durch Beschlussfassung abzuberufen sowie Sat-

[260] Vgl. insb. § 47, 48 und 49 GmbHG.
[261] Vgl. Sec. 282 CA 1985.
[262] Vgl. Feltl (2008a), S. 58; Sec. 291 (1) CA 1985; Behrens (1997), S. 863.
[263] Vgl. Rönnau (2005), S. 843.
[264] Vgl. Gower/Davies (2003), S. 319.
[265] Vgl. Leblanc/Gillies (2005), S. 109.
[266] Die Eigentumsrechte der Gesellschafter bestehen insb. in dem Recht auf Gewinnausschüttungsansprüche. Neben dem Recht auf Beteiligung am Gewinn, können auch die Mitwirkungsrechte der Gesellschafter sowie das Recht auf Kapitalrückzahlung im Gesellschaftsvertrag weitgehend frei gestaltet werden. Vgl. Volb (2007), S. 43 f.; Heckschen/Köklü/Maul (2005), S. 94 f. Damit gehen auch weitere Einberufungs- und Fragerechte einher. Vgl. Volb (2007), S. 43 f.; Frère/Jäger (2005), S. 64 f.; Bernstorff Graf von (2006), S. 227.
[267] Vgl. Neuling (1997), S. 79; Feltl (2008a), S. 40.

zungsänderungen und Kapitalerhöhungen/-herabsetzungen vorzunehmen. Im Unterschied zum General Meeting ist das Board of Directors für das operative Tagesgeschäft sowie die damit einhergehenden Entscheidungen zuständig.[268] Demzufolge ist das Board im Rahmen der satzungsmäßigen Kompetenzverteilung das ausschließliche und nicht weisungsgebundene Leitungsorgan, dem die Unternehmensführung, die gerichtliche und außergerichtliche Vertretung der Gesellschaft obliegt.[269] Hinsichtlich der Einflussnahme auf die Steuerungsprozesse ist sowohl zwischen den einzelnen Gesellschaftergruppen als auch der Position als Director zu differenzieren sowie das nicht existierende Weisungsrecht zwischen Gesellschafter und Director zu beachten.

Die gesetzliche und vertraglich vereinbarte Unternehmensaufsicht (Kriterium *Kontrolle*) in der **GmbH** ist in verschiedener Weise reglementiert. Für die **nicht-geschäftsführenden Mehrheitsgesellschafter** bleibt angesichts der Nicht-Teilnahme an der Unternehmensführung nur die Möglichkeit, über etwaige Aufsichtsgremien, zum Beispiel im Rahmen der Besetzung in einem fakultativen Aufsichtsrat/Beirat, und turnusgemäß stattfindenden Gesellschaftsversammlungen, Einfluss auf die Corporate Governance innerhalb der Gesellschaft auszuüben.[270] Für die **nicht-geschäftsführenden Minderheitsgesellschafter** gelten neben den gesetzlich determinierten Minderheitsrechten auch vertraglich festgehaltene Rechte. Das Hauptaugenmerk in Bezug auf die Einflussnahme und damit zur Ausübung und Durchsetzung von Minderheitsrechten liegt in der Konstitution der Gesellschaftsversammlung.[271] Demnach ist es den Minderheitsgesellschaftern, in dem Fall, dass diese zusammen mindestens über 10% des GmbH-Stammkapitals verfügen unter bestimmten formalen Voraussetzungen möglich, die Berufung der Gesellschafterversammlung zu erwirken.[272] Das Zustandekommen der Beschlussfassung hängt diesbezüglich erneut von dem (mehrheitlichen) Anteil der jeweiligen abgegebenen Stimmen/Stimmrechte ab.[273] Des Weiteren können Minderheitsgesellschafter dadurch Einfluss ausüben, dass sie eine an ihren jeweiligen Stimmrechten gemessene oder in Abhängigkeit zum Gesellschaftsvertrag vereinbarte Besetzung in einem fakultativen Auf-

[268] Vgl. Rummel von (2008), S. 121; Hilpert (2007), S. 54; Heckschen/Köklü/Maul (2005), S. 94 f. Vgl. zu den Satzungsänderungen Sec. 9 CA 1985.
[269] Vgl. Hilpert (2007), S. 56.
[270] Vgl. § 52 GmbHG.
[271] Diese finden sich z.B. in den Auskunfts- und Einsichtsrechten gemäß § 51a und § 51b GmbH wieder und sind unabhängig von der Beteiligungshöhe des Gesellschaftsanteils.
[272] Vgl. § 50 Absatz 1 GmbHG.
[273] Vgl. § 47 GmbHG.

sichtsrat oder Beirat wahrnehmen.[274] Durch die Rechtsausübung in einer der beiden Unternehmensinstitutionen sind die Minderheitsgesellschafter in der Lage, auf bestimmte durch die geschäftsführenden Mehrheitsgesellschafter oder durch weitere geschäftsführende Organe herbeigeführte Entscheidungssituationen einzuwirken. Die **ausgeschiedenen Gesellschafter** können trotz des Ausscheidens aus der GmbH ihren Einfluss dahingehend geltend machen, dass sie gesetzlich festgelegte Auskunfts- und Einsichtsrechte gegenüber den in den Steuerungs- und Kontrollprozessen involvierten oder für die Prozesse verantwortlichen Interessengruppen durchsetzen. Dies sind in der Regel die jetzigen Gesellschafter. Der Wirkungsbereich dieser Rechte bezieht sich dabei grundsätzlich auf den Zeitraum und die Vorgänge vor dem Austritt aus der GmbH.[275]

In der **Private Company** existiert kein explizites (fakultatives) Aufsichtsorgan.[276] Damit obliegt dem Board of Directors gleichzeitig die Unternehmens-/Geschäftsführung und -aufsicht. Dies ist jedoch nur der Fall, wenn im Board die entsprechenden Kompetenzen zwischen den geschäftsführenden und den nicht-geschäftsführenden Mitgliedern verteilt worden sind. Letztere Gruppe nimmt diesbezüglich lediglich eine reine Überwachungsfunktion wahr.[277] Die **nicht-geschäftsführenden Minderheitsgesellschafter** können im Fall, dass sie keine Funktion als Directors ausführen, allein im General Meeting ihre Minderheitsrechte und Einflussmöglichkeiten nutzen.[278] Das General Meeting muss im Grundsatz abgehalten werden, sobald dies von den (geschäftsführenden) Directors oder von den Minderheitsgesellschaftern, die zumindest 10% der stimmberechtigten Gesellschaftsanteile innehaben, gefordert wird.[279] Des Weiteren besteht für die Minderheitsgesellschafter auch die Möglichkeit, Rechte dadurch wahrzunehmen, dass bei einer unfairerweise nachteiligen Geschäftsführung (unfairly prejudicial) durch geschäftsführende Mehrheitsgesellschafter und/oder Directors diese mit Hilfe eines Gerichts zur Rechenschaft gezogen werden können.[280] Für die **ausgeschiedenen Gesell-**

[274] Vgl. § 52 GmbHG.

[275] Dieser gesetzliche Anspruch resultiert aus dem Grund, dass gerade auch externe Informationsinteressen befriedigt werden. Vgl. § 51a GmbHG. Gemäß § 51a Absatz 2 Satz 1 GmbHG ist ein Auskunftsanspruch ausnahmsweise dann ausgeschlossen, wenn zu befürchten ist, dass der Gesellschafter die Information zu gesellschaftsfremden Zwecken verwenden wird und dadurch der Gesellschaft einen nicht unerheblichen Nachteil zufügen kann. Vgl. dazu den Beschluss des OLG München (2007).

[276] Vgl. Gower/Davies (2003), S. 297; Horstmeier (2001), S. 332 f.

[277] Vgl. Feltl (2008a), S. 48.

[278] Vgl. Fritz (1996), S. 147; Heckschen/Köklü/Maul (2005), S. 94 f., S. 100-103.

[279] Vgl. Feltl (2008a), S. 41 f.; Heckschen/Köklü/Maul (2005), S. 104; Hilpert (2007), S. 58.

[280] Vgl. Sec. 459 CA 1985. Die dabei erzielbare Durchsetzung von Minderheitsschutzrechten kann erheblich sein, was bspw. dadurch zum Ausdruck kommt, dass die Gesellschaft verpflichtet werden kann, alle Anteile

schafter bestehen Rechte und Pflichten, die sich daraus ableiten lassen, dass sie weiterhin Interessenkonflikte vermeiden sollen, soweit es um die Nutzung von Gesellschaftsvermögen sowie um Geschäftsmöglichkeiten und Informationen geht, die ihnen während ihrer Tätigkeit bekannt geworden sind.[281] Dies gilt dann, wenn es sich um Gesellschafter handelt, die vor ihrem Ausscheiden als Directors tätig gewesen sind. In dem Fall, dass es sich bei diesen Gesellschaftern um Non-Executive Directors handelte oder um nicht-geschäftsführende Gesellschafter, lassen sich die Rechte und Pflichten im Zweifel auf Grundlage der genannten Vermeidung etwaiger Interessenkonflikte schlussfolgern.

Für die Ausgestaltung der vertraglichen Anreiz- und Vergütungsstrukturen (Kriterium *Anreiz*) in der **GmbH** bedarf es zunächst einer vertraglichen Grundlage, da gesetzlich manifestierte Strukturen, bis auf Gewinnverteilungsregeln oder arbeitsrechtliche Bestimmungen (Entlohnung), nicht existieren. Darüber hinaus geltende und den gesetzlichen Vorschriften nicht widersprechende Strukturen sind demnach zwischen den einzelnen Interessengruppen vertraglich zu fixieren, wobei die Umsetzung dieser wiederum davon abhängig ist, welchen gesellschaftsrechtlichen Anspruch die jeweiligen Interessengruppen an der Gesellschaft haben. Angesichts ihrer Gesellschafterstellung werden die **geschäftsführenden** und **nicht-geschäftsführenden Mehrheitsgesellschafter** grundsätzlich in einer besseren Ausgangslage sein als die **nicht-geschäftsführenden Minderheitsgesellschafter**, entsprechende Anreiz- und Vergütungsstrukturen festzulegen.[282] Die Einflussnahme auf die Steuerungs-/Kontrollprozesse besteht hauptsächlich darin, gegenüber den in den Prozessen involvierten Personen, bestimmte Interessen und Entscheidungen durchzusetzen, insbesondere durch monetäre Parameter (Motivations-/Anreizfunktion).

In der **Private Company** führt die vorherrschende Vertragsfreiheit dazu, dass die Festlegung bestimmter anreizwirkender Mechanismen und Vergütungskomponenten in den gesellschaftsrechtlichen Vereinbarungen und Articles, das heißt den Statuten in der Satzung, festgehalten

des klagenden Gesellschafters zu kaufen. Vgl. Frère/Jäger (2005), S. 79; Sec. 461 (2) CA 1985; Volb (2007), S. 43 f.; Just (2008), Rn. 135 f.

[281] Vgl. Feltl (2008a), S. 143. Die Pflichten des Directors (mit Gesellschaftsanteil) sind in den Bestimmungen Sec. 171 bis 179 CA 2006 kodifiziert, die ebenso auf einen ausscheidenden Director Anwendung finden.

[282] Im Ergebnis bleibt die Festlegung bestimmter anreizwirkender Strukturen innerhalb der GmbH auf freiwilliger Basis, d.h. dass diesbezüglich keine gesellschaftsrechtlichen Vorgaben bestehen. Auch in diesem Fall steht zum Aufbau, zur Einführung sowie zur Nutzung von Anreiz- und Vergütungsstrukturen letztendlich nur die Festlegung im Gesellschaftsvertrag.

und ausgestaltet werden können. Die Umsetzung in den Articles sowie die Durchsetzung dieser Vereinbarungen hängt von der Gesellschafterposition ab. Demnach werden die **geschäftsführenden** und **nicht-geschäftsführenden Mehrheitsgesellschafter** – aufgrund ihres Gesellschaftsanteils – im Gegensatz zu den **nicht-geschäftsführenden Minderheitsgesellschaftern** ihre jeweiligen Interessen in Bezug auf die Festlegung sowie hinsichtlich des Ausmaßes der Anreiz- und Vergütungsstrukturen stärker durchsetzen können.

Im Hinblick auf die Durchsetzung von gesetzlichen und vertraglich vereinbarten Haftungstatbeständen (Kriterium *Haftung*) in der **GmbH** ist bezüglich der einzelnen Gesellschaftergruppen dahingehend zu differenzieren, ob eine Gesellschafter-Haftung von **nicht-geschäftsführenden Mehrheitsgesellschaftern** und **nicht-geschäftsführenden Minderheitsgesellschaftern** oder eine Geschäftsführer-Haftung, das heißt eine Haftung der **geschäftsführenden Mehrheitsgesellschafter**, vorliegt. Des Weiteren ist danach zu unterscheiden, ob es sich um Haftungstatbestände im Außen- oder Innenverhältnis handelt.[283] Betreffend der nicht-geschäftsführenden Mehrheitsgesellschafter und Minderheitsgesellschafter ist hinsichtlich der Gesellschafter-Haftung zu beachten, dass zahlreiche – hier nicht abschließend erfassbare – Haftungstatbestände existieren, die sowohl das Verhältnis zu Dritten als auch das Verhältnis gegenüber der Gesellschaft betreffen. Während sich die Haftung der Gesellschaft gegenüber Dritten im Außenverhältnis auf das Gesellschaftsvermögen der GmbH beschränkt, ist die Haftung der Gesellschafter – unabhängig davon, ob Mehr- oder Minderheitsgesellschafter – grundsätzlich auf die jeweilige Gesellschaftereinlage begrenzt.[284] Eine Ausnahme von diesem Prinzip stellt die sogenannte *Durchgriffshaftung* dar, die sich aus der ständigen Rechtsprechung heraus entwickelt hat und grundsätzlich in den Fällen der Vermögensvermischung, der materiellen Unterkapitalisierung sowie im Fall des existenzvernichtenden Eingriffs eintritt.[285]

[283] Während die Darstellung der Gesellschafter-Haftung an dieser Stelle erfolgt, wird die Geschäftsführer-Haftung in dem Kap. zur Interessengruppe des Top-Managements näher beschrieben, da dieser Haftungstatbestand sowohl für die geschäftsführenden Mehrheitsgesellschafter als auch für das geschäftsführende Organ des Top-Managements relevant und ausschlaggebend ist und sich in Bezug auf den Anwendungsfall nicht unterscheidet.

[284] Vgl. § 13 Absatz 2 GmbHG.

[285] Mit der Durchgriffshaftung ist generell die unmittelbare Haftung mit dem Privatvermögen verbunden. Die Vermögensvermischung begründet sich durch eine unordentliche Buchführung, bei welcher nicht festzustellen ist, ob die Vorschriften zur Erhaltung und Sicherung des Stammkapitals eingehalten worden sind. Die materielle Unterkapitalisierung begründet sich dann, wenn die GmbH mit völlig unzureichendem Stammkapital ausgestattet wird, das ihrer wirtschaftlichen Tätigkeit nicht gerecht wird. Ein Existenzvernichtender Eingriff begründet sich in dem Fall, dass die Gesellschafter der GmbH ihr Vermögen soweit entziehen, dass sie ihre Verbindlichkeiten kaum oder nicht mehr erfüllen können. Zur Entscheidung über die Durchgriffshaftung eines GmbH-Gesellschafters siehe BGH-Urteil vom 17.9.2001. Über die zur Durchgriffshaftung ge-

Weitere gesetzliche Haftungstatbestände, die vor allem das Verhältnis des Gesellschafters gegenüber der Gesellschaft betrifft (Innenverhältnis), greifen dann, wenn entgegen der Verpflichtung zur Kapitalaufbringung eine Auszahlung des Gesellschaftsvermögens erfolgt.[286] Die **ausgeschiedenen Gesellschafter** haften nach dem Austritt weiterhin für Verbindlichkeiten, die vor dem Ausscheiden entstanden sind. Das bedeutet sowohl gegenüber Dritten als auch gegenüber der Gesellschaft, wobei die Verjährungsfrist abhängig von dem jeweiligen Haftungsanspruch ist, welcher sich aus verschiedenen Haftungstatbeständen heraus begründen lässt und individuell zu prüfen ist.[287] Des Weiteren unterliegen die Gesellschafter, die Teile oder ihren ganzen Anteil an der Gesellschaft verkaufen, einer fünfjährigen Nachhaftung.[288] Die Einflussnahme auf die Corporate Governance ist für die einzelnen Gesellschaftergruppen insofern möglich, dass Ansprüche gegenüber Dritten, der Gesellschaft oder der Gesellschafter aufgrund gesetzlicher sowie vertraglich fixierter Vereinbarungen geltend gemacht (gegenüber den ausgeschiedenen Gesellschafter auch Haftungsansprüche aufgrund von Altverbindlichkeiten) sowie gerichtlich durchgesetzt werden können (gerichtlicher Klageweg). Im Gegensatz zur Festlegung von Anreiz- und Vergütungsstrukturen erfolgt gegenüber den in den Prozessen involvierten Personen eine negative Anreizsetzung zur Durchsetzung von Interessen und Entscheidungen (negative Motivations-/Anreizfunktion).

Die Gesellschafter-Haftung ist grundsätzlich auf den Anteil am Gesellschaftskapital an der **Private Company** beschränkt, was insofern die **nicht-geschäftsführenden Mehrheitsgesellschafter** und **nicht-geschäftsführenden Minderheitsgesellschafter** betrifft. Diese Haftungsbeschränkung tritt nicht per Gesetz ein, sondern durch die Aufnahme einer Klausel in die Satzung der Gesellschaft.[289] Dies hat zur Folge, dass die Gesellschafter grundsätzlich vor Ansprüchen Dritter geschützt sind (veil of incorporation). Ein Haftungsdurchgriff (lifting/piercing the corporate veil) oder eine persönliche Haftungssituation ist ausnahmsweise nur dann möglich, wenn die Gesellschaft missbräuchlich verwendet wird oder bei vorsätzlich

nannten Tatbestände hinaus, zählen z.B. die wesentlichen Haftungstatbestände der Insolvenzverschleppung, der Nichtanwendung der Sorgfalt eines ordentlichen Geschäftsmannes.

[286] Vgl. § 30 Absatz 1 und § 31 Absatz 1 GmbHG.

[287] Bei Ansprüchen der GmbH gegenüber geschäftsführenden Gesellschaftern (Gesellschafter-Geschäftsführer) gilt bei Verletzung gesellschaftsrechtlicher Treuepflichten eine Verjährungsfrist von 10 Jahren. Vgl. § 199 Absatz 3 Nr. 1 BGB.

[288] Vgl. § 736 Absatz 2 BGB in Verbindung mit § 160 Absatz 1 HGB.

[289] Vgl. Volb (2007), S. 45.

betrügerischem Handeln.[290] Insofern zeigt sich, dass dieses Recht keine systematische Trennung zwischen Haftungs- und Zurechnungsdurchgriff sowie daraus resultierenden Rechtsfolgen kennt. Diesbezüglich demonstrieren die Gerichte in ihrer einzelfallbezogenen Rechtsprechung betreffend einer Begründung für eine persönliche Haftung eines Gesellschafters neben oder zusammen mit der Gesellschaft generell eine große Zurückhaltung.[291] Darüber hinaus ist kennzeichnend, dass im Fall einer Verpflichtung der Private Company, nicht die Gesellschafter diesen Verpflichtungen nachkommen müssen, sondern allein die sich verpflichtende Gesellschaft.[292] Die **ausgeschiedenen Gesellschafter** sind gesetzlich dazu angehalten, auch nach dem Ausscheiden aus der Private Company etwaige Interessenkonflikte mit den verbleibenden Gesellschaftern zu vermeiden, soweit es um die Nutzung von Gesellschaftsvermögen sowie von Geschäftsmöglichkeiten und Informationen geht, die ihnen während ihrer Gesellschaftstätigkeit bekannt geworden sind. Damit erstrecken sich die allgemeinen Gesellschafterpflichten auch über die Zeit nach dem Austritt aus der Gesellschaft.[293]

4.4.3.2 Top-Management

Tabelle 10 gibt einen Überblick über die ausgewählte Interessengruppe des Top-Managements sowie die dazu getroffenen Annahmen.

Top-Management
Top-Management (Fremdmanagement als Geschäftsführer/Executive (Managing) Director): - Es handelt sich hierbei um eine gegenüber der Perspektive der geschäftsführenden Mehrheitsgesellschafter separate Analyseperspektive bzw. gesondert betrachtete Situation. Dies bedeutet, dass das Top-Management nicht gleichzeitig mit oder nicht zusätzlich zu den geschäftsführenden Mehrheitsgesellschaftern agiert.

Tabelle 10: Top-Management
(eigene Darstellung)

Die gesetzliche und vertraglich vereinbarte Geschäftsführung (Kriterium *Steuerung*) in der **GmbH** beruht auf dem Prinzip der Fremd-/Drittorganschaft, das bedeutet, dass es auch Personen die keinen Gesellschaftsanteil besitzen, möglich ist, die Gesellschaft zu führen. Dies ist in diesem Fall das **Top-Management** als Geschäftsführer, das als gesetzlicher Vertreter der

[290] Vgl. Heckschen/Köklü/Maul (2005), S. 97 f.; Hilpert (2007), S. 132-137; Volb (2007), S. 54 f. Sorgfalts- bzw. Aufklärungspflichten werden vor allem über den deliktischen Ansatz erfasst. Vgl. Hobeck (1981), S. 170.

[291] Vgl. Hilpert (2007), S. 137, 259.

[292] Vgl. Elwell (2007), S. 133. Die Ablehnung allgemeiner Gesellschafterpflichten wird in der Regel dazu führen, dass eine Allein- oder Mithaftung des Gesellschafters ausgeschlossen ist. Vgl. Hilpert (2007), S. 134 f.

[293] Vgl. Feltl (2008a), S. 143. Es gelten demnach weiterhin die Bestimmungen Sec. 171 bis 179 CA 2006. Eine gesetzliche Verjährungsfrist existiert nicht.

Gesellschafter fungiert und rein formal dazu bestellt wird.[294] Arbeitsrechtlich erhält der Geschäftsführer einen Anstellungs-/Dienstvertrag, in dem unter anderem die organschaftlichen Aufgaben geregelt sind.[295] Er vertritt ferner die GmbH im Außenverhältnis gerichtlich und außergerichtlich.[296] Im Vergleich zur Interessengruppe der geschäftsführenden Mehrheitsgesellschafter existieren außer der Grundlage (Gesellschaftsvertrag; Anstellungs-/Dienstvertrag) zur Geschäftsführungskompetenz keine markanten Unterschiede. Die eigentliche Abgrenzung hinsichtlich der Rechte und Pflichten in Bezug auf die Unternehmensführung zwischen den Geschäftsführern und den Gesellschaftern findet sich im Recht zur Beschränkung der Vertretungsbefugnis der Geschäftsführer durch die Gesellschafter.[297] Im Ergebnis erstreckt sich der Einfluss des Top-Managements angesichts seiner Arbeitnehmerstellung in der Führungs- und Entscheidungsposition unmittelbar auf die Steuerungsprozesse der GmbH. Allein die GmbH-Gesellschafter sind in der Lage das Ausmaß der Geschäftsführungskompetenz des Top-Managements zu bestimmen.

Auch in der **Private Company** gilt das Prinzip der Fremdorganschaft.[298] Demnach kann als geschäftsführendes Organ ein **Top-Management** in Form eines oder mehrerer durch das Board of Directors explizit ausgewählter Executive (Managing) Directors bestehen.[299] Diese geschäftsführenden Directors setzen die Maßnahmen durch das Board um.[300] Neben der organschaftlichen Bestellung verfügen die geschäftsführenden Directors regelmäßig auch über einen Anstellungsvertrag (service contract), wonach sich deren arbeitnehmerrechtlichen Rechte und Pflichten richten.[301] Die Rechte und Pflichten der Directors als bestellte Geschäftsführer beruhen nicht auf dem Gesetz, sondern auf den von den Gesellschaftern ausgestalteten Articles.[302] Demnach sind die Directors von Gesetzes wegen mit keinen originären Rechten

[294] Vgl. § 6 GmbHG.

[295] Während die Bestellung in der Regel über den Gesellschaftsvertrag, durch Gesellschafterbeschluss oder durch ermächtigte Gesellschafter erfolgt, kann der Geschäftsführer zu jeder Zeit durch die Gesellschafterversammlung abberufen werden. Vgl. § 38 Absatz 1 GmbHG.

[296] Vgl. § 35 Absatz 1 und 2 GmbHG.

[297] Vgl. § 37 GmbHG.

[298] Vgl. Feltl (2008a), S. 58; Sec. 291 (1) CA 1985; Güthoff (2004), S. 53; Behrens (1997), S. 863.

[299] Zwar halten Directors in der Regel auch Anteile am Gesellschaftsvermögen, dies ist von Gesetzes wegen jedoch nicht vorgeschrieben. Vgl. Pennington (1994), 90.20. Anm. 6 c; Heckschen/Köklü/Maul (2005), S. 70-86 f.

[300] Vgl. Morse (2006), Sec. 8.204; Staffelbach (2003), S. B6; Feltl (2008a), S. 130.

[301] Vgl. Heckschen/Köklü/Maul (2005), S. 70-74; Behrens (1997), S. 863; Morse (1999), S. 252-254; Morse (2006), Sec. 8.205, 8.114.

[302] Vgl. Renton/Watkinson (2001), S. 148; Schmitthoff (1978), S. 447 ff. Dabei sind der Ausgestaltungsfreiheit der Gesellschafter insoweit fast keine Grenzen gesetzt. Vgl. Gower/Davies (2003), S. 294.

und Pflichten ausgestattet.[303] Zu beachten ist, dass sie ihre Pflichten zuallererst der Gesellschaft und nicht den Gesellschaftern gegenüber schulden.[304] Von Bedeutung ist ferner, dass solange die durch die Articles fixierten Befugnisse und Kompetenzen nicht überschritten werden, sich die Directors nicht dem Willen der Gesellschafter beugen müssen, da das General Meeting über kein Weisungsrecht verfügt.[305] Den Directors obliegen gegenüber der Gesellschaft sowohl Treuepflichten (fiduciary duties) als auch Sorgfaltspflichten (duties of care).[306] Grenzen in der Ausgestaltung in den Articles durch die Gesellschafter finden sich dann, wenn grundlegende unternehmenspolitische Entscheidungen (zum Beispiel Änderungen der Articles, Gesellschaftsform oder des Gesellschaftskapitals),[307] die einen direkten Eingriff in die Gesellschafterrechte bewirken können, getroffen werden sollen.[308] Im Ergebnis erstreckt sich der Einfluss des Top-Managements unmittelbar auf die Steuerungsprozesse. Im Vergleich zum Top-Management (Geschäftsführer) der GmbH, ist der Einfluss bei der Private Company aufgrund des fehlenden Weisungsrechts der Gesellschafter grundsätzlich stärker.

Die Ausgestaltung der vertraglichen Anreiz- und Vergütungsstrukturen (Kriterium *Anreiz*) in der **GmbH** richten sich nach den zwischen den Gesellschaftern und dem **Top-Management** vertraglich festgehaltenen Bestimmungen im Anstellungs-/Dienstvertrag. Dies betrifft neben der allgemeinen Tätigkeitsvergütung insbesondere etwaige Bonus-Koppelungen an bestimmte Performance-, Unternehmens-, Bilanzkennzahlen oder auch Abfindungsansprüche. Der Einfluss durch das Top-Management auf die Corporate Governance zeigt sich dadurch, dass dieses gegenüber anderen Interessengruppen (zum Beispiel Mitarbeiter) Anreiz- und Vergütungsstrukturen einrichten kann, um die Interessenorientierung der adressierten Gruppe zumindest mittelbar zu lenken.

Bezüglich der Ausgestaltung von vertraglichen Anreiz- und Vergütungsstrukturen für das **Top-Management** in der **Private Company** gelten die Ausführungen zur GmbH analog, da sich die Festlegung auch hier nach den Bestimmungen in den Verträgen des Top-Managements richten. Des Weiteren hat das Top-Management (Directors) desgleichen die

303 Vgl. Triebel et al. (1995), S. 271; Feltl (2008a), S. 55.
304 Vgl. Salomon vs. Salomon & Co. Ltd., 1869, WL 4725; Frère/Jäger (2005), S. 70.
305 Vgl. Heinz (2006), § 6, Rz. 5; Feltl (2008a), S. 40; Feltl (2008b), S. 7; Gower/Davies (2003), S. 297.
306 Vgl. Morse (1999), S. 262; Heckschen/Köklü/Maul (2005), S. 80.
307 Vgl. Sec. 21 CA 2006; Sec. 89 ff. CA 2006; Sec. 617 ff. CA 2006.
308 Vgl. Gower/Davies (2003), S. 294.

Möglichkeit, Anreiz- und Vergütungsstrukturen gegenüber den Mitarbeitern festzulegen, um die Interessenorientierung zu lenken und eine Anreizfunktion zu schaffen.

Hinsichtlich der Durchsetzung von gesetzlichen und vertraglich vereinbarten Haftungstatbeständen (Kriterium *Haftung*) in der **GmbH** ist beim **Top-Management** dahingehend zu unterscheiden, ob es sich um Haftungstatbestände im Außen- oder Innenverhältnis handelt. Im Innenverhältnis haben die GmbH-Geschäftsführer in den Angelegenheiten der Gesellschaft die Sorgfalt eines ordentlichen Geschäftsmannes anzuwenden.[309] Bei Verletzung der Pflichten haften sie gegenüber der Gesellschaft solidarisch für den entstandenen Schaden.[310] Als haftungsbegründende Tatbestände aufgrund von Pflichtverletzungen kommen grundsätzlich Fälle von unterlassener Weitergabe von Informationen an die Gesellschafterversammlung über den Verlust des GmbH-Stammkapitals, die Mitwirkung beim Erwerb eigener Gesellschaftsanteile oder vorgenommene Zahlungen nach Eintritt der Zahlungsunfähigkeit oder der Feststellung der Überschuldung der Gesellschaft in Betracht.[311] Darüber hinaus können sie auch für strafrechtliche Pflichtverletzungen haftbar gemacht werden.[312] Gegenüber Dritten haften die Geschäftsführer im Außenverhältnis grundsätzlich in den Fällen, dass sie als Vertreter ohne Vertretungsmacht handeln, bei Verbergen der Insolvenzreife oder auch bei Insolvenzverschleppung.[313] Die bereits im Rahmen der Gesellschafter-Haftung angeführte *Durchgriffshaftung* findet in ihren Ausführungen auch für die Geschäftsführer Anwendung. Von Relevanz ist das Rechtsinstrument des *faktischen Geschäftsführers*. Danach kann den Personen eine Haftungsverantwortlichkeit oktroyiert werden, wenn diese nicht Geschäftsführer der GmbH sind, jedoch trotzdem wesentlichen Einfluss auf die Unternehmensführung ausüben beziehungsweise eine überragende Stellung einnehmen. Für die formalen Voraussetzungen ist es nicht von Erfordernis, dass die jeweilige Person die eigentlichen geschäftsführenden Vertreter in der Unternehmensführung völlig verdrängt. Es reicht aus, dass diese zu einem „reinen Befehlsemp-

[309] Vgl. § 43 Absatz 1 GmbHG.

[310] Vgl. § 43 Absatz 2 GmbHG. Nach § 43 Absatz 3 ist der Geschäftsführer insb. zum Ersatz verpflichtet, wenn den Bestimmungen des § 30 GmbHG zuwider Zahlungen aus dem zur Erhaltung des Stammkapitals erforderlichen Vermögen der Gesellschaft gemacht oder den Bestimmungen des § 33 GmbHG zuwider eigene Geschäftsanteile der Gesellschaft erworben worden sind. Vgl. § 43 Absatz 3 GmbHG.

[311] Vgl. § 49 Absatz 3 in Verbindung mit § 43 Absatz 2 GmbHG; § 43 Absatz 3 in Verbindung mit § 30 GmbHG; § 43 Absatz 3 in Verbindung mit § 33 GmbHG; § 64 Absatz 2 GmbHG.

[312] Ein wesentlicher Tatbestand ist z.B. die Verletzung der Verlustanzeigepflicht. Vgl. § 84 Absatz 1 Nr. 1 GmbHG und § 84 Absatz 1 Nr. 2 GmbHG.

[313] Vgl. § 179 BGB; § 826 BGB; § 823 Absatz 2 BGB in Verbindung mit § 64 Absatz 1 GmbHG.

fänger degradiert worden sind"[314]. Entscheidend ist demnach, dass die betreffende Person die Geschicke der Gesellschaft durch eigenes Handeln im Außenverhältnis maßgeblich in die Hand genommen hat.[315] Mögliche Fälle betreffen zum Beispiel die Bestimmung der Unternehmenspolitik, die Unternehmensorganisation oder auch die Verhandlung mit Fremdkapitalgebern.[316] Einfluss auf die Corporate Governance kann durch das Top-Management in der GmbH dahingehend ausgeübt werden, dass es Haftungstatbestände gegenüber anderen Interessengruppen, zum Beispiel den Gesellschaftern, geltend macht und durchsetzt. Im Vergleich zu der Interessengruppe der Mitarbeiter verfügt das Top-Management angesichts des großen Verantwortungs-, Entscheidungs- und Einflussbereichs grundsätzlich über ein größeres Haftungsrisiko.

In der **Private Company** haften die Executive (Managing) Directors als **Top-Management** grundsätzlich nur gegenüber der Gesellschaft oder den Gesellschaftern (tätigkeitsabhängige Haftung). Damit gelten die Sorgfalts- und Treuepflichten sowie die daraus resultierenden (Haftungs-)Rechtsfolgen bei Pflichtverletzung gleichermaßen und nur in bestimmten Ausnahmefällen bestehen Haftungstatbestände gegenüber Dritten.[317] Die Pflichten und Befugnisse richten sich dabei an die entsprechenden Bestimmungen in der Satzung der Gesellschaft.[318] Eine grundlegende Pflicht des Top-Managements einer Private Company ist es, den Erfolg der Gesellschaft zu fördern.[319] Dies gelangt dadurch zum Ausdruck, dass neben der Geschäftsführung auch die Interessen der Gesellschaft, der Gesellschafter sowie die Interessen Dritter beachtet werden sollen, ungeachtet dessen, dass diese nicht unmittelbar den genannten Interessengruppen gegenüber, soweit diese keine Gesellschafterstellung innehaben, haften müssen.[320] Die geschäftsführenden Directors haften dann ausnahmsweise gegenüber Dritten,

[314] BGH (2000), Urteil des Bundesgerichtshofs vom 10.05.2000 und vom 27.06.2005.
[315] Vgl. BGH (2000), Urteil vom 10. Mai 2000 und BGH (2005), Urteil vom 27.06.2005.
[316] Vgl. BayObLG (1997), Urteil vom 20.02.1997 - 5 St RR 159/96, NJW 1997, 1936. Als mögliche Interessengruppen kommen bspw. die nicht-geschäftsführenden Mehrheitsgesellschafter oder Minderheitsgesellschafter in Frage, insofern das Top-Management die Unternehmensführung innehat. Des Weiteren kommen die hinzutretenden Private-Equity-Gesellschaften in Frage, die sich bspw. trotz einer Minderheitsposition an der Geschäftsführung, zumindest faktisch, beteiligen.
[317] Vgl. Hilpert (2007), S. 132 f.; Feltl (2008b), S. 10; Sec. 178 (1) CA 2006; Just (2006), Rz. 178 ff.; Brumwell/Mallet (1995), S. 647 f.; Elwell (2007), S. 132 f.; Heckschen/Köklü/Maul (2005), S. 83 f.; Just (2006), Rz. 173.
[318] Vgl. Sec. 171 CA 2006. Die allgemeinen Pflichten der geschäftsführenden Directors sind in den Bestimmungen Sec. 171 bis 179 CA 2006 kodifiziert. Vgl. auch Feltl (2008a), S. 143.
[319] Vgl. Sec. 172 (1) CA 2006.
[320] Vgl. Ladgies/Pregel (2007), S. 2069 ff.; Sec. 309 (2) CA 1985.

wenn beispielsweise ein Insolvenzfall oder eine Unternehmenskrise vorliegt.[321] Der Eintritt und die daraus resultierenden Folgen können unter bestimmten Umständen eine Haftung gegenüber den Gesellschaftsgläubigern begründen.[322] In Bezug auf das Rechtsinstitut des *faktischen Geschäftsführers* gelten grundsätzlich neben den ordnungsgemäß bestellten Directors auch die sogenannten *De-facto-Directors* und *Shadow-Directors* zu den Directors einer Private Company.[323] Demnach erkennen die Gerichte Directors, die wahrlich nicht dazu bestellt worden sind, als solche an, mit der Folge, dass diese auch entsprechend haften. Als Voraussetzung gilt, dass die betroffene Person sich als Director verhält und dies von der Gesellschaft so geduldet wird (de-facto-director). Im Gegensatz dazu handelt es sich bei dem Shadow-Director um eine Person, deren Anweisungen das Board of Directors gewöhnlicherweise nachkommt und die nach Außen hin nicht in Erscheinung tritt. Dieses Rechtsinstitut ist in Verbindung zu anderen Interessengruppen von Relevanz, da aufgrund mangelnder Vertragsvereinbarungen und faktischen Begebenheiten innerhalb der Geschäftsführung weiteren Interessengruppen, die in Form von *De-facto-Directors* und/oder *Shadow-Directors* handeln, eine Haftungsverantwortlichkeit zugesprochen werden kann.[324] Einfluss auf die Corporate Governance kann durch das Top-Management insofern ausgeübt werden, dass es Haftungstatbestände gegenüber anderen Interessengruppen, zum Beispiel den Gesellschaftern, geltend macht und durchsetzt.

4.4.3.3 Mitarbeiter

Die hier ausgewählte Interessengruppe der Mitarbeiter hat keine Gesellschafterposition inne und verfügt über keine Geschäftsführungskompetenz. Dennoch existieren bestimmte Möglichkeiten auf unternehmerische Entscheidungen einzuwirken und entsprechend Einfluss auf die Corporate Governance im Unternehmen auszuüben.

Als eine der bedeutendsten Form der gesetzlichen und vertraglich vereinbarten Unternehmenskontrolle (Kriterium *Mitbestimmung*) für die **Mitarbeiter** in der **GmbH** und in Deutschland gilt die betriebliche Mitbestimmung, die weitestgehend im Betriebsverfassungsgesetz

[321] Vgl. Sec. 172 (3); Sec. 213; Sec. 214 Insolvency Act 1986.
[322] Vgl. Re DKG Contractors Ltd., 1990, B.C.C., S. 903; Feltl (2008a), S. 158; Heckschen/Köklü/Maul (2005), S. 83 f.; Elwell (2007), S. 132 f.; Volb (2007), S. 54 f.
[323] Vgl. Morse (1999), S. 236.
[324] Vgl. Triebel et al. (1995), S. 270; Morse (2006), Sec. 8.214, 8.215 ; Morse (1999), S. 236.

(BetrVG) geregelt ist und einen Betriebsrat vorsieht.[325] Die Errichtung eines Betriebsrats ist in Unternehmen möglich, in denen in der Regel mindestens fünf ständig wahlberechtigte Arbeitnehmer beschäftigt sind.[326] Zu den wesentlichen Aufgaben zählen zum Beispiel die Überwachung der Durchführung und Einhaltung der zugunsten der Arbeitnehmer geltenden Gesetze, Verordnungen, Tarifverträge und Betriebsvereinbarungen als auch die Förderung und Sicherung der Betriebsbeschäftigung.[327] Der Betriebsrat ist rechtzeitig und umfassend vom Arbeitgeber – unter Zurverfügungstellung von erforderlichen Unterlagen – zu unterrichten oder zu informieren (Informationsanspruch/-recht).[328] Sofern keine gesetzlichen oder tariflichen Regelungen existieren, hat der Betriebsrat bei Fragen der Ordnung des Betriebs mitzubestimmen.[329] Die Unterrichtungs- und Beratungsrechte als Mitbestimmungsrechte erstrecken sich ebenso auf die Planung von Arbeitsplätzen. Danach hat der Arbeitgeber mit dem Betriebsrat die beabsichtigten Maßnahmen sowie ihre Auswirkungen auf die Arbeitnehmer rechtzeitig zu beraten, so dass Vorschläge und Bedenken im Zuge der Planung Berücksichtigung finden können.[330] Unter bestimmten Umständen kann der Betriebsrat angemessene Maßnahmen zur Abwendung, Milderung oder zum Ausgleich der Belastung verlangen.[331] Neben der Möglichkeit sowohl in Bezug auf allgemeine personelle Angelegenheiten als auch auf personelle Einzelmaßnahmen Einfluss zu nehmen, besitzt dieser ferner das Recht, in wirtschaftlichen Angelegenheiten unterrichtet zu werden.[332] Als wirtschaftliche Angelegenheit gilt nach dem BetrVG zum Beispiel die wirtschaftliche und finanzielle Lage des Unternehmens, die Einschränkung/Stilllegung oder Verlegung von Betrieben oder Betriebsteilen, die Änderung der Betriebsorganisation oder auch die Übernahme des Unternehmens (wenn dadurch der Erwerb der Kontrolle verbunden ist).[333] Im Fall der letztgenannten Angelegenheit sind insbesondere die Angabe über den potenziellen Erwerber und dessen Absichten im Hin-

[325] Unter *Mitbestimmung* wird hier die Mitentscheidung der Arbeitnehmer verstanden, die durch Entscheidungen anderer beeinflusst werden (können), welche aufgrund von Eigentums-/Verfügungsrechte dazu befähigt sind, aber deren Entscheidungsbefugnisse durch die Mitbestimmung begrenzt sind.
[326] Vgl. § 1 BetrVG; § 74 BetrVG.
[327] Vgl. § 80 Absatz 1 BetrVG.
[328] Vgl. § 80 Absatz 2 BetrVG.
[329] Vgl. § 87 Absatz 1 BetrVG.
[330] Vgl. § 90 BetrVG.
[331] Vgl. § 91 BetrVG.
[332] Vgl. § 92 ff., § 99 ff. BetrVG und § 106 Absatz 1 BetrVG; § 110 BetrVG; § 111 BetrVG.
[333] Vgl. § 106 Absatz 3 BetrVG.

blick auf die künftige Geschäftstätigkeit des Unternehmens sowie die sich daraus ergebenden Auswirkungen auf die Arbeitnehmer anzuzeigen.[334]

Eine weitere Form der Mitbestimmung stellt die Unternehmensmitbestimmung dar, das heißt die Mitbestimmung auf Unternehmensebene im Zuge der Arbeitnehmervertretung in aufsichtsrechtlichen Unternehmensorganen/-gremien.[335] Gegenstand sind die Unternehmensentscheidungen die im Aufsichtsrat (falls in der GmbH vorhanden) getroffen werden sollen.[336] Die Zusammensetzung ist abhängig von der Höhe der Arbeitnehmerzahl. Schließlich besteht eine weitere Mitbestimmungsform in der gewerkschaftlichen Organisation, die jedoch von Unternehmen zu Unternehmen aufgrund der Branchen- und Tarifzugehörigkeit unterschiedlich ausgeprägt ist oder überhaupt nicht existiert.[337] Die Einflussnahme für die Mitarbeiter auf die Corporate Governance erstreckt sich auf bestimmte betriebliche oder unternehmerische Entscheidungen. Die Konzentration liegt dabei auf der betrieblichen Mitbestimmung und der Unternehmensmitbestimmung, beispielsweise in der Positionierung im Aufsichtsrat, sofern dieser in der GmbH existiert.

In der **Private Company** und in Großbritannien bestehen für die **Mitarbeiter** sowohl auf Betriebsebene als auch auf Unternehmensebene zunächst keine formalen oder institutionellen Mitbestimmungsregelungen per Gesetz, das heißt dass ein Mitbestimmungs- oder Betriebsverfassungsrecht nicht existiert.[338] Eine Form der Mitbestimmung ist die betriebliche Mitbestimmung durch Shop Stewards, die einerseits die betriebliche und andererseits die gewerkschaftliche Interessenvertretung im Unternehmen bilden. Insofern besitzen Shop Stewards

[334] Vgl. § 106 Absatz 2 BetrVG. In Unternehmen, in denen kein Wirtschaftsausschuss besteht, ist im Fall des § 106 Absatz 3 Nr. 9a BetrVG der Betriebsrat entsprechend § 106 Absatz 1 und 2 BetrVG zu beteiligen; § 109 BetrVG gilt entsprechend. Vgl. § 109a BetrVG.

[335] Vgl. dazu das Gesetz über die Mitbestimmung der Arbeitnehmer (MitbestG) sowie das Gesetz über die Drittelbeteiligung der Arbeitnehmer im Aufsichtsrat (DrittelbG). Beide Gesetze umfassen diesbezügliche Regelungen der GmbH ab einer bestimmten Arbeitnehmeranzahl im Unternehmen. Vgl. § 1 Absatz 1 MitbestG und § 1 Absatz 1 Nr. 3 DrittelbG.

[336] Vgl. § 1 Absatz 1 Nr. 3 DrittelbG. Aktienrechtliche Bestimmungen vgl. § 90 Absatz 3, 4, 5 Satz 1 und 2, nach den §§ 95 bis 114, 116, 118 Abs. 3, § 125 Absatz 3 und 4 und nach den §§ 170, 171, 268 Absatz 2 des Aktiengesetzes.

[337] Unter dem Begriff *Gewerkschaft* ist grds. eine von Arbeitnehmern freiwillig errichtete privatrechtliche Vereinigung zu verstehen, die das Ziel der Interessenwahrnehmung und -förderung seiner Mitglieder durch tarifvertragliche Regelungen der Arbeitsbedingungen verfolgt. Vgl. BAG (2006), Beschluss des Bundesarbeitsgerichts vom 19.09.2006. In Deutschland befindet sich ein kleiner Kreis von Gewerkschaften, der jedoch den überwiegenden Teil der Branchen und Bereiche in der Wirtschaft abdeckt.

[338] Vgl. Schippmann (2008), S. 30 f.; Bernstorff Graf von (2006), S. 252-254; Vgl. Triebel et al. (1995), S. 186; Keller/Schnell (2003a); Keller/Schnell (2003b); Keller/Schnell (2003c).

eine zentrale Position, da sie sowohl der Belegschaft als auch der Gewerkschaft gegenüber verantwortlich sind.[339] Das Aufgabenfeld ähnelt dem eines deutschen Betriebsrats.[340] Sie besitzen umfassende Einflussmöglichkeiten durch Kontroll- und Unterrichtungsrechte, die die Durchführung von Arbeitskämpfen und das Verhandeln von Tarifvereinbarungen einschließen.[341] Grundsätzlich zeichnet sich die betriebliche Interessenvertretung durch eine vergleichsweise niedrige Regelungsdichte aus, was bedeutet dass die gesetzlichen Beteiligungsmöglichkeiten relativ gering sind.[342] Eine weitere betriebliche Arbeitnehmervertretung stellt das Joint Consultation Committee dar, dessen Zustimmung der Unternehmensführung bedarf. Die Einflussmöglichkeiten bestehen in der Kommunikation mit den Unternehmensentscheidern über betriebliche Problemfelder und auch Verhandlungen zwischen Kapital- und Arbeitnehmerseite.[343] Eine Unternehmensmitbestimmung für Arbeitnehmer existiert in Großbritannien nicht.[344] Dies zeigt bereits der Umstand, dass ein separates Aufsichtsgremium in der Private Company nicht vorgesehen ist. Demzufolge ist eine Entsendung von Mitgliedern des Betriebsrats als Arbeitnehmervertreter in ein explizites Aufsichts-/Kontrollgremium obsolet.[345] Es zeigt sich, dass die Rücksichtnahme auf Arbeitnehmerinteressen nur einen geringen Stellenwert hat im Vergleich zu den Interessen von Gesellschaftern und Gesellschaft.[346] Zu beachten ist, dass in der Mehrheit der Unternehmen keine anerkannten Gewerkschaften existieren und Tarifverträge (collective agreements) einerseits recht wenig verbreitet sind und andererseits über keinen Vertragscharakter verfügen.[347] Die Einflussnahme für die Mitarbeiter auf die Corporate Governance bezieht sich, analog zur GmbH, auf bestimmte Entscheidungen innerhalb des Unternehmens. Der Fokus liegt dabei auf der betrieblichen Mitbestimmung über Shop Stewards.

[339] Die Ausgestaltung der Mitsprache von Shop Stewards variiert von Unternehmen zu Unternehmen.

[340] Vgl. Schippmann (2008), S. 27 f.; Hinderlich (2007), S. 53.

[341] Vgl. Hinderlich (2007), S. 53; Bernstorff Graf von (2006), S. 254.

[342] Vgl. Schippmann (2008), S. 37.

[343] Vgl. Hyman/Mason (1995), S. 123 f. Weitere Initiativen im Bereich der Arbeitnehmervertretung stellen die unternehmenseigenen Ausschüsse und zwar die Company-/Employee- oder Partnership-Councils dar. Diese werden zum Teil als Ersatz zur Anerkennung von Gewerkschaften, aber auch zum Teil zusätzlich festgelegt und besitzen Informations- und Konsultationsrechte. Vgl. Fulton (1998), S. 23; Schippmann (2008), S. 26 f.

[344] Vgl. Luke (2006), S. 49.

[345] Vgl. Gower/Davies (2003), S. 318.

[346] Vgl. Schäfer (2000), S. 103. Die gewerkschaftliche Organisation begründet sich nach dem Employment Relations Act 1999 und greift grds. ab einer Beschäftigungszahl von höher als 21 Beschäftigten. Vgl. Schippmann (2008), S. 26 f.

[347] Vgl. Schippmann (2008), S. 26 f.; Bernstorff Graf von (2006), S. 252-254; Triebel et al. (1995), S. 186; Fulton (1998), S. 15.

4.4.3.4 Fremdkapitalgeber

Die hier ausgewählte Interessengruppe der Fremdkapitalgeber stellt Fremdkapital (gegebenenfalls gegen Sicherheiten und Garantien) zur Verfügung, hat keine Gesellschafterposition inne und verfügt über keine Geschäftsführungskompetenz. Dennoch existieren bestimmte Gläubigerrechte, die sich einerseits aus dem Gesetz und andererseits aus den vertraglichen Vereinbarungen ableiten lassen (Gläubiger-Schuldner-Beziehung). Die Bestimmungen zum Gläubigerschutz verfolgen das Ziel, vertragliche und gesetzliche Schuldverhältnisse durchsetzen zu können (Kriterium *Gläubigerschutz*).[348] Bereits vor Kreditvertragsabschluss werden die Fremdkapitalgeber die Kreditwürdigkeit der potenziellen Kreditnehmer prüfen, um das Kredit-/Ausfallrisiko (Insolvenzeintritts und -verlustrisiko) zu bestimmen und darauf aufbauend festzulegen, in welchem Maße die Rechte der Fremdkapitalgeber im Kreditvertrag – für die Kreditlaufzeit – fixiert werden müssen. Nach Abschluss des Kreditvertrags oder während der Kreditvertragsphase werden die Fremdkapitalgeber zur Befriedigung ihrer Transparenz- und Publizitätserfordernisse von den Entscheidungsträgern der Beteiligungsunternehmen regelmäßig Informationen einfordern, um weiterhin ihre Gläubigerrechte durchzusetzen sowie sicherzustellen, dass das Kapital erhalten bleibt, gegebenenfalls zweckmäßig investiert und in Zukunft zurückgezahlt wird.[349]

Die **Fremdkapitalgeber** sind in Deutschland im besonderen Maß durch ihre Gläubigerrechte geschützt. Der Umfang des Gläubigerschutzes erstreckt sich in der **GmbH** insbesondere auf die Bestimmungen und Vorschriften zur Erhaltung sowie dem Schutz des Stammkapitals der Gesellschaft und die damit direkt verbundene Pflicht der geschäftsführenden Organe rechtzeitig einen Antrag auf Insolvenzeröffnung zu stellen. Während die Zahlungsansprüche/-forderungen im Falle eines Liquiditätsengpasses sowie bei Zahlungsunfähigkeit oder Überschuldung in der Insolvenzordnung geregelt sind, schützen die speziellen gesellschaftsrechtlichen Vorschriften das GmbH-Stammkapital vor etwaigen Kapitalherabsetzungen. Demnach kann eine Kapitalherabsetzung unter anderem nur dann erfolgen, wenn die Gläubiger sich bei der Gesellschaft melden und der Herabsetzung zustimmen. Ist dies nicht der Fall, sind die Ansprüche der Gläubiger zu befriedigen oder sicherzustellen.[350] Weiterhin ist die Tatsache, dass

[348] Vgl. Boese (2009), S. 22.
[349] Die Fremdkapitalgeber werden insofern das Zahlungsverhalten sowie die wirtschaftlichen Verhältnisse des Kreditnachfragers prüfen. Vgl. Göbel (2002), S. 274 ff.; Nikoleyczik (2007), S. 10. Kreditgeber unterliegen für gewöhnlicherweise einem Auswahlrisiko und einem Ausfallrisiko. Vgl. Heinrich (2009), S. 46 f.
[350] Vgl. § 58 Absatz 1 GmbHG.

der Gläubigerschutz von deutschen Gerichten als hoch bewertet wird, als bedeutend einzustufen, da dies als ein Indiz dafür gelten kann, dass etwaige Vertrags- oder Gesetzesansprüche effektiver durchsetzbar sind.[351] Zur Kreditsicherung stehen verschiedene Sicherungsinstrumente zur Verfügung, wobei sich übliche Kreditsicherheiten auf zum Beispiel Grundpfandrechte, Bürgschaften, Sicherungsübereignungen aber auch auf entsprechende Negativ- und Positivklauseln (Covenants) oder sonstige Verbote (Verfügungs-, Verpflichtungs- oder Belastungsverbote) in Kreditverträgen richten. Der Einfluss der Fremdkapitalgeber auf die Corporate Governance begründet sich hauptsächlich durch gesetzliche und privat vereinbarte Bestimmungen zwischen Kreditgeber und -nehmer, insbesondere durch erweitere Informationsrechte in Form von gesetzlichen und freiwilligen (vertraglich fixierten) Publizitäts- und Transparenzpflichten (wie zum Beispiel Offenlegungs-, Register-, Rechnungslegungs- und Berichtspflichten), denen die geschäftsführenden Organe unmittelbar nachkommen müssen.[352]

In Großbritannien und damit auch in der **Private Company**, steht der Gläubiger-Selbstschutz im Mittelpunkt. Dieser Selbstschutz zeigt sich durch einen höheren Grad an Informationen in Form von Offenlegungs- und Transparenzregeln, die die Grundprinzipien im hiesigen Gesellschaftsrecht darstellen. Die existierenden Informationsregeln dienen den **Fremdkapitalgebern** insofern, dass diese die Möglichkeit haben, sich an publizierten gesellschaftsinternen Informationen (aufgrund der Register- als auch Rechnungslegungspublizität) zu orientieren.[353] Während das Gesellschaftsrecht Mindestkapitalerfordernisse nicht kennt, gelten diverse Kapitalerhaltungsvorschriften, die nicht auf den Schutz eines zwingend für die Gläubiger zu erhaltenden Kapitalstocks abzielen, sondern vielmehr auf den Schutz der gesellschaftlichen Vermögensstruktur insgesamt gerichtet sind, um die satzungsmäßig verifizierten Geschäftsziele einzuhalten. Dies zeigt sich zum Beispiel dadurch, dass keine Nachschusspflichten für Gesellschafter oder ganz allgemein keine Verknüpfung zwischen Haftungsprivilegien und

[351] Der Gläubigerschutz für die Fremdkapitalgeber findet sich mit Bezug auf die Publizität/Transparenz ebenso in der Rechnungslegung wieder, gilt hier doch insb. das Vorsichtsprinzip nach den Bestimmungen des HGB. Vgl. § 252 Absatz 1 HGB.

[352] Diesbezüglich ist auf die Arbeit von Moxter hinzuweisen, der die Auswirkungen von Publizitätsvorschriften (gesetzliche Bestimmungen) auf die unternehmerische Disposition, Entscheidung bzw. das Verhalten analysiert. Vgl. Moxter (1962).

[353] Vgl. Rummel von (2008), S. 122 f.; Gower/Davies (2003), S. 180 f.; Sec. 221-262 CA 1985; Sec. 363 f. CA 1985; Sec. 384-394 CA 1985; Bank (2006), S. 157.

gesellschaftlicher Kapitalstruktur existieren.[354] Des Weiteren setzt der Gläubiger-Selbstschutz voraus, dass es Aufgabe der Gläubiger ist, sich mit Hilfe von individualvertraglichen Vereinbarungen einen weitergehenden Schutzumfang zu verschaffen, da davon ausgegangen wird, dass prinzipiell jeder Gläubiger das Risiko seiner Forderungen im Vorfeld einschätzen kann und muss.[355] Das gezeichnete Kapital stellt bei der Private Company keinen Gläubigerschutzmechanismus dar. Deshalb wird zentraler Gegenstand bei der Bonitätsprüfung die Transparenz sein. Allgemein kommen Financial- und Non-Financial-Covenants zum Einsatz, die im angloamerikanischen Raum stark verbreitet sind. Diese umfassen beispielsweise das Verbot, über wesentliche Vermögensgegenstände zu verfügen.[356] Eine weitere Form des Gläubiger-Selbstschutzes sind Sicherungsinstrumente. Neben den bekannten Instrumenten der Bürgschaft, Hypothek oder des Zurückbehaltungsrechts, existiert darüber hinaus das Instrument der Floating Charge als Kreditsicherung.[357] Diese bezieht sich nicht auf einen ganz bestimmten Vermögensgegenstand, sondern vielmehr auf das gesamte gegenwärtige und zukünftige Vermögen des Sicherungsgebers/Kreditnehmers.[358] Der Einfluss der Fremdkapitalgeber auf die Corporate Governance begründet sich vor allem auf privatrechtliche Vereinbarungen in Form von Covenants.

---

[354] Vgl. Hilpert (2007), S. 92; Sec. 851 (1) CA 2006; Gower/Davies (2008), Rn. 12-4; Micheler (2004), S. 324 ff. Vgl. zum Gläubigerschutz auch Hilpert (2007), S. 258; Luke (2006), S. 52; Happ/Holler (2004), S. 730 ff.; MacInyre (2001), S. 466; Shearman (1992), S. 149 f.

[355] Vgl. Happ/Holler (2004), S. 730, 732. Aus diesem Grund bedarf es auch keines Schutzes durch die Rechtsordnung, wenn ein Forderungsausfall eingetreten ist. Grds. tritt der Kapitalschutz erst mit Eintritt der Insolvenz in den Vordergrund und wird insofern berücksichtigt, dass ein insolvenzrechtlicher Haftungskatalog herangezogen wird. Vgl. Hilpert (2007), S. 258 ff. In Großbritannien gilt als Ende der freien Unternehmertätigkeit nicht die Überschuldung, sondern erst die Zahlungsunfähigkeit der Gesellschaft. Vgl. Schall (2009), S. 264 f.

[356] Vgl. Volb (2007), S. 120 f. Siehe auch Runge (2010), S. 8; Oehler/Schalkowski/Wendt (2013).

[357] Vgl. Rummel von (2008), S. 128.

[358] Vgl. Davies (2002), S. 823 ff. Das Instrument der Floating Charge ist demnach als besitzloses Pfandrecht zu charakterisieren. Vgl. Triebel et al. (1995), S. 135. Die tatsächliche oder faktische Sicherheit einer Floating Charge ist begrenzt. Aufgrund der Tatsache, dass der Sicherungsgeber weiterhin die ganzheitliche Verfügungsfreiheit über sein Vermögen besitzt, ist er auch in der Lage spätere vorrangige Sicherheiten an einzelnen Vermögensgegenständen zu bestellen. Eine zweite Begrenzung erfährt die Floating Charge dahingehend, dass gesetzlich angeordnete Vorrangstellungen mancher Forderungen (z.B. Pensions- und Arbeitnehmeransprüche) existieren. Vgl. Davies (2002), S. 822 ff.; Bernstorff Graf von (2006), S. 146 f.; Schall (2009), S. 265.

5. Kapitel: Ökonomische Analyse im Zweiländervergleich

5.1 Theoretischer Bezugsrahmen

5.1.1 Methodische Vorgehensweise

Die ökonomische Analyse orientiert sich im Grundsatz an folgender Forschungsfrage, die es durch weitere Annahmen zu spezifizieren gilt:

> Inwiefern üben die Private-Equity-Gesellschaften Einfluss auf die Corporate Governance ihrer Beteiligungsgesellschaften aus und wie wirkt sich dies auf die Rendite und die Risiken der Interessengruppen im Laufe des Private-Equity-Prozesses aus?

Zur Beantwortung dieser Frage erfolgt eine komparative Analyse anhand von ökonomischen Beurteilungskriterien aus Sicht ausgewählter Interessengruppen sowie unter Berücksichtigung der geltenden gesellschaftsrechtlichen Grundlagen. Den Ausgangspunkt der Analyse stellen die drei Prozessstufen *Vor-Vertragsphase (Beteiligungsanbahnung)*, *Vertragsphase (Beteiligungsbeziehung)* sowie *Nach-Vertragsphase (Beteiligungsabwicklung)* dar. Auf diesen aufbauend erfolgt die Analyse aus Sicht jeder der ausgewählten Interessengruppen. Daran schließt sich eine Gesamtanalyse unter Einbezug der harmonischen und konfligierenden Beziehungen an. Der Zweiländervergleich erfolgt innerhalb jedes einzelnen Analyseschrittes an den Stellen, an denen markante Unterschiede zwischen Deutschland und Großbritannien bestehen, um auch eine unmittelbare und direkte Gegenüberstellung zu gewährleisten.[359]

5.1.2 Ausgewählte Interessengruppen

An einer Private-Equity-Beteiligung oder an einem Private-Equity-Prozess sind verschiedene Interessengruppen mittelbar oder unmittelbar involviert. Tabelle 11 zeigt überblicksartig und nicht abschließend mögliche Interessengruppen auf. Die Beteiligung von Private-Equity-Gesellschaften ist in der Regel mit einer Verschiebung der bisherigen Eigentümerstrukturen der Beteiligungsgesellschaften verbunden, weil zu den verbleibenden Gesellschaftern, neue Gesellschafter (Private-Equity-Gesellschaften) hinzukommen und unter Umständen bisherige Gesellschafter aus dem Unternehmen ausscheiden.

[359] Hierbei wird unterstellt, dass „deutsche" Private-Equity-Gesellschaften sich an „deutschen" Beteiligungsgesellschaften und „britische" Private-Equity-Gesellschaften sich an „britischen" Beteiligungsgesellschaften beteiligen.

Interessengruppen der Private-Equity-Gesellschaften
Geschäftsführende Gesellschafter, Geschäftsführung (Top-Management) und Mitarbeiter der Managementgesellschaften
Kommanditisten der Private-Equity-Fonds
Banken als Initiatoren (Mittler, Berater) und Fremdkapitalgeber (Gläubiger)
Weitere: Interessensverbände (Private-Equity-Verbände), Staat als Regulierer (Exekutive, Regierung)
Interessengruppen der Beteiligungsunternehmen
Je nach Ausgestaltung: Geschäftsführende Mehrheitsgesellschafter, Nicht-geschäftsführende Mehrheitsgesellschafter, Geschäftsführung (Top-Management), Minderheitsgesellschafter, Mitarbeiter
Banken als Fremdkapitalgeber (Gläubiger)
Weitere: Kunden, Lieferanten, Staat als Regulierer (Exekutive, Regierung)

Tabelle 11: Interessengruppen der Private-Equity-Gesellschaften (eigene Darstellung)

Da der Fokus dieser Arbeit auf der Corporate Governance der Beteiligungsunternehmen liegt, werden folgende – mit den Beteiligungsunternehmen selbst unmittelbar verbundene – Interessengruppen für die ökonomische Analyse ausgewählt sowie die jeweiligen ökonomischen (monetären) Ziele der Interessengruppen definiert (siehe Tabelle 12). Die Auswahl dieser Interessengruppen begründet sich anhand der Forschungsfrage dieser Arbeit, das heißt, es werden die Interessengruppen herangezogen die entweder direkt als Vertragspartei (Gesellschafter; Top-Management) oder zumindest indirekt als Gehalts-/Lohngläubiger (Top-Management; Mitarbeiter) oder Fremdkapitalgeber durch die vertraglich fixierte Einflussnahme der Private-Equity-Gesellschaften betroffen sind. Zu beachten ist, dass sich das Verhältnis aus Sicht einzelner Interessengruppen zur Gesellschaft im Laufe der Beteiligungsprozessstufen verändert.[360] In Bezug auf die Private-Equity-Gesellschaften wird die Annahme getroffen, dass es sich hierbei um eine homogene Interessengruppe handelt, das bedeutet, dass zwischen den Kapitalgebern/Investoren der Private-Equity-Fonds sowie zwischen den Eigentümern, dem angestellten Top-Management sowie den Mitarbeitern in den Private-Equity-Gesellschaften und weiteren Gruppen Interessenharmonie besteht. Weiterhin wird unterstellt, dass die Private-Equity-Gesellschaften kein Fremdkapital, sondern nur Eigenkapital an die Beteiligungsunternehmen vergeben. Die Fremdkapitalgeber werden ebenso als harmonische Interessengruppe angesehen, die während aller Beteiligungsprozessstufen eine Gläubiger-Schuldner-Beziehung zu den Beteiligungsunternehmen führen.

[360] Dies betrifft zum einen die Private-Equity-Gesellschaften die während der Beteiligungsanbahnung noch keine Gesellschafter sind und zum anderen die bei der Beteiligungsanbahnung existierenden Gesellschafter der Beteiligungsunternehmen, deren Gesellschafterstatus sich mit der Unternehmensbeteiligung verändert.

Beteiligungsprozess und ausgewählte Interessengruppen		
Beteiligungs-anbahnung	**Beteiligungs-beziehung**	**Beteiligungs-abwicklung**
Private-Equity-Gesellschaften als zukünftige Gesellschafter	Private-Equity-Gesellschaften als Mehr- oder Minderheitsgesellschafter	Private-Equity-Gesellschaften als Mehr- oder Minderheitsgesellschafter
Gesellschafter der Beteiligungsunternehmen als Mehr- oder Minderheitsgesellschafter	Verbleibende Gesellschafter als Mehr- oder Minderheitsgesellschafter	Verbleibende Gesellschafter als Mehr- oder Minderheitsgesellschafter
Begründung der Auswahl und ökonomische Ziele - Die Private-Equity-Gesellschaften als Eigenkapitalgeber und (zukünftige) Gesellschafter sowie die jetzigen Gesellschafter als Eigenkapitalnehmer stellen im Rahmen des Private-Equity-Prozesses eine der wichtigsten Interessengruppen dar (Erfolgs- und Risikoteilung), die zur Wertschöpfung beitragen sollen (Unternehmenswertsteigerung). - Die Private-Equity-Gesellschaften oder jetzigen Gesellschafter verfügen im Fall einer Mehrheitsbeteiligung über eine entsprechende Geschäftsführungskompetenz (Eigentums- und Verfügungsrechte).[361] Ziel: Optimierung der Rendite-Risiko-Position		
Zukünftig ausscheidende Gesellschafter	Ausgeschiedene Gesellschafter	Zukünftig ausscheidende Gesellschafter
Begründung der Auswahl und ökonomische Ziele - Trotz des Verlustes der originären Gesellschafterposition bestehen für diese Gesellschaftergruppe Rechte und Pflichten (inkl. Haftungsansprüche), die über das Ausscheiden hinaus gelten. - Diese Gesellschaftergruppe tritt als Anteilsverkäufer auf. Ziel: Optimierung der Rendite-Risiko-Position		
Top-Management der Beteiligungsunternehmen	Top-Management der Beteiligungsunternehmen	Top-Management der Beteiligungsunternehmen
Begründung der Auswahl und ökonomische Ziele - Das Top-Management stellt einen wichtigen Teil des Humankapitals oder des intellektuellen Beziehungskapitals des Beteiligungsunternehmens dar. Es hat keine Gesellschafterposition inne, verfügt dennoch aufgrund vertraglicher Vereinbarung über eine entsprechende Geschäftsführungskompetenz. - Es handelt sich hierbei um eine gegenüber der Perspektive der geschäftsführenden Mehrheitsgesellschafter separate Analyseperspektive bzw. gesondert betrachtete Situation. Dies bedeutet, dass das Top-Management nicht gleichzeitig mit oder nicht zusätzlich zu den geschäftsführenden Mehrheitsgesellschaftern agiert. Ziel: Erhöhung des Einkommenzahlungsstroms/Reduzierung des Risikos des Zahlungsstromausfalls		
Mitarbeiter der Beteiligungsunternehmen	Mitarbeiter der Beteiligungsunternehmen	Mitarbeiter der Beteiligungsunternehmen
Begründung der Auswahl und ökonomische Ziele - Die Mitarbeiter stellen einen wichtigen Teil des Humankapitals oder des intellektuellen Beziehungskapitals des Beteiligungsunternehmens dar. Sie haben keine Gesellschafterposition inne und verfügen über keine Geschäftsführungskompetenz. Dennoch existieren bestimmte Möglichkeiten, im Zuge der Mitbestimmung, auf unternehmerische Entscheidungen einzuwirken. Ziel: Erhöhung des Einkommenzahlungsstroms/ Reduzierung des Risikos des Zahlungsstromausfalls		

[361] Zu den Erfolgs- und Risikoteilungsregeln vgl. Bitz (2002), S. 10; Oehler/Unser (2002), S. 194 ff.

Beteiligungsprozess und ausgewählte Interessengruppen		
Beteiligungs-anbahnung	**Beteiligungs-beziehung**	**Beteiligungs-abwicklung**
Fremdkapitalgeber der Beteiligungsunternehmen	Fremdkapitalgeber der Beteiligungsunternehmen	Fremdkapitalgeber der Beteiligungsunternehmen
Begründung der Auswahl und ökonomische Ziele - Die Fremdkapitalgeber haben keine Gesellschafterposition inne und verfügen über keine Geschäftsführungskompetenz. Dennoch existieren bestimmte Gläubigerrechte, die sich einerseits aus dem Gesetz und andererseits aus den vertraglichen Vereinbarungen ableiten lassen. - Zu den Entscheidungsträgern der Beteiligungsunternehmen besteht eine Gläubiger-Schuldner-Beziehung. Da sich die bestehende Kreditbeziehung auch auf die Kontroll- und Steuerungsprozesse innerhalb der Kredit nehmenden Beteiligungsunternehmen auswirkt, besteht insofern eine Wechselbeziehung zu den Private-Equity-Gesellschaften, die sich in Zukunft an den Unternehmen beteiligen wollen und damit auch die rechtliche Schuldnerposition übernehmen. - Vorrangige Behandlung im Insolvenzfall. Ziel: Erhöhung der Zins- und Tilgungszahlungsströme oder Reduzierung des mit dem Ausfall der Zahlungsströme verbundenen Risikos		

Tabelle 12: Ausgewählte Interessengruppen und ihre Ziele (eigene Darstellung)

5.1.3 Festlegung der ökonomischen Beurteilungskriterien

Private-Equity-Gesellschaften sind in der Lage, im Rahmen der Beteiligung und in Abhängigkeit vom Grad der Funktionserfüllung als Finanzintermediäre sowohl auf die von den Interessengruppen erwartete Rendite als auch auf das implizierte Risiko (beziehungsweise die implizierten Risiken) der jeweiligen Interessengruppe einzuwirken, wobei aus Sicht letzterer ebenso explizite und implizite Maßnahmen existieren, um ihre Ziele durchzusetzen.[362] In Abhängigkeit von der jeweiligen Beteiligungsprozessstufe wird die Rendite in einer zeitlichen Betrachtung danach differenziert, ob diese erwartet (gefordert) wird oder bereits tatsächlich realisiert worden ist. Die erwartete Rendite versteht sich als ex ante-Erwartung an ein bestimmtes Projekt (hier die Private-Equity-Beteiligung) und setzt sich demzufolge aus dem geforderten risikolosen Zins sowie aus einem Risikozuschlag zusammen, dessen Höhe sich unter anderem durch Szenarien oder Planungen ableiten lässt.[363] Die realisierte Rendite bezieht sich auf die Rendite die tatsächlich im Zuge der Projektrealisation und -abwicklung erwirtschaftet wird.[364] Auf Grundlage der formulierten Ziele der einzelnen Interessengruppen

[362] Analytisch erfolgt sowohl eine Rendite- als auch eine Risiko-Betrachtung. Dies erscheint insofern möglich, da keine effiziente (Markt-)Situation im neoklassischen Sinn als gegeben angenommen wird. In einer effizienten Situation ist eine Renditeerhöhung immer automatisch mit einer gleichzeitigen Risikoerhöhung (vice versa) verbunden (Effizienzlinie). Im Falle einer ineffizienten Situation, kann die Erhöhung der Rendite mit einer Risikoerhöhung und die Erhöhung des Risikos mit einer Renditeerhöhung einhergehen, muss aber nicht. Rendite-Betrachtung (Extrem 1: bei einem gegebenen Risiko die Rendite zu erhöhen/maximieren); Risiko-Betrachtung (Extrem 2: bei gegebener (erwarteter) Rendite das Risiko zu verringern/minimieren).

[363] Vgl. Oehler (2010), S. 152; Bitz (1999), 1.3 ff.

[364] Dies gilt ceteris paribus auch für andere Projekte, die jedoch aus der Betrachtung ausgeschlossen sind. Die Berechnung ist anhand der Performance-Messung möglich (ex post). Letztendlich ist die erwartete Rendite als Soll-Renditegröße und die realisierte Rendite als Ist-Renditegröße zu interpretieren.

zeigt Tabelle 13 die einzelnen Größen, die die (erwartete) Rendite aus Sicht der Interessengruppen beeinflussen.

Einflussnehmende Größen auf die (erwartete) Rendite			
Ausgewählte Interessengruppen	**Anschaffungskosten (I_0)**	**Erwartete Cash Flows $E[CF_t]$**	**Erwarteter Liquidationserlös/ Endwert $E[L_T]$**
A) Gesellschafter **a)** zukünftige Gesellschafter: Private-Equity-Gesellschaften **b)** jetzige und verbleibende Gesellschafter	Eingesetztes Eigenkapital	Einzahlungen ./. Auszahlungen + Tätigkeitsvergütung wenn Gesellschafter geschäftsführend sind (siehe C)	Erlöse aus Verkauf von Unternehmensanteilen
B) Zukünftig ausscheidende/ausgeschiedene Gesellschafter	Eingesetztes Eigenkapital	Ausstehende (anteilige) Einzahlungen ./. Ausstehende (anteilige) Auszahlungen + Ausstehende Tätigkeitsvergütung wenn vor Austritt geschäftsführend waren	Erlöse aus Verkauf von Unternehmensanteilen bzw. Erlös aus Anteilseinzug gegen Abfindung
C) Top-Management	Werbungskosten + Auszahlungen aufgrund Auflösung früherer Verträge[365]	Einzahlungen aus realem fixem Gehalt ./. ((Überstunden[366] * („Freizeitfaktor“)) ./. Humankapital[367]	Erlöse aus Abfindungsansprüchen + ggf. Steigerung des Humankapitalwertes
D) Mitarbeiter	Siehe C)	Siehe C)	Siehe C)
E) Fremdkapitalgeber	Eingesetztes Fremdkapital	Einzahlungen aus Zins- und Tilgung ./. Auszahlungen aus der Bereitstellung des FK[368]	Erlöse aus frühzeitiger Kreditzurückzahlung und/oder aus Abschlusszahlungen

Tabelle 13: Zusammensetzung der (erwarteten) Renditen (eigene Darstellung)

Dabei sind jedoch notwendigerweise nicht immer alle aufgeführten Größen mit Bezug zur Private-Equity-Beteiligung und zu den einzelnen Beteiligungsprozessstufen von Relevanz. So sind aus Sicht der verbleibenden Gesellschafter, der zukünftig ausscheidenden/ausgeschiedenen Gesellschafter sowie des Top-Managements und der Mitarbeiter aufgrund der früheren Gesellschaftereinlage und des Beginns des Beschäftigungsverhältnisses, die Anschaffungskosten (Gesellschafter: eingesetztes Eigenkapital; Top-Management/Mitarbeiter: Werbungskosten + Auszahlungen aufgrund Auflösung früherer Verträge) zum heutigen Zeitpunkt der Private-Equity-Beteiligung nicht mehr bedeutend und beeinflussbar (sunk costs). Zwar könnten die Fremdkapitalgeber bereits vor der Beteiligung dem Unternehmen

[365] Unter Werbungskosten sind Auszahlungen zur Erwerbung, Sicherung und Erhaltung der Einzahlungen zu verstehen.

[366] Damit sind Überstunden gemeint, die über das persönliche Optimum hinausgehen.

[367] Im Sinne von Arbeitsaufwand und Opportunitätskosten [Kapitalwert des Gehaltes]. Die Form der Vergütung besteht für die Arbeitnehmer in der Tätigkeitsvergütung oder Entlohnung laut Arbeits- oder Tarifvertrag.

[368] Im Sinne von Opportunitätskosten (Alternativverzinsung).

Kapital zur Verfügung gestellt haben, jedoch eröffnen sich angesichts der Beteiligung gleichwohl neue, zusätzliche Möglichkeiten des Fremdkapitaleinsatzes, womit aus Sicht der Fremdkapitalgeber die Relevanz der Anschaffungskosten weiterhin gegeben sein kann. Generell verändert sich die Zusammensetzung der (erwarteten) Rendite oder die Größen, die die (erwartete) Rendite beeinflussen, im Verlauf des Private-Equity-Prozesses beziehungsweise sind von diesem abhängig.

Im Rahmen der ökonomischen Analyse werden Informationsrisiken, Delegationsrisiken sowie Betroffenheitsrisiken berücksichtigt, die als verhaltensabhängige (endogene) Risiken innerhalb des Beziehungsgeflechts existent sind.[369] Die Auswahl begründet sich dahingehend, dass dieses Beziehungsgeflecht sowie die Corporate Governance der Beteiligungsgesellschaften im Vordergrund stehen und die Analyse unabhängig von Unternehmensbranchen oder -typen erfolgen soll. Insofern werden verhaltensunabhängige (exogene) Risiken, wie zum Beispiel Preis-/Marktrisiken oder leistungswirtschaftliche Risiken von der Analyse ausgeschlossen.

5.1.4 Finanzierungsstufen und Rechtsformauswahl

Der Anlass zur Finanzierung mit Private Equity steht im unmittelbaren Zusammenhang mit den Finanzierungsstufen der (potenziellen) Beteiligungsunternehmen, die wiederum eng mit dem Unternehmenslebenszyklus verknüpft sind. Dabei besteht auf jeder Finanzierungsstufe ein ganz bestimmter Finanzierungsbedarf. Da die Frage nach dem Finanzierungsanlass aus Sicht jedes Unternehmens unterschiedlich beurteilt werden kann, wird der Analyse kein bestimmter Finanzierungsanlass zu Grunde gelegt. Des Weiteren erfolgt eine von den Finanzierungsstufen sowie von der Kategorisierung der Unternehmenstypen unabhängige Analyse des Beziehungsgeflechts. Als Analysegegenstand dienen für Deutschland Beteiligungsgesellschaften in der Rechtsform der Gesellschaft mit beschränkter Haftung (GmbH) und für Großbritannien in der Rechtsform der Private Company limited by Shares (Private Company). Zur begründeten Auswahl beider Rechtsformen siehe Kapitel 4.4.2.[370]

5.1.5 Beteiligungsprozess und -konstellationen

Abbildung 3 zeigt überblicksartig der Analyse zugrunde liegenden Private-Equity-Prozess, zergliedert in verschiedene Phasen.

[369] Vgl. auch Brehm (2012), S. 16 ff.
[370] Der Rechtsstand ist März 2012.

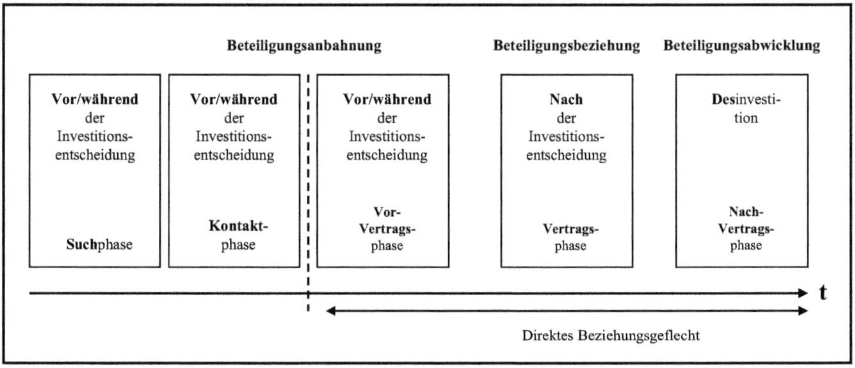

Abbildung 3: Beteiligungsprozess (eigene Darstellung)

Während für die *Vor-Vertragsphase* ein tatsächliches sowie zum Teil bereits vertraglich bindendes Beziehungsgeflecht zwischen den Private-Equity-Gesellschaften und den Interessengruppen der Beteiligungsunternehmen vorliegt, existiert hinsichtlich der *Such-* und der *Kontaktphase* das Problem, dass zwischen den zukünftigen Vertragspartnern kein unmittelbarer Kontakt und damit auch kein faktisches Beziehungsgeflecht besteht, da beide Marktteilnehmer in diesem Zeitraum getrennt voneinander nach ihren Vorstellungen, Bewertungsgrundlagen und Entscheidungskriterien nach potenziellen Vertragspartnern suchen.[371] Die *Kontaktphase* wird überwiegend über das (vorvertragliche) Identifikationsproblem (adverse selection) zwischen Kapitalgeber und -nehmer thematisiert, wobei zwischen beiden Parteien Informationsasymmetrien bestehen. Je nachdem, ob die Sichtweise der Private-Equity-Gesellschaften oder der Interessengruppen der Beteiligungsunternehmen eingenommen wird, besteht ein Informationsvorsprung, zum Beispiel hinsichtlich der Beteiligungsabsicht oder

[371] Die *Suchphase* findet in der (komparativen) Private-Equity-Literatur hauptsächlich indirekt entlang Marktmikrostrukturüberlegungen Berücksichtigung, insb. durch rechtliche und steuerrechtliche Rahmenbedingungen der Private-Equity-Märkte und die damit im engen Zusammenhang stehenden nationalen Bankensysteme sowie die Praxis der Unternehmensfinanzierung. Als einzige deutsch-britische Vergleichsstudien können die Untersuchungen der Kreditanstalt für Wiederaufbau (KfW) sowie der European Venture Capital Association (EVCA) genannt werden, die sowohl die Marktstrukturen, Investitionstätigkeit, Renditestrukturen, Förderungsangebote als auch die rechtlichen und steuerrechtlichen Rahmenbedingungen untersuchen. Vgl. KfW (2004); EVCA (2008).

über die unternehmerischen Qualifikationen und Fähigkeiten.[372] Tabelle 14 stellt die typischen Situationsmerkmale innerhalb der *Such-* und *Kontaktphase* im Überblick dar.

Suchphase	Kontaktphase
- Kein unmittelbarer und kein mittelbarer (über Dritte) Kontakt zwischen Private-Equity-Gesellschaften und Beteiligungsunternehmen. - Private-Equity-Gesellschaften und Beteiligungsunternehmen suchen auf dem Private-Equity-Markt getrennt voneinander nach Kapitalnehmern/-gebern; Identifizierung und Selektion potenzieller Beteiligungsmöglichkeiten. - Unbestimmte Auswahl an möglichen Entscheidungsobjekten (-alternativen) für den Entscheidungsträger im Rahmen des Entscheidungsprozesses.	- Mittelbarer Kontakt, z.B. über Netzwerke, Verbände oder Gesellschafter, die aus den Beteiligungsunternehmen ausscheiden wollen. - Screening anhand verfügbarer externer Informationen (Jahresabschlussinformationen, sonstige Unternehmensinformationen). - Bestimmte Auswahl an möglichen Entscheidungsobjekten (-alternativen) für den Entscheidungsträger im Rahmen des Entscheidungsprozesses.

Tabelle 14: Situationsmerkmale der Such- und Kontaktphase (eigene Darstellung)

Zwar gehören die zwei dargestellten Phasen zum Private-Equity-Prozess, dennoch werden diese aufgrund des fehlenden Kontaktes und des fehlenden faktischen Beziehungsgeflechts, von der Analyse ausgeschlossen. In der anschließenden *Vor-Vertragsphase* besteht zwischen den beiden Vertragspartnern nunmehr ein unmittelbarer Kontakt. Darüber hinaus ist die Informationsquantität für beide Seiten angesichts des Fortschreitens des Beteiligungs- und Informationsprozesses größer als zuvor (siehe Tabelle 15).

Vor-Vertragsphase
- Unmittelbarer Kontakt und Vertragsverhandlungen - Sondierung einer bestimmten Auswahl, d.h. nochmalige konkrete, spezifische Auswahl an möglichen Entscheidungsobjekten (-alternativen) - Prüfungen und Bewertungen anhand verfügbarer externer und interner Informationen - Abschluss von Absichtserklärungen oder Vorverträgen

Tabelle 15: Vor-Vertragsphase (eigene Darstellung)

Die *Vertragsphase* stellt in der (komparativen) Private-Equity-Literatur einen Schwerpunkt dar, wobei hauptsächlich empirische Arbeiten im Vordergrund stehen.[373] Eine geeignete Auswahl dieser wird im Zuge der folgenden Analyse sekundäranalytisch aufgegriffen. Die *Nach-Vertragsphase* steht in der (komparativen) Private-Equity-Literatur zum einen im Bereich von empirischen Arbeiten im Mittelpunkt und findet zum anderen – analog zur Such-

[372] Umfangreiche Literaturanalysen, die den Stand der Forschung auch hinsichtlich der Kontaktphase wiedergeben, finden sich z.B. in Wright/Robbie (1998); Hinkel (2001); Reißig-Thust (2003); Pankotsch (2005); Kuckertz (2006).

[373] Umfangreiche Literaturanalysen, die den Stand der Forschung hinsichtlich der Vertragsphase wiedergeben, finden sich z.B. in Pankotsch (2005); Rindermann (2003); Houben (2003).

phase – indirekt entlang Marktmikrostrukturüberlegungen Berücksichtigung, insbesondere durch rechtliche und steuerrechtliche Rahmenbedingungen der Private-Equity-Märkte. Im Fokus beider Richtungen steht dabei die Betrachtung der verschiedenen Exit-Kanäle, in erster Linie jedoch der Börsengang.[374] Im Rahmen der ökonomischen Analyse werden ab den Beteiligungsprozessstufen der Beteiligungsbeziehung und -abwicklung Mehrheitsbeteiligungen (≥50%) sowie Minderheitsbeteiligungen (<50%) betrachtet.[375] Tabelle 16 zeigt für beide Beteiligungskonstellationen die daraus resultierenden Analyseperspektiven.

Analyseperspektiven in Abhängigkeit zur Beteiligungskonstellation	
Mehrheitsbeteiligung durch die Private-Equity-Gesellschaften	**Minderheitsbeteiligung** durch die Private-Equity-Gesellschaften
- Private-Equity-Gesellschaften als **geschäftsführende Mehrheitsgesellschafter** - Verbleibende Gesellschafter als **nicht-geschäftsführende Minderheitsgesellschafter** - Zukünftig ausscheidende/ausgeschiedene Gesellschafter - Top-Management: Es handelt sich hierbei um eine gegenüber der Perspektive der geschäftsführenden Mehrheitsgesellschafter **separate Analyseperspektive** bzw. **gesondert betrachtete Situation**. Dies bedeutet, dass das Top-Management nicht gleichzeitig mit oder nicht zusätzlich zu den geschäftsführenden Mehrheitsgesellschaftern agiert.	- Private-Equity-Gesellschaften als **nicht-geschäftsführende Minderheitsgesellschafter** - Verbleibende Gesellschafter als **geschäftsführende Mehrheitsgesellschafter** - Zukünftig ausscheidende/ausgeschiedene Gesellschafter - Top-Management: Es handelt sich hierbei um eine gegenüber der Perspektive der geschäftsführenden Mehrheitsgesellschafter **separate Analyseperspektive** bzw. **gesondert betrachtete Situation**. Dies bedeutet, dass das Top-Management nicht gleichzeitig mit oder nicht zusätzlich zu den geschäftsführenden Mehrheitsgesellschaftern agiert.

Tabelle 16: Analyseperspektiven in Abhängigkeit zur Beteiligungskonstellation (eigene Darstellung)

5.2 Vor-Vertragsphase (Beteiligungsanbahnung)

5.2.1 Vorbemerkungen

Die Besonderheit der Vor-Vertragsphase besteht darin, dass die potenziellen Vertragspartner vor Abschluss des Beteiligungsvertrages die gegenseitige unmittelbare Absicht verfolgen, eine vertragliche Beteiligungsbeziehung einzugehen. Während dieser Phase werden weitestgehend alle für die zukünftige Beteiligung relevanten Determinanten, insbesondere in Hinsicht auf die Rendite und die Risiken zwischen den Interessengruppen bestimmt.[376] Als Grundlage dienen dabei bestimmte Formen von Absichtserklärungen oder Vorverträge (siehe

[374] Umfangreiche Literaturanalysen, die den Stand der Forschung hinsichtlich der Nach-Vertragsphase wiedergeben, finden sich z.B. in Pankotsch (2005), S. 70 ff.; CMBOR (2007).

[375] Der mehrheitliche Unternehmensanteil wird von einem Gesellschafter (hinzutretende Private-Equity-Gesellschaft oder verbleibender Gesellschafter) gehalten, der restliche Anteil verteilt sich auf eine nicht näher bestimmte Anzahl von Minderheitsgesellschaftern (1+X). Demzufolge wird keine explizite Einteilung in weitere gesellschaftsrechtlich relevante Anteilsklassen (z.B. 95%, 75% oder auch 25%, 10% oder 5%) vorgenommen, sondern lediglich in begründeten Einzelfällen auf relevante Merkmale hingewiesen.

[376] Das vor-vertragliche Stadium ist die Phase der Annährung, in der die gegenseitigen Interessen und Vorstellungen der Parteien ausgelotet werden. Vgl. Ziegert (2005), S. 96.

Tabelle 17), die aufgrund ihrer Rechtsverbindlichkeit voneinander abgrenzbar sind. Während die Absichtserklärungen grundsätzlich rechtlich unverbindlich sind, das heißt dass danach differenziert werden muss, ob diese unverbindlich sind oder Bindungswirkung entfalten, stellt der Vorvertrag eine in der Regel rechtsverbindliche Willenserklärung (die Absicht einen Beteiligungsvertrag abzuschließen) und damit eine stärkere Form der rechtlichen Bindung dar.

Wesen und Zweck von typischen standardisierten vor-vertraglichen Instrumentarien	
Absichtserklärungen: Letter of Intent (LOI), Memorandum of Understanding (MoU), Term Sheet[377]	**Vorvertrag**
- Grundsätzlich rechtlich unverbindliche Absichtserklärung sowohl im deutschen als auch im angelsächsischen Rechtskreis; Dokumentation über die Absicht, in Zukunft einen Beteiligungsvertrag abschließen zu wollen (Vorfeldvereinbarung)[378] - Keine Pflicht zum Abschluss des Hauptvertrages, jedoch Herbeiführung eines Vertrauenstatbestandes und damit Schadenersatzansprüche bei Abbruch der Vertragsverhandlungen[379] - Dokumentation wirtschaftlicher Kenngrößen sowie einer daraus resultierenden Bewertung[380] - Formalisierung des vor-vertraglichen Informationsaustausches und der Transaktionsverhandlungen[381]	- Grundsätzlich rechtsverbindliche Willenserklärung, die bei Pflichtverletzung zum Schadenersatz verpflichtet[382] - Schuldrechtlicher Vertrag sowie Verpflichtung zum späteren Abschluss eines Hauptvertrages sowohl in Deutschland als auch in Großbritannien[383]

Tabelle 17: Wesen und Zweck von typischen standardisierten vor-vertraglichen Instrumentarien in Deutschland und in Großbritannien
(eigene Darstellung)

Entscheidend ist die Bewertung von außen, zum Beispiel durch ein Gericht. Es gilt demnach die Auslegung der Willenserklärungen. Lediglich der Abschluss des Vorvertrags führt in der Konsequenz zur Verpflichtung in der Zukunft den Beteiligungsvertrag abzuschließen, mit der Folge möglicher Schadenersatzansprüche bei Vertragsabbruch.[384] Der Vorvertrag unterschei-

[377] Zu den Absichtserklärungen vgl. grds. Hopt (2007); Weitnauer (2011), S. 290 f. Im Unterschied zu den anderen Formen, werden LOI und MoU zwischen mehreren Verhandlungspartnern vereinbart. Vgl. Schulten (2009), S. 5. Im Unterschied zu den anderen Formen, besteht das Term Sheet aus keinen ausformulierten Klauseln, sondern ist auf inhaltlich ausführliche Stichwörter beschränkt. Vgl. Ziegert (2005), S. 97. Der Unterschied zwischen LOI und Term Sheet liegt im Detaillierungsgrad. Vgl. Simon (2010), S. 155.

[378] Vgl. Ziegert (2005), S. 97; Schmitt/Ulmer (2011), S. 16 f.; Grisebach (1989); Premm (2006); Schulten (2009), S. 4; Bohnenkamp (1999), S. 152; Groner (2007), S. 175; Inhester (2010), S. 233.

[379] Vgl. Schulten (2009), S. 4; Schmitt/Ulmer (2011), S. 16.

[380] Ggf. Vereinbarung über Kostentragung der Due Diligence.

[381] Vgl. Simon (2010), S. 149.

[382] Vgl. Schmitt/Ulmer (2011), S. 16.

[383] Vgl. Schulten (2009), S. 5; Triebel et al. (1995), S. 61. Die Durchführung, d.h. der Abschluss des späteren Hauptvertrags, ist gerichtlich einklagbar.

[384] Vgl. Schmitt/Ulmer (2011), S. 17; Speck/Tanega (2006), S. 217. Letter of Intent (LOI) oder Heads of Agreement können rechtlich bindend sein, auch wenn diese lediglich den Vertrag vorbereiten. Wird der Wille zur Bindung nicht ausgeschlossen, können englische Gerichte bindende Verträge annehmen, besonders in den Fällen, in denen sich die Parteien über einen längeren Zeitraum an einen LOI gehalten bzw. im Vertrauen hierauf höhere Aufwendungen gemacht haben. Vgl. Triebel et al. (1995), S. 53; Goltz (1992), S. 149.

det sich von dem späteren endgültigen Beteiligungsvertrag in der Weise, dass im erstgenannten Vertrag zwar unter Umständen bereits wesentliche Vertragsbestandteile des späteren Hauptvertrages determiniert sind, der Vorvertrag jedoch lediglich eine Absicht zur Beteiligung bekundet.[385]

In der Folge setzt die ökonomische Analyse an dem vor-vertraglichen Beziehungsgeflecht zwischen den Private-Equity-Gesellschaften und den Interessengruppen der Beteiligungsunternehmen an. Es wird untersucht, inwiefern die Private-Equity-Gesellschaften innerhalb der Vor-Vertragsphase Einfluss auf die Corporate Governance der Beteiligungsgesellschaften ausüben, wie sich die Einflussnahme auf die jeweiligen Interessengruppen auswirkt und wie diese selbst Einfluss nehmen. Der Einfluss (Einflussgrad/-stärke) ist in den Verträgen, die das Beziehungsgeflecht zwischen Private-Equity-Gesellschaften und Beteiligungsunternehmen bestimmen, festgelegt und gelangt durch die vereinbarten Eigentums-/Verfügungsrechte sowie ihrer unterschiedlichen Verteilung und Durchsetzung zum Ausdruck. Des Weiteren wird analysiert, wie sich die einzelnen Klauseln der vor-vertraglichen Instrumentarien (siehe Tabelle 18) auf die Rendite und die endogenen Risiken (Informations-, Delegations- und Betroffenheitsrisiken) der Interessengruppen auswirken.[386] Dazu ist anzumerken, dass bezüglich der Auswirkungen auf die Risiken oder die Rendite (Reduktion/Erhöhung) keine pauschale Aussage möglich ist, sondern lediglich aufgezeigt wird, welche Auswirkungen in welchen Fällen, welchen Situationen und bei welchen Bedingungen wahrscheinlich sind.

[385] Insofern können in der Zeit bis zum Abschluss des Beteiligungsvertrags Änderungen am Vertragswerk vorgenommen werden, die in den fortlaufenden Vertragsverhandlungen, Prüfungen und Bewertungen begründet liegen können. Daher wird in diesem Fall das Wesen des Vorvertrags zur Phase der Beteiligungsanbahnung und der Beteiligungsvertrag zur Beteiligungsbeziehung gezählt. Vgl. auch Schulten (2009), S. 5.

[386] Unter der Rendite der jeweiligen Interessengruppen ist grds. die erwartete Rendite zu verstehen. In dem Fall bzw. in der Betrachtung, dass die Rendite der jeweiligen Interessengruppe tatsächlich realisiert worden ist (was sowohl von der einzelnen Interessengruppe als auch von der Prozessstufe abhängig ist), wird diese als solche bezeichnet.

Typische Klauseln vor-vertraglicher Instrumentarien[387]
1) **Exklusivitätsklauseln** für eine zeitlich begrenzte Frist[388]
2) Klauseln, die einen konkreten, jedoch unverbindlichen **Zeitplan** für das weitere Prozedere bis zum Abschluss des Beteiligungsvertrages festlegen
3) Klauseln, die den Umfang der **Unternehmensprüfung und -bewertung** sowie die damit zusammenhängenden Informations-, Einsichts- und Auskunftsrechte bestimmen.[389]
4) **Haftungsausschlussklauseln**
5) Klauseln, die eine Option auf einen Ausstieg aus den Vertragsverhandlungen und aus den dazugehörigen Verträgen zulassen [**Ausstiegsklauseln**]

Tabelle 18: Typische Klauseln vor-vertraglicher Instrumentarien (eigene Darstellung)

5.2.2 Aus Sicht der Private-Equity-Gesellschaften als zukünftige Gesellschafter

Angesichts der fehlenden Gesellschafterstellung sowie der damit verbundenen Eigentumsrechte in der Vor-Vertragsphase (Beteiligungsanbahnung), ist die vertraglich fixierte Einflussnahme auf Grundlage von Beteiligungsverträgen durch die Private-Equity-Gesellschaften auf die Corporate Governance (Steuerungs- und Kontrollprozesse) nicht gegeben. Nichtsdestotrotz ist ein rechtlicher Einfluss anzunehmen, da bereits vor Abschluss des eigentlichen Beteiligungsvertrages für den Prozess der Risikoerkennung (Vertragsverhandlungen; Due Diligence) verfügbare Rechte durch die Private-Equity-Gesellschaften wahrgenommen werden, die sich sowohl auf die Kontroll- als auch auf die Steuerungsprozesse erstrecken.[390] Dieses Recht, dass sich weitestgehend durch die vor-vertraglichen Vereinbarungen nach Abschluss einer der genannten Formen von Absichtserklärungen oder der Vorverträge bestimmt, ist als eine Art von Verfügungsrecht anzusehen, da es den Akteur berechtigt während der Vor-Vertragsphase Einfluss auf die Corporate Governance auszuüben und damit auch über bestimmte materielle oder immaterielle Ressourcen zu verfügen.[391] Diese zwei vor-vertraglichen Instrumentarien (Absichtserklärungen/Vorverträge) geben den zukünftigen Gesellschaftern das Recht, insbesondere auf die internen Unternehmensinformationen, Informa-

[387] Zu beachten ist, dass die vor-vertraglichen Instrumentarien in ihrer rechtlichen Ausgestaltung und Rechtsfolgen in Deutschland und Großbritannien weitestgehend kongruent sind.

[388] Vgl. Simon (2010), S. 150. Hiernach verpflichten sich die Parteien im Rahmen eines gemeinsam festgelegten Zeitraums keine Verhandlungen mit anderen Parteien zu führen. Vgl. Inhester (2010), S. 233 f.; Groner (2007), S. 176; Premm (2006), S. 75; Weitnauer (2011), S. 291 ff. Des Weiteren implizieren die Exklusivitätsklauseln bereits die Geheimhaltung über den Informationsaustausch im vor-vertraglichen Stadium. Ferner finden sich auch sog. „No-shop Klauseln" in den Absichtserklärungen/Vorverträgen, die regeln, dass die Entscheidungsträger der Beteiligungsunternehmen nicht nach günstigeren Finanzierungsmöglichkeiten suchen dürfen. Vgl. Jesch (2004), S. 67; Subramanian (2008), S. 729 f.

[389] Grds. werden die Private-Equity-Gesellschaften nur in das Beteiligungsunternehmen investieren, wenn diesen im Zuge der Due Diligence das Recht eingeräumt wird, innerhalb eines bestimmten Zeitraums Unterlagen und Informationen mit Hinsicht aller relevanten Unternehmensverhältnisse einzusehen. Vgl. Inhester (2010), S. 233.

[390] Vgl. Simon (2010), S. 166 f.

[391] Vgl. Göbel (2002), S. 67.

tionsprozesse und damit auch auf die Kontrollprozesse, auf die für die Prozesse verantwortlichen und/oder beteiligten Personen sowie mittelbar auf die Steuerungsprozesse Einfluss zu nehmen. Diese Art der Beteiligung durch die Private-Equity-Gesellschaften führt grundsätzlich zu einer Verschiebung der Prozesse, zum Beispiel durch den in den Unternehmen umgeleiteten Informationsaustausch von den Prozessbeteiligten an die Private-Equity-Gesellschaften.[392] Dabei handelt es sich in erster Linie um die die Potenzialprüfung umfassenden Informationsrechte, inklusive Einsichts- und Auskunftsrechte. Eine direkte Einflussnahme speziell auf die Steuerungsprozesse in der Vor-Vertragsphase ist für die Fälle zu begründen, dass die jetzigen Gesellschafter selbst Veränderungen in den Steuerungsprozessen vornehmen, um das Interesse der Private-Equity-Gesellschaften an einer zukünftigen Beteiligung zu wecken oder die bestehende Absicht zu stärken.

Erst nach Abschluss des endgültigen Beteiligungsvertrages, das heißt während der Beteiligungsbeziehung, bestimmt sich der Einfluss auf die Corporate Governance durch die im Beteiligungsvertrag vereinbarte Verteilung der Eigentums- und Verfügungsrechte (Mitwirkungs- und Kontrollrechte) zwischen den hinzutretenden/zukünftigen und verbleibenden Gesellschaftern. Die Einflussnahme durch die Private-Equity-Gesellschaften im Weiteren beziehungsweise die Wahrnehmung der Informationsrechte im engeren Sinne, wirkt sich während der Vor-Vertragsphase auf die an den Steuerungs- und Kontrollprozessen beteiligten Interessengruppen in der Weise aus, dass diese angehalten werden, entsprechende Informationen und Auskünfte zu erteilen. Die Rendite-Risiko-Relation unterliegt aufgrund der unterschiedlichen Durchsetzungsstärke der vor-vertraglichen Instrumentarien, das heißt ob diese rechtsbindend sind oder nicht, möglichen Veränderungen, die darauf zurückzuführen sind, dass jede Interessengruppe versucht ihre eigene Rendite-Risiko-Relation an neue Veränderungen anzupassen. Aus Sicht der Private-Equity-Gesellschaften bestehen in der Vor-Vertragsphase zum größten Teil gegenüber den Entscheidungsträgern der Beteiligungsunternehmen Informations-, Delegations- und Betroffenheitsrisiken. Dies werden in erster Linie die geschäftsführenden Mehrheitsgesellschafter oder das Top-Management sein.[393] Die nicht-geschäftsführenden Minder-

[392] Die Informationsrechte bestimmen den Umfang an Informationen sowie den Zugriff auf Informationen. Damit stellen diese Rechte gleichzeitig auch ein Kontrollinstrument dar. Zu beachten ist, dass die Steuerungsprozesse auf der einen Seite und die Kontrollprozesse auf der anderen Seite nicht trennscharf voneinander abzugrenzen sind, da die einen Prozesse die anderen Prozesse aufgrund von Wechselwirkungen bedingen.

[393] Siehe hierzu die getroffenen Annahmen unter Kap. 5.1.5 (Tabelle 16) zu den unterschiedlichen Analyseperspektiven.

heitsgesellschafter sind indirekt, das heißt über die Gesellschaftergremien in den Entscheidungsprozess, involviert. Im Vergleich zur Such- und Kontaktphase ist das Identifikationsproblem weitestgehend überwunden, was letzten Endes davon abhängt, ob die Entscheidungsträger trotz des Abschlusses von Absichtserklärungen oder Vorverträgen weitere Entscheidungsalternativen haben und parallel weitere Verhandlungen aufrechterhalten.[394]

Informationsrisiken, ausgedrückt durch die Asymmetrien der Informationen über die Beteiligungsgesellschaften während der vor-vertraglichen Laufzeit und danach (Qualitätsunsicherheit), lassen sich durch **Exklusivitätsklauseln** reduzieren, da verabredete und besprochene Details im Rahmen des vor-vertraglichen Stadiums vertraulich zu behandeln sind und dementsprechende Informationen durch die Beteiligungsunternehmen nicht an Dritte weitergegeben werden dürfen.[395] Aus Sicht der Private-Equity-Gesellschaften erlauben diese Vereinbarungen den Schutz und die Kontrolle von Rechten und Pflichten der gegenüberstehenden Partei im fortlaufenden vor-vertraglichen Verhandlungsstadium bis zum Abschluss des Beteiligungsvertrages. Die Verpflichtung zur Geheimhaltung ist aus Sicht der Private-Equity-Gesellschaften dahingehend von Relevanz, dass diese von den Beteiligungsgesellschaften zur Reduktion der Informationsasymmetrien die vollständige Offenlegung wichtiger Informationen benötigen, um ihre Investitionsentscheidung zu beurteilen. Die Exklusivitätsrechte sind dahingehend notwendig, dass hauptsächlich Hold-Up-Risiken (Verhaltensunsicherheit; Hidden Intention) reduziert werden können. Ohne Exklusivität wäre die Übernahme der Kosten der Due Diligence und der sonstigen Kosten in der Vor-Vertragsphase mit der zusätzlichen Gefahr verbunden, dass diesen Kosten bei Vertragsabbruch kein entsprechender Nutzen aus der zukünftigen Beteiligung gegenübersteht. Mit der Vereinbarung sind die Private-Equity-Gesellschaften in der Lage, die Entscheidungsträger bei der weiteren Suche nach Kapitalgebern zu behindern, um somit die eingesetzten Ressourcen zu schützen.[396] Die Qualitätsunsicherheit wird des Weiteren durch die **Klauseln über die Prüfung und Bewertung** abgebaut, da diese bezüglich der (vorläufigen) Bewertung des Unternehmens eine bestimmte Informationsqualität und -quantität für die Private-Equity-Gesellschaften gewährleisten sollen. Weiter-

[394] Damit besteht hauptsächlich das Problem, dass der Beteiligungsvertrag zwischen den Parteien noch nicht abgeschlossen ist und die Gefahr besteht, dass die (Vertrags-)Partner die auf Basis von Absichtserklärungen oder Vorverträgen bestehende Beziehung beenden. Angesichts des grds. rechtlich unverbindlichen Charakters ist die Gefahr bei Abschluss von Absichtserklärungen dabei als größer einzustufen.

[395] Vgl. Groner (2007), S. 181.

[396] Vgl. Simon (2010), S. 152, 168, 175.

hin führen die **Klauseln**, die den **konkreten, jedoch unverbindlichen Zeitplan** bis zum zukünftigen Abschluss des Beteiligungsvertrages betreffen, zu einer Reduzierung des Informationsvorsprungs der gegenüberstehenden Partei, was darin begründet liegt, dass im Zuge der Zeitvorgabe Fixpunkte definiert sind, an denen die Erfüllung der Absichtserklärungen oder Vorverträge durch eine oder beide (Vertrags-)Seiten erfolgt. Damit sind die Private-Equity-Gesellschaften durch das mit diesen Klauseln verbundene Informationsrecht in der Lage, zu fixierten Zeitpunkten in Form einer Meilensteinregelung, bestimmte Informationen von den Beteiligungsunternehmen zu erhalten oder zu verlangen.

Mit Bezug auf die **Delegationsrisiken** während der Vor-Vertragsphase besteht aus Sicht der Private-Equity-Gesellschaften (erneut) die Gefahr, dass die Vertragspartner mit weiteren Interessenten in Kontakt stehen und gegebenenfalls die gegenwärtigen Vertragsverhandlungen abbrechen (Hidden Action; Hidden Intention). Damit steht vor allem das Verhalten der Entscheidungsträger in den Beteiligungsgesellschaften im Vordergrund. Diese Risiken lassen sich durch die vor-vertraglichen Instrumentarien nicht reduzieren, sondern bei Abschluss von Vorverträgen durch deren Rechtsverbindlichkeit lediglich von Anfang an auf einem weitaus niedrigeren Niveau halten als es bei Abschluss von Absichtserklärungen (LOI, MoU und Term Sheet) der Fall wäre.[397] Im unmittelbaren Zusammenhang zu den Delegationsrisiken stehen in diesem Fall die **Betroffenheitsrisiken**, die im Zeitraum nach Abschluss der oben genannten Dokumente bis zum Abschluss des eigentlichen Beteiligungsvertrages in Verbindung mit der mangelnden Kontrolle durch die Private-Equity-Gesellschaften stehen. Darüber hinaus existieren nach dem Abschluss unsichere Haftungsansprüche, das heißt, dass die geschäftsführenden Organe der Beteiligungsunternehmen Schadenersatz geltend machen können. Die Betroffenheitsrisiken lassen sich aus Perspektive der Private-Equity-Gesellschaften sowohl durch **Haftungsausschluss-** und **Ausstiegsklauseln** als auch durch **Exklusivitätsklauseln** reduzieren. Die Haftungsausschlussklauseln schließen bestimmte Haftungstatbestände im vor-vertraglichen Stadium aus, Ausstiegsklauseln verschaffen den Private-Equity-Gesellschaften die Möglichkeit, in bestimmten Fällen aus den Vertragsverhandlungen und von den bereits abgeschlossenen Erklärungen/Vorverträgen auszusteigen oder zurückzutreten.

[397] Dass die Risiken nicht reduziert werden ist dadurch zu begründen, dass die Instrumentarien selbst die eigentliche Grundlage zur Existenz dieser Risiken darstellen, mit der Folge, dass gegenseitige Ansprüche unsicher sind. Vgl. Schmitt/Ulmer (2011), S. 16. Generell besteht in Bezug auf den Abschluss dieser Verträge in der Beteiligungsanbahnung sowie hinsichtlich des späteren Beteiligungsvertrags in Deutschland und Großbritannien Vertragsfreiheit (Privatautonomie). Vgl. Grisebach (1989), S. 188 f.; Schmitt/Ulmer (2011), S. 16.

Exklusivitätsklauseln reduzieren die Betroffenheitsrisiken indem sich die Entscheidungsträger der Beteiligungsunternehmen dazu verpflichten, für einen definierten Zeitraum keine (Vertrags-)Verhandlungen mit anderen Eigenkapitalgebern zu führen und etwaige Verhandlungen unverzüglich abzubrechen.[398] Darüber hinaus sind verabredete und besprochene Details im Rahmen des vor-vertraglichen Stadiums vertraulich zu behandeln.[399] Aus Sicht der Private-Equity-Gesellschaften stellen die vor-vertraglichen Instrumentarien einen Schutz und eine Kontrolle von Rechten und Pflichten der gegenüberstehenden Partei während des Verhandlungsstadiums dar.[400] Generell spielt hierbei die Formulierung der (un-)verbindlichen (Vertrags-)werke und das daraus resultierende Verständnis beider Parteien über den Vertragsinhalt eine wesentliche Rolle, weil durch ungenaue Formulierungen eine ungewollte Bindungswirkung erzielt werden kann.[401] Je nach Interessenlage der Private-Equity-Gesellschaften können diese das vor-vertragliche Beziehungsgeflecht entweder lange rechtlich unverbindlich halten, um gegebenenfalls eine bessere Finanzierungs- oder Investitionsalternative wahrzunehmen, oder schnellstmöglich eine rechtlich verbindliche Situation schaffen, die Rechtssicherheit bietet.[402] Im Gegensatz zu den Absichtserklärungen sind die Betroffenheitsrisiken bei Abschluss von Vorverträgen als weitaus geringer anzunehmen, da die wesentlichsten Bestandteile des späteren Hauptvertrages bereits in diesem geregelt sind und die Wahrscheinlichkeit von Abweichungen, zum Beispiel in Form von zusätzlichen Bedingungen, Vertragserweiterungen oder Änderungen der Vorstellungen und Absichten der (Vertrags-)Parteien, geringer ist.

Unmittelbaren Einfluss auf die (erwartete) **Rendite** der Private-Equity-Gesellschaften nehmen vor allem die **Klauseln über die Prüfung und Bewertung**, insbesondere die damit zusammenhängenden Informationsrechte.[403] Dies erfolgt dadurch, dass die Private-Equity-

[398] Die Nichtbefolgung der Exklusivitätsvereinbarungen ist in der Regel mit einem pauschalen Schadenersatz oder mit einer Vertragsstrafe unterlegt. Vertragsabbrüche werden zumeist mit Kostenersatz gesichert (Break-up-Fees). Vgl. Inhester (2010), S. 234.

[399] Vgl. Groner (2007), S. 181.

[400] Vgl. Simon (2010), S. 152.

[401] Zu prüfen ist demnach, ob mit den vor-vertraglichen Vereinbarungen eine Geschäftsgrundlage für den späteren Hauptvertrag geschaffen wird oder nicht. Vgl. Schmitt/Ulmer (2011), S. 18.

[402] Vgl. Groner (2007), S. 176; Ziegert (2005), S. 97. Die Rechtssicherheit bietet zudem Transaktionssicherheit aus Sicht der Private-Equity-Gesellschaften. Den Private-Equity-Gesellschaften kann unterstellt werden, dass ein Interesse an Vorverträgen nicht besteht. Den Gesellschaftern kann unterstellt werden, dass gerade ein Interesse daran besteht, da diese das Investment früh sichern wollen (vice versa). Vgl. Inhester (2010), S. 233 f.

[403] Die KfW stellt in ihrer Ländervergleichs-Studie zwischen Deutschland und Großbritannien unterschiedliche Renditestrukturen für Private-Equity-Gesellschaften fest, wobei den britischen Gesellschaften einerseits tendenziell eine stärkere Renditeorientierung zugesprochen wird, andererseits in Deutschland ein viel breiteres Spektrum erwarteter Renditen beobachtbar ist. Aufgeteilt danach, um welche Art von Private-Equity-Gesell-

Gesellschaften als potenzielle Anteilskäufer das Recht erhalten, eine für ihre Maßstäbe objektivierte Beurteilungsgrundlage für die Kaufpreishöhe des Gesellschaftsanteils zu ermitteln. Damit eng verbunden ist auch die Beurteilung und Ermittlung der Cash Flows und des Liquidationserlöses/Endwerts, indem die Private-Equity-Gesellschaften im Rahmen der Unternehmensbewertung und -prüfung die durch die internen Unternehmensinformationen und Informationsprozesse sowie durch die damit in Verbindung stehenden verantwortlichen Personen zur Verfügung gestellten Informationen (zum Beispiel über bestehende Wertschöpfungsprozesse, Unternehmensabläufe, vergangene und geplante Einzahlungs- und Auszahlungsströme, beabsichtigte zukünftige Unternehmensausrichtung) auswerten können. Das mit dem Informationsrecht verbundene Ziel, ist die Bewertung des Zielunternehmens gegenüber den (Vertrags-)Partnern im Zuge der Kaufpreisfindung und der Bewertung des eingesetzten Eigenkapitals als Geschäftsanteil, so gering wie möglich auszuweisen, um im Ergebnis die Rendite zu erhöhen.

5.2.3 Aus Sicht der Interessengruppen der Beteiligungsgesellschaften

5.2.3.1 Gesellschafter

Die Einflussnahme der Private-Equity-Gesellschaften wirkt sich unterschiedlich auf die Interessengruppe der (geschäftsführenden) Mehrheits- und (nicht-geschäftsführenden) Minderheitsgesellschafter aus, da ihnen untereinander eine nicht gleich verteilte Verantwortung und Kompetenz mit Bezug auf die Steuerungs- und Kontrollprozesse im Unternehmen zu Teil wird.[404] Die Entscheidung, Absichtserklärungen oder Vorverträge auszugestalten und abzuschließen, obliegt grundsätzlich den im Gesellschaftsvertrag dazu bestimmten Unternehmensorganen.[405] Je nach gesellschaftsvertraglicher Vereinbarung in Bezug auf eine Unternehmens-

schaften es sich handelt, welche Größe diese haben und auf welche Finanzierungsphase diese spezialisiert sind, zeigt sich u.a., dass ca. 40% der (unabhängigen) Private-Equity-Gesellschaften in Deutschland und ca. 72% in Großbritannien eine Mindestbruttorendite von über 28% fordern. Insgesamt übersteigen die erwarteten Mindestrenditen in Großbritannien diejenigen in Deutschland. Besonders hervor sticht die Tatsache, dass über 90% aller auf Early-Stage-Finanzierungen spezialisierten britischen Private-Equity-Gesellschaften Renditen von über 28% erwarten und Renditen unter 24% überhaupt nicht akzeptiert werden. Die in der Regel höheren Renditeerwartungen können u.a. auch auf die Beteiligungsform selbst zurückgeführt werden. Gegenüber der Beteiligungsform einer stillen Beteiligung werden in beiden Ländern Höchstrenditen überproportional häufig von Private-Equity-Gesellschaften mit einem hohen Anteil direkter Beteiligungen eingefordert. Vgl. KfW (2004), S. 45 ff.

[404] Da in dieser Phase noch kein Beteiligungsvertrag abgeschlossen ist, sind die Private-Equity-Gesellschaften selbst keine Gesellschafter der Beteiligungsunternehmen.

[405] Reimer/Momsen/Quauke zeigen, dass vor allem Gründer bei der Auswahl von Investoren (z.B. Private-Equity-Gesellschaften) besonderen Wert auf die Unterstützung durch den Investoren, die Prozessgeschwin-

beteiligung durch Dritte sind die geschäftsführenden Mehrheitsgesellschafter dazu befugt, dies allein zu entscheiden und betreffende Absichtserklärungen oder Vorverträge auszugestalten und abzuschließen oder es ist eine Entscheidung zusammen mit den Minderheitsgesellschaftern in den entsprechenden Gesellschaftsgremien herbeizuführen. Dies betrifft für die GmbH die Gesellschafterversammlung und für die Private Company das Board of Directors, wobei markante länderspezifische Unterschiede in Bezug auf die Entscheidungsfindung unter den Gesellschaftergruppen nicht existieren.[406] Zusätzlich besteht im Einzelfall im Zuge der Entscheidungsfindung die Notwendigkeit, etwaige Aufsichtsgremien, wie etwa den (fakultative) Aufsichtsrat/Beirat in der GmbH oder arbeitnehmerorganisierte Institutionen in Deutschland und Großbritannien (zum Beispiel Betriebsräte/Shop Stewards) einzubeziehen, wobei in diesen Fällen neben der Unternehmensgröße, -branche sowie den geltenden Tarifvereinbarungen, unter anderem auch die Beteiligungshöhe und -absicht maßgeblich sind. Damit zeigen sich im Zweiländervergleich weniger Unterschiede zwischen Deutschland und Großbritannien, sondern vielmehr von Beteiligungsunternehmen zu Beteiligungsunternehmen.

Informationsrisiken zeigen sich generell in der Unsicherheit bezüglich der Qualität der Informationen über die zukünftigen Gesellschafter (Private-Equity-Gesellschaften). Dies betrifft insbesondere die Qualifikation und die Fähigkeiten als auch die verfolgte Beteiligungsstrategie, das heißt die tatsächliche Intention, wie die Beteiligungsgesellschaft in Zukunft operativ und strategisch ausgerichtet werden soll. Weiterhin besteht einerseits das Problem, dass die Private-Equity-Gesellschaften im Rahmen der Unternehmensprüfung und -bewertung Zugriff auf die Informationsprozesse, inklusive der Prozessbeteiligten haben und andererseits, dass noch kein endgültiger Beteiligungsvertrag abgeschlossen ist und damit die Gefahr der frühzeitigen Beendigung der Beziehung gegeben ist. Die genannten Informationsrisiken lassen sich aus Sicht aller Gesellschaftergruppen grundsätzlich durch die **Klauseln**, die einen **konkreten Zeitplan** bis zum zukünftigen Abschluss des Beteiligungsvertrages vorsehen, reduzieren. Dies begründet sich dadurch, dass eine Festlegung von fixen Erfüllungszeitpunkten durch

---

digkeit und die persönliche Beziehung legen. Kriterien wie z.B. Vertragskonditionen werden zumeist überschätzt. Vgl. Reimer/Momsen/Quauke (2011), S. 687.

[406] Im Unterschied zum General Meeting, innerhalb dessen die einzelnen Gesellschafter Gesellschaftsbeschlüsse befassen (z.B. Ernennung/Abberufung der Mitglieder im Board of Directors), ist das Board of Directors für das operative Tagesgeschäft sowie die damit einhergehenden Entscheidungen zuständig. Demzufolge ist das Board im Rahmen satzungsmäßiger Kompetenzverteilung, das ausschließliche und nicht weisungsgebundene Leitungsorgan, dem die Unternehmensführung, die gerichtliche und außergerichtliche Vertretung der Gesellschaft obliegt (vgl. auch Kap. 4.4.3 ff.).

eine oder beide (Vertrags-)Seiten erfolgt. Auf diese Weise sind die (geschäftsführenden) Gesellschafter in der Lage, zu bestimmten festgelegten Zeitpunkten Informationen von den Private-Equity-Gesellschaften zu verlangen. Des Weiteren tragen die **Klauseln zur Unternehmensprüfung und -bewertung** aus Perspektive der Gesellschafter dazu bei, die Informationsrisiken zu senken, indem diese den Umfang in dem die Private-Equity-Gesellschaften auf die Informationsprozesse zugreifen können, im Vorfeld bestimmen und sichern. Informationsrisiken lassen sich ferner durch **Exklusivitätsklauseln** reduzieren, da diese die Gesellschafter vor der Weitergabe von Informationen schützen.[407] Nichtsdestotrotz erhöht sich durch das Exklusivitätsrecht das Finanzierungsrisiko für die Gesellschafter, wenn in der Folge die Vertragsverhandlungen abgebrochen werden und die Gesellschafter in dem Zeitraum zuvor keine Finanzierungsbeziehung zu Dritten aufbauen durften.[408] Das Informationsproblem hinsichtlich der Qualifikation und der Fähigkeiten der zukünftigen Gesellschafter wird nicht durch einzelne Klauseln abgebaut, sondern vielmehr durch die vor-vertragliche Gestaltung und Zusammenarbeit zwischen den Entscheidungsträgern selbst.[409]

Delegationsrisiken drücken sich aus Sicht der Gesellschafter innerhalb der Vor-Vertragsphase durch die Gefahr aus, dass die Private-Equity-Gesellschaften mit weiteren Entscheidungsträgern von potenziellen Beteiligungsunternehmen in Verbindung stehen und laufende Verhandlungen möglicherweise abgebrochen werden.[410] Auch in diesem Fall besteht ein starker Bezug zu den **Betroffenheitsrisiken**, die unter den einzelnen Gesellschaftergruppen verschieden ausfallen, in Verbindung mit der mangelnden Kontrolle sowie unsicheren Haftungsansprüchen. Hinsichtlich der mangelnden Kontrolle ist danach zu differenzieren, um welche Gruppe von Gesellschaftern es sich handelt. Geschäftsführende Mehrheitsgesellschafter werden angesichts des Kontaktes mit den Private-Equity-Gesellschaften per se in der besseren

---

[407] Bzgl. des Informationsaustausches besteht generell das Dilemma, dass die Gesellschafter auf der einen Seite ein Interesse haben, bestimmte relevante Informationen offen zu legen, da die Private-Equity-Gesellschaften ansonsten keine angemessene Beurteilung vornehmen können und u.U. Risikoabschläge berücksichtigen oder das Beteiligungsinteresse gänzlich verlieren. Andererseits existieren Moral-Hazard-Risiken für den Fall, dass die Private-Equity-Gesellschaften nach der Offenlegung der Informationen die Verhandlungen abbrechen. Vgl. Simon (2010), S. 168.

[408] Vgl. Simon (2010), S. 175.

[409] Angesichts der Geschäftsführungskompetenz sowie des unmittelbaren Kontaktes zu den Private-Equity-Gesellschaften wird es den geschäftsführenden Mehrheitsgesellschaftern im Einzelfall besser gelingen, die Informationsasymmetrien abzubauen, als den nicht-geschäftsführenden Minderheitsgesellschaftern.

[410] Diese Risiken lassen sich durch die vor-vertraglichen Instrumentarien nicht reduzieren, sondern bei Abschluss von Vorverträgen durch deren Rechtsverbindlichkeit lediglich von Anfang an auf einem weitaus niedrigeren Niveau halten als es bei Abschluss von Absichtserklärungen (LOI, MoU und Term Sheet) der Fall wäre.

Lage sein, Kontrolle auszuüben, als es die nicht-geschäftsführenden Minderheitsgesellschafter sind, insofern zeigt sich hier eine Asymmetrie zwischen/unter den Gesellschaftergruppen.[411] Gegensätzlich stellt sich der Fall mit Hinblick auf die Haftungsansprüche dar, wobei zwischen der Geschäftsführer-Haftung und der Gesellschafter-Haftung differenziert werden muss.[412] Aufgrund ihres weitreichenden Wirkungs-/Verantwortungsbereichs ist den geschäftsführenden Mehrheitsgesellschaftern grundsätzlich ein entsprechend höheres Haftungsrisiko zu unterstellen, während die Haftung der nicht-geschäftsführenden Minderheitsgesellschafter auf die jeweilige Gesellschaftereinlage beschränkt ist. Bedeutende Unterschiede bestehen in diesem Fall weniger zwischen Deutschland und Großbritannien, sondern zwischen den einzelnen Haftungstatbeständen selbst. Betroffenheitsrisiken sind aus Perspektive der Gesellschafter einerseits durch **Haftungsausschlussklauseln** und andererseits durch **Ausstiegsklauseln** zu reduzieren. Zu beachten ist, dass die Haftung höchstens auf einer (Vertrags-)Seite, das heißt entweder auf der Seite der zukünftigen Gesellschafter (Private-Equity-Gesellschaften) oder auf der Seite der jetzigen Gesellschafter gesenkt wird, was zu einem asymmetrischen Abbau der Betroffenheitsrisiken führt. Die Ausstiegsklauseln verringern die Betroffenheitsrisiken dahingehend, dass die Gesellschafter die Option erhalten, im Einzelfall aus den Vertragsverhandlungen auszuscheiden sowie von bereits abgeschlossenen Absichtserklärungen oder Vorverträgen zurückzutreten.[413] Das Risiko, dass ein endgültiger Beteiligungsvertrag noch nicht abgeschlossen ist und der Kontakt, die Verhandlungen sowie die bereits unterzeichneten Vorverträge oder Absichtserklärungen frühzeitig abgebrochen werden, wird aus Sicht der Gesellschafter unterschiedlich bewertet. Insofern werden Gesellschafter, die eine Beteiligung herbeiführen (wollen), diesem Risiko grundsätzlich stärker ausgesetzt sein, als Gesellschafter, die eine Private-Equity-Beteiligung für nicht notwendig erachten. Generell lässt sich diese Art von Betroffenheitsrisiken durch die Vereinbarung von **Exklusivitätsklauseln** reduzieren, da die Private-Equity-Gesellschaften dann für einen bestimmten Zeitraum dazu verpflichtet werden, keine alternativen Verhandlungen mit anderen Eigenkapital suchenden Unternehmen zu

[411] Gerade Minderheitsgesellschafter müssen darauf achten, dass nicht durch neue Beschlüsse Unternehmensziele, auch in Bezug auf die Investitionspolitik, verändert werden. Vgl. Gabbert (2000), S. 12; Weller (2012), S. 392.

[412] Vgl. Kap. 4.4.3.1 und 4.4.3.2.

[413] Da von einer unterschiedlichen Interessenlage, das vor-vertragliche Beziehungsgeflecht entweder lange durch MOI, MoU oder Term Sheet unverbindlich zu halten oder eine rechtlich verbindliche Situation durch den Abschluss von Vorverträgen schaffen zu wollen, auszugehen ist, sind die Betroffenheitsrisiken bei Abschluss von Vorverträgen geringer als bei Abschluss von Absichtserklärungen. Dies begründet sich dadurch, dass die Wahrscheinlichkeit von Abweichungen bei Vorverträgen aufgrund der Tatsache, dass bereits alle wesentlichen Bestandteile des späteren Beteiligungsvertrages enthalten sind, geringer ist.

führen oder diesbezügliche Kontrakte einzugehen.[414] Des Weiteren bestehen Betroffenheitsrisiken auch in Abhängigkeit zur zukünftigen Übertragung des Gesellschaftsanteils an die Private-Equity-Gesellschaften. Insbesondere aus Sicht der verbleibenden Minderheitsgesellschafter kann im Fall einer Ausgabe neuer Gesellschaftsanteile (mit Kapitalerhöhung) aufgrund der Anteilsverwässerung Betroffenheit ausgelöst werden, da die Beteiligungsquote sinkt (anteilsmäßige Verwässerung) und zusätzlich die Gefahr besteht, die bisherigen Minderheitsrechte und womöglich sogar die Sperrminorität zu verlieren.[415]

Unmittelbaren Einfluss auf die (erwartete) **Rendite**, insbesondere die Rendite-Komponente der erwarteten Cash Flows aller Gesellschaftergruppen, nehmen die mit den **Klauseln über die Prüfung und Bewertung** einhergehenden Informationsrechte der Private-Equity-Gesellschaften im Rahmen der Potenzialprüfung und den Vertragsverhandlungen.[416] Eine Erhöhung der Rendite der Gesellschafter sowie eine vorhergehende höhere Bewertung (Überbewertung) des Gesellschaftsanteils durch die Private-Equity-Gesellschaften ist unter Umständen durch den Umfang der Informationsrechte zu erreichen, indem die Gesellschafter in der Ausgestaltung dieses Rechts durchsetzen, dass die Private-Equity-Gesellschaften lediglich bestimmte Informationen erhalten, ausgesuchte Informationskanäle und -prozesse nutzen und der Abruf von Informationen begrenzt ist, sowohl in der Quantität als auch bezüglich der Qualität an Informationen.

5.2.3.2 Zukünftig ausscheidende Gesellschafter

Als zukünftig ausscheidende Gesellschafter werden in der Vor-Vertragsphase Gesellschafter bezeichnet, die im Fall einer Beteiligung durch die Private-Equity-Gesellschaften mit Abschluss des Beteiligungsvertrages aus den Beteiligungsgesellschaften ausscheiden, in der jetzigen Anbahnungsphase jedoch noch als Gesellschafter fungieren.[417] Die Anteilsübertragung an die Private-Equity-Gesellschaften geht grundsätzlich ohne oder mit einer Kapitalerhöhung einher, wobei im letzteren Fall zusätzlich zu dem Anteil der zukünftig ausscheidenden Gesell-

[414] Aus Sicht der Gesellschafter sollte im Fall, dass kurzfristig hoher Finanzierungsbedarf besteht, ein kurzer Exklusivitätszeitraum gewählt werden. Vgl. Brehm (2012), S. 24.

[415] Letztere Gefahr besteht vor allem aus Sicht von Minderheitsgesellschaftern die lediglich 25 Prozent plus einen Anteil an der Gesellschaft halten.

[416] Die Rendite-Komponente des eingesetzten Eigenkapitals steht unabhängig von der zukünftigen Beteiligung bereits fest. Die Rendite-Komponente des erwarteten Liquidationserlöses/Endwerts, d.h. der Unternehmensanteilsverkauf, ist nicht durch die Beteiligung begründet.

[417] Damit besitzt diese Interessengruppe in der Vor-Vertragsphase weiterhin in voller Höhe ihre Gesellschafterrechte und verliert diese erst mit Inkrafttreten des Beteiligungsvertrags.

schafter neue Gesellschaftsanteile an die hinzutretenden/zukünftigen Gesellschafter ausgegeben werden.[418] Entgegen der Gesellschafter-Perspektive wird diese Interessengruppe vielmehr das Ziel verfolgen, den Wert ihrer Anteile zu maximieren. Nichtsdestotrotz ist anzunehmen, dass die vor-vertragliche Gestaltung sowie die Gestaltung des späteren Beteiligungsvertrages auch für diese Gesellschaftergruppe von Bedeutung ist, da die Übertragung ihrer Anteile eng damit verbunden ist. Auf Grundlage der vor-vertraglichen Vereinbarungen erhalten die Private-Equity-Gesellschaften das Recht, Einfluss auf die Corporate Governance auszuüben, indem diese insbesondere auf die Kontroll- und Informationsprozesse innerhalb der Unternehmen zugreifen können. Inwiefern sich der Einfluss auf die zukünftig ausscheidenden Gesellschafter auswirkt, ist davon abhängig, ob diese Gesellschafter bis zum tatsächlichen Austritt geschäftsführend, und damit in den Entscheidungs- und Handlungsprozess eingebunden sind oder nicht. Informations-, Delegations- und Betroffenheitsrisiken bestehen demnach in Abhängigkeit von ihrer gegenwärtigen Geschäftsführungskompetenz sowie von ihrem gesellschaftsrechtlichen Verantwortungs- und Haftungsbereichs vorwiegend gegenüber den Private-Equity-Gesellschaften.

Informationsrisiken bestehen weniger in dem Informationsproblem hinsichtlich der Qualifikation, den Fähigkeiten sowie der verfolgten Beteiligungsabsicht der zukünftigen Gesellschafter, sondern vielmehr bezüglich des Zugriffs auf die Informationen und Prozesse im Rahmen der Unternehmensprüfung und -bewertung. Ferner besteht das Problem darin, dass bis zu diesem Zeitpunkt noch kein Beteiligungsvertrag abgeschlossen ist und damit die Gefahr existiert, dass durch eine Beendigung der vor-vertraglichen Beziehung kein Anteilskauf/ -verkauf zustande kommt. In Anbetracht der Tatsache, dass es sich bei den zukünftig ausscheidenden Gesellschafter um gegenwärtige Gesellschafter handelt, wird bezüglich der Reduzierung der Informationsrisiken durch die Klauseln der vor-vertraglichen Instrumentarien sowie hinsichtlich der unterschiedlichen Bewertung zwischen den einzelnen Gesellschaftergruppen auf die Gesellschafter-Perspektive (siehe Kapitel 5.2.3.1) verwiesen.

[418] Zu beachten ist, dass es sich bei dem Vertrag über den Anteilsverkauf und dem späteren Beteiligungsvertrag um zwei voneinander getrennte Verträge handelt. Dabei können die zukünftig ausscheidenden Gesellschafter ihre Anteile direkt an die Private-Equity-Gesellschaften verkaufen oder zunächst an die zukünftig verbleibenden Gesellschafter, die dann wiederum an die Private-Equity-Gesellschaften verkaufen. Diesbezügliche Regelungen können im Gesellschaftsvertrag festgehalten werden.

Sowohl die **Delegationsrisiken** als auch die **Betroffenheitsrisiken** unterscheiden sich aus Sicht dieser Interessengruppe während der Vor-Vertragsphase nicht von denen der geschäftsführenden Mehrheitsgesellschafter oder der nicht-geschäftsführenden Minderheitsgesellschafter.[419] Erst der Umstand, dass die zukünftig ausscheidenden Gesellschafter nach Inkrafttreten des Beteiligungsvertrags aus dem Unternehmen ausscheiden, verstärken die Betroffenheitsasymmetrien zu den Private-Equity-Gesellschaften und den verbleibenden Gesellschaftern, zum Beispiel durch die mangelnde Kontrolle aufgrund ihrer eingeschränkten Rechte (zum Beispiel Auskunfts- und Einsichtsrechte) sowie durch unsichere Haftungsansprüche.

Die (erwartete) **Rendite** der zukünftig ausscheidenden Gesellschafter, insbesondere die Rendite-Komponente des Liquidationserlöses/Endwertes, wird mit den **Klauseln zur Prüfung und Bewertung** einhergehenden Informationsrechten dahingehend beeinflusst, dass die Private-Equity-Gesellschaften im Zuge der Due Diligence das Recht erhalten, eine für ihre Maßstäbe entsprechende Beurteilungsgrundlage für die Kaufpreishöhe des Gesellschaftsanteils zu ermitteln.[420] Analog zur Gesellschafter-Perspektive kann die Rendite durch eine höhere Bewertung (Überbewertung) des Gesellschaftsanteils durch die Private-Equity-Gesellschaften erreicht werden, indem der Umfang der Informationsrechte entsprechend festgelegt wird und zwar mit dem Ziel, dass die Private-Equity-Gesellschaften nur vorab definierte Informationen erhalten, ausgewählte Informationskanäle und -prozesse nutzen und der Abruf von Informationen begrenzt ist (Informationsquantität und -qualität).

5.2.3.3 Top-Management

Bei der Interessengruppe des Top-Managements zeigen sich länderspezifische Unterschiede dahingehend, dass der Geschäftsführer in der GmbH entgegen dem Executive (Managing) Director in der Private Company (ohne Gesellschafterposition) dem Weisungsrecht der Gesellschafter unterworfen ist. Damit steht dem geschäftsführenden Organ in Großbritannien im

[419] Insofern finden diesbezüglich auch die entsprechenden Vertragsklauseln zum Haftungsausschluss sowie Klauseln, die eine Option auf einen Ausstieg aus den Vertragsverhandlungen und aus den dazugehörigen Verträgen zulassen, Anwendung. Auch in diesem Fall ist die Wahrscheinlichkeit einer Änderung der erwarteten Rendite bei Abschluss eines Vorvertrags in Anbetracht der Rechtsverbindlichkeit als niedriger einzustufen als bei Abschluss der Absichtserklärungen.

[420] Die Rendite-Komponente des eingesetzten Eigenkapitals (Anschaffungskosten) steht unabhängig von der zukünftigen Beteiligung bereits fest. Die Rendite-Komponente der erwarteten Cash Flows betrifft höchstens die ggf. noch ausstehenden, d.h. bis zum Ausschluss aus der Gesellschaft zufließenden, zukünftigen Zahlungsströme. Je nach Gesellschaftsvertrag kann ein Vorkaufsrecht bei den verbleibenden Gesellschaftern liegen oder ein direkter Verkauf an die Private-Equity-Gesellschaften möglich sein.

Rahmen der vor-vertraglichen Gestaltung ein weitaus größerer rechtlicher Entscheidungsspielraum (Kompetenzhorizont) zu, wobei zu beachten ist, dass auch in Großbritannien die gesellschaftsrechtliche Entscheidung für eine Unternehmensbeteiligung durch Dritte allein auf der Seite der Gesellschafter liegt. Informations-, Delegations- und Betroffenheitsrisiken existieren während der Vor-Vertragsphase aus der Perspektive des Top-Managements als Entscheidungsträger vorwiegend gegenüber den Private-Equity-Gesellschaften.[421]

Informationsrisiken zeigen sich hauptsächlich im Problem der Unsicherheit über die Beteiligungsabsicht sowie der Qualifikation und der Fähigkeiten der zukünftigen Gesellschafter. Diesbezüglich gelten weitestgehend die Ausführungen zu den vor-vertraglichen Instrumentarien aus Gesellschafter-Perspektive, mit dem Unterschied, dass aus Sicht des Top-Managements sowohl die Gefahr einer frühzeitigen Beendigung des vor-vertraglichen Beziehungsgeflechts als auch die Beteiligungsintention, aufgrund der ökonomischen Zielsetzung (Erhöhung Einkommenzahlungsstrom), abweichend bewertet wird. Hierbei lassen sich grundsätzlich zwei Situationen unterscheiden. Im Vergleich zwischen dem Top-Management und den Gesellschaftern, erhält das Top-Management in der Regel auch ohne Zustandekommen einer Beteiligung zukünftig Einkommenszahlungen. Wird mit Hinsicht auf die genannte Bewertung zwischen dem Top-Management selbst differenziert, so ist das Top-Management, dass eine Beteiligung herbeiführt (herbeiführen will), dem Risiko der frühzeitigen Beendigung generell stärker ausgesetzt, als ein Top-Management, dass eine Unternehmensbeteiligung durch die Private-Equity-Gesellschaften für nicht notwendig erachtet (siehe Gesellschafter-Perspektive).

Delegations- und Betroffenheitsrisiken bestehen während der Vor-Vertragsphase dann, wenn das Top-Management an den Verhandlungen teilnimmt und Absichtserklärungen/Vorverträge mit den Private-Equity-Gesellschaften ausgestaltet und abschließt. Im Gegensatz zur Gesellschafter-Perspektive ist aus Sicht des Top-Managements jedoch die Gefahr, dass weitere alternative Verhandlungspartner existieren und laufende Verhandlungen womöglich abgebrochen werden, angesichts der ökonomischen Zielsetzung eher geringer, da die Erhöhung oder zumindest Sicherung des Einkommenzahlungsstroms nicht unmittelbar mit einer zukünftigen Private-Equity-Beteiligung zusammen hängen muss und diese gegebenenfalls nur

[421] Siehe hierzu die getroffenen Annahmen unter Kap. 5.1.5 (Tabelle 16) zu den unterschiedlichen Analyseperspektiven.

mittelbar negative, das bedeutet der Zielsetzung entgegenlaufende Auswirkungen hat.[422] Die Risiken zeichnen sich aus Sicht des Top-Managements angesichts der Teilnahme am Entscheidungs- und Handlungsprozess weniger durch den Kontrollmangel, sondern mehr durch die unsicheren Haftungsansprüche aus. Generell wird mit Hinsicht auf die Reduzierung der Betroffenheitsrisiken durch die **Haftungsausschluss-** und **Ausstiegsklauseln** auf die Gesellschafter-Perspektive verwiesen, wobei jedoch ein Unterschied zu den Gesellschaftern dahingehend besteht, dass für das Top-Management zum Beispiel die Möglichkeit besteht, durch den Abschluss von Directors-and-Officers-Versicherungen Haftungsrisiken (Geschäftsführer-Haftung) in/für bestimmte(n) Fälle(n) abzubauen.

Die (erwartete) **Rendite** des Top-Managements, insbesondere die laufenden Cash Flows (unter anderem Gehaltseinzahlungen) und der Endwert (unter anderem Erlöse aus Abfindungsansprüchen), wird durch die mit den **Klauseln zur Unternehmensprüfung und -bewertung** einhergehenden Informationsrechte der Private-Equity-Gesellschaften beeinflusst.[423] Dies ist dadurch möglich, dass die Private-Equity-Gesellschaften im Zuge der Due Diligence das Recht erhalten, die Höhe des zukünftigen Eigenkapitalanteils zu ermitteln, wozu diese auf die internen Unternehmensinformationen und Informationsprozesse sowie die damit in Verbindung stehenden verantwortlichen Personen zugreifen. Die das Top-Management betreffenden Informationen beziehen sich in erster Linie auf den zukünftigen personellen Einsatz von geschäftsführenden Organen innerhalb der Beteiligungsunternehmen. Dies betrifft vor allem die Frage nach der Notwendigkeit künftiger Stellenfunktionen, das heißt ob derartige Positionen erweitertet und ausgebaut oder gekürzt werden, was auch mit potenziellen Abfindungsansprüchen durch die betroffenen Personen einhergeht. Jede dieser auf den Ergebnissen der Unternehmensprüfung und -bewertung beruhenden Maßnahmen führt zu einer potenziellen Veränderung der individuellen Vertragsstruktur und Arbeitszeit aus Sicht des Top-Managements, was eine Veränderung der erwarteten Cash Flow-Größe erzeugt. Diese Maßnahmen können auch eine denkbare zukünftige Beteiligung des Top-Managements am Unternehmenserfolg herbeiführen, die eine über dem fixen Gehalt hinaus liegende variable Gehaltskomponente

[422] Diese Risiken lassen sich durch die vor-vertraglichen Instrumentarien nicht reduzieren, sondern bei Abschluss von Vorverträgen durch deren Rechtsverbindlichkeit lediglich von Anfang an auf einem weitaus niedrigeren Niveau halten als es bei Abschluss von Absichtserklärungen (LOI, MoU und Term Sheet) der Fall wäre.

[423] Die Rendite-Komponente der Anschaffungskosten (Werbungskosten + Auszahlungen aufgrund Auflösung früherer Verträge) bleibt in diesem Fall unberücksichtigt.

(zum Beispiel Boni-Koppelungen oder Managementbeteiligungen) berücksichtigt. Die Rendite des Top-Managements kann durch eine höhere Bewertung (Überbewertung) des Gesellschaftsanteils durch die Private-Equity-Gesellschaften inklusive einer höheren Bewertung der Qualifikation und der Fähigkeiten des Top-Managements (Informationsqualität) erfolgen,[424] indem das Top-Management als Entscheidungsträger den Umfang der Informationsrechte determiniert, mit dem Ziel, dass die Private-Equity-Gesellschaften nur genau festgelegte Informationen erhalten, ausgesuchte Informationskanäle und -prozesse nutzen und der Abruf von Informationen begrenzt ist (siehe Gesellschafter-Perspektive).

5.2.3.4 Mitarbeiter

Der Integration von Mitarbeitern in die vor-vertragliche Gestaltung sind angesichts der fehlenden Geschäftsführungskompetenz/-befugnis und Entscheidungsgewalt (gesetzliche) Grenzen gesetzt. Dennoch sind die Mitarbeiter in der Lage, zumindest indirekt auf Unternehmensentscheidungen der Entscheidungsträger im Rahmen der Unternehmensmitbestimmung und der betrieblichen Mitbestimmung einzuwirken. Länderspezifische Unterschiede zeigen sich dahingehend, dass sich Mitarbeiter in Deutschland in den Aufsichtsgremien der GmbH (Aufsichtsrat/Beirat) – sofern diese eingerichtet sind – positionieren können, während dies für die Mitarbeiter in Großbritannien im Board of Directors der Private Company grundsätzlich nicht möglich ist. In beiden Ländern kann jedoch indirekt Einfluss durch die Wahrnehmung von Informations- und Mitbestimmungsrechten der Betriebsräte/Shop Stewards genommen werden, wobei in diesem Fall die Unternehmensgröße der jeweiligen Gesellschaft gesetzlich maßgeblich ist. Im Zuge der betrieblichen Mitbestimmung hat der Arbeitgeber in dem Fall, dass die zukünftige Beteiligung auch auf die Planung von Arbeitsplätzen abzielt, mit den Betriebsräten/Shop Stewards die beabsichtigten Maßnahmen sowie ihre Auswirkungen auf die Arbeitnehmer rechtzeitig zu beraten. Neben den personellen Angelegenheiten (Personalplanung; Mitbestimmung bei Kündigungen oder Mitteilung über beabsichtige Einstellung von leitenden Angestellten) erstrecken sich die Informations- und Mitbestimmungsrechte auch auf wirtschaftliche Angelegenheiten (zum Beispiel die Stilllegung oder Verlegung von Betrieben; die Änderung der Betriebsorganisation oder auch die Übernahme des Unternehmens) dahingehend, dass die Angaben über den potenziellen Erwerber und dessen Absichten im Hinblick

[424] Dies schließt aus Sicht des Top-Managements bspw. Gehaltskürzungen aus und/oder die Erhöhung der Arbeitsstunden. Positive Veränderungen sind durch Erhöhungen bei der Vergütung (z.B. durch die Mitarbeiterbeteiligung) möglich, solange diese den damit einhergehenden Anstieg der Arbeitsstunden kompensieren.

auf die künftige Geschäftstätigkeit des Unternehmens sowie die sich daraus ergebenden Konsequenzen auf Arbeitnehmerseite mitzuteilen sind. Dementsprechend existieren gerade hier Wege, auf die vor-vertragliche Gestaltung zumindest mittelbar Einfluss auszuüben, insbesondere dann, wenn eine zukünftige Mehrheitsbeteiligung zu strukturellen Veränderungen (besonders mit Bezug auf die Arbeitsplätze) führen soll. Informations-, Delegations- und Betroffenheitsrisiken bestehen während der Vor-Vertragsphase aus der Perspektive der Mitarbeiter vorwiegend gegenüber den Private-Equity-Gesellschaften und den Gesellschaftern/dem Top-Management als Arbeitgeber, was grundsätzlich vom Maß der Beteiligung der Mitarbeiter innerhalb des vor-vertraglichen Stadiums abhängt, das heißt ob die Mitarbeiter über die Entscheidungs- und Handlungsprozesse durch die Entscheidungsträger informiert werden oder nicht oder unter Umständen in die Prozesse eingebunden sind.

Die **Informationsrisiken** verdeutlichen sich hauptsächlich in der Unsicherheit über die Beteiligungsabsicht der zukünftigen Gesellschafter (Private-Equity-Gesellschaften) sowie die damit verbundene Gefahr, dass das unmittelbare Arbeitsumfeld negativ verändert wird, zum Beispiel durch Stellenkürzungen, -abbau. Hierbei ist danach zu unterscheiden, ob und in welchem Grad die Mitarbeiter selbst oder über die Betriebsräte/Shop Stewards in den Entscheidungs- und Handlungsprozess involviert sind. Für den Fall, dass die Mitarbeiter in die Prozesse integriert sind, gelten grundsätzlich die Ausführungen zu den Klauseln aus Gesellschafter- und Top-Management-Perspektive, mit dem Unterschied, dass die Informationsrisiken aus Sicht der Mitarbeiter als stärker angenommen werden können, da die Betriebsräte/Shop Stewards lediglich auf bestimmte, zum Teil gesetzlich kategorisierte Informations- und Mitbestimmungsrechte zurückgreifen müssen.[425] Sind dagegen nur die Gesellschafter oder das Top-Management als Arbeitgeber an der vor-vertraglichen Gestaltung beteiligt, verstärken sich die Informationsasymmetrien gegenüber diesen Interessengruppen angesichts fehlender Informationen bezüglich der Private-Equity-Beteiligung. Ein weiterer Unterschied zur Gesellschafter-Perspektive zeigt sich aus Sicht der Mitarbeiter in der Bewertung der Gefahr einer frühzeitigen Beendigung des vor-vertraglichen Beziehungsgeflechts aufgrund der ökonomischen Zielsetzung (Erhöhung Einkommenzahlungsstrom). Das Beenden der vor-vertraglichen Bezie-

[425] Im Vergleich zwischen Unternehmensmitbestimmung (direkte Besetzung in den Aufsichts-/Kontrollgremien) und betrieblicher Mitbestimmung (Betriebsrat) ist anzunehmen, dass die Einflussnahme im Rahmen der ersten Instanz stärker und damit das Informationsproblem grds. geringer ist.

hung wird nicht unmittelbar zu einer negativen Veränderung führen, da die Mitarbeiter als Lohngläubiger zunächst vor dem Ausfall des Zahlungsstroms gesetzlich geschützt sind.

Delegations- und Betroffenheitsrisiken bestehen während der Vor-Vertragsphase dann, wenn die Mitarbeiter an den Verhandlungen teilnehmen und Verträge mit den Private-Equity-Gesellschaften ausgestalten und abschließen. Da die Mitarbeiter mit den Private-Equity-Gesellschaften selbst keine Absichtserklärungen oder Vorverträge unterzeichnen, ist die damit verbundene Gefahr, dass weitere alternative Verhandlungspartner existieren und laufende Verhandlungen womöglich abgebrochen werden, kaum existent. Damit sind diese Risiken gegenüber den Private-Equity-Gesellschaften nur selten von Relevanz, verstärkt um die Tatsache, dass die Mitarbeiter ein anderes ökonomisches Ziel verfolgen, welches nicht unmittelbar mit einer zukünftigen Private-Equity-Beteiligung zusammen hängen muss und die Beteiligung grundsätzlich nur mittelbar negative Auswirkungen auf die Erreichung der ökonomischen Ziele hat. Nichtsdestotrotz sind mittelbar Delegationsrisiken in den Fällen zu konstatieren, in denen die Betriebsräte/Shop Stewards mit den Gesellschaftern als Arbeitgeber, als Resultat der Mitbestimmungerechte im Zuge von strukturellen Veränderungen des Arbeitsumfeldes, bestimmte Betriebsvereinbarungen in Bezug auf die beabsichtigte Private-Equity-Beteiligung abschließen. Im Unterschied zur Gesellschafter- und Top-Management-Perspektive sind die unsicheren Haftungsansprüche aufgrund der Tatsache, dass die Mitarbeiter selbst nicht Vertragspartner sind, kaum von Bedeutung. Dementsprechend spielen die vorvertraglichen Instrumentarien an dieser Stelle keine unmittelbar bedeutende Rolle. Vielmehr zeichnen sich Betroffenheitsrisiken verstärkt in der mangelnden Kontrolle ab, da die Mitarbeiter höchstens über die Betriebsräte/Shop Stewards in der Lage sind, die Private-Equity-Gesellschaften und Gesellschafter zu kontrollieren. Dabei besteht die Kontrolle lediglich aus einem bestimmten Maß an Informationen und vereinzelten gesetzlich manifestierten Mitbestimmungsregelungen und nicht durch die Ausübung von echten Kontrollrechten, wie es den Gesellschaftern zusteht.

Die (erwartete) **Rendite** der Mitarbeiter, speziell die laufenden Cash Flows (unter anderem Gehaltseinzahlungen), wird durch die mit den **Klauseln zur Unternehmensprüfung und Unternehmensbewertung** einhergehenden Informationsrechte der Private-Equity-

Gesellschaften indirekt beeinflusst.[426] Dies liegt darin begründet, dass die Private-Equity-Gesellschaften im Zuge der Due Diligence das Recht erhalten, die Höhe des Eigenkapitalanteils zu ermitteln, wozu diese auf die internen Unternehmensinformationen und Informationsprozesse zugreifen. Die die Mitarbeiter betreffenden Informationen beziehen sich hauptsächlich auf die beabsichtigten Änderungen bezüglich personeller und wirtschaftlicher Angelegenheiten sowie auf den zukünftigen personellen Einsatz. Jede dieser auf den Ergebnissen der Unternehmensprüfung beruhenden Maßnahmen kann zu einer Veränderung der gegenwärtigen Unternehmens- und Arbeitsstruktur im Allgemeinen sowie zu einer Veränderung individuellen Vertragsstruktur und Arbeitszeit jedes einzelnen Mitarbeiters im Speziellen führen, was demzufolge eine Veränderung der erwarteten Cash Flow-Größe erzeugt.[427] Die Rendite der Mitarbeiter kann durch eine höhere Bewertung (Überbewertung) des Gesellschaftsanteils durch die Private-Equity-Gesellschaften inklusive einer höheren Bewertung der Qualifikation und der Fähigkeiten der Mitarbeiter (Informationsqualität) erfolgen, indem die Mitarbeiter – vertreten durch die Betriebsräte/Shop Stewards im Rahmen der betrieblichen Mitbestimmung oder im Zuge der Unternehmensmitbestimmung in entsprechenden Aufsichtsgremien und auf Grundlage geltender gesetzlicher Mitbestimmungsrechte – den Umfang der Informationsrechte entsprechend (mit-) bestimmen, mit dem Ziel, dass die Private-Equity-Gesellschaften nur fest definierte Informationen erhalten, ausgewählte Informationskanäle und -prozesse nutzen und der Abruf von Informationen begrenzt ist (Informationsquantität/-qualität).

5.2.3.5 Fremdkapitalgeber

Da sich die bestehende Kreditbeziehung als Gläubiger-Schuldner-Beziehung auch auf die Kontroll- und Steuerungsprozesse der Kredit nehmenden Beteiligungsunternehmen auswirkt, besteht insofern eine Wechselbeziehung zu den Private-Equity-Gesellschaften, die sich in Zukunft an den Unternehmen beteiligen wollen und damit als Gesellschafter grundsätzlich die rechtliche Schuldnerposition eingehen.[428] Die Einflussnahme der Private-Equity-Gesellschaften auf die Corporate Governance der Beteiligungsgesellschaften wirkt sich auf

[426] Die Rendite-Komponente der Anschaffungskosten (Werbungskosten + Auszahlungen aufgrund Auflösung früherer Verträge) bleibt in diesem Fall unberücksichtigt.

[427] Analog zum Top-Management können diese Maßnahmen auch eine mögliche zukünftige Beteiligung der Mitarbeiter am Unternehmenserfolg herbeiführen, was eine über dem fixen Gehalt hinaus liegende variable Gehaltskomponente (z.B. Boni-Koppelungen; Mitarbeiterbeteiligung) berücksichtigt.

[428] In der Regel schließen die Fremdkapitalgeber mit der Gesellschaft selbst, d.h. der juristischen Person, Kreditverträge ab. Die Gesellschafter oder das Top-Management (Geschäftsführer) vertreten die Gesellschaft. Nichtsdestotrotz existieren Fälle, in denen die Gesellschafter oder das Top-Management Vertragspartei sind. Des Weiteren haften die Gesellschafter oftmals mit hinterlegten privaten Sicherheiten.

die Fremdkapitalgeber unterschiedlich aus, was in der Regel davon abhängt, ob diese in den vor-vertraglichen Entscheidungs- und Handlungsprozess eingebunden sind. Wie stark die Einbindung erfolgt, hängt wiederum von der Höhe des Fremdkapitalanteils und den aus dem Kreditvertrag resultierenden erweiterten, das heißt über die gesetzlichen Gläubigerrechte hinausgehenden Rechte ab, die sich zum Beispiel nach den verschiedenen Sicherungsinstrumenten, Negativ- und Positivklauseln (Covenants) oder sonstigen Verboten (Verfügungs-, Verpflichtungs- oder Belastungsverbote) richten. Länderspezifische Unterschiede zeichnen sich dahingehend ab, dass der Gläubigerschutz in Deutschland deutlich stärker gesetzlich verankert ist und in Großbritannien vielmehr der Gläubiger-Selbstschutz im Vordergrund steht. Informations-, Delegations- und Betroffenheitsrisiken existieren während der Vor-Vertragsphase aus der Perspektive der Fremdkapitalgeber vorwiegend gegenüber den Private-Equity-Gesellschaften sowie den Entscheidungsträgern der Beteiligungsunternehmen als Schuldner.

Informationsrisiken zeigen sich hauptsächlich in der Unsicherheit über die Beteiligungsabsicht der zukünftigen Gesellschafter (Private-Equity-Gesellschaften). Damit geht unmittelbar die Gefahr einher, dass die zukünftige Beteiligung negative Veränderungen, vor allem mit Bezug auf die Kapitalstruktur der Beteiligungsunternehmen mit sich bringen, was wiederum das Ausfall-/Kreditrisiko (Insolvenzeintritts- und -verlustrisiko) sowie das Investitions- und Verschuldungsanreizproblem für die Fremdkapitalgeber verstärkt und letztendlich die ökonomische Zielerreichung (Erhöhung der Zins- und Tilgungszahlungsströme oder die Reduzierung des mit dem Ausfall der Zahlungsströme verbundenen Risikos) gefährdet.[429] Negative Veränderungen sind beispielsweise dann gegeben, wenn mit dem Beginn der Beteiligungsbeziehung Finanzmittel des Unternehmens für alternative Investitions- und Finanzierungsprojekte genutzt werden, Liquidität aufgrund neu festgelegter Ausschüttungen an die Gesellschafter abfließt und die abgezielte Mittelverwendung unter Umständen nicht in den kreditvertraglichen Vereinbarungen bestimmt ist.[430] Des Weiteren führt der zur Stärkung der jetzigen Eigenkapitalbasis zusätzliche Anteil der Private-Equity-Gesellschaften dazu, dass die Fremdkapitalgeber unter Umständen ihre starke Stellung als Kreditgeber verlieren, da weitere Kapitalgeber (Private-Equity-Gesellschaften) ebenso ihre Rechte im Unternehmen durchset-

[429] Zum Investitions- und Verschuldungsanreizproblem siehe Bitz/Niehoff/Terstege (2001), S. 221 ff.
[430] Vgl. dazu auch Larisch (2002), S. 35.

zen wollen.[431] Analog zu den bereits genannten Perspektiven ist mit Hinblick auf die Informationsrisiken danach zu differenzieren, ob und in welchem Grad die Fremdkapitalgeber in den vor-vertraglichen Entscheidungs- und Handlungsprozess involviert sind. Für den Fall, dass sie an den Prozessen partizipieren, gelten weitestgehend die Ausführungen über die vorvertraglichen Instrumentarien zur Gesellschafter- und Top-Management-Perspektive. Da zwischen den Fremdkapitalgebern und den Entscheidungsträger der Beteiligungsgesellschaften eine Gläubiger-Schuldner-Beziehung besteht, lassen sich die Informationsrisiken durch die vor-vertraglichen Instrumentarien lediglich indirekt beeinflussen.[432]

Delegations- und Betroffenheitsrisiken bestehen während der Vor-Vertragsphase dann, wenn die in den Absichtserklärungen oder Vorverträgen vereinbarten Inhalte die Gläubiger-Schuldner-Beziehung tangieren. Da die Fremdkapitalgeber in der Regel mit den Private-Equity-Gesellschaften selbst keine derartigen Absichtserklärungen oder Vorverträge abschließen, ist die Gefahr, dass weitere alternative Verhandlungspartner existieren und laufende Verhandlungen womöglich abgebrochen werden, zunächst nicht von großer Bedeutung. Die Auswirkungen der vor-vertraglichen Instrumentarien sowie die zukünftige Beteiligung können gleichwohl die Zielerreichung gefährden, dennoch lassen sich die Risiken während dieser Phase nur reduzieren, wenn die Fremdkapitalgeber bereits von Anfang an in die Verhandlungs- und Vertragsgestaltungsprozesse einbezogen sind. Im Unterschied zur Gesellschafter- und Top-Management-Perspektive sind die unsicheren Haftungsansprüche aufgrund der Tatsache, dass die Fremdkapitalgeber selbst keine Absichtserklärungen oder Vorverträge unterzeichnen, wenig von Bedeutung. Vielmehr zeichnen sich Betroffenheitsrisiken verstärkt in der mangelnden Kontrolle ab, da die Fremdkapitalgeber höchstens aufgrund ihrer per Kreditvertrag vereinbarten Rechte in der Lage sind, die Private-Equity-Gesellschaften und Gesellschafter zu kontrollieren. Nichtsdestotrotz ist die (finanzielle) Betroffenheit für die Fremdkapitalgeber angesichts ihrer Gläubigerposition grundsätzlich begrenzt, da sie im Insolvenzfall der Beteiligungsunternehmen eine vorrangige Stellung einnehmen.

[431] Vgl. grds. Oehler/Schalkowski/Wendt (2013).

[432] In den Fällen, dass die Fremdkapitalgeber von dem vor-vertraglichen Stadium ausgeschlossen sind, verstärken sich die Informationsasymmetrien entsprechend gegenüber den Private-Equity-Gesellschaften und den Entscheidungsträgern als Schuldner.

Die (erwartete) **Rendite** der Fremdkapitalgeber, insbesondere die Cash Flows (Einzahlungen aus Zins- und Tilgung) sowie des Endwertes (Erlöse aus der frühzeitigen Kreditzurückzahlung und/oder aus Abschlusszahlungen), wird durch die mit der **Klausel zur Unternehmensprüfung und -bewertung** einhergehenden Informationsrechte der Private-Equity-Gesellschaften indirekt beeinflusst.[433] Dies begründet sich dadurch, dass die Private-Equity-Gesellschaften im Zuge der Due Diligence auch die zukünftig zusätzlich notwendigen Fremdkapitalanteile ermitteln werden. Zu differenzieren ist vor allem zwischen bestehenden Kreditverträgen und neuen Geschäftsmöglichkeiten, die sich aus dem Resultat der Due Diligence sowie der Unternehmensbeteiligung ergeben. In jeder Hinsicht jedoch, erhöht sich die Rendite in den Fällen, dass die auf den Ergebnissen der Unternehmensprüfung und -bewertung beruhenden Maßnahmen zu einer Neuaufnahme oder Erweiterung (im Falle einer tatsächlichen Beanspruchung) von Kreditlinien führt. Die (erwartete) Rendite wird gemindert, wenn Kreditlinien in Zukunft reduziert werden. Ziel der Fremdkapitalgeber wird es demnach sein, die Private-Equity-Gesellschaften und die Entscheidungsträger der Beteiligungsunternehmen sowohl im Rahmen der Due Diligence als auch im vor-vertraglichen Stadium insofern zu beeinflussen, dass die Ergebnisse aus der Potenzialprüfung sowie den Verhandlungen sich entsprechend positiv auf die Zielerreichung auswirken.

5.2.4 Konfligierende und harmonische Beziehungen zwischen den Interessengruppen

Nachstehend erfolgt im Kontext der Forschungsfrage, insbesondere für die Vor-Vertragsphase (Beteiligungsanbahnung), die Gesamtanalyse unter Einbezug der konfligierenden und harmonischen Beziehungen der Interessengruppen. Dabei wird an den entsprechenden Stellen auf länderspezifische Unterschiede hingewiesen. Da die Private-Equity-Gesellschaften in erster Linie mit den Entscheidungsträgern der Beteiligungsunternehmen (geschäftsführende Gesellschafter; Top-Management) Absichtserklärungen oder Vorverträge abschließen, werden in einem ersten Schritt diese Beziehungen analysiert. In einem zweiten Schritt werden die Beziehungen der weiteren Interessengruppen untersucht. Generell lassen sich die Beziehungen als konfligierend beschreiben, wenn die Verfolgung der ökonomischen Ziele durch eine Interessengruppe den Erreichungsgrad der ökonomischen Ziele der anderen Interessengruppe verringert. Harmonische Beziehungen bestehen dann, wenn durch die Verfolgung der ökonomi-

433 Die Rendite-Komponente der Anschaffungskosten (eingesetztes Fremdkapital) bleibt in diesem konkreten Fall unberücksichtigt.

schen Ziele der einen Interessengruppe die ökonomische Zielerreichung der anderen Interessengruppe im Einklang steht.

Die Tatsache, dass vor-vertragliche Verhandlungen (zum Beispiel Kontaktaufnahme; Führen von Gesprächen; Informationsaustausch) aufgenommen sind oder sogar Absichtserklärungen oder Vorverträge abgeschlossen sind, lässt auf harmonische Zielbeziehungen dahingehend schließen, dass die Beteiligung zwischen den **Private-Equity-Gesellschaften** und den **Entscheidungsträgern** zumindest gewollt ist.[434] Die Erreichung der ökonomischen Ziele durch die Private-Equity-Gesellschaften (Optimierung der Rendite-Risiko-Position) und die Entscheidungsträger (geschäftsführende Mehrheitsgesellschafter: Optimierung der Rendite-Risiko-Position; Top-Management: Erhöhung des Einkommenzahlungsstroms) wird zunächst durch die Informationsrisiken flankiert. Die mit dem Identifikationsproblem einhergehenden Risiken lassen sich durch die in den Absichtserklärungen oder Vorverträgen festgehaltenen **Exklusivitätsklauseln** minimieren, wobei die ökonomischen Ziele in diesem Fall konfligierend zueinander stehen, da beide Interessengruppen versuchen werden, diese Klauseln gegenüber der jeweils anderen Interessengruppe entsprechend streng und abschließend in ihrer Auslegung zu formulieren, das heißt sowohl die Länge des betreffenden Zeitraums als auch den inhaltlichen Umfang dessen, was die Exklusivität einschließt. Ebenso bei der Vereinbarung der **Klauseln**, die den **konkreten**, jedoch **unverbindlichen Zeitplan** bis zum zukünftigen Abschluss des Beteiligungsvertrags betreffen, lassen sich konfligierende Beziehungen hinsichtlich der festgelegten (Un-)Verbindlichkeit des Zeitplans beschreiben und zwar dahingehend, dass die fixen Zeitpunkte zwar die quantitative Informationserfüllung vorsehen, die Qualität der Erfüllung jedoch nicht determiniert ist und damit weiterhin Informationsasymmetrien vorliegen. Ferner bestehen bezüglich der **Klauseln zur Unternehmensprüfung und -bewertung** besonders hinsichtlich der Informationsquantität und -qualität über das Bewertungsobjekt (Gesellschaftsanteil), konfligierende Beziehungen, da die Private-Equity-Gesellschaften zur Durchsetzung ihrer Ziele versuchen werden, das vereinbarte Maß des Zugriffs auf die Steuerungs- und Kontrollprozesse auszureizen oder zu überschreiten und die Entscheidungsträger die Gewährleistung dieses Zugriffs versuchen werden zu begrenzen oder

[434] Als jetzige Entscheidungsträger kommt des Weiteren auch die Interessengruppe der zukünftig ausscheidenden Gesellschafter in Frage, die im Gegensatz zu den (zukünftig) verbleibenden Gesellschaftern andere ökonomische Ziele verfolgt. Zwar haben die Minderheitsgesellschafter die Geschäftsführung nicht inne, jedoch gelten die Vereinbarungen im Zuge des Abschlusses von Absichtserklärungen oder Vorverträgen auch für diese Interessengruppe.

zu unterbinden. In der Konsequenz zeigt sich das Wechselspiel der konfligierenden und harmonischen Beziehungen immer dann, wenn der Zugriff auf die (Informations-)Prozesse durch die Private-Equity-Gesellschaften oder das Gewähren von Informationen durch die Entscheidungsträger die diesbezüglich vereinbarte Maxime über- oder unterschreitet.[435]

Weiterhin wird die gegenseitige Erreichung der ökonomischen Ziele durch Delegationsrisiken flankiert, die jedoch auf beiden Seiten durch die vor-vertraglichen Instrumentarien nicht minimiert werden können, da diese selbst die eigentliche Grundlage zur Existenz dieser Risiken darstellen. Die Beziehungen werden darüber hinaus durch die Betroffenheitsrisiken beeinflusst, die im Zeitraum nach Abschluss von Absichtserklärungen oder Vorverträgen bis zum Abschluss des eigentlichen Beteiligungsvertrages bestehen. Hierbei zeigen sich konfligierende Beziehungen vor allem aufgrund der mangelnden Kontrolle über die andere Interessengruppe sowie die (unsicheren) Haftungsansprüche, die durch die gegenüberstehende Partei geltend gemacht werden. Dabei werden die konfligierenden Beziehungen durch die Vereinbarung von **Haftungsausschlussklauseln** in der Weise verstärkt, dass der Ausschluss von Haftungstatbeständen und -ansprüchen nicht zu gleichem Maße für beide Interessengruppen möglich ist und weiterhin Asymmetrien in den Haftungsfolgen, als Konsequenz der ungleichen Verteilung der Haftungsrisiken, existieren. Unterschiede stellen sich speziell auf der Seite der Entscheidungsträger heraus. Zwar können Haftungsausschlussklauseln vereinbart werden, die letztendlich die Haftungsrisiken zwischen den Interessengruppen umverteilen, jedoch ist das Haftungsausmaß zum Beispiel auf der Seite des Top-Managements begrenzt. Demgegenüber haften die geschäftsführenden Gesellschafter grundsätzlich auch mit ihrer Gesellschaftereinlage. Ferner ist es dem angestellten Top-Management möglich, sich gegen bestimmte Haftungsansprüche Dritter zu versichern (zum Beispiel Directors-and-Officers-Versicherung). Ein weiterer Unterschied zeigt sich unmittelbar mit dem ökonomischen Ziel des Top-Managements, welches bedingt, dass die (finanzielle) Betroffenheit im unmittelbaren Zusammenhang zum Finanzierungsanlass der Private-Equity-Beteiligung steht. Demzufolge ist eine stärkere Betroffenheit und Verstärkung der konfligierenden Beziehungen zu den Private-Equity-Gesellschaften dann anzunehmen, wenn der Grund für die Unternehmensbeteiligung sowie die mit der Beteiligung verbundenen Absichten, Auswirkungen und Handlungen durch

---

[435] Die getroffenen Aussagen begründen sich durch die unterstellte Maximierung des Eigennutzens sowie des opportunistischen Verhaltens von Wirtschaftssubjekten innerhalb einer Auftragsbeziehung (Prinzipal-Agenten-Beziehung). Vgl. dazu auch die Ausführungen in Kap. 4.3.2.

die Private-Equity-Gesellschaften und Gesellschafter zu einer Gefährdung der Zielerreichung führt, wie zum Beispiel die Reduzierung des Einkommenzahlungsstroms.[436] Überdies lassen sich aufgrund des Abschlusses von **Ausstiegsklauseln**, als Option zum Ausstieg aus den Vertragsverhandlungen sowie dem Rücktritt von bereits abgeschlossenen Absichtserklärungen oder Vorverträgen, sowohl konfligierende, als auch harmonische Beziehungen beschreiben, da die Ausübung der Option nicht in jedem Fall als Vorteil für die Interessengruppe gilt, die die Option letztendlich zieht.[437] Während konfligierende Beziehungen immer dann zu konstatieren sind, wenn die Optionsausübung bei der nicht optierenden Interessengruppe (finanzielle) Betroffenheit auslöst, bestehen harmonische Beziehungen zum Beispiel dann, wenn eine Interessengruppe die Option zieht und die andere Interessengruppe sowieso die Absicht verfolgt, ebenfalls die Verhandlungen abzubrechen oder von bereits abgeschlossenen Absichtserklärungen oder Vorverträgen zurücktreten zu wollen, da dies ohne größeren finanziellen Aufwand durchführbar ist.

In Bezug auf den Abschluss von **Klauseln zur Unternehmensprüfung und -bewertung** sowie der (erwarteten) Rendite führt auch die unterschiedliche (subjektive) Bewertung des zum Verkauf stehenden Gesellschaftsanteils zwischen den Private-Equity-Gesellschaften und den geschäftsführenden Gesellschaftern dazu, dass die Verfolgung des ökonomischen Ziels (Erhöhung der Rendite) den Erreichungsgrad des ökonomischen Ziels der anderen Interessengruppe (Erhöhung der Rendite) verringert und damit konfligierende Beziehungen existieren.[438] Dementsprechend wird die Käufer-Seite (Private-Equity-Gesellschaften) in der Regel nach niedrig bewerteten Vermögenswerten (Cash Flow generierenden Potenziale) des Unternehmens im Zuge der Due Diligence suchen, jedoch gegenüber den Verkäufern eine erhöhte Bewertung dieser Unternehmenswerte aufzeigen und in Verhandlung stellen, um letztendlich das eingesetzte Eigenkapital im Zuge der Kaufpreisfindung so gering wie möglich zu halten (Maximierung des quotalen Gesellschaftsanteils und Minimierung des Kaufpreises). Da sich die Bewertung durch die Private-Equity-Gesellschaften auch auf die zukünftige Rendite (zum

[436] Generell ist zu beachten, dass die gesellschaftsrechtliche Entscheidung für eine Unternehmensbeteiligung durch Dritte, allein auf der Seite der Gesellschafter liegt.

[437] Im Fall der Option, ist es für die Interessengruppe, die nicht die Option zieht, bspw. in dem Fall, dass diese ebenfalls die Verhandlungen abrechen oder von bereits abgeschlossenen Absichtserklärungen oder Vorverträgen zurücktreten wollen/wollten vorteilhaft, da dies ohne größeren finanziellen Aufwand durchführbar ist.

[438] Während die Private-Equity-Gesellschaften als potenzielle Anteilskäufer gegenüber den geschäftsführenden Mehrheitsgesellschaftern auftreten, sind die nicht-geschäftsführenden Minderheitsgesellschafter lediglich in der Lage, gegenüber den Mehrheitsgesellschaftern innerhalb der Gesellschaft durch die Wahrnehmung ihrer Rechte, Einfluss auszuüben und ihre Ziele durchzusetzen.

Beispiel die Höhe des Gehaltes) des Top-Managements auswirkt, wird dieses auch gegenüber der Käufer-Seite eine erhöhte Bewertung der Vermögenswerte sowie ihren eigenen Humankapitalwert darlegen, um nicht zuletzt die eigene personelle Position im Unternehmen zu stärken.[439]

Als weitere Interessengruppe stehen die **zukünftig ausscheidenden Gesellschafter** als Anteilsverkäufer den Private-Equity-Gesellschaften als potenzielle Anteilskäufer gegenüber. Im Gegensatz zu den weiteren Gesellschaftergruppen verfolgen die zukünftig ausscheidenden Gesellschafter zwar die Optimierung der Rendite-Risiko-Position, jedoch setzt sich die (erwartete) Rendite aus anderen Größen zusammen. Analog zur Beziehung zwischen den Private-Equity-Gesellschaften und den geschäftsführenden Gesellschaftern lässt die Situation, dass Verhandlungen bezüglich des Anteilskaufs/-verkaufs aufgenommen sind, zunächst grundsätzlich auf harmonische Beziehungen dahingehend schließen, dass eine zukünftige Anteilsübertragung zumindest gewollt ist. Mit Hinsicht darauf, dass eine beiderseitige Optimierung der Rendite-Risiko-Position in Form der Minimierung des Kaufpreises sowie der Maximierung des Verkaufspreises fokussiert wird, lassen sich dennoch konfligierende Beziehungen beschreiben. Die gegenseitige Erreichung der ökonomischen Ziele im Rahmen der Anteilskaufs- beziehungsweise Verkaufsprozesse wird analog zu den Beziehungen zwischen den Private-Equity-Gesellschaften und den Entscheidungsträgern durch die Informationsrisiken flankiert.[440]

Die Beziehungen werden darüber hinaus durch die Betroffenheitsrisiken beeinflusst. Im Gegensatz zu den Gesellschaftern, die nach Abschluss des Beteiligungsvertrages im Unternehmen bleiben, steht aus Sicht der zukünftig ausscheidenden Gesellschafter weniger die Ausgestaltung der Unternehmensbeteiligung, sondern vielmehr der Anteilsverkauf im Vordergrund. Die unmittelbare Betroffenheit ist vor allem von den Ergebnissen im Rahmen der Potenzialprüfung abhängig, da die Gefahr besteht, dass die Private-Equity-Gesellschaften von einer

[439] Die getroffenen Aussagen begründen sich durch die unterstellte Maximierung des Eigennutzens sowie des opportunistischen Verhaltens von Wirtschaftssubjekten innerhalb einer Auftragsbeziehung (Prinzipal-Agenten-Beziehung). Vgl. dazu auch die Ausführungen in Kap. 4.3.2.

[440] Da der Prozess und die damit verbundenen Verhandlungen um die Höhe des Kauf-/Verkaufspreises unmittelbar mit dem Prozess der Beteiligungsanbahnung, d.h. den vor-vertraglichen Verhandlungen und der Potenzialprüfung, verbunden sind, wird an dieser Stelle auf die bekannten Situationen innerhalb der Beziehung zwischen den Private-Equity-Gesellschaften und den oben genannten Entscheidungsträgern verwiesen. Bzgl. der Delegationsrisiken wird ebenfalls auf die bereits genannte Beziehung zwischen den Private-Equity-Gesellschaften und den geschäftsführenden Mehrheitsgesellschaftern/dem Top-Management verwiesen.

Beteiligung ganz absehen, die Bewertung des Unternehmensanteils von den Zielvorstellungen der Anteilskäufer abweicht und damit im Ergebnis der Anteilsverkauf gefährdet ist. Damit steht die (finanzielle) Betroffenheit im unmittelbaren Zusammenhang zum Finanzierungsanlass der Private-Equity-Beteiligung. Demzufolge ist eine stärkere Betroffenheit und Verstärkung der konfligierenden Beziehungen zu den Private-Equity-Gesellschaften dann anzunehmen, wenn der Grund für die Unternehmensbeteiligung die Erreichung des ökonomischen Ziels der zukünftig ausscheidenden Gesellschafter direkt gefährdet, zum Beispiel durch die Reduzierung der Erlöse aus dem Verkauf der Unternehmensanteile.

Hinsichtlich der unterschiedlichen Durchsetzung zur Erreichung der (erwarteten) Rendite durch die **Klauseln**, die die **Unternehmensprüfung und -bewertung** sowie die damit zusammenhängenden Informationsrechte für die potenziellen Anteilskäufer betreffen, lassen sich konfligierende Beziehungen beschreiben, die dann existent sind, wenn das Ausmaß des Zugriffs auf die Informationsprozesse innerhalb des Unternehmens (siehe Informationsrisiken) überschritten oder das vereinbarte Maß von den Entscheidungsträgern im Unternehmen nicht erfüllt beziehungsweise gewährleistet wird. Des Weiteren führt auch die unterschiedlich subjektive Bewertung des zum Verkauf stehenden Gesellschaftsanteils dazu, dass konfligierende Beziehungen existieren.[441]

In einem zweiten Schritt werden die Beziehungen der **weiteren Interessengruppen** untereinander analysiert. Zunächst stehen die ökonomischen Ziele der **geschäftsführenden Mehrheitsgesellschafter** und der **nicht-geschäftsführenden Minderheitsgesellschafter** in verschiedenen Beziehungen zueinander, wobei sich beide Interessengruppen vor allem hinsichtlich der Beteiligungsquote und der damit einhergehenden Eigentums-/Verfügungsrechte sowie der vertraglich vereinbarten Geschäftsführungskompetenz unterscheiden.[442] In Abhängigkeit zu den spezifischen Regelungen bezüglich einer Beteiligung im bisherigen Gesellschaftsvertrag, ist eine Entscheidung für eine Unternehmensbeteiligung Dritter grundsätzlich unter allen Gesellschaftern herbeizuführen. Während die Situation, dass Private-Equity-

[441] Wie bereits beschrieben, wird die Käufer-Seite (Private-Equity-Gesellschaften) in der Regel nach niedrig bewerteten Vermögenswerten (Cash Flow generierenden Potenziale) des Unternehmens im Zuge der Due Diligence suchen, jedoch gegenüber den (zukünftig) ausscheidenden Gesellschaftern eine erhöhte Bewertung dieser Unternehmenswerte aufzeigen.

[442] Der verstärkte Fokus auf den Konflikt zwischen Mehr- und Minderheitsgesellschafter wird auch von Weller gefordert, da Teile der ökonomischen Literatur und Jurisprudenz zumeist die Beziehung zwischen Eigentümer und Management betrachtet. Vgl. Weller (2012), S. 393 und die dort zitierte Literatur.

Gesellschaften und die Entscheidungsträger der Beteiligungsunternehmen innerhalb der Beteiligungsanbahnung Absichtserklärungen oder Vorverträge miteinander abschließen, grundsätzlich auf harmonische Beziehungen bezüglich des Entschlusses für eine Unternehmensbeteiligung schließen lässt, lassen sich zwischen den Mehr- und Minderheitsgesellschaftern dann konfligierende Beziehungen beschreiben, wenn die Minderheitsgesellschafter explizit keine (zukünftige) Beteiligung eingehen wollen, jedoch durch das Votum der Mehrheitsgesellschafter in der Gesellschafterversammlung überstimmt werden.[443] Somit sind die Beziehungen unmittelbar durch die mit der beabsichtigten Beteiligung einhergehenden Gestaltung und der Durchsetzung der vor-vertragliche Instrumentarien bedingt. Die gegenseitige Erreichung der ökonomischen Ziele im vor-vertraglichen Stadium durch die Mehr- und Minderheitsgesellschafter wird durch die Informationsrisiken flankiert und zwar einerseits durch das bereits genannte Identifikationsproblem sowie die Unsicherheit bezüglich der Qualifikation, Fähigkeiten der zukünftigen Gesellschafter (Private-Equity-Gesellschaften) und der verfolgten Beteiligungsstrategie und andererseits durch die Informationsrisiken zwischen den Gesellschaftergruppen selbst, ausgedrückt durch die Quantität und Qualität des Informationsaustausches untereinander. Das Informationsproblem verstärkt sich für die Minderheitsgesellschafter hinsichtlich der Qualifikation und der Fähigkeiten der Private-Equity-Gesellschaften in der Gestalt, dass dieses weniger durch die einzelnen Klauseln der vor-vertraglichen Instrumentarien abgebaut werden kann, sondern vielmehr durch die vor-vertragliche Gestaltung und Zusammenarbeit zwischen den geschäftsführenden Interessengruppen selbst, wovon die nicht-geschäftsführenden Minderheitsgesellschafter in der Regel (zum größten Teil) ausgeschlossen sind.[444]

Besonderheiten in den Beziehungen zeigen sich in den voneinander abweichenden Betroffenheitsrisiken. Hier erfolgt die Kontrolle durch die Minderheitsgesellschafter gegenüber den Mehrheitsgesellschaftern sowie gegenüber den Private-Equity-Gesellschaften, die im Rahmen der Unternehmensprüfung und -bewertung auf die Informationen und Informationsprozesse zugreifen, lediglich durch die Wahrnehmung von Minderheitsrechten in den Gesellschafter- oder Kontrollgremien. Zwar unterscheiden sich die beiden Gesellschaftergruppen bei der

[443] Das Konfliktpotenzial besteht hauptsächlich in der Gefahr, dass die Anteilsquote der Minderheitsgesellschafter angesichts der Verschiebung der Eigentümerstruktur sowie einer möglichen Kapitalerhöhung sinkt (Verwässerung).

[444] Insofern wird es den geschäftsführenden Mehrheitsgesellschaftern im Einzelfall besser gelingen, Informationsasymmetrien abzubauen, als die Minderheitsgesellschafter.

Kontrolle oder Durchsetzung ihrer ökonomischen Ziele, jedoch lässt diese Asymmetrie noch nicht drauf schließen, ob die diesbezüglichen Ziele konfligierend oder harmonisch zueinander stehen. Ferner tragen die Mehrheitsgesellschafter gegenüber den Minderheitsgesellschaftern aufgrund ihrer Geschäftsführungskompetenz und den damit verbundenen Entscheidungs-/ Verantwortungsbereichen grundsätzlich ein relativ höheres Haftungsrisiko, womit Kontrolle und Haftung erneut symmetrisch zueinander stehen. Aus dem Abschluss von **Haftungsausschlussklauseln** zwischen den Private-Equity-Gesellschaften und den Entscheidungsträgern der Beteiligungsunternehmen lässt sich ebenso nicht schlussfolgern, inwiefern zwischen den Mehr- und Minderheitsgesellschaftern konfligierende oder harmonische Beziehungen existieren, da die Haftung der Gesellschafter grundsätzlich von der Höhe der Gesellschaftereinlage abhängig ist.

Mit Hinsicht auf die Vereinbarung von **Klauseln**, die die Potenzialprüfung (**Unternehmensprüfung und -bewertung**) sowie die damit zusammenhängenden Informationsrechte für die potenziellen Anteilskäufer betreffen, lassen sich vor allem konfligierenden Beziehungen zwischen den geschäftsführenden Mehrheitsgesellschaftern und den nicht-geschäftsführenden Minderheitsgesellschaftern bei der Durchsetzung zur Erreichung der (erwarteten) Rendite beschreiben. Die Beziehungen sind in diesem Fall dann konfligierend, wenn das Ausmaß des Zugriffs auf die Informationsprozesse durch die Private-Equity-Gesellschaften überschritten wird oder die geschäftsführenden Mehrheitsgesellschafter die Überschreitung des vereinbarten Maßes des Zugriffes wissentlich/willentlich zulassen.[445] Damit werden konfligierende Beziehungen hauptsächlich dadurch ausgelöst, dass zunächst die geschäftsführenden Mehrheitsgesellschafter mit den Private-Equity-Gesellschaften in die Verhandlungen über die Höhe des zum Verkauf stehenden Gesellschaftsanteils treten und der Verhandlungsspielraum für die Minderheitsgesellschafter allein aufgrund der fehlenden Geschäftsführungskompetenz begrenzt ist. Insofern besteht für die Minderheitsgesellschafter die Gefahr, dass ihre Gesell-

[445] Letztgenanntes Verhalten ist dadurch zu erklären, dass die Entscheidungsträger (hier die Mehrheitsgesellschafter) einen Abbruch der Verhandlungen u.U. vermeiden wollen und den Private-Equity-Gesellschaften insofern entgegenkommen. Auch dieses Verhalten ist durch die unterstellte Maximierung des Eigennutzens sowie des opportunistischen Verhaltens von Wirtschaftssubjekten innerhalb einer Auftragsbeziehung (Prinzipal-Agenten-Beziehung) zu begründen. Vgl. dazu auch die Ausführungen in Kap. 4.3.2.

schaftsanteile durch die Veränderung der zukünftigen Gesellschaftsstruktur verwässert werden und die beabsichtigte Beteiligung zu einer Reduzierung der (erwarteten) Rendite führt.[446]

Zwischen den **Gesellschaftern** und dem **Top-Management** lassen sich konfligierende Beziehungen (analog zur Beziehung zwischen Mehr-/Minderheitsgesellschafter) für die Fälle beschreiben, in denen das Top-Management explizit keine Beteiligung Dritter befürwortet und eingehen will.[447] Damit sind die Beziehungen unmittelbar durch die mit der beabsichtigten Beteiligung einhergehende Gestaltung und Durchsetzung der vor-vertragliche Instrumentarien bedingt. Im Gegensatz zu den nicht-geschäftsführenden Minderheitsgesellschaftern besteht jedoch angesichts der existierenden Geschäftsführungskompetenz eine höhere Wahrscheinlichkeit, dass das Top-Management an dem Entscheidungs- und Verhandlungsprozess im vor-vertraglichen Stadium neben den Gesellschaftern teilnehmen kann/muss und dadurch das durch Informationsrisiken ausgelöste Potenzial an konfligierenden Beziehungen reduziert wird. Wird das Top-Management hingegen von diesem Prozess (weitgehend) ausgeschlossen, bestehen die bereits charakterisierten konfligierenden Beziehungen analog der nicht-geschäftsführenden Minderheitsgesellschafter, auch in Bezug zu den Informationsrisiken und den Auswirkungen bei Abschluss der vor-vertraglichen Instrumentarien.

Besonderheiten in den Beziehungen zeigen sich in den voneinander abweichenden Betroffenheitsrisiken. Während die Gesellschafter Kontrolle gegenüber dem Top-Management durch die ihnen zustehenden Gesellschafterrechte ausüben können, mangelt es an einer direkten Kontrolle des Top-Managements gegenüber den Gesellschaftern, wobei zumindest in Bezug auf die operative Geschäftsführung fraglich ist, inwiefern dies überhaupt notwendig erscheint. Lediglich in Fällen, die die gesellschaftsrechtliche Struktur verändern, wie es bei einer Unternehmensbeteiligung durch Dritte in Frage kommt, könnte für das Top-Management im Ansatz die Notwendigkeit zur Kontrolle bestehen. Analog zur Beziehung zwischen den Mehr- und Minderheitsgesellschaftern unterscheiden sich die Gesellschafter und das Top-Management bei der Kontrolle und Durchsetzung ihrer ökonomischen Ziele gegenüber der jeweils anderen

[446] Fernerhin führt ebenso die unterschiedliche subjektive Bewertung des zum Verkauf stehenden Gesellschaftsanteils zu konfligierenden Beziehungen.

[447] Die getroffenen Annahmen (siehe Tabelle 16) sehen vor, dass es sich bei den geschäftsführenden Mehrheitsgesellschaftern und dem Top-Management um zwei separate Analyseperspektiven/betrachtete Situationen handelt. Dennoch ist anzunehmen, dass neben einem geschäftsführenden Top-Management auch nicht-geschäftsführende Gesellschafter existieren. Insofern der Gesellschaftsvertrag keine spezifischen Regelungen vorsieht, erfolgt der Beschluss zur Unternehmensbeteiligung durch Dritte, allein durch die Gesellschafter.

Interessengruppe zwar, jedoch lässt diese Asymmetrie noch nicht in direkter Weise darauf schließen, ob die diesbezüglichen Ziele konfligierend oder harmonisch zueinander stehen. Hinsichtlich des Haftungsrisikos zeigt sich, dass auf Seiten der Gesellschafter die Haftung grundsätzlich auf die Gesellschaftereinlage beschränkt und das Haftungsrisiko angesichts des eingegrenzten Geschäftsführungsbereiches per se gering ist. Das Top-Management ist aufgrund der Geschäftsführungsbefugnis generell einem (relativ) höheren Haftungsrisiko ausgesetzt, welches jedoch grundsätzlich begrenzbar ist, zum Beispiel durch den Abschluss von entsprechenden Versicherungen. Insofern lässt auch der Abschluss von **Haftungsausschlussklauseln** in diesem Fall keine Schlussfolgerungen dahingehend zu, inwiefern konfligierende oder harmonische Beziehungen bestehen.

Mit Hinsicht auf den Abschluss von **Klauseln zur Unternehmensprüfung und -bewertung** lassen sich hauptsächlich konfligierende Beziehungen beschreiben. Die Beziehungen sind in dem Fall konfligierend, wenn das Ausmaß des Zugriffs auf die Informationsprozesse durch die Private-Equity-Gesellschaften überschritten wird oder das Top-Management die Überschreitung des vereinbarten Maßes des Zugriffs wissentlich/willentlich zulässt und/oder die Gesellschafter im Zuge der genannten Verhandlungen und Entscheidungen, von dem das Top-Management ausgeschlossen sein kann, bestimmte, über die Vereinbarungen hinausgehende Informationen weitergibt oder den Zugriff auf Informationen gewährt. Konfliktpotenzial stellt sich demnach insofern heraus, dass zunächst die Gesellschafter in die Verhandlungen zu den Private-Equity-Gesellschaften bezüglich des Anteilskaufs/-verkaufs sowie der beabsichtigten Beteiligung treten und der Verhandlungsspielraum für das Top-Management, zumindest bei einem Ausschluss, begrenzt ist. Da sich das Ergebnis der Unternehmensbewertung und die folgende Beteiligung auch auf die zukünftige Rendite des Top-Managements auswirken können, besteht für das Top-Management bei Ausschluss der Verhandlungen und den weiteren Entscheidungen die Gefahr, dass die (erwartete) Rendite reduziert wird.

Länderspezifische Unterschiede zeigen sich dahingehend, dass die Geschäftsführer der GmbH dem Weisungsrecht der Gesellschafter unterworfen sind, während dies in Großbritannien nicht existiert. Insofern kann angenommen werden, dass den Executive (Managing) Directors der Private Company ein weitaus größerer rechtlicher Entscheidungsspielraum (Kompetenzhorizont) zuzusprechen ist.[448] Ein weiterer Unterschied besteht darin, dass in Deutschland sowohl die geschäftsführenden als auch die nicht-geschäftsführenden Mehrheitsgesellschafter eine Unternehmensbeteiligung angesichts ihrer weitreichenden Verfügungsrechte herbeiführen können, während dies den nicht-geschäftsführenden Mehrheitsgesellschaftern in Großbritannien als Non-Executive Directors nur eingeschränkt möglich ist, da diese im Board of Directors höchstens eine überwachende Funktion wahrnehmen und im Rahmen des General Meeting über keine Entscheidungskompetenz in Einzelfragen der Unternehmensführung verfügen.[449]

Weiterhin stehen die ökonomischen Ziele der **zukünftig verbleibenden** und der **zukünftig ausscheidenden Gesellschafter** in verschiedenen Beziehungen zueinander, da nicht zuletzt die Größen, die die (erwartete) Rendite beeinflussen, voneinander abweichen. Zunächst lässt die Tatsache, dass mit der Private-Equity-Gesellschaft ein potenzieller Anteilskäufer gefunden ist, auf harmonische Beziehungen schließen, da der Anteilskauf/-verkauf und die gesellschaftsrechtliche Trennung der bestehenden Gesellschaftergruppen zumindest gewollt sind. Besonderheiten in den Beziehungen stellen sich hauptsächlich in den voneinander abweichenden Betroffenheitsrisiken dar. In diesem Fall liegen diese weniger in der Frage nach der Kontrolle und Haftung begründet, sondern vielmehr in der (finanziellen) Betroffenheit der Interessengruppen. Demnach ist grundsätzlich für die zukünftig ausscheidenden Gesellschafter eine stärke Betroffenheit und generell eine Verstärkung der konfligierenden Beziehungen zu den zukünftig verbleibenden Gesellschafter dann anzunehmen, wenn die vor-vertraglichen Verhandlungen zu den Private-Equity-Gesellschaften abgebrochen werden (und der Gesellschaftsanteil nicht verkauft wird) oder der Verkaufspreis für die zukünftig ausscheidenden Gesellschafter nicht den Erwartungen entspricht.

Fernerhin stehen die ökonomischen Ziele der **Gesellschafter** als Arbeitgeber und die der **Mitarbeiter** (Erhöhung des Einkommenzahlungsstroms/Reduzierung des Risikos des Zahlungsstromausfalls) in verschiedenen Beziehungen zueinander. Die Besonderheit liegt darin, dass zumeist die Betriebsräte als weitere Instanz zwischengeschaltet sind und die Beziehun-

[448] Grds. ist jedoch zu beachten, dass die gesellschaftsrechtliche Entscheidung für eine Unternehmensbeteiligung durch Dritte, allein auf der Seite der Gesellschafter liegt.

[449] Damit sind die Unternehmensführung direkt betreffenden Rechte aus Sicht dieser Gesellschaftergruppe ausgeschöpft. Das Treffen unternehmerischer Entscheidungen bleibt den Directors vorbehalten, die den Gesellschaftern gegenüber nicht weisungsunterworfen sind (vgl. auch Kap. 4.4.3 ff.).

gen somit zwischen drei Interessengruppen verlaufen.[450] Konfligierende Beziehungen zwischen den Gesellschaftern als Arbeitgeber und den Mitarbeitern lassen sich dann beschreiben, wenn die Mitarbeiter, vertreten durch die Betriebsräte, explizit keine (zukünftige) Beteiligung wollen, jedoch das Votum der Entscheidungsträger für eine Unternehmensbeteiligung überwiegt. Insofern sind die Beziehungen unmittelbar durch die mit der beabsichtigten Beteiligung einhergehenden Gestaltung, insbesondere der potenziellen strukturellen Veränderungen im betrieblichen Umfeld, bedingt. Die gegenseitige Erreichung der ökonomischen Ziele im vor-vertraglichen Stadium wird durch die Informationsrisiken flankiert und zwar für die Gesellschafter als Arbeitgeber dadurch, dass Informationen im Rahmen der Entscheidungsfindung im Betriebsrat sowie das Ausmaß der Inanspruchnahme gesetzlicher Informationsrechte oder beabsichtigte betriebliche Maßnahmen (zum Beispiel beabsichtigte Betriebsvereinbarungen) nicht (vollständig) bekannt sind, und für die Mitarbeiter dadurch, dass sie von der vorvertraglichen Gestaltung und Zusammenarbeit weitestgehend ausgeschlossen sind.[451] Im Kontext dieser Ausführungen zeigen sich auch Besonderheiten hinsichtlich der Betroffenheitsrisiken, die voneinander abweichen und zwar im Speziellen in der asymmetrischen Verteilung der gegenseitigen Kontrolle. Während die Gesellschafter die Mitarbeiter angesichts ihrer Eigentums-/Verfügungsrechte kontrollieren können, ist es den Mitarbeitern im Gegensatz gerade nur sehr eingeschränkt möglich, echte Kontrolle auszuüben.

Hinsichtlich des Abschlusses von **Klauseln zur Unternehmensprüfung und -bewertung** lassen sich hauptsächlich konfligierende Beziehungen dann beschreiben, wenn aus Sicht der Mitarbeiter das Ausmaß des Zugriffs auf die Informationsprozesse innerhalb des Unternehmens durch die Private-Equity-Gesellschaften überschritten wird und aus Sicht der Gesellschafter bestimmte Informationen an die Private-Equity-Gesellschaften durch die Mitarbeiter im Rahmen der Due Diligence verwehrt oder nicht ausreichend zur Verfügung gestellt werden. Des Weiteren führt auch die Potenzialprüfung generell dazu, dass die Verfolgung des ökonomischen Ziels der Gesellschafter, den Erreichungsgrad des ökonomischen Ziels der Mitarbeiter verringert und damit konfligierende Beziehungen existieren. Dies begründet sich

[450] Die Instanz des Betriebsrats soll hier exemplarisch für die Möglichkeiten der Einflussnahme der Mitarbeiter (neben der Unternehmensmitbestimmung und dem Gewerkschaftsverbund) herangezogen werden.

[451] Lediglich indirekt sind die Mitarbeiter in der Lage, im Vorfeld der Entscheidung für eine Unternehmensbeteiligung, Einfluss durch die Wahrnehmung von betrieblichen Mitbestimmungsrechten auszuüben. Der Einfluss erstreckt sich jedoch nur auf die arbeitnehmerrechtliche Ausgestaltung der zukünftigen Beteiligung und nicht darauf, ob diese überhaupt eingegangen werden kann.

dahingehend, dass die Käufer-Seite (Private-Equity-Gesellschaften) in der Regel nach niedrig bewerteten Vermögenswerten im Zuge der Due Diligence sucht, jedoch gegenüber den Verkäufern eine erhöhte Bewertung dieser Unternehmenswerte aufzeigt und in Verhandlung stellt, um das eingesetzte Eigenkapital im Zuge der Kaufpreisfindung so gering wie möglich zu halten. Da sich die Bewertung durch die Private-Equity-Gesellschaften auch auf die (erwartete) Rendite der Mitarbeiter auswirkt, werden diese zusammen mit den Betriebsräten in entsprechenden Verhandlungen versuchen eine erhöhte Bewertung des vorhandenen Humankapitals aufzuzeigen sowie die eigene personelle Position im Unternehmen zu stärken.[452]

Schließlich stehen die ökonomischen Ziele der **Entscheidungsträger der Beteiligungsgesellschaften** als Schuldner und der **Fremdkapitalgeber** als Gläubiger (Erhöhung der Zins- und Tilgungszahlungsströme oder Reduzierung des mit dem Ausfall der Zahlungsströme verbundenen Risikos) in verschiedenen Beziehungen zueinander.[453] Konfligierende Beziehungen lassen sich dann beschreiben, wenn die Fremdkapitalgeber explizit keine (zukünftige) Unternehmensbeteiligung eingehen wollen, aber aufgrund der Tatsache, dass die kreditvertraglichen Rechte kein Veto zulassen oder die Fremdkapitalgeber erst gar nicht in den vorvertraglichen Entscheidungs- und Handlungsprozess eingebunden sind, durch die Entscheidungsträger überstimmt werden. Damit sind die Zielbeziehungen unmittelbar durch die mit der beabsichtigten Beteiligung, insbesondere mit der potenziellen Veränderung in der Kapitalstruktur der Beteiligungsgesellschaften bedingt. Des Weiteren wird die gegenseitige Erreichung der ökonomischen Ziele im vor-vertraglichen Stadium durch die bereits genannten Informationsrisiken flankiert, verstärkt auf Seiten der Fremdkapitalgeber bei Ausschluss von vor-vertraglichen Verhandlungen und Entscheidungen.

Besonderheiten zeigen sich in den voneinander abweichenden Betroffenheitsrisiken. Die gegenseitige Kontrolle divergiert insofern, dass die Kontrolle über die Fremdkapitalgeber durch die Entscheidungsträger begrenzt ist, gerade auch dann, wenn die Fremdkapitalgeber über keinen Sitz im Kontroll-/Aufsichtsgremium innerhalb der Beteiligungsunternehmen verfügen.

---

[452] Die getroffenen Aussagen begründen sich durch die unterstellte Maximierung des Eigennutzens sowie des opportunistischen Verhaltens von Wirtschaftssubjekten innerhalb einer Auftragsbeziehung (Prinzipal-Agenten-Beziehung). Vgl. dazu auch die Ausführungen in Kap. 4.3.2.

[453] Die Problematik greift auch Weller auf. Vgl. Weller (2012), S. 394. Bitz analysiert die Beziehung zwischen Bank und Unternehmung in einer nicht durch perfekt funktionierende, allokationseffiziente Kapitalmärkte geprägten Umwelt unter risikotheoretischen Aspekten. Vgl. Bitz (1988).

Nichtsdestotrotz sind die Fremdkapitalgeber in der Lage, auf verschiedene Art Kontrolle gegenüber den Entscheidungsträgern auszuüben. Demnach werden zum Beispiel von den Entscheidungsträgern als Kreditnehmer regelmäßige betriebswirtschaftliche Auswertungen, Planungs-Bilanzen/-Gewinn- und Verlustrechnungen oder sonstige Reporting-Kennzahlen gefordert, deren Ausmaß generell im Kreditvertrag und den dazugehörigen Covenants geregelt ist; generell lässt die unterschiedliche Verteilung der Kontrolle jedoch nicht auf harmonische oder konfligierende Beziehungen schließen. Weitere Unterschiede sind hinsichtlich der (finanziellen) Betroffenheit der beiden Interessengruppen erkennbar. Dabei divergiert die Betroffenheit der Fremdkapitalgeber mit den Auswirkungen der Eigenkapitalbeteiligung und den damit weiteren verbundenen Unternehmensentscheidungen, gerade in Bezug auf potenzielle Veränderungen in der Kapitalstruktur (siehe Kapitel 5.2.3.5). Grundsätzlich ist die (finanzielle) Betroffenheit auf der Seite der Fremdkapitalgeber aufgrund der vorrangigen Stellung im Insolvenzfall der Beteiligungsgesellschaften jedoch nach oben hin begrenzt. Auf der Seite der Entscheidungsträger zeigt sich die (finanzielle) Betroffenheit insofern, dass sie unter Umständen auf die Finanzierungsmöglichkeit mit Fremdkapital angewiesen sind, damit Investitionen getätigt werden können. Im Gegensatz dazu reduziert sich die Betroffenheit in dem Fall, dass aufgrund des mit der Beteiligung einhergehenden Eigenkapitalanteils kein zusätzliches Fremdkapital benötigt wird und/oder bestehende Kreditlinien schneller als erwartet getilgt werden können.

Im unmittelbaren Zusammenhang zur Betroffenheit sowie zu den zwischen den Private-Equity-Gesellschaften und Entscheidungsträgern getroffenen Vereinbarungen bezüglich der Potenzialprüfung (**Klauseln zur Unternehmensprüfung und -bewertung**) lassen sich sowohl harmonische als auch konfligierende Beziehungen beschreiben. Dies begründet sich dahingehend, dass das Ergebnis der Due Diligence wiederum Auswirkungen auf die zukünftigen Unternehmensentscheidungen, insbesondere auf die Finanzierungs-/Investitionsentscheidungen, hat. Je nachdem, welche Beteiligungsstrategie verfolgt und welche internen/externen Finanzierungswege durch die Private-Equity-Gesellschaften und Entscheidungsträger genutzt werden (siehe Betroffenheitsrisiken), führt dies auf der Seite der Fremdkapitalgeber entweder zu einer Erhöhung oder Reduzierung der (erwarteten) Rendite (siehe Kapitel 5.2.3.5).

Zwar zeigt der Ländervergleich, dass in Deutschland der gesetzliche Gläubigerschutz und in Großbritannien der Selbstschutz im Vordergrund stehen, dennoch werden die Fremdkapitalgeber in beiden Ländern in der Beziehung zu ihren Schuldnern, das heißt in diesem Fall die Entscheidungsträger der Beteiligungsunternehmen, in Abhängigkeit des Kreditvertrages sowie der Höhe des Fremdkapitalanteils zu jeder Zeit entsprechende Maßnahmen ergreifen (zum Beispiel Sicherungsinstrumente; Covenants), um bestehende Risiken gegenüber den Schuldnern zu reduzieren.

5.3 Vertragsphase (Beteiligungsbeziehung)

5.3.1 Vorbemerkungen

Nach Abschluss der Vor-Vertragsphase beginnt die Vertragsphase, in der das Beziehungsgeflecht zwischen den Private-Equity-Gesellschaften und den weiteren Interessengruppen durch den Beteiligungsvertrag und die dort vereinbarten Vertragsklauseln bestimmt wird.[454] Neben den Vertragsklauseln, die für die Zeit während der Beteiligungsbeziehung gelten und diese vertraglich begründen, werden in der Regel auch bereits Vereinbarungen zur anschließenden Beteiligungsabwicklung festgelegt.[455] Ferner steht mit Beginn der Beteiligungsbeziehung endgültig fest, ob die Private-Equity-Gesellschaften eine Mehr- oder Minderheitsbeteiligung

[454] Mit der Vertragsphase oder der Beteiligungsbeziehung beginnt die Post-Investment-Phase, die den Zeitraum zwischen der Investition in und dem Exit aus der Beteiligung beschreibt. Zusätzlich zum Beteiligungsvertrag (Investment Agreement) gehören auch die entsprechenden Vereinbarungen in der Gesellschaftervereinbarung (Shareholders´Agreement) sowie die Bestimmungen in der Satzung der Gesellschaft (Articles). Vgl. Brehm (2012), S. 22 f. Zwar unterscheiden sich die Regelungs-/Vertragswerke untereinander, jedoch steht der Beteiligungsvertrags-Begriff hier als Oberbegriff für alle möglichen Absprachen, die in Verbindung mit der Beteiligung getroffen werden. Vgl. Weitnauer (2011), S. 305; Groner (2007), S. 188; Bienz/Hirsch/Walz (2008), S. 1; Simon (2010), S. 159. Empirische Arbeiten, die sich mit Kontraktbeziehungen zwischen Kapitalgebern/-nehmern auseinandersetzen, sind z.B. Gompers (1997); Berglöf (1994); Gompers/Lerner (1996); Kaplan/Strömberg (2000); Kaplan/Strömberg (2003); Kaplan/Strömberg (2004); Kaplan/Martel/Strömberg (2006); Lerner/Schoar (2005); Bienz/Hirsch/Walz (2009). Andere empirische Arbeiten untersuchen die Verbindung zwischen den Kontrakten und der Performance. Vgl. z.B. Robinson/Sensoy (2012); Leslie/Oyer (2008); Rauch/Umber/Furth (2012). Einen Überblick zu den theoretischen und empirischen Arbeiten, die sich mit Kontraktbeziehungen zwischen Kapitalgebern und -nehmern auseinandersetzen, insb. im Venture-Capital-Bereich, liefert z.B. Schertler (2000). Einen Überblick über bisherige theoretische und empirische Arbeiten liefern Jung-Senssfelder (2006), S. 29-55; Wright/Robbie (1998); Metrick/Yasuda (2011).

[455] Zu diesem Zeitpunkt haben die Private-Equity-Gesellschaften und die Entscheidungsträger der Beteiligungsunternehmen ihre Wahl getroffen und ggf. parallele Verhandlungen und Kontrakte zu weiteren Zielobjekten abgebrochen. Empirische Arbeiten, die sich mit dem Kontrakt-Design, auch im Vergleich zwischen verschiedenen Ländern, Trägerschaften (z.B. öffentliche, unabhängige Gesellschaften) oder Eigenkapitalgeber (z.B. Venture-Capital-Geber; Business Angel) auseinandersetzen, sind z.B. Hirsch/Walz (2006); Chemmanur/Chen (2006); Cumming/Schmidt/Walz (2010); Bengtsson/Sensoy (2011); Antonczyk/Brettel/Breuer (2007a). Rein deskriptive Arbeiten zum Kontrakt-Design sind z.B. Triantis (2001); Admati/Pfleiderer (1994).

eingehen.[456] Während eine Mehrheitsbeteiligung per se, das heißt aufgrund der mehrheitlichen Gesellschaftsanteile, mit einem höheren Anteil an Eigentums-/Verfügungsrechten einhergeht, werden die Private-Equity-Gesellschaften im Fall einer Minderheitsbeteiligung Vertragsklauseln vereinbaren, die ihnen über die gesetzlich zugesprochenen Rechte hinausgehende Rechte, wie zum Beispiel erweiterte Kontroll- und Informationsrechte, gewähren.[457]

Zu Beginn der Beteiligungsbeziehung und im weiteren zeitlichen Verlauf werden aus Sicht einzelner Interessengruppen bestimmte Größen, die Einfluss auf die Rendite nehmen, nicht mehr erwartet, sondern sind bereits tatsächlich realisiert. Dies betrifft hauptsächlich die Perspektive der Private-Equity-Gesellschaften und der ausgeschiedenen Gesellschafter. Für die erstgenannte Interessengruppe, die im Unterschied zur vorangegangenen Phase zu diesem Zeitpunkt selbst Gesellschafter ist, stehen – insofern keine Meilensteinfinanzierung vereinbart ist – vor allem die Anschaffungskosten (eingesetztes Eigenkapital) tatsächlich fest, da die Anteilsübertragung mit Abschluss des Beteiligungsvertrages beendet ist. Aus der Perspektive der zweiten Interessengruppe sind weitgehend die Cash Flows sowie der Liquidationserlös/Endwert (Erlöse aus Verkauf von Unternehmensanteilen beziehungsweise Erlös aus Anteilseinzug gegen Abfindung) realisiert, gesetzt den Fall, dass keine Abfindungsansprüche bestehen oder sonstige Ausschüttungen ausstehen.

In dieser Arbeit stehen ausgewählte, für Deutschland und Großbritannien typische Vertragsklauseln im Vordergrund und nicht die Ermittlung aller möglichen Vertragsgestaltungen.[458] Tabelle 19 gibt einen Überblick über die wesentlichen Klauseln der Beteiligungsverträge, die sich in der deutschen und britischen Private-Equity-Praxis etabliert haben.[459]

---

[456] In Deutschland überwiegen sowohl direkte als auch stille Beteiligungen, wobei letztere Beteiligungsform ein deutsches Phänomen darstellt. Vgl. Weimerskirch (1999), S. 43-45; Bell (2000), S. 112 f.; Leopold/Frommann (1998), S. 147.

[457] Empirische Arbeiten, die sich im Speziellen mit Kontroll-, Voting-, Cash Flow-Rechten sowie deren Verteilung in den Beteiligungsverträgen auseinandersetzen, sind z.B. Hellmann (1998) und Bienz/Walz (2006).

[458] Dies begründet sich dahingehend, dass die Vertragsklauseln von Beteiligungsunternehmen (Beteiligungsvertrag) zu Beteiligungsunternehmen (Beteiligungsvertrag) unterscheiden und eine komparative Analyse sich zu sehr im Detail verlieren würde, anstatt die existenziellen Bestandteile zu untersuchen. Vgl. Grisebach (1989), S. 183. Zur speziellen Ausgestaltung von Investment Agreement in Großbritannien siehe Cooke (2008), S. 189 ff.

[459] Vgl. Gabbert (2000), S. 11 ff. In Großbritannien existieren entwickelte Standardvereinbarungen, die von der BVCA als Model Documents for Early Stage Investments (Model Articles bzw. Model Agreement) veröffentlichtet worden sind. Vgl. Tal (2010), S. 62 f. Zur Kategorisierung von Vertragsklauseln siehe Simon (2010), S. 160 f.

Vertragsklauseln während der Beteiligungsbeziehung	
Vertrags-klauseln	**Inhalt und Zweck**
Meilenstein-finanzierung	- Zahlungsströme der Private-Equity-Gesellschaften werden mit Bezug auf eine zeitliche Fälligkeit (aufschiebende Bedingung) gestaffelt (Vereinbarung mehrerer Finanzierungsrunden). - Umfang der Zahlungsströme wird an die Erfüllung bestimmter vordefinierter Zwischenziele (Meilensteine) geknüpft. - Option der Private-Equity-Gesellschaften, die Finanzierung fortzuführen oder zu beenden.[460]
Verwässerungs-schutz/Antidilu-tion-Klauseln	- Schutz der Private-Equity-Gesellschaften vor einer im Zuge von Folgefinanzierungen und der Aufnahme zusätzlicher Gesellschafter zu Grunde gelegten niedrigen Bewertung. - Kompensierende Kapitalerhöhung zu Gunsten der Private-Equity-Gesellschaften. - Herbeiführung einer Verschiebung der Beteiligungsquote im Gesellschafterkreis und Überwindung von Bewertungsunsicherheiten. - Verwässerungsschutz durch Preisschutz- und Vorkaufsrechte (Nachbewertungsklauseln = Ratchets) bzw. Wahrnehmung von Vetorechten, Ausübung von Bezugsrechten im Zuge einer Kapitalerhöhung, Vinkulierung durch Veräußerungsverbote und Vorerwerbsrechten.[461]
Ratchet-Klauseln	- Voller Verwässerungsschutz durch Full-Ratchet-Klauseln, d.h. die Private-Equity-Gesellschaften werden so gestellt, als wenn diese insgesamt ihre alten Anteile zu der niedrigen Bewertung der Folgefinanzierung erworben hätten oder Nachzeichnung so vieler Anteile zum Nominalwert, dass sie im Ergebnis so gestellt sind, als haben sie ihre alten Anteile auch zu der niedrigen Bewertung erworben. - Alternativ: Durchschnittspreis beider Finanzierungsrunden, auf dessen Grundlage die Private-Equity-Gesellschaften nachzeichnen können (Average-Methode).
Pay-to-Play-Klauseln	- Einschränkung des Verwässerungsschutzes: Verpflichtung eines Gesellschafters gegenüber anderen Gesellschaftern, bei Folgefinanzierungen mindestens den pro-rata Anteil an neuen Gesellschaftsanteilen zu übernehmen. - Bei Verzicht einer weiteren Beteiligung oder Ausübung des Bezugsrechts, erfolgt der Verlust von Teilen der ehemals vereinbarten Vorzugs-/Sonderrechte (wie z.B. Liquidation Preference).[462]
Zusicherungen und Garantien	- Abgabe von selbständigen Garantien (vertragliche Rechtsfolgenvereinbarungen) durch die verbleibenden Gesellschafter der Beteiligungsunternehmen auf den Zeitpunkt des Vertragsabschlusses. - Garantieversprechen für die Existenz oder die Nicht-Existenz wesentlicher Punkte - Umfangreicher Garantiekatalog.[463]
Wandelbare Anteile	- Anpassung der Beteiligung durch die Private-Equity-Gesellschaften aufgrund veränderter Umstände und Informationen.[464]

[460] Vgl. Inhester (2010), S. 239; Brehm (2012), S. 62 f.; Gompers (1995), S. 1461 f.; Weitnauer (2011), S. 315; Simon (2010), S. 260 f.; Ziegert (2005), S. 123. Zur Meilensteinfinanzierung (Staged Financing) vgl. grds. Gompers/Lerner (2006), S. 171 ff.; Reißig-Thust (2003), S. 106 ff.; Antonczyk (2006), S. 109 ff.; Nathusius (2005), S. 171 ff.; Bartlett (1999), S. 101; Winkler (2004), S. 240 ff.

[461] Vgl. Weitnauer (2011), S. 316; Brehm (2012), S. 129; Premm (2006), S. 279; Inhester (2010), S. 245; Winkler (2004), S. 167 f.; Jesch (2004), S. 69; Tal (2010), S. 40; Simon (2010), S. 291 ff. Verwässerungsschutz bedeutet, dass durch die Ausgabe neuer Gesellschaftsanteile oder durch die Veräußerung bereits gezeichneter Gesellschaftsanteile die Beteiligungsquote und/oder der Beteiligungswert der Altgesellschafter sinkt. Vgl. Hannigan (2003), S. 573.

[462] Vgl. Brehm (2012), S. 130-133; Inhester (2010), S. 245; Winkler (2004), S. 169; Weitnauer (2011), S. 316-319; Simon (2010), S. 403.

[463] Vgl. Weitnauer (2011), S. 324 f.; Inhester (2010), S. 241; Grisebach (1989), S. 210 ff.; Ziegert (2005), S. 139. Zu den Zusicherungen und Garantien vgl. Antonczyk (2006), S. 152; Winkler (2004), S. 248 ff.

[464] Vgl. Cornelli/Yosha (2003), S. 26 f.

Vertragsklauseln während der Beteiligungsbeziehung	
Vertrags-klauseln	**Inhalt und Zweck**
Veto-/Zustimmungsrechte	- Über den gesetzlichen Rahmen hinausgehende (Widerspruchs-)Rechte der Private-Equity-Gesellschaften in Bezug auf zustimmungspflichtige Geschäfte. - Sicherstellung, dass Mitgesellschafter nicht ohne Zustimmung über bestimmte Strukturmaßnahmen beschließen und die Geschäftsführung nicht ohne vorherige Billigung tätig wird.[465]
Informationsrechte	- Über den gesetzlichen Rahmen hinausgehende Informationsrechte (z.B. Kontroll-, Auskunfts- oder Einsichtsrechte) für die Private-Equity-Gesellschaften.[466]
Entsenderechte und Blockbuster-Bestimmungen	- Entsendung (und Aufgabenzuweisung) von Mitgliedern in die Kontrollgremien und Entsendung von Mitgliedern in die Geschäftsführung durch die Private-Equity-Gesellschaften. - Abberufungs-/Entlassungs-/Neubesetzungsrechte: Im Zuge der Krisenbewältigung ist es den Private-Equity-Gesellschaften möglich, die operative Führung abzuberufen und durch neue Personen zu ersetzen. - Option der vollständigen Übernahme der Geschäftsführung (Blockbuster-Regelung).[467]
Bindungsklauseln	- Bindung der Mitgliedschaft eines Gesellschafters an dessen Tätigkeit für die Gesellschaft (ggf. in Funktion als Geschäftsführer) während der Beteiligungsdauer, d.h. Verknüpfung der Gesellschafterstellung mit der Organ-/Dienststellung. - Folge: Bei Beendigung der Tätigkeit teilweiser oder vollständiger Verlust der Gesellschafterstellung. - Verpflichtung zur Veräußerung von Gesellschaftsanteilen zu Gunsten der übrigen Gesellschafter oder Dritte; alternativ Einziehung der Anteile. - Differenzierung zwischen „guten" und „schlechten" Ausscheidungsgründen (Good und Bad Leaver).[468]
Wettbewerbs-(verbots)klauseln	- Über den gesetzlichen Rahmen hinausgehende (nachvertragliche) Wettbewerbsverbote für die Mitgesellschafter. - Bindung von Schlüsselpersonen und deren spezielle Kenntnisse.[469]
Manager-/Mitarbeiter-beteiligungen	- Direkte Beteiligung des Managements/der Mitarbeiter am Unternehmen oder Einräumung von Optionen (z.B. durch Mitarbeiterbeteiligungsprogramme).[470]

Tabelle 19: Vertragsklauseln während der Beteiligungsbeziehung (eigene Darstellung)

Die folgenden Vertragsklauseln werden für die Beteiligungsprozessstufe der Beteiligungsbeziehung aus der Analyse ausgeschlossen. Zum einen betrifft dies die Vertragsklauseln zum Verwässerungsschutz. Da die eigenen Annahmen im Rahmen der ökonomischen Analyse die Aufnahme zusätzlicher Gesellschafter während der Beteiligungsbeziehung sowie weitere Finanzierungsrunden (Folgefinanzierungen) durch andere Gesellschafter als die Private-Equity-

[465] Vgl. Winkler (2004), S. 107; Brehm (2012), S. 98 ff.; Tal (2010), S. 44; Weitnauer (2011), S. 329; Inhester (2010), S. 248; Grisebach (1989), S. 218.

[466] Vgl. Weitnauer (2011), S. 328 f.; Brehm (2012), S. 74; Antonczyk (2006), S. 152; Brinkrolf (2002), S. 161; Grisebach (1989), S. 217 f.; Simon (2010), S. 207; Baums/Möller (2002), S. 396-412.

[467] Vgl. Weitnauer (2011), S. 333; Winkler (2004), S. 115; Simon (2010), S. 188; Brehm (2012), S. 86, 120; Inhester (2010), S. 246; Lerner (1995), S. 301-318; Grisebach (1989), S. 225 f.; Eckner (2009), S. 30; Dywer (2000), Rn. 8.76-8.78.

[468] Vgl. Winkler (2004), S. 187 ff.; Inhester (2010), S. 248; Ziegert (2005), S. 162 f.; Brehm (2012), S. 141; Dywer (2000), Rn. 14.06.

[469] Vgl. Brehm (2012), S. 148 ff.; Inhester (2010), S. 249; Trezzini (2005); Kaplan/Strömberg (2003); Bienz/Walz (2006); Grisebach (1989), S. 244 ff; Ziegert (2005), S. 163.

[470] Vgl. Gompers/Lerner (2001), S. 145; Weitnauer (2011), S. 393; Brehm (2012), S. 155.

Gesellschaften nicht vorsehen, sind diese Vertragsklauseln nicht von Relevanz. Die Vertragsklauseln zu den Zusicherungen und Garantien werden deshalb nicht weiter betrachtet, da die Abgabe von Garantieversprechen über bestimmte Tatsachengrundlagen in Form eines Garantiekatalogs eine Einflussnahme durch die Private-Equity-Gesellschaften auf die Steuerungs- und/oder Kontrollprozesse nur schwer begründet. Die Vertragsklauseln zu den wandelbaren Anteilen werden ausgeschlossen, da die eigenen Annahmen im Rahmen der ökonomischen Analyse diese verändernden Tatsachen und Umstände (zum Beispiel aufgrund der Aufnahme zusätzlicher Gesellschafter) nicht vorsehen. Die Vertragsklauseln zum Wettbewerbsverbot werden ausgeschlossen, weil eine Einflussnahme auf die Corporate Governance der Beteiligungsgesellschaften auf Grundlage eines Verbotes hinsichtlich vergangener Verhältnisse nur schwer zu begründen ist, da diejenigen betreffenden Interessengruppen nicht mehr der Gesellschaft angehören.

Die ökonomische Analyse setzt am Beziehungsgeflecht zwischen den Private-Equity-Gesellschaften und den ausgewählten Interessengruppen der Beteiligungsunternehmen an. Ausgehend von der Forschungsfrage dieser Arbeit werden nachfolgend aus der Perspektive der Private-Equity-Gesellschaften als Mehr- oder Minderheitsgesellschafter (Kapitel 5.3.2) die oben genannten Vertragsklauseln zunächst auf die Frage hin untersucht, inwiefern die Private-Equity-Gesellschaften aus einer Mehr-/Minderheitsposition heraus rechtsformunabhängig in der Lage sind, Einfluss auf die Corporate Governance sowie auf die betroffenen Interessengruppen auszuüben. Des Weiteren erfolgt für die ausgewählten Vertragsklauseln die inhaltlich rechtsformspezifische Einordnung, das bedeutet es wird die Frage beantwortet, wie die Vertragsklauseln bei der GmbH und der Private Company rechtlich ausgestaltet sind und durchgesetzt werden. Ziel ist es demnach aufzuzeigen, wie in den beiden Rechtsformen im Speziellen Einfluss ausgeübt wird und inwiefern sich die vereinbarten Vertragsbestandteile sowie deren Durchsetzung auf die Rendite und die endogenen Risiken der Private-Equity-Gesellschaften in Deutschland und Großbritannien auswirken.[471] Dazu ist anzumerken, dass bezüglich der Auswirkungen auf die Risiken oder die Rendite (Reduktion/Erhöhung) keine pauschale Aussage möglich ist, sondern lediglich aufgezeigt wird, welche Auswirkungen in

[471] Dabei ist zu beachten, dass die Private-Equity-Gesellschaften selbst Gesellschafter an den Unternehmen sind, d.h. diese als geschäftsführende Mehrheitsgesellschafter oder nicht-geschäftsführende Minderheitsgesellschafter agieren und damit einerseits als Mitinitiatoren des Vertrags und andererseits als Mitgesellschafter beteiligt sind.

welchen Fällen, welchen Situationen und bei welchen Bedingungen wahrscheinlich sind. Aus den Perspektiven der Interessengruppen der Beteiligungsunternehmen (Kapitel 5.3.3) wird zunächst analysiert, ob und wie sich die jeweiligen Vertragsklauseln und die Einflussnahme durch die Private-Equity-Gesellschaften auf die Interessengruppen, insbesondere auf die Rendite und auf die endogenen Risiken, auswirken. Daran schließt sich eine Gesamtanalyse unter Einbezug der harmonischen und konfligierenden Beziehungen an. (Kapitel 5.3.4).

5.3.2 Aus Sicht der Private-Equity-Gesellschaften als Mehr- oder Minderheitsgesellschafter

Als geschäftsführende Mehrheitsgesellschafter oder nicht-geschäftsführende Minderheitsgesellschafter üben die Private-Equity-Gesellschaften aufgrund der jeweiligen Verteilung der Eigentums- und Verfügungsrechte (Mitwirkungs- und Kontrollrechte) unterschiedlich Einfluss auf die Corporate Governance aus, indem sie entweder selbst in die jeweiligen Steuerungs-/Kontrollprozesse als Prozessbeteiligte involviert und/oder dafür verantwortlich sind.[472] Im Vergleich zur Vor-Vertragsphase, haben sich die einzelnen Prozesse zu Beginn der Beteiligungsbeziehung in der Art verschoben, dass die für die Prozesse vorher zuständigen/verantwortlichen Personen, angesichts der Veränderung der Gesellschafterstruktur und dem Eintritt der Private-Equity-Gesellschaften in die Unternehmen, ersetzt und/oder zusätzliche Personen eingetreten sind.

Die Vertragsklauseln zur **Meilensteinfinanzierung** bestimmen, anhand welcher Kriterien (Erfüllung bestimmter vordefinierter Zwischenziele), zu welchem Zeitpunkt und in welcher Höhe (weiteres) Eigenkapital an die Beteiligungsgesellschaften gezahlt und dafür Gesellschaftsanteile übertragen werden.[473] Rechtsformunabhängig betrachtet, ist die Einflussnahme durch die Private-Equity-Gesellschaften aus einer Minderheitsposition heraus auf die Steuerungs- und Kontrollprozesse und aus einer Mehrheitsposition heraus auf die Kontrollprozesse sowie auf die jeweils dafür verantwortlichen und/oder involvierten Interessengruppen möglich. Der Einfluss auf die Steuerungsprozesse begründet sich dahingehend, dass die an Bedin-

[472] Für einen Überblick, wie Private-Equity-Gesellschaften konkret zur direkten und indirekten Wertschöpfungswirkung (Finanz-/Vermögensmanagement, Verbesserung der strategischen Positionierung, Verbesserung der operativen Geschäftsprozesse) in den Beteiligungsunternehmen beitragen siehe Gietl/Landau/Hungenberg (2008), S. 15-18.

[473] Empirische Arbeiten, die sich speziell mit der Meilensteinfinanzierung auseinandersetzen, sind z.B. Darwin (1999); Cornelli/Yosha (2003); Bigus (2006); Cossin/ Leleux/Saliasi (2002); Hsu (2011).

gungen geknüpften Zahlungsströme an die Gesellschaft (als Option der Finanzierungsfortführung oder -beendigung) eine Anreiz- und Sanktionsfunktion für die geschäftsführenden Mehrheitsgesellschafter oder das Top-Management schaffen, da diese im Rahmen ihrer operativen und strategischen Geschäftstätigkeit auf die Zahlungsmittel der Private-Equity-Gesellschaften angewiesen sind, damit unter anderem zukünftige, potenzielle Investitionen für das Unternehmen getätigt werden sowie die Liquidität gesichert wird.[474] Insgesamt baut die Einflussnahme damit auf dem unmittelbaren Zusammenhang zwischen den für die Geschäftsführung notwendigen Zahlungsströmen einerseits sowie dem unternehmerischen Verhalten und den Entscheidungen in Bezug auf die Unternehmensführung anderseits auf. Die Einflussnahme auf die Kontrollprozesse begründet sich in dem Sinne, dass gegenüber den nicht-geschäftsführenden Minderheitsgesellschaftern ebenso ein Anreiz-/Sanktionsmechanismus zum Tragen kommt, da diese Interessengruppe desgleichen auf das (zusätzliche) Kapital im vereinbarten Zeitraum und in der vereinbarten Höhe angewiesen ist.

Bei der **rechtsformspezifischen Ausgestaltung** in der **GmbH** kommt im Grunde genommen sowohl eine rundenbasierte Eigenfinanzierung als auch eine gestaffelte Finanzierung in Frage.[475] Für die rundenbasierte Finanzierung existiert generell ein Zeichnungsrecht, aber keine Zeichnungspflicht für die Gesellschafter. Liegt dagegen eine gestaffelte Finanzierung vor, ist weiter zu differenzieren. Grundsätzlich gilt, dass eine Nachschusspflicht nicht besteht, diese dennoch vereinbar ist.[476] Demnach steht es den Gesellschaftern frei, im Gesellschaftsvertrag zu beschließen, dass sie über den Betrag der Stammeinlage hinaus weitere Einzahlungen in Form von Nachschüssen einfordern.[477] Die gestaffelte Finanzierung kann des Weiteren durch eine Kapitalerhöhung implementiert werden, wobei keine gesetzliche Bezugspflicht existiert.[478] Der zur Kapitalerhöhung erforderliche Gesellschafterbeschluss bedarf der notariellen Beurkundung und unterliegt insofern einer gewissen Formvorschrift. Ferner besteht die Mög-

[474] Damit kann die Gefahr des Ausbleibens weiterer Zahlungsmittel eine motivierende und leistungssteigernde Wirkung entfalten. Vgl. Hoffmann/Hölzle (2004), S. 233 ff.; Ruppen (2002), S. 150 f.

[475] Hierbei handelt es sich um ein Rechtsgeschäft, dass unter einer aufschiebenden Bedingung vorgenommen wird. Vgl. § 158 Absatz 1 BGB.

[476] Vgl. Tal (2010), S. 207; § 26 Absatz 1 GmbHG.

[477] Vgl. Ziegert (2005), S. 128; § 26 GmbHG. Diese Einforderung von Nachschüssen ist an einen Gesellschafterbeschluss gebunden, der einer einfachen Mehrheit bedarf. Vgl. Lutter/Hommelhoff (2000), § 26 Rdn. 4; Scholz/Emmerich (2000), § 26 Rdn. 14a.

[478] Vgl. Roth (2003), § 55, Rn. 5, 26.

lichkeit, schuldrechtliche Vereinbarungen über Zuzahlungen in das Eigenkapital zu treffen.[479] Die Nachschusspflicht und die Nebenverpflichtungen sind auch gegen den Willen von Minderheitsgesellschaftern einforderbar, insofern ist auf diesbezüglich geschlossene Vereinbarungen vor Eintritt in die Gesellschaft zu achten.[480] Werden diese Verpflichtungen erst nachträglich in die Satzung aufgenommen, bedarf es eines satzungsändernden Gesellschafterbeschlusses, der mit Dreiviertelmehrheit zu fassen ist, sowie der Zustimmung aller Gesellschafter, deren Pflichten erweitert werden.[481] Im Ergebnis entscheidet jeder einzelne Gesellschafter in der GmbH somit frei über seine Teilnahme an weiteren Finanzierungsrunden.[482] Bei der **rechtsformspezifischen Ausgestaltung** in der **Private Company** zeigt sich, dass für die Gesellschafter ein Zeichnungsrecht besteht, jedoch keine Pflicht, bei Erfüllung der Meilensteine neue Gesellschaftsanteile zu zeichnen.[483] Die Kapitalerhöhung selbst ist formlos möglich, wobei der Beschluss zur Kapitalerhöhung mit einer einfachen Mehrheit herbeizuführen ist.[484] Nachschusspflichten, die die eigentliche Einlagepflicht überschreiten, existieren nicht.[485]

Während sowohl in der GmbH als auch in der Private Company zwar ein Zeichnungsrecht, jedoch keine Zeichnungs- oder Nachschusspflicht für die Gesellschafter existiert – es sei denn, diese wurde vertraglich vereinbart – zeigen sich deutliche Unterschiede zwischen den Rechtsformen in der Beschlussform (formgebunden/formlos) über eine mit der Meilensteinfinanzierung verbundene Kapitalerhöhung. Ergänzend zur rechtsformunabhängigen Betrachtung, erfolgt die Einflussnahme auf die Steuerungs- und Kontrollprozesse in der Private Company aus einer Mehr- oder Minderheitsposition heraus in Form von an Bedingungen geknüpften Zahlungsströmen. Angesichts des Fehlens einer bestimmten Formvorschrift für die Kapitalerhöhung steht das notwendige Kapital den jeweiligen Interessengruppen schneller zur Verfügung und die Durchsetzung der Einflussnahme erfolgt damit weniger verzögert, als es für die GmbH der Fall ist.

[479] Vgl. Schmidt (2002), S. 1129; Lutter/Hommelhoff (2000), § 3 Rdn. 37; Schmidt (2002), S. 1034. Der Vorteil auf Seiten der Kapitalgeber liegt darin, dass die Bedingungen, wie z.B. bei einer Satzungsregelung, nicht öffentlich werden. Vgl. Ziegert (2005), S. 130.
[480] Vgl. Möller (2003), S. 86.
[481] Vgl. Lutter/Hommelhoff (2000), § 26 Rdn. 6; Scholz/Emmerich (2000), § 3 Rdn. 42; Schmidt (2002), S. 1035.
[482] Vgl. Möller (2003), S. 87.
[483] Vgl. Tal (2010), S. 95; Sec. 549, 350 CA 2006; Triebel et al. (2012), S. 233.
[484] Vgl. Tal (2010), S. 98; Sec. 303 CA 1985.
[485] Vgl. Römermann (2006), S. 53.

Die Vereinbarung der Vertragsklauseln zur Meilensteinfinanzierung betrifft entweder die Beziehung zu den geschäftsführenden Mehrheitsgesellschaftern, dem Top-Management oder den weiteren Minderheitsgesellschaftern (aus einer Minderheitsposition heraus) oder die Beziehung zu den nicht-geschäftsführenden Minderheitsgesellschaftern (aus einer Mehrheitsposition heraus).[486] Sowohl das **Informationsrisiko**, ausgedrückt durch die Qualitätsunsicherheit über das Verhalten der oben genannten Interessengruppen (Handlungsunsicherheit; Hidden Action; Hidden Information), als auch das **Delegationsrisiko**, das mit einer mangelnden Beobachtung und Einflussnahme auf dieses Verhalten einhergeht (Verhaltensunsicherheit; Hidden Intention; Hold Up), lassen sich durch diese Vertragsklauseln dahingehend reduzieren, dass das Verhalten dieser Personen an die zeitlich gestaffelten Zahlungsströme gekoppelt und an die Bedingungen (Meilensteine) geknüpft wird.[487] Im Ergebnis wird das Verhalten der Interessengruppen sowohl zu den einzelnen Zeitpunkten der Überprüfung über das Erreichen der Meilensteine als auch zwischen den Zeiträumen einzelner Meilensteine einer fortlaufenden Kontrolle unterzogen, die mit der letzten Eigenkapitalzahlung durch die Private-Equity-Gesellschaften endet.[488] Die gestaffelte Finanzierung gewährt den Private-Equity-Gesellschaften ferner eine gewisse Budgetdisziplin sowie eine effiziente Verwendung der Zahlungsmittel.[489] Außerdem sind die Private-Equity-Gesellschaften in der Lage, zwischen den einzelnen Runden durch die regelmäßige Kontrolle (proof of concept) Informationen über

[486] Dabei ist zu beachten, dass endogene Risiken auch bereits vor dem Abschluss dieser Vertragsklauseln existieren, d.h. z.B., dass Informations- oder Delegationsrisiken ex ante – auf Basis anderer Vertragsklauseln oder vor-vertraglicher Vereinbarungen – bestehen.

[487] Die Meilensteine sollen damit das opportunistische Verhalten der geschäftsführenden Parteien verhindern sowie deren Informationsvorteil abbauen. Vgl. Krecek (2005), S. 41 f.; Eckner (2009), S. 24 f. Antonczyk/Brettel/Breuer zeigen in ihrer empirischen Arbeit, dass Hidden Information und Hidden Action durch Meilensteinfinanzierung abgebaut werden, das Hold Up-Problem jedoch weder reduziert noch erhöht wird. Vgl. Antonczyk/Brettel/Breuer (2007b), S. 25. Andere Arbeiten zeigen, dass Staged Financing Hold Up-Probleme hervorhebt, weil der Kapitalgeber dadurch eine außer Proportion stehende Verhandlungsmacht erhält. Die mit den Hold-Up-Problemen einhergehenden Kosten übersteigen sodann in weiten Teilen den Nutzen des Staged Financing im Vergleich zur Direktfinanzierung. Vgl. z.B. Fluck/Garrison/Myers (2006). Wang/Zhou zeigen, dass Staged Financing generell dazu beiträgt, Agency-Probleme zu senken. Vgl. Wang/Zhou (2002).

[488] Vgl. auch Hoffmann/Hölzle (2004), S. 233. Empirische Arbeiten zeigen, dass je kürzer der Abstand zwischen den einzelnen Finanzierungsrunden ist, desto mehr Agency-Kosten entstehen. Dies begründet sich u.a. durch die anfallenden Monitoring-Kosten sowie den höheren Informationsbedarf. Gompers kommt auch zum Ergebnis, dass die Anzahl der Tranchen innerhalb einer Finanzierungsrunde bei Early-Stage-Finanzierungen signifikant höher sind als bei Later-Stage-Finanzierungen. Des Weiteren können die Investoren durch die Staffelung ihren Informationsstand schrittweise verbessern. Vgl. Gompers (1995). Weitere Arbeiten zeigen, dass es für die Kapitalgeber effizienter ist, mehr in späteren Finanzierungsrunden zu investieren. Vgl. z.B. Ray (2010). Zwar zeigen Arbeiten, dass Stage Financing den Wert des Projekts steigert, da weniger monetäre Ressourcen verschwendet werden (vgl. Bergemann/Hege (1998); Cornelli/Yosha (2003); Witt/Brachtendorf (2006). Dennoch verwenden Investoren die gestaffelte Finanzierung nicht durchgängig. Vgl. z.B. Simon (2010), S. 272.

[489] Vgl. Hellmann (1994).

die Managementqualität sowie die Unternehmensentwicklung zu sammeln, was letztendlich ebenso zur Minimierung der Risiken beiträgt.[490] Während die Vereinbarung dieser Vertragsklauseln auf der einen Seite bestehende Informations-/Delegationsrisiken reduziert, baut die Durchsetzung dieser Klauseln desgleichen ex interim weitere Asymmetrien auf. Dies ist dann der Fall, wenn die formulierten Meilensteine, insbesondere die dazugehörigen Bedingungen, nicht genau zwischen den Vertragspartnern spezifiziert worden sind und die Interessengruppen über einen divergierenden Informationsstand über das Erreichen/Nicht-Erreichen von Meilensteinen verfügen.[491] Damit geht auch einher, dass auf Seiten der Private-Equity-Gesellschaften Verhaltensunsicherheit (Verhalten kann erkannt werden, jedoch nicht verhindert werden; Hidden Intention) darüber besteht, ob die Gesellschaftergruppen oder das Top-Management sich an die Bedingungen halten, womit ebenso das Verhalten über die Mittelverwendung (Übertragung von Kapital) nach Abschluss dieser Vertragsklauseln gemeint ist. Gerade aus einer Minderheitsposition heraus verstärkt sich das Informations- und das Delegationsrisiko in Bezug auf den bereits geleisteten Eigenkapitaleinsatz, vor allem gegenüber den geschäftsführenden Organen, da die Mittelverwendung gegebenenfalls nicht abschließend beobachtet werden kann (fehlende Geschäftsführungskompetenz). Dies kann grundsätzlich auch zum Kooperationsproblem des Kontrollrisikos führen, welches die Gefahr für die Private-Equity-Gesellschaften beschreibt, dass die geschäftsführenden Organe über die wahre Höhe des Vertragsrückflusses (hier übertragen auf die Mittelverwendung) schweigen und diese niedriger angeben, während die Private-Equity-Gesellschaften das Ergebnis nicht oder nur unter nicht ökonomisch sinnvollen Aufwand beobachten können.[492] Der Diskurs darüber, ob diese Vertragsklauseln Asymmetrien zwischen den Interessengruppen reduzieren oder erhöhen, ist auch auf das **Betroffenheitsrisiko** übertragbar. Denn auch bei gestuften Zahlungen besteht (finanzielle) Betroffenheit dann, wenn die Beteiligungsgesellschaften ihren Vertragsverpflichtungen nicht mehr nachkommen können und die bis zu diesem Zeitpunkt geleisteten Zahlungen ausfallen.[493] Nichtsdestotrotz wird das Betroffenheitsrisiko dadurch begrenzt, dass die Meilensteinfinanzierung Sicherheit schafft, die verabschiedeten Transaktionen von Zah-

[490] Vgl. Brehm (2012) S. 64 f.; Premm (2006), S. 257; Gompers/Lerner (2006), S. 171 f.; Pytlik (2003), S. 38.

[491] Demzufolge existiert das Problem hauptsächlich in der Bestimmtheit oder mindestens in der Bestimmbarkeit der Meilensteine. Das Ziel ist es, die Meilensteine sowohl klar, präzise als auch sicher erreichbar und objektiv überprüfbar sowie rechtlich eindeutig zu formulieren. Vgl. Brehm (2012), S. 67; Hoffmann/Hölzle (2004), S. 234.

[492] Vgl. Oehler (2005a).

[493] Damit gehen im Zweifel die eingezahlten Tranchen verloren. Vgl. Hoffmann/Hölzle (2004), S. 233. In dem Fall, dass die Vertragsklauseln zur Meilensteinfinanzierung nicht vereinbart werden, besteht die (finanzielle) Betroffenheit über den möglichen Verlust, über das zu Beginn in volle Summe gezahlte Eigenkapital.

lungsmitteln im Rahmen der Ausstiegsoption nach jeder Finanzierungsrunde zu beenden und demzufolge die Ausfallhöhe (finanzieller Verlust) begrenzt ist für die Fälle, in denen die erwarteten Vorgaben durch die Beteiligungsunternehmen nicht erfüllt werden.[494] Angesichts der mangelnden Kontrolle und Verifizierbarkeit, wird dieses Risiko aus einer Minderheitsstellung heraus höher sein als für die geschäftsführenden Organe. Die Vertragsklauseln zur Meilensteinfinanzierung wirken sich des Weiteren auch auf die **Rendite**, insbesondere die Rendite-Komponente des eingesetzten Eigenkapitals (Investitionssumme), aus.[495] Generell sind die Private-Equity-Gesellschaften – unabhängig von einer Mehr- oder Minderheitsposition – durch die zeitlich gestuften Zahlungsströme in der Lage das noch nicht eingezahlte Kapital anderweitig zu verwenden. Demnach wird ihre Liquidität grundsätzlich durch die Meilensteine gestärkt, da das Kapital bis zur endgültigen Auszahlung über einen längeren Zeitraum zur Verfügung steht und eine Staffelung der ausgehenden Cash Flows erreicht wird, wodurch grundsätzlich das oben genannte Kooperationsproblem des Kontrollrisikos gesenkt werden kann. Dieser Effekt wirkt sich auch auf die Internal Rate of Return aus und schafft unter Umständen einen erheblichen Zinsvorteil, womit die Rendite erhöht wird.[496] Die Rendite wird des Weiteren in den Fällen erhöht, in denen die Private-Equity-Gesellschaften trotz des noch zu leistenden Kapitalanteils bereits über die an dem vereinbarten Kapitalanteil gemessenen Eigentumsrechte verfügt.[497] Wird nun in diesem speziellen Zeitraum, dass bedeutet bis zur Angleichung der vereinbarten Kapitalsumme oder der Angleichung des Kapitalanteils an den Stimmrechts-/Verfügungsrechtsanteil, auch über die laufende Mittelverwendung und -verteilung bestimmt, ist eine Erhöhung der Cash Flows und damit der Rendite insgesamt möglich. Auf der anderen Seite reduziert sich die Rendite durch Kosten für die notwendigen Kapitalerhöhungen, wobei hier ein wesentlicher Unterschied zwischen Deutschland und Großbritannien in der Beschlussform der Kapitalerhöhungen besteht. Während bei der Private Company

[494] Vgl. Brehm (2012), S. 64. Empirische Arbeiten zeigen, dass die Vereinbarung einer Meilensteinfinanzierung, Private-Equity-Gesellschaften vor einer ineffizienten Projektfortführung durch die geschäftsführenden Organe schützt. Vgl. z.B. Gompers (1995).

[495] Zu beachten ist, dass in diesem Fall unter Rendite, nur die Rendite aus der Beteiligung an dem Zielunternehmen verstanden wird und nicht aus anderen Projekten.

[496] Vgl. Brehm (2012), S. 65 f.

[497] Bei der Rendite-Betrachtung zeigen sich insofern konstante Cash Flows (vertraglich fixiert), bei einem geringeren Eigenkapitalanteil. Ferner lassen sich die Fälle konstatieren, in denen die Zahlungen trotz entsprechender Vereinbarungen (Meilensteine) durch die Private-Equity-Gesellschaften verzögert werden. Hier zeigt sich ggf. der Unterschied zwischen der bloßen mündlichen oder schriftlichen Vereinbarung und der Durchsetzung dieser Vereinbarung. In der Regel besitzen die Private-Equity-Gesellschaften zu Beginn der Finanzierung die volle Beteiligungsquote, wobei das Investment noch nicht komplett geleistet wurde. Vgl. Brehm (2012), S. 62 f.; Antonczyk (2006), S. 109.

formlose Kapitalerhöhungen ohne Kosten möglich sind, sind Kapitalerhöhungen bei der GmbH aufgrund der Formbindung mit Kosten verbunden (Beschlussfassung; Notargebühren), die grundsätzlich zu Lasten der Rendite gehen. Unter der Annahme, dass auf Seiten der GmbH angesichts der Entstehung von Kosten weniger Meilensteine (und damit auch Kapitalerhöhungen) vereinbart werden als in der Private Company, hätte dies zur Folge, dass die Zeiträume zwischen den einzelnen Meilensteinen größer sind und weniger Referenzpunkte existieren, an denen die Private-Equity-Gesellschaften die Bedingungen überwachen. Dies wäre zudem mit einer höheren Qualitätsunsicherheit und Handlungsunsicherheit (siehe Informationsrisiko) sowie mit einem Anstieg des Kooperationsproblems des Kontrollrisikos verbunden.

Die Vertragsklauseln über die **Veto-/Zustimmungsrechte** regeln die über den gesetzlichen Rahmen hinausgehenden (Widerspruchs-)Rechte hinsichtlich zustimmungspflichtiger Geschäfte.[498] Rechtsformunabhängig betrachtet, ist der Einfluss hierbei vor allem auf die Steuerungsprozesse sowie auf die dafür verantwortlichen/involvierten geschäftsführenden Mehrheitsgesellschafter oder das Top-Management, vorwiegend im Fall einer Minderheitsbeteiligung, möglich.[499] Aus dieser Position heraus, begründet sich der Einfluss dadurch, dass die Private-Equity-Gesellschaften gegenüber den geschäftsführenden Organen bei zustimmungspflichtigen Geschäften mit einem Widerspruch reagieren können und somit in der Lage sind, unmittelbar auf die damit zusammenhängenden unternehmerischen Entscheidungen sowie auf das Verhalten der Unternehmensführung einzuwirken.[500]

Bei der **rechtsformspezifischen Ausgestaltung** in der **GmbH** kann in der Satzung vorgesehen werden, dass ein Gesellschafterbeschluss in der Versammlung nur dann gefasst wird,

498 Generell ist zwischen einem Veto- und Zustimmungsrecht zu differenzieren. Während Rechtsgeschäfte bei einem Zustimmungsrecht lediglich mit der Zustimmung zustande kommen, können Rechtsgeschäft denen nur ein Vetorecht entgegensteht vorgenommen werden, es sei denn, es wird ausdrücklich widersprochen. Vgl. Ziegert (2005), S. 150.

499 Dieses Recht garantiert den Private-Equity-Gesellschaften insofern eine weitreichende Mitwirkung und u.U. eine aktive Steuerung der Geschäftsführung. Vgl. Brehm (2012), S. 99. Es ist dann eine direkte Einflussnahme möglich, wenn Maßnahmen nur mit einer entsprechenden Zustimmung getroffen werden können. Vgl. Geigenberger (2006), S. 135.

500 Zustimmungsrechte werden demnach auch als disziplinierende Maßnahme verstanden. Vgl. Brehm (2012), S. 115. Im Fall einer Mehrheitsbeteiligung verliert der Zweck/Inhalt dieser Vertragsklauseln an Bedeutung, da die Private-Equity-Gesellschaften als geschäftsführende Mehrheitsgesellschafter bereits durch ihre Geschäftsführungskompetenz, über die zustimmungspflichtigen Geschäfte (mit)entscheiden und u.U. die verbleibenden Gesellschafter als Minderheitsgesellschafter, Veto-/Zustimmungsrechte ausüben können.

wenn der Antrag die Zustimmung eines bestimmten Gesellschafters oder zumindest nicht seinen Widerspruch gefunden hat.[501] Demnach erfolgt die Sicherung des Einflusses dadurch, dass bestimmte Geschäfte unter den Zustimmungsvorbehalt gestellt werden. Hinsichtlich der Einflussnahme auf die Angelegenheiten der Geschäftsführung ist weiterhin das Weisungsrecht der Gesellschafter von Relevanz, wodurch die Geschäftsführungsbefugnis der Geschäftsführer sowohl durch die Satzung als auch durch einen Gesellschafterbeschluss eingeschränkt werden kann.[502] Bei der **rechtsformspezifischen Ausgestaltung** in der **Private Company** bezieht sich das Veto-/Zustimmungsrecht grundsätzlich auf alle Maßnahmen, die sich auf die Änderung des Gesellschaftskapitals beziehen, sowie auf alle Transaktionen der Gesellschaft, die außerhalb des vereinbarten Unternehmensgegenstandes liegen. Wie weit sich diese Rechte erstrecken, ist gesetzlich nicht geregelt und hängt von den vertraglichen Vereinbarungen ab. Generell erfolgt die Einflussnahme über die Ausgestaltung von Stimmbindungsvereinbarungen, die ohne Beschränkung durchsetzbar sind.[503]

In beiden Rechtsformen erfolgt die Einflussnahme auf die Steuerungsprozesse aus einer Minderheitsposition heraus durch den Zustimmungsvorbehalt gegenüber dem Abschluss bestimmten Unternehmensgeschäfte oder -transaktionen.[504] Sowohl in der GmbH als auch in der Private Company besteht die Möglichkeit, die Veto-/Zustimmungsrechte auf andere Interessengruppen zu übertragen. Diese werden in der Regel Personen sein, die wiederum eine kontrollierende oder überwachende Funktion gegenüber den in den Steuerungsprozessen involvierten Interessengruppen wahrnehmen, wie zum Beispiel die nicht-geschäftsführenden Directors der Private Company oder die Aufsichts-/Beiratsmitglieder der GmbH. Ein deutlicher Unterschied stellt sich in der Existenz oder Nicht-Existenz des Weisungsrechts zwischen den Gesellschaftern und den Geschäftsführern dar. Daraus kann abgeleitet werden, dass die Einflussnahme auf die Steuerungsprozesse aufgrund des Fehlens eines derartigen Weisungsrechts der Gesellschafter gegenüber den geschäftsführenden Organen in der Private Company schwächer

---

[501] Vgl. Tal (2010), S. 201. Demnach kann die Satzung vorsehen, dass die Zustimmung der Gesellschafterversammlung, eines Beirats oder Aufsichtsrats Wirksamkeitsvoraussetzung für diese Geschäfte sein soll. Vgl. Weitnauer (2011), S. 330; Ziegert (2005), S. 150. Damit können die Gesellschafterbeschlüsse hauptsächlich durch Stimmbindungen beeinflusst werden. Vgl. Römermann (2002), § 47, Rn. 553.

[502] Vgl. Tal (2010), S. 201; Inhester (2010) S. 248; § 37 Abs. 1 GmbHG. Das Zustandekommen des Gesellschafterbeschlusses ist wiederum abhängig von der Entscheidung innerhalb der Gesellschaftergesamtheit. Vgl. Weitnauer (2011), S. 332.

[503] Vgl. Tal (2010), S. 100; Cadman (2004), S. 27; Mayson/French/Ryan (2007), S. 386 f.

[504] In dem Fall, dass die Kapitalgeber eine Minderheitsbeteiligung halten, spielen diese Vereinbarungen nicht nur eine Rolle zur Verhinderung unerwünschter Maßnahmen, sondern auch dann, wenn strukturelle Maßnahmen durchgesetzt werden sollen. Vgl. Tal (2010), S. 100.

ist als in der GmbH, in der die Minderheitsgesellschafter in der Lage sind, durch ihr Weisungsrecht in direkter Weise, das heißt ohne gesellschaftsrechtliche Schranken, auf die Geschäftsführer sowie die unternehmerischen Entscheidungen einzuwirken.[505]

Von der Vereinbarung der Vertragsklauseln über die Veto-/Zustimmungsrechte sind vor allem die Interessengruppen der geschäftsführenden Mehrheitsgesellschafter und/oder des Top-Managements betroffen.[506] Das **Informations-** und das **Delegationsrisiko** werden durch die Vereinbarung dahingehend reduziert, dass die geschäftsführenden Organe nicht in Gänze die unternehmerischen Entscheidungen innerhalb der Steuerungsprozesse treffen, sondern in bestimmten, festgelegten Fällen (zustimmungspflichtige Geschäfte) auf das Votum/die Zustimmung durch die Private-Equity-Gesellschaften angewiesen sind, die zu diesem Zeitpunkt entsprechende Informationen durch die geschäftsführenden Organe benötigen, um auf Grundlage dieser selbst zu entscheiden.[507] Auf diese Weise wird sowohl Handlungsunsicherheit (Hidden Action; Hidden Information) als auch Verhaltensunsicherheit (Hidden Intention; Hold Up) reduziert.[508] Letztere dadurch, dass die Verhaltensabsicht der geschäftsführenden Organe einer bestimmten Kontrolle unterzogen wird. Der Abbau von Informationsasymmetrien wird ex interim jedoch in den Fällen behindert, in denen abweichende Informationsstände über die Ausgestaltung der zustimmungspflichtigen Geschäfte existieren, womit Qualitätsunsicherheit bezüglich der Frage besteht, ob ein solches zustimmungspflichtiges Geschäft im Einzelfall vorliegt oder nicht und wie weit sich das Veto-/Zustimmungsrecht generell erstreckt. Neue, zusätzliche Informations-/Gestaltungsasymmetrien liegen dann vor, wenn im Rahmen der Vereinbarung über die Veto-/Zustimmungsrecht diese auf andere Interessengruppen übertragen werden, die im Namen der Private-Equity-Gesellschaften entsprechende zustimmungspflichtige Entscheidungen treffen. Divergenzen zwischen Deutschland und Großbritannien zeigen sich hauptsächlich aufgrund der Existenz/Nicht-Existenz des Weisungsrechts der Gesellschafter gegenüber der Geschäftsführung (hier Top-Management). Daraus kann für die

---

[505] Weller begründet durch das umfassende Weisungsrecht der GmbH-Gesellschafter eine direktive Verhaltenssteuerung. Vgl. Weller (2012), S. 402.

[506] Siehe hierzu die getroffenen Annahmen unter Kap. 5.1.5 (Tabelle 16) zu den unterschiedlichen Analyseperspektiven. Endogene Risiken existieren damit hauptsächlich gegenüber den geschäftsführenden Organen, und zwar sowohl vor (ex ante) als auch mit Abschluss dieser Vertragsklauseln (ex interim).

[507] Durch die Ausübung des Zustimmungsrechts sind die Private-Equity-Gesellschaften in der Lage, den durch die Anreizwirkung der externen Finanzierung verursachten Verhaltensweisen (z.B. Mittelverwendungsdisziplin) entgegenzutreten. Vgl. Grisebach (1989), S. 186 f., 220.

[508] Antonczyk/Brettel/Breuer zeigen, dass Hidden Information und Hidden Action durch Veto-/Zustimmungsrechte abgebaut werden und, dass das Hold Up-Problem weder reduziert noch erhöht wird. Vgl. Antonczyk/Brettel/Breuer (2007b), S. 25.

GmbH abgeleitet werden, dass die Durchsetzung von Interessen neben den vereinbarten Veto- und Zustimmungsrechten durch das zusätzliche Weisungsrecht gestärkt wird.[509] Ist eine starke Durchsetzung dieser Rechte angesichts des Weisungsrechts zu unterstellen, wird desgleichen die Reduzierung des Informations- und des Delegationsrisikos intensiviert. Das **Betroffenheitsrisiko** lässt sich insoweit reduzieren, dass der finanzielle Ausfall/Verlust einer bestimmten Unternehmenstransaktion (zustimmungspflichtiges Geschäft) eingeschränkt oder begrenzt wird, indem das betreffende Geschäft erst gar nicht oder nicht in diesem Ausmaß durchgeführt wird.[510] Die (finanzielle) Betroffenheit wird ferner dadurch begrenzt, dass die Private-Equity-Gesellschaften die geschäftsführenden Organe dann in Regress nehmen und die persönliche Verantwortung und Haftung übertragen können, wenn diese ohne vorheriger Zustimmung zustimmungspflichtige Geschäfte abschließen. Die Ausübung von Veto-/Zustimmungsrechten führt sowohl in Deutschland als auch in Großbritannien beziehungsweise in der GmbH und Private Company, gerade aus einer nicht geschäftsführenden Minderheitsposition heraus, zu der Gefahr, dass der Tatbestand des *faktischen Geschäftsführers* oder *Shadow-Directors* greift und diesbezügliche Haftungsfolgen ausgelöst werden (siehe Kapitel 4.4.3.2). Die **Rendite**, insbesondere die Rendite-Komponente der Cash Flows, wird durch die Ausübung der Veto-/Zustimmungsrechte dahingehend erhöht, dass die Private-Equity-Gesellschaften mit Bezug auf zukünftige Investitionen entscheiden können, welche zustimmungspflichtigen Geschäfte durchgeführt werden, welche nicht oder nicht in diesem Ausmaß. Während für den ersten Fall (Geschäft wird nicht durchgeführt) Cash Flows selbst nicht generiert, jedoch aus Sicht der Private-Equity-Gesellschaften gegebenenfalls zu hohe Auszahlungen vermieden werden (Senkung des Kooperationsproblems des Kontrollrisikos), sind im zweiten Fall (Geschäfte nicht in diesem Ausmaß) die Investitionsentscheidungen so lenkbar, dass potenzielle Cash Flows erhöht werden, wenn das betreffende Geschäft in einem anderen Ausmaß abgeschlossen wird. Demgegenüber verursacht jedoch die Durchführung und Durchsetzung dieser Rechte, je nach Ausgestaltung, Kosten (zum Beispiel sachliche Prüfung vorliegender zustimmungspflichtiger Geschäfte/Transaktionen), die die Rendite reduzieren.

---

[509] Dies stärkt insofern die Minderheitsposition der Private-Equity-Gesellschaften gegenüber dem Top-Management in der GmbH, z.B. bei der Durchsetzung von Investitionsentscheidungen im Zuge zustimmungspflichtiger Transaktionen.

[510] Grds. kann Unsicherheit reduziert und die Entscheidungsträger bzgl. wichtiger Belange umfänglich kontrolliert werden. Vgl. Brehm (2012), S. 116; Ziegert (2005), S. 142.

Die Vertragsklauseln zu den **Informationsrechten** zielen rechtsformunabhängig betrachtet hauptsächlich auf die Einflussnahme aus einer Minderheitsposition ab, wobei die Informationen sich auf die Steuerungsprozesse sowie die dafür verantwortlichen/involvierten geschäftsführenden Mehrheitsgesellschafter oder das Top-Management erstrecken. Der Einfluss begründet sich dadurch, dass von den genannten Interessengruppen bestimmte Informationen zu einem bestimmten Zeitpunkt verlangt werden, Auskunft auf Verlangen erteilt werden soll oder Einsicht in unternehmerische Abläufe, Prozesse, Entscheidungen oder Planungen genommen wird. Die Informationsrechte sind hierbei als unabdingbare Prämisse und Grundlage dafür anzusehen, dass die Private-Equity-Gesellschaften anhand der Informationen direkt auf die betreffenden Interessengruppen in entsprechenden Entscheidungs-/Kontrollgremien einwirken können.[511]

Bei der **rechtsformspezifischen Ausgestaltung** in der **GmbH** sind die Vereinbarungen über ausführliche Informationsrechte aufgrund der umfassenden Gestaltungsfreiheit der GmbH-Gesellschafter ohne weitere gesetzliche Beschränkungen möglich.[512] So ist das Auskunftsrecht der Gesellschafter gegenüber den Geschäftsführern als Teil der Informationsrechte im GmbHG relativ stark ausgeprägt.[513] Dennoch sieht dieses Gesetz ein Verweigerungsrecht vor, wenn die Gesellschafter die Informationen zu gesellschaftsfremden Zwecken verwenden und der Gesellschaft dadurch ein nicht unerheblicher Nachteil widerfährt.[514] Bei der **rechtsformspezifischen Ausgestaltung** in der **Private Company** sind die Gesellschaft und das Management per Gesetz dazu verpflichtet, dem Kapitalgeber gegenüber jederzeit Einblick in die Bücher der Gesellschaft zu gewähren, regelmäßig über die finanzielle Lage der Gesellschaft zu berichten und alle relevanten Informationen weiterzuleiten.[515] Bedeutend ist, dass solange die durch die Articles (Satzung) fixierten Befugnisse und Kompetenzen durch die geschäftsführenden Directors nicht überschritten werden, diese sich nicht den Entscheidungen und Ent-

[511] Vgl. Brehm (2012), S. 81; Nathusius (2005), S. 151. Insofern stellen gerade Mitwirkungs-/Zu-stimmungsrechte die bedeutendsten Steuerungs-/Kontrollrechte dar, die nur auf Grundlage angemessener Informationen auszuüben sind. Vgl. Ziegert (2005), S. 142. Die Informationsrechte dienen somit zur Unterstützung der Ausübung der sonstigen Einflussrechte. Vgl. Nathusius (2005), S. 181.

[512] Vgl. Tal (2010), S. 198; Inhester (2010), S. 247. Die zentralen Informationsrechte der Gesellschafter sind in § 51a Abs. 1 GmbHG geregelt.

[513] Vgl. Ziegert (2005), S. 154; Brehm (2012), S. 80; Weitnauer (2011), S. 329; § 45 GmbHG.

[514] Vgl. § 51a Absatz 2 GmbHG; Ziegert (2005), S. 154 f. Dieses Informationsverweigerungsrecht kann zu Problemen führen, z.B. wenn Kapitalgeber für den geplanten Exit eine Due Diligence durchführen und dies damit gesellschaftsfremde Interessen dient.

[515] Vgl. Tal (2010), S. 99.

schlüssen der Gesellschafter beugen müssen, da die Gesellschafterversammlung (General Meeting) über kein entsprechendes Weisungsrecht verfügt.[516]

In der GmbH und der Private Company ist die Ausgestaltung der über die gesetzlich hinausgehenden Informationsrechte für die Gesellschafter angesichts der gesellschaftsrechtlichen Vertragsfreiheit umfassend möglich. Unterschiede zeigen sich darin, dass das GmbHG – trotz des Weisungsrechts durch die Gesellschafter – ein an bestimmte Bedingungen geknüpftes Informationsverweigerungsrecht vorsieht, während ein solches, nicht an das Gesetz gebundenes Recht in der Private Company nur dann greift, wenn die in den Articles definierten Kompetenzen und Befugnisse überschritten werden. Die Einflussnahme auf die Steuerungsprozesse aus einer Minderheitsposition heraus gestaltet sich in den beiden Rechtsformen unterschiedlich und zwar dahingehend, dass das Informationsrecht in der GmbH soweit ausnutzbar ist, bis eine gesetzliche Maxime in Form *gesellschaftsfremder Zwecke* erreicht wird. In der Private Company hingegen kann diese Maxime von Anfang an vertraglich festgelegt werden, wodurch der Spielraum für die Private-Equity-Gesellschaften weitaus größer ist, da keine gesetzliche Beschränkung existiert. Im Ergebnis kommt es demnach nur auf das Ausmaß der vereinbarten Informationsrechte an.

Der Abschluss der Vertragsklauseln zu den Informationsrechten betrifft in erster Linie die geschäftsführenden Mehrheitsgesellschafter und/oder das Top-Management.[517] Das **Informations**- und das **Delegationsrisiko** werden in dem Sinne reduziert, dass die gesetzlich existierenden Informationsrechte durch zusätzliche Informationsrechte erweitert werden, wodurch zumindest die Quantität an Informationen, die die Steuerungsprozesse betreffen, erhöht wird. Das Mehr an Informationen unterstützt die Private-Equity-Gesellschaften zudem bei der Einschätzung der wirtschaftlichen und finanziellen Situation des Unternehmens. Ferner verhelfen

---

[516] Vgl. Heinz (2006), § 6, Rz. 5; Feltl (2008a), S. 40; Feltl (2008b), S. 7. Die Gesellschafter haben lediglich die Möglichkeit, von vornherein entsprechende Bestimmungen im Rahmen des Aufgabenbereichs der Directors in den Articles zu etablieren. Vgl. Feltl (2008b), S. 7. Zwar besteht für Private Companies nach neuester Gesetzeslage keine Pflicht mehr zur Bestellung, jedoch nimmt der Secretary, der nach dem Gesetz der ranghöchste Angestellte der Gesellschaft ist, neben dem Director bzw. Board of Directors eine weitere wichtige Funktion innerhalb der Private Company ein. Vgl. Feltl (2008a), S. 42. Diesem obliegt bspw. die Führung der Bücher oder auch die Einberufung des General Meeting. Vgl. Morse (1999), S. 299. Von der Führung/Leitung der Private Company ist der Secretary jedoch ausgeschlossen. Vgl. Gower/Davies (2003), S. 297. Die ursprünglichen Aufgabenfelder bzw. Pflichten und Rechte können auch vom Director bzw. von einer dem Board of Directors berechtigten Person ausgeführt werden. Vgl. Sec. 270, 271 ff. CA 2006.

[517] Damit bestehen die Risiken überwiegend gegenüber den geschäftsführenden Organen, und zwar vor (ex ante) und nach Abschluss (ex interim).

zum Beispiel zusätzliche Reporting-Maßnahmen oder Informationssysteme die Entwicklung der Geschäftstätigkeit besser zu kontrollieren.[518] Das Delegationsrisiko wird desgleichen aufgrund der ausgeweiteten Informationspflicht der geschäftsführenden Organe gegenüber den Private-Equity-Gesellschaften reduziert, die sich in einer Minderheitsposition befinden, wodurch vor allem Handlungsunsicherheit (Hidden Action; Hidden Information) abgebaut werden kann.[519] Aus Sicht der Private-Equity-Gesellschaften trägt die Implementierung von Informationssystemen, wie zum Beispiel Reporting-/Controlling-Systemen dazu bei, das strukturelle Informationsgefälle zu den Entscheidungsträgern abzubauen sowie Hidden Action durch die gegenüberstehende Partei in Form von opportunistischem Verhalten oder auch einer Verschwendung von Ressourcen zu verhindern.[520] Demgegenüber können auch zusätzliche Asymmetrien ex interim entstehen, die zum Beispiel durch die Schaffung neuer Informationssysteme bedingt sind. Im Vergleich zwischen Deutschland und Großbritannien stellt sich das für die GmbH geltende Informationsverweigerungsrecht (trotz des Weisungsrechts durch die Gesellschafter) dar, welches für die Private Company nur in dem Fall Anwendung findet, dass vorher definierte Kompetenzen und Befugnisse durch die geschäftsführenden Directors überschritten wurden. Damit liegt der Unterschied darin, wie weit Informations-/Gestaltungsasymmetrien generell abbaubar sind, wobei das Ausmaß für die GmbH durch das Informationsverweigerungsrecht (bei gesellschaftsfremden Zwecken) limitierter ist als bei der Private Company. Das **Betroffenheitsrisiko** lässt sich durch den zusätzlich geschaffenen Informationsaustausch reduzieren, da die Private-Equity-Gesellschaften die Gefahr über einen möglichen finanziellen Verlust auf Grundlage vermehrter Informationen unter Umständen besser bewerten und verifizieren können (Abbau der Qualitätsunsicherheit). Die **Rendite** der Private-Equity-Gesellschaften wird durch zusätzliche Informationen nicht unmittelbar erhöht. Dennoch unterstützen die Vertragsklauseln den Entscheidungs- und Informationsprozess. Demgegenüber verursachen die erweiterten Informationsrechte Kosten bei der Ausübung und Durchsetzung (zum Beispiel die Implementierung von Informationssystemen oder Informationsrichtlinien; Verarbeitung und Auswertung von Informationen), die die Rendite der Private-Equity-Gesellschaften reduzieren.

[518] Vgl. Brehm (2012), S. 73 f.; Brinkrolf (2002), S. 111. Nach Antonczyk und Brinkrolf zu urteilen, lassen sich zwischen 95-98% der Wagnisfinanciers aller untersuchten Verträge spezielle Informationsrechte einräumen. Vgl. Antonczyk (2006), S. 152 und Brinkrolf (2002), S. 161.

[519] Antonczyk/Brettel/Breuer zeigen, dass Hidden Information und Hidden Action durch Informationsrechte abgebaut werden, das Hold Up-Problem jedoch weder reduziert noch erhöht wird. Vgl. Antonczyk/Brettel/Breuer (2007b), S. 25.

[520] Vgl. Brehm (2012), S. 82; Nathusius (2005), S. 181.

Die Vertragsklauseln zu den **Entsenderechten** und den **Blockbuster-Bestimmungen** regeln zum einen die Entsendung von Mitgliedern in die Kontroll-/Aufsichtsgremien sowie in die Geschäftsführung und zum anderen die komplette Übernahme der Geschäftsführung durch die Private-Equity-Gesellschaften. Rechtsformunabhängig betrachtet, begründet sich die Einflussnahme auf die Steuerungs-/Kontrollprozesse durch das Entsenderecht dadurch, dass die Private-Equity-Gesellschaften in der Lage sind, einzelne in der Geschäftsführung oder in den entsprechenden Kontrollgremien tätige Personen unmittelbar abzuberufen, zu entlassen und/oder neu zu besetzen.[521] Die Blockbuster-Bestimmungen sind für die Private-Equity-Gesellschaften hingegen lediglich im Fall einer Minderheitsbeteiligung von Bedeutung. Durch diese Vereinbarung ist es ihnen aufgrund der vollständigen Übernahme der Geschäftsführung möglich, die Steuerungsprozesse nicht mehr (nur) zu überwachen, sondern selbst zu übernehmen. Beide Vertragsregelungen dienen als Anreiz-/Sanktionsmechanismus gegenüber den in den oder für die Steuerungs-/Kontrollprozesse(n) tätigen/verantwortlichen Interessengruppen.

Bei der **rechtsformspezifischen Ausgestaltung** in der **GmbH** sind die Entsenderechte und Blockbuster-Bestimmungen als unterschiedliche Regelungswerke getrennt voneinander zu betrachten. Bezüglich der Entsendung sind die Gesellschafter in ihrer Gesamtheit für die Bestellung der Geschäftsführer zuständig.[522] Durch den Gesellschaftsvertrag kann diese Kompetenz auch insgesamt sowie hinsichtlich einzelner Geschäftsführer auf einen Aufsichtsrat, Beirat oder einzelne Gesellschafter übertragen werden,[523] was die Vereinbarung eines Geschäftsführungsentsenderechts ohne weitere Einschränkungen ermöglicht. Besteht ein fakultativer Aufsichtsrat, so kann ferner ein Aufsichtsratsentsenderecht uneingeschränkt vereinbart werden.[524] Analog dazu gelten die Blockbuster-Bestimmungen, wobei für die spezifische Ausgestaltung die Gesellschafterversammlung zuständig ist, soweit der Gesellschaftsvertrag keine anderen Regelungen vorsieht. Desgleichen ist die Zuständigkeit auf einzelne Gesellschafter

---

521 Gerade aus einer Minderheitsposition heraus ist durch die Besetzung in einem Kontrollorgan eine entscheidende Steuerung der Entscheidungsträger bzw. Geschäftsführer möglich. Vgl. Brehm (2012), S. 95; Nathusius (2005), S. 177. Das Entsenderecht stellt eines der stärksten Einflussrechte dar, dass eine direkte Einflussnahme sowie eine wertschöpfende Unterstützung und Beratung erlaubt. Vgl. Brehm (2012), S. 86. Die Private-Equity-Gesellschaften sind ferner in der Lage, durch die Androhung des Kontrollverlusts bei spezifischen Entscheidungen ein bestimmtes Druckpotenzial aufzubauen. Demzufolge sind die Private-Equity-Gesellschaften mit einer Art Letztentscheidungskompetenz ausgestattet. Vgl. Brehm (2012), S. 126.

522 Vgl. § 46 Nr. 5 GmbHG.

523 Vgl. Lutter/Hommelhoff (2004), § 35, Rn. 3; Möller (2003), S. 121.

524 Vgl. Tal (2010), S. 205 f.; Möller (2003), S. 83. Gleiches gilt für die Entsendung von Mitgliedern in den Beirat.

übertragbar.[525] Auch bei der **rechtsformspezifischen Ausgestaltung** in der **Private Company** sind beide Regelungswerke getrennt voneinander zu betrachten. Mit Bezug auf die Entsendung ist es üblich, dass die Private-Equity-Gesellschaften in der Regel einen oder mehrere geschäftsführende Directors oder nicht-geschäftsführende Directors in das Board der Gesellschaft entsendet.[526] Die Wahl der Directors ist dabei im Gesetz nicht geregelt. In dem Fall, dass sich in den Articles keine entsprechenden Regelungen finden, liegt das Wahlrecht bei den Gesellschaftern, die die Bestellung im Rahmen der ordentlichen Gesellschafterversammlung beschließen.[527] Generell besteht jedoch die Möglichkeit, das Entsenderecht in der Satzung zu verankern. In der Private Company kann bei Entsendung eines Directors grundsätzlich das Problem auftreten, dass dessen Neutralität nicht gewährleistet ist und es aufgrund der Entsendung in das Board zu Interessenkonflikten kommt, da die Private-Equity-Gesellschaften dort ihre Interessen vertreten lassen. Nichtsdestotrotz haben die Directors im Grundsatz dem Gesellschaftsinteresse zu dienen und sind nach der Rechtsprechung, weder den Gesellschaftern noch den anderen Directors gegenüber verpflichtet, denn die Treuepflicht besteht ausschließlich gegenüber der Gesellschaft als juristische Person. In der Konsequenz haben einzelne Directors, trotz Entsendung durch die Private-Equity-Gesellschaften, stets den Interessen des Beteiligungsunternehmens zu dienen, wobei die Anforderungen an ihr Verhalten den Interessen des Entsendenden durchaus zuwiderlaufen können.[528] Hinsichtlich der Blockbuster-Bestimmungen steht lediglich die Beurteilung der Gründe für einen Machtwechsel (Machtwechsel auslösende Krise der Gesellschaft) oftmals in der Diskussion, insbesondere in Bezug auf eine enge oder weite Fassung oder Auslegung dieser Gründe in den gesellschaftsrechtlichen Vereinbarungen.[529]

Für beide Rechtsformen ist die Ausgestaltung der Entsenderechte durch die Gesellschafter ohne weitere Einschränkungen gesellschaftsvertraglich möglich, das heißt es können sowohl Mitglieder in die Geschäftsführung von GmbH und Private Company als auch in die Kon-

[525] Vgl. dazu Tal (2010), S. 206. Im Ergebnis lassen sich die Entsende- und Abberufungsrechte in der GmbH uneingeschränkt vereinbaren. Vgl. Tal (2010), S. 206. Nach § 38 Abssatz 1 GmbHG gilt der Grundsatz der freien Abberufbarkeit, d.h., dass es keine wichtigen Gründe bedarf, sofern der Gesellschaftsvertrag diesbezüglich keine anderweitigen Vereinbarungen vorsieht. Abberufungsgründe können in einem Katalog in der Satzung vorgesehen werden. Vgl. auch Ziegert (2005), S. 160; Tal (2010), S. 206. Und damit auch die Gründe, ab wann das Abberufungsrecht gilt oder nicht. Vgl. Ziegert (2005), S. 148.

[526] Vgl. Tal (2010), S. 93.

[527] Vgl. Worcester Corsetry Ltd. v Witting [1936] Ch 640: Link Agricultural Pty Ltd. v Shanahan [1998] 28 ACSR 498.

[528] Vgl. Tal (2010), S. 94-96.

[529] Vgl. Dwyer (2006), Rn. 8.77.

trollgremien der GmbH oder das Board der Private Company entsandt werden. Auch die Vereinbarung über Blockbuster-Bestimmungen ist in beiden Rechtsformen uneingeschränkt möglich. Ein markanter Unterschied besteht in der Problematik, dass bei der Entsendung eines Directors in der Private Company möglicherweise dessen Neutralität nicht gewährleistet ist.[530] Demnach besteht für die Entsendenden unter Umständen ein weitaus höheres Haftungsrisiko bei der Private Company, als es bei der GmbH der Fall ist.

Während die Entsendung von Personen in die Kontrollgremien (Aufsichts-/Beirat; Board of Directors) hauptsächlich die nicht-geschäftsführenden Minderheitsgesellschafter betrifft, bezieht sich die Entsendung von Personen in die Geschäftsführung sowie der Austausch von Personen aus der Geschäftsführung vor allem auf die geschäftsführenden Mehrheitsgesellschafter/das Top-Management. Damit bestehen die Risiken überwiegend gegenüber den genannten Interessengruppen, und zwar bereits vor und mit Abschluss dieser Vertragsklauseln (ex interim). Das ex ante existierende **Informations-** und **Delegationsrisiko** werden durch die Entsendung von Personen in die Kontroll- und Steuerungsprozesse dahingehend reduziert, dass zunächst die persönliche Distanz zu den betreffenden Interessengruppen verkürzt wird, das Verhalten dieser Interessengruppen im Rahmen ihrer Tätigkeitsausübung damit unmittelbar beobachtet werden kann und somit ein verstärkter Informationsaustausch geschaffen wird (Senkung der Handlungs- und Verhaltensunsicherheit).[531] Durch die direkte Positionierung innerhalb der Kontroll-/Aufsichtsgremien (gegebenenfalls aus einer Minderheitsposition heraus) werden insbesondere Hidden Information verringert sowie Fehlentwicklungen (Hidden Action) bereits frühzeitig identifiziert und diesen entgegengewirkt.[532] Durch den kompletten Austausch von Mitgliedern der jetzigen Geschäftsführung (Steuerungsprozesse) und der Aufsichtsgremien (Kontrollprozesse) sind die Private-Equity-Gesellschaften in der Lage, bestehende Asymmetrien am stärksten abzubauen, wenn nicht sogar – im Fall, dass alle involvierten Personen ausschließlich durch eigene Mitarbeiter/Personen der Private-Equity-

[530] Auch in diesem Fall zeigt sich erneut die Nicht-Existenz eines Weisungsrechts.

[531] Ob und wie sich die Besetzung von Entscheidungs-/Kontrollgremien auf die Beteiligungsunternehmen sowie die Interessengruppen auswirkt, steht in enger Verbindung mit der Frage, wie die Zustimmungsrechte oder sonstigen Mitwirkungsrechte, die dem entsprechenden Gremium eingeräumt werden, ausgestaltet sind. Vgl. Brehm (2012), S. 95.

[532] Vgl. Premm (2006), S. 192.

Gesellschaften ersetzt werden – vollständig zu beseitigen.[533] Im Umkehrschluss werden jedoch auch neue Risiken geschaffen, die dann vor allem zwischen den entsendeten Personen und den Private-Equity-Gesellschaften bestehen. Das **Betroffenheitsrisiko** lässt sich durch diese Vertragsklauseln insoweit reduzieren, dass durch die Entsendung in die jeweiligen Steuerungs- und Kontrollprozesse der potenzielle finanzielle Verlust besser beurteilt werden kann, da die Beteiligung an bestimmten Entscheidungen jetzt selbst getroffen werden müssen und die Informations-(grund)lage eine andere ist. Zwischen Deutschland und Großbritannien zeigt sich angesichts des Problems, dass bei der Entsendung eines Directors in die Private Company möglicherweise dessen Neutralität nicht gewährleistet ist – da dieser aufgrund der Treuepflicht im Grundsatz nicht dem Interesse der Entsendenden, sondern dem Interesse der Gesellschaft zu dienen hat – unter Umständen ein Haftungsrisiko für die Private-Equity-Gesellschaften[534] und damit auch ein höheres Betroffenheitsrisiko vorhanden ist, im Vergleich zur GmbH. Ferner besteht ein Unterschied darin, dass mit dem (fakultativen) Aufsichtsrat der GmbH ein mit einer gesetzlich festgeschriebenen Überwachungsfunktion ausgestattetes Gremium existiert, in das die Private-Equity-Gesellschaften Mitglieder entsenden können. In beiden Ländern beziehungsweise Rechtsformen ist bei der Ausübung von Entsenderechten, gerade aus einer nicht geschäftsführenden Minderheitsposition heraus, darauf Acht zu geben, dass der Tatbestand eines *faktischen Geschäftsführers* oder *Shadow-Directors* nicht greift und diesbezügliche Haftungsfolgen vermieden werden. Speziell die Blockbuster-Klausel trägt dazu bei, dass die Private-Equity-Gesellschaften, gerade zur Bewältigung von Unternehmenskrisen, den Ausfall des eingesetzten Kapitals dadurch begrenzen oder gänzlich umgehen, weil sie selbst die Geschäftsführung übernehmen.[535] Dennoch besteht die Gefahr, dass mit der tatsächlichen Durchsetzung und Ausübung dieses Rechts, gegebenenfalls unerwartete negative Konsequenzen auftreten, wie beispielsweise hohe Transaktionskosten oder der Verlust von Humankapital.[536] Beide Vertragsklauseln wirken sich des Weiteren unterschiedlich auf die **Rendite** aus. Einerseits besteht die Möglichkeit, die Cash Flows durch die Sicherstellung der Einflussnahme auf die Investitionsentscheidungen zu erhöhen, da die Private-Equity-Gesellschaften entweder direkt mitentscheiden (bei Entsendung) oder unter Um-

[533] Antonczyk/Brettel/Breuer zeigen, dass Hidden Information und Hidden Action sowohl durch die Entsendung als auch durch den Austausch (Blockbuster) abgebaut werden, das Hold Up-Problem jedoch weder reduziert noch erhöht wird. Vgl. Antonczyk/Brettel/Breuer (2007b), S. 25.

[534] Vgl. Tal (2010), S. 96.

[535] Vgl. Brehm (2012), S. 124.

[536] Vgl. Nathusius (2005), S. 179; Ruppen (2002), S. 93.

ständen auch selbst entscheiden (bei komplettem Austausch), anstatt auf die zeitige und vereinbarte Bereitstellung von Informationen zu vertrauen (teilweiser bis vollständiger Abbau des Kooperationsproblems des Kontrollrisikos).[537] Anderseits verursacht die (zeitlich beschränkte) Entsendung oder auch der teilweise/komplette Austausch Kosten (Personaleinsatz; Informationsverarbeitung), die die Rendite verringern.

Die Vertragsklauseln zur **Bindung** der Gesellschafterposition an die Geschäftsführungstätigkeit beinhalten die Verknüpfung zwischen der Gesellschafterstellung und der Organ-/Dienststellung (Vesting) und erfolgt zumeist durch Leaver-Klauseln. In der Konsequenz entsteht ein teilweiser oder vollständiger Verlust der bisherigen Gesellschafterstellung bei Beendigung der Tätigkeit. Die Bindungsklauseln sind vor allem für die Private-Equity-Gesellschaften aus einer Minderheitsposition heraus von Relevanz. Rechtsformunabhängig betrachtet, erfolgt die Einflussnahme auf die Steuerungsprozesse dadurch, dass die dort involvierten geschäftsführenden Mehrheitsgesellschafter, aber auch das Top-Management und die Mitarbeiter bei entsprechender Beteiligung am Unternehmen, ihre gegenwärtige Geschäftsführungstätigkeit bei Eintritt bestimmter Ausscheidungsgründe (Good und Bad Leaver) beenden müssen und durch andere Personen ersetzt werden. Gleichwohl hängt der Einfluss durch die Private-Equity-Gesellschaften unmittelbar davon ab, ob Gründe angebracht werden, die das Beenden der Tätigkeit rechtfertigen. Die Vertragsklauseln schaffen einen zumindest eingeschränkten Anreiz-/Sanktionsmechanismus (da dieser an die genannten Gründe gekoppelt ist), der seine Wirkung ebenso aufgrund der unmittelbaren Verbindung zur Rendite der Interessengruppen entfaltet (Verlust der Gesellschafter- und Geschäftsführerposition), wenn berechtigte Ausscheidungsgründe existieren und diese durchgesetzt werden. Der Anreiz-/Sanktionsmechanismus zeigt seine Wirkung auch gerade durch die Verknüpfung beider Positionen und dadurch, dass ein Druckpotenzial und damit ein Steuerungsinstrument zur Vermeidung von unerwünschten Konsequenzen geschaffen werden.[538]

Bei der **rechtsformspezifischen Ausgestaltung** in der **GmbH** können Leaver-Klauseln (Hinauskündigungsklauseln) grundsätzlich festgelegt werden, es existieren vor dem Hintergrund

[537] Empirische Arbeiten zeigen, dass die Performance von Venture-Capital- und Private-Equity-Fonds umso höher ist, desto häufiger eine Vertretung in den Aufsichtsgremien vonstatten geht. Vgl. Ruppen (2002), S. 51; Premm (2006), S. 206.

[538] Vgl. Pfeifer (1999), S. 1655, 1671; Dörrscheidt (2008), S. 182 f.

der Rechtsprechung jedoch Zweifel hinsichtlich ihrer Wirksamkeit.[539] Bei der Frage nach der Wirksamkeit muss nach den jeweiligen Ereignissen differenziert werden. Während zum Beispiel persönliche Umstände bei der Ausübung, schwerwiegende Verfehlungen oder nicht den Anforderungen entsprechende Leistungen, in der gesellschaftsrechtlichen und gerichtlichen Abwicklung relativ unproblematisch sind, ist der Grund, der in einer Abberufung oder Kündigung im Ermessen der Gesellschaft liegt, zweifelhaft.[540] Nichtsdestotrotz wird die Zulässigkeit von Leaver-Klauseln insgesamt durch den Bundesgerichtshof (BGH) bejaht.[541] Ein weiteres Problem liegt in den Abfindungsbeschränkungen.[542] Die Angemessenheit der Abfindung hat zwar keine Relevanz für die Wirksamkeit von Hinauskündigungsklauseln, dennoch führt eine von Anfang an unangemessen niedrige Abfindung dazu, dass nicht die vereinbarte Abfindung, sondern eine Abfindung nach dem Verkehrswert gilt.[543] Eine solche Abfindung widerspricht aber der Konzeption von Leaver-Klauseln, da diese an auslösende Ereignisse (Good/Bad Leaver) gebunden sind, welche von wichtiger Bedeutung für die Frage nach der Höhe des Entgelts für die zwangsweise entzogenen Anteile sind. Hinsichtlich des Anreizmechanismus soll ein Bad Leaver mit einer Werteinbuße und ein Good Leaver mit einem angemessenen Ausgleich einhergehen. Wird jedoch den ausscheidenden Gesellschaftern der Verkehrswert gezahlt, kann dies unter Umständen einen Anreiz dafür schaffen, dass die Gesellschaft frühzeitig verlassen wird.[544] Grundsätzlich ist ein vollständiger Abfindungsausschluss unabhängig vom Ausscheidungsgrund nach deutschem Recht sittenwidrig und unwirksam.[545] Eine Ausnahme hiervon besteht aus Sicht des BGH im Fall eines Mitarbeitermodells dann, wenn der betreffende Mitarbeiter die Gesellschaftsanteile unentgeltlich erhalten hat;[546] gleiches soll für Managermodelle gelten.[547] Bei der **rechtsformspezifischen Ausgestaltung** in

[539] Vgl. Tal (2010), S. 194.
[540] Vgl. z.B. Kästle/Heuterkes (2005); Tal (2010), S. 194; Weitnauer (2011), S. 342 f. Mit den Manager- und Mitarbeitermodellen hat sich in der Vergangenheit bereits der BGH auseinandergesetzt, mit dem Ergebnis, dass diese gängige Praxis als sachlich gerechtfertigt eingestuft wird, da die Beteiligungsunternehmen grds. personalistisch ausgestaltet sind und die Mitarbeiter ein wesentliches Element spielen. Vgl. Tal (2010), S. 196.
[541] Vgl. Tal (2010), S. 196.
[542] Im deutschen Gesellschaftsrecht sind die Regelungen zu den Abfindungen, die nicht dem Verkehrswert entsprechen, nicht immer durchsetzbar. Vgl. Mackensen (2009), S. 358.
[543] Vgl. BGH (1990), Urteil des Bundesgerichtshofs vom 09.07.1990, II ZR 194/89.
[544] Vgl. Tal (2010), S. 196.
[545] Vgl. z.B. Piehler/Schulte (2004), § 38, Rn. 43.
[546] Vgl. BGH (2005), Urteil des Bundesgerichtshofs vom 19.09.2005, II ZR 342/03
[547] Vgl. BGH (2005), Urteil des Bundesgerichtshofs vom 19.09.2005, II ZR 342/03. Insofern werden die Gesellschafter vor einer Anreizverzerrung durch das Auseinanderfallen der finanziellen Beteiligung und der Unternehmensleistungsbefugnis geschützt. Vgl. Tal (2010), S. 197. Eine Vertragsklausel, die über eine Call-Option oder eine schuldrechtliche Übertragungsverpflichtung den Ausschluss eines Gesellschafters vorsieht,

der **Private Company** sind Leaver-Klauseln angesichts der Tatsache, dass unmittelbar das Gesellschaftsverhältnis betroffen ist, zumeist auch in den Articles enthalten.[548] Im britischen Recht werden an der Wirksamkeit von Leaver-Klauseln keine Zweifel gesehen. Die Rechtsprechung ist bei der kooperativen Einschränkung von Gesellschafterrechten sehr liberal.[549] Dies gilt analog für die vertragliche Beschränkung von Mitgliedschaftsrechten. Grundvoraussetzung ist, dass der Zwangsentzug der Anteile im Gesellschaftsinteresse liegen muss, was stets zu bejahen ist, wenn beispielsweise ein Manager seine Stellung in der Geschäftsführung verliert.[550]

Ein Hauptunterschied zwischen den beiden Rechtsformen liegt in der Wirksamkeit der Leaver-Klauseln. Damit besteht für die Private-Equity-Gesellschaften als diejenigen, die die Klauseln durchsetzen wollen, bei der GmbH eine weitaus größere Rechtsunsicherheit als es bei der Private Company der Fall ist. Denn nicht zuletzt hängt die Einflussnahme auf Grundlage dieser Vertragsklausel unmittelbar davon ab, ob Ausscheidungsgründe angebracht und durchgesetzt werden können, die das Beenden der Tätigkeit tatsächlich rechtfertigen.

Die Vereinbarung dieser Vertragsklauseln betrifft in erster Linie die geschäftsführenden Mehrheitsgesellschafter. Dies gilt entsprechend für den Fall, dass auch das Top-Management oder die Mitarbeiter an den Unternehmen beteiligt ist/sind. Das bestehende **Informations-** und das **Delegationsrisiko** werden durch die Bindung dadurch reduziert, dass das Verhalten der oben genannten Interessengruppen von Ausscheidungsgründen, die in der Konsequenz zum Verlust der Gesellschafterstellung führen, sowie die damit einhergehende Verhaltensunsicherheit (Verhalten kann erkannt, jedoch nicht verhindert werden) abhängig gemacht wird.[551] Dadurch, dass sich das Verhalten an den vorgegebenen Gründen orientiert und dieje-

---

dessen Tätigkeit im Management endet, ist zulässig, wenn das Dienst- oder Arbeitsverhältnis ordentlich, d.h. nicht aufgrund eines von der Gesellschaft zu vertretenden wichtigen Grundes gekündigt oder trotz gleich bleibender Konditionen nicht verlängert wird oder wenn die Gesellschaft aus einem vom Gesellschafter zu vertretenden wichtigen Grund kündigt. Nur die Festlegung der Beendigung der Management-Tätigkeit in der Gesellschaftervereinbarung ist nicht ausreichend, um eine Einziehung aus wichtigem Grund zu begründen, auch im Falle einer vorherigen Zustimmung des Gesellschafters. Dagegen ist jedoch die statutarische Vereinbarung der Einziehung wegen Beendigung der Tätigkeit zulässig. Vgl. Winkler (2004), S. 193-196.

[548] Vgl. Reece/Ryan (2009), Rn. 9.138.

[549] Vgl. Borland's Trustee v Steel Brothers & Co Ltd. [1901] 1 Ch. 279, 280. Ausgehend von dem Standpunkt, wer Anteile an der Gesellschaft erwirbt, erwirbt diese zu den in Articles bestimmten Bedingungen.

[550] Vgl. Tal (2010), S. 102.

[551] Des Weiteren wird ein Druckpotenzial und ein Steuerungsinstrument zur Vermeidung von unerwünschten Konsequenzen geschaffen, wodurch vor allem Hold-Up und Hidden Action verringert werden. Vgl. Dörrscheidt (2008), S. 182 f.

nige Person diese Gründe kennt und beabsichtigt, an der jetzigen Position festzuhalten, wird eine Anreizfunktion geschaffen.[552] Während der Abschluss dieser Vertragsklauseln einerseits die oben genannten Risiken reduziert, baut die Durchsetzung der Vertragsklausel ex interim Asymmetrien auf, und zwar für den Fall, dass die vereinbarten Ausscheidungsgründe nicht genau spezifiziert worden sind und die Interessengruppen über einen divergierenden Informationsstand hinsichtlich des Ausmaßes der inhaltlichen Ausgestaltung, des tatsächlichen Inkrafttretens oder der rechtlichen Auslegung verfügen. Damit geht einher, dass auf Seiten der Private-Equity-Gesellschaften Qualitätsunsicherheit darüber besteht, ob die Ausscheidungsgründe gegenüber den Interessengruppen und vor Gericht letzten Endes durchsetzbar sind. Die durch die Bindung erzielte Anreizfunktion reduziert des Weiteren auch das **Betroffenheitsrisiko**, da durch die Regelungen auch wichtige Know-How-Träger vor einem möglichen Ausstieg abgehalten werden.[553] Nichtsdestotrotz besteht die Gefahr, dass bei nicht begründeten Kündigungen von Gesellschaftern/Geschäftsführern die Betroffenheitsasymmetrien verstärkt werden, da die betreffende Person unter Umständen gegen die Kündigung klagt (Verhaltensunsicherheit) und/oder kein äquivalenter Ersatz für die jeweilig ausscheidende Person gefunden wird (Qualitätsunsicherheit). Im Vergleich zwischen Deutschland und Großbritannien zeigt sich der Unterschied in der Rechtsunsicherheit aufgrund der Zulässigkeit und Durchsetzung von Leaver-Klauseln auf Seiten der GmbH. Insofern bestehen diesbezüglich weitaus größere Betroffenheitsrisiken für die Private-Equity-Gesellschaften als es bei der Private Company der Fall ist. Die Vertragsklauseln wirken sich ferner auf die **Rendite** aus und zwar in den Fällen, dass tatsächlich ein Gesellschafter ausscheidet. Demnach wird unter Umständen der Kapitalanteil des ausscheidenden Gesellschafters auf die übrigen Gesellschafter übertragen, wodurch sich der gegenwärtige Eigenkapitalanteil für die Private-Equity-Gesellschaften erhöht.

Die Vertragsklauseln zur **Manager-/Mitarbeiterbeteiligung** ermöglichen den betreffenden Interessengruppen eine direkte Beteiligung am Unternehmen oder den Erhalt von Beteiligungsoptionen. Rechtsformunabhängig betrachtet, ist die Einflussnahme durch die Private-Equity-Gesellschaften aus einer Minder- und Mehrheitsposition heraus auf die Steuerungs-/ Kontrollprozesse möglich, begründet durch die Anreiz-/Sanktionsfunktion, wobei die Mitar-

[552] Antonczyk/Brettel/Breuer zeigen, dass sowohl Hidden Information und Hidden Action als auch das Hold Up-Problem durch die Bindung (Vesting) abgebaut wird. Vgl. Antonczyk/Brettel/Breuer (2007b), S. 25.
[553] Vgl. Reißig-Thust (2003), S. 119 f.; Antonczyk (2006), S. 120.

beiter unterschiedlich in diese Prozesse involviert sind, und zwar einerseits in die der Unternehmensführung untergeordneten Stellen und Abteilungen oder auch im Zuge der betrieblichen Mitbestimmung oder Unternehmensmitbestimmung.[554] Der Anreiz-/Sanktionsmechanismus wirkt demnach über das in Aussicht stellen oder den Entzug der Erfolgsbeteiligung. Bei der **rechtsformspezifischen Ausgestaltung** in der **GmbH** ist zwischen der unmittelbaren Beteiligung (Arbeitnehmer wird zum Gesellschafter) sowie der mittelbaren Beteiligung (Arbeitnehmer erhält das Recht, Gesellschafter zu werden, oder er wird finanziell wie ein Gesellschafter gestellt) zu unterscheiden.[555] Im GmbH-Recht gilt das Verbot der Unterpariemission, das heißt, dass Anteile nicht verbilligt ausgegeben werden dürfen.[556] Neben einer mittelbaren Beteiligung kommt demnach auch eine Anrechnung immaterieller Einlageleistungen der Arbeitnehmer oder der Verzicht auf ein Entgelt durch Übereignung von zuvor rückerworbenen Anteilen oder durch Übereignung von Anteilen, die aus der Kapitalerhöhung aus Gesellschaftsmitteln stammen, in Frage. Die Einlagefähigkeit ist durch die Sachgründungsvorschriften bedingt, die im Gesellschaftsvertrag oder im Beschluss über die Stammkapitalerhöhung festgelegt sind, wobei die Einlagefähigkeit für die *zukünftig zu erbringende Dienstleistung* nach herrschender Meinung abgelehnt wird. Dagegen ist das Einlagegut *Know-How* grundsätzlich einlagefähig, jedoch mit einer gewissen Bewertungsproblematik behaftet,[557] womit in Folge einer fehlerhaften Bewertung auch eine Sanktion einhergeht, das heißt dass gegebenenfalls eine Differenzhaftung der Gesellschafter, eine Schadenersatzhaftung der Gesellschafter und der Geschäftsführer sowie ein Straftatbestand greift.[558] Bei der Ausgabe von Anteilen unter Verzicht auf eine Gegenleistung sind verschiedene gesellschaftsrechtliche Wege denkbar. Einerseits ist es im Grundsatz unbeschränkt zulässig, Anteile von den Kapitalgebern oder Managern mit anschließender Übertragung auf die Arbeitnehmer zu erwerben und andererseits eine Kapitalerhöhung vorzunehmen.[559] Beide Wege haben den Nachteil, dass diese sich negativ auf die Liquidität der Gesellschaft auswirken.[560] Schließlich können Optionen auf die

[554] Das Top-Management sowie die Mitarbeiter sind von der Wertentwicklung des Unternehmens und damit auch direkt mit ihrem eigenen Vermögen betroffen. Vgl. Riedel (2011), S. 1888. Die Beteiligung wirkt als monetärer Leistungsanreiz. Ferner findet eine stärkere Identifikation der Arbeitnehmer zum Unternehmen statt. Vgl. Möller (2000), S. 566 f.

[555] Vgl. Tal (2010), S. 174. In der Regel erfolgt eine echte Kapitalbeteiligung als Anreizsystem. Vgl. Hohaus (2010), S. 209. Siehe auch Ziegert (2005), S. 204; Mackensen (2009), S. 342 ff.; Weitnauer (2011), S. 346 f.

[556] Vgl. BGH (1977), Urteil des Bundesgerichtshofs vom 14.03.1977, II ZR 156/75; Tal (2010), S. 151 f.

[557] Vgl. Tal (2010), S. 152; § 57c GmbHG.

[558] Vgl. Tal (2010), S. 152 f.; § 9 Absatz 1 GmbHG, § 9a Absatz 1 GmbHG und § 82 Absatz 1 GmbHG.

[559] Vgl. Lutter/Hommelhoff (2004), § 57c, Rn. 8; § 57c GmbHG.

[560] Vgl. Tal (2010), S. 153.

Gesellschaftsanteile oder ähnliche Vergütungsvereinbarungen getroffen werden.[561] Optionen werden dabei entweder aus eigenen Anteilen oder aus einer Kapitalerhöhung bedient, wobei die Optionsvereinbarung notariell beurkundet werden muss.[562] Bei der **rechtsformspezifischen Ausgestaltung** in der **Private Company** ist zu beachten, dass der britische Gesetzgeber die Ausgabe von Anteilen im Zuge von sogenannten Employees' Share Schemes vereinfacht hat. Ein Weg der Arbeitnehmerbeteiligung besteht in der Anrechnung immaterieller Einlageleistungen. Da das Verbot der Unterpariemission ebenso für Arbeitnehmerbeteiligungen gilt, muss die Gesellschaft stets eine werthaltige Gegenleistung von ihren zukünftigen Arbeitnehmern fordern, wobei das Problem hauptsächlich in der Weise existiert, dass eine Barzahlung des gesamten Ausgabebetrages die betreffende Person unter Umständen überfordern würde. Demnach wäre es für die Gesellschaft beziehungsweise die Gesellschafter vorteilhaft, gegebenenfalls einen Teil der Einlageforderung mit dem Know-How oder der Arbeitsleistung verrechnen zu können. Dafür bedarf es im Grundsatz einer Einlagefähigkeit immaterieller Vermögensgüter.[563] Für die Private Company ist die Einlage in Geld und in einem geldwerten Äquivalent (Non-Cash Consideration) möglich.[564] Demzufolge ist jedes vermögenswerte materielle und immaterielle Gut einlagefähig, wobei den Gesellschaftern bei der Bewertung ein großer Spielraum gegeben ist.[565] Ein weiterer Weg besteht darin, sich direkt durch die Ausgabe von Bonus Shares am Unternehmen zu beteiligen. Hier kann bei der Ausgabe der Anteile auf eine Gegenleistung verzichtet oder nur ein Agio von den Arbeitnehmern verlangt werden. Die Emission und Ausgabe dieser Bonusanteile ist grundsätzlich ohne Gesellschafterbeschluss möglich, wenn den Directors in den Articles eine entsprechende Kompetenz zugewiesen wurde.[566] Des Weiteren können Arbeitnehmer auch über Share Option

[561] Vgl. Scholz/Priester (2002), § 55, Rn. 115; Hohaus (2010), S. 210.

[562] Vgl. Maidl (2006), S. 778; Jasper (2003), §24, Rn. 154. Siehe generell § 15 Absatz 4 Satz 1 GmbHG. Insgesamt werden Vereinbarungen über Beteiligungen von Managern oder Mitarbeitern bereits im Beteiligungsvertrag festgelegt, da diese Beteiligungsprogramme zumeist zu einer Verwässerung der Anteile der Altgesellschafter führen. Vgl. Ziegert (2005), S. 204.

[563] Vgl. Tal (2010), S. 73 f. Darunter ist gemäß Sec. 743 CA 1985 ein Programm zur Förderung von Arbeitnehmern der Gesellschaft beim Erwerb von Gesellschaftsanteilen zu verstehen. Bei dieser Ausgabe von Belegschaftsanteilen ist bspw. das Bezugsrecht der Altgesellschafter nach Sec. 89(5) CA 1985 ausgeschlossen. Zum Verbot der Unterpariemission vgl. Sec. 100(1) CA 1985.

[564] Vgl. Sec. 99(1) CA 1985.

[565] Vgl. Hannigan (2003), S. 580; Mayson/French/Ryan (2007), S. 170 f.

[566] Vgl. Mayson/French/Ryan (2007), S. 274 f. Mit dem Sec. 549(2) CA 2006 sind Emissionen von Bonus Shares durch die Directors im Zuge eines Employee Share Schemes grds. unbeschränkt zulässig, d.h. auch ohne der ausdrücklichen Regelung in den Articles, falls ein entsprechender zu verteilender Gewinn vorliegt. Vgl. Gower/Davies (2008), S. 832-835. Als Nachteil für die Gesellschaft bei dieser Möglichkeit der Beteiligung gilt, dass liquide Mittel verfügbar sein müssen und dass diese im Anschluss gebunden werden, da die

Plans am Unternehmen beteiligt werden, bei denen Manager oder Mitarbeiter in Abhängigkeit von einem bestimmten Ereignis ein Bezugsrecht zum Erwerb von Anteilen eingeräumt wird. Bei Ausübung dieser Option erhält der Inhaber die Gesellschaftsanteile grundsätzlich über eine Kapitalerhöhung, ohne die Notwendigkeit eines Gesellschafterbeschlusses.[567]

Die Implementierung von Manager-/Mitarbeiterbeteiligungen ist in der GmbH und Private Company gesellschaftsrechtlich auf verschiedenen Wegen möglich. Ein deutlicher Unterschied besteht einerseits in der Einlagefähigkeit von immateriellen Gütern und andererseits in ihrer Bewertung. Während nach britischem Recht sowohl das *Know-How* als auch die *zukünftig zu erbringende Arbeitskraft/Dienstleitung* einlagefähig sind, wird nach deutschem Recht die Einlagefähigkeit für das letztgenannte Einlagegut nach herrschender Meinung abgelehnt. Was die Bewertung, insbesondere die Bewertung von Know-How angeht, besteht für die Gesellschafter der Private Company ein großer, durch die britischen Gerichte zugesprochener, Spielraum. Demgegenüber existieren bei der Bewertung von Know-How nach deutschem Recht Probleme, die bei einer fehlerhaften Bewertung auch zu negativen Konsequenzen, das heißt zu Haftungsfolgen für die Gesellschafter, führt.

Die Vereinbarung dieser Vertragsklauseln betrifft hauptsächlich das Top-Management sowie die Mitarbeiter. Das **Informations-** und das **Delegationsrisiko** lassen sich durch diese Vertragsklauseln ex interim dadurch reduzieren, dass das Verhalten durch die Schaffung einer Anreizfunktion (Beteiligungsprogramme; Vereinbarung von Optionen) interessengeleitet wird.[568] Insgesamt besteht der Anreiz dabei für die Zeit des in Aussicht stellen dieser Beteiligungsinstrumente sowie für den Programm- oder Optionszeitraum selbst, wodurch sowohl Handlungs- als auch Verhaltensunsicherheit verringert werden können. Des Weiteren werden die Asymmetrien auch in der Weise abgebaut, dass die Distanz dieser Interessengruppen angesichts der Gesellschafterposition kürzer zu den Private-Equity-Gesellschaften ist (Gesellschafterkreis) als es zuvor der Fall gewesen ist. Dies ist abhängig davon, ob sich die Private-Equity-Gesellschaften in einer Mehr- oder Minderheitsposition befinden und mit welchen

---

Ausgabe der Bonusanteile nur aus den verfügbaren Mitteln der Gesellschaft zu erfolgen haben darf. Vgl. Tal (2010), S. 76; Mayson/French/Ryan (2007), S. 274 f.

[567] Vgl. Gower/Davies (2008), S. 834. Schließlich besteht die Möglichkeit, den Arbeitnehmer bei Erwerb der Anteile finanziell zu unterstützen, z.B. durch Gewährung eines zinslosen Darlehens oder einer Zuzahlung durch die Gesellschafter. Vgl. Tal (2010), S. 78-81.

[568] Zu beachten ist, dass in diesem Fall – neben der Vereinbarung dieser Vertragsklausel – u.U. weitere Verträge geschlossen werden, die die Beteiligung am Unternehmen vertraglich begründen.

weiteren Bedingungen die Manager-/Mitarbeiterbeteiligung verbunden sind, wie zum Beispiel die Mitarbeit in der Geschäftsführung oder auch die Übernahme eines Mandats im Rahmen der Kontrollgremien.[569] Die Beteiligungsprogramme tragen demnach insgesamt dazu bei, vor allem Moral Hazard und Hidden Action einzuschränken.[570] Dem entgegengesetzt können jedoch auch Gestaltungsasymmetrien verstärkt werden. Dies begründet sich in dem Sinne, dass das Top-Management sowie die Mitarbeiter als neue Mitgesellschafter über Gesellschaftsrechte verfügen, was zu opportunem Verhalten führen kann, das nicht vollständig zu beobachten ist. Das **Betroffenheitsrisiko** lässt sich dadurch senken, indem das Top-Management/Mitarbeiter in den Gesellschafterkreis aufgenommen werden und demzufolge die Distanz zu den Private-Equity-Gesellschaften verkürzt wird und diese in der Lage sind, die Gefahr ihres finanziellen Verlustes besser zu beurteilen. Demgegenüber könnten jedoch die Betroffenheitsasymmetrien – analog zur Begründung für einen möglichen Anstieg des Delegationsrisikos – ansteigen. Mit Hinblick auf den Ländervergleich sowie der Bewertungsproblematik (Einlagefähigkeit) hinsichtlich des immateriellen Vermögengegenstands *Know-How* ist festzustellen, dass sich bei der GmbH das Betroffenheitsrisiko für die Private-Equity-Gesellschaften in der Weise erhöht, dass über den Ausgang der Bewertung Rechtsunsicherheit besteht, mit der verbundenen Gefahr einer möglichen fehlerhaften Bewertung und den daraus resultierenden Haftungsfolgen. Die Vertragsklauseln wirken sich des Weiteren auch auf die **Rendite** aus. Einerseits werden die laufenden Cash Flows dann erhöht, wenn die beteiligten Manager/Mitarbeiter aufgrund ihrer Gesellschafterposition zum Beispiel neue Investitionspotenziale erschließen. Anderseits bedingt die Beteiligung der Manager/Mitarbeiter eine Verschiebung der gegenwärtigen Eigentümerstrukturen, wodurch sich der (anteilige) und/oder (wertmäßige) Kapitalanteil der Private-Equity-Gesellschaften unter Umständen verringert.[571] Dadurch, dass die Manager/Mitarbeiter als neue Mitgesellschafter an den laufenden Cash Flows partizipieren, geht den Private-Equity-Gesellschaften auch dieser Verteilungsanteil verloren. Im Vergleich zwischen Deutschland und Großbritannien zeigt sich, dass die fehlende Einlagefähigkeit *zukünftig zu erbringender Arbeitskraft/Dienstleistung* potenzielle Rendi-

[569] Ziel ist es u.a. eine gesteigerte Identifikation sämtlicher beteiligter Interessengruppen (Top-Management; Mitarbeiter) mit dem Unternehmen und insofern eine Bindung zwischen Person und Unternehmen zu schaffen. Vgl. Witt (2001), S. 391 ff., 400 ff.; Schanz (2000), S. 626 ff. Die Mitarbeiterbeteiligung stärkt grds. die Motivation der betreffenden Person. Vgl. Brehm (2012), S. 158 f.

[570] Vgl. Brettel/Thust/Witt (2001), S. 25.

[571] Dies gilt grds. für den Fall der direkten Beteiligung. U.U. greifen in diesem Fall Verwässerungsschutzklauseln.

techancen, die mit einer Einlagefähigkeit einhergehen würden, erst gar nicht realisierbar sind.[572]

5.3.3 Aus Sicht der Interessengruppen der Beteiligungsgesellschaften

5.3.3.1 Verbleibende Mehr- oder Minderheitsgesellschafter

In Abhängigkeit davon, ob eine Mehr- oder Minderheitsbeteiligung durch die Private-Equity-Gesellschaften eingegangen wird, existieren zwei Analyseperspektiven, und zwar die der verbleibenden Gesellschafter als nicht-geschäftsführende Minderheitsgesellschafter und die der verbleibenden Gesellschafter als geschäftsführende Mehrheitsgesellschafter (siehe Kapitel 5.1.5). Die Vertragsklauseln und die Einflussnahme durch die Private-Equity-Gesellschaften wirken sich dabei unterschiedlich auf die jeweiligen Interessengruppen aus, was unter anderem mit den ökonomischen Zielen der Interessengruppen zusammenhängt. Ferner ist es für die Höhe der Auswirkungen von Bedeutung, in welcher Vertragsbeziehung (Kontraktpartner/kein Kontraktpartner) oder Arbeitsbeziehung (geschäftsführend/nicht-geschäftsführend; Gesellschafterstatus/Arbeitnehmer; Schuldner/Gläubiger) die Interessengruppen zueinander stehen. Tabelle 20 zeigt die für diese Analyse begründete Festlegung der unterschiedlichen Auswirkungen der Vertragsklauseln, wobei eine Unterteilung in *hohe Auswirkungen* und *geringe Auswirkungen* vorgenommen wird. Diese Einteilung stellt desgleichen die jeweilige Auswahl der Vertragsklauseln für die folgende Analyse dar (die der *hohen Auswirkungen*).[573] Sowohl aus Sicht der Mehrheitsgesellschafter als auch aus Sicht der Minderheitsgesellschafter bestehen während der Beteiligungsbeziehung Informations-, Delegations- und Betroffenheitsrisiken vorwiegend gegenüber den Private-Equity-Gesellschaften.[574] Dabei ist zu beachten, dass die endogenen Risiken auch bereits vor dem Abschluss dieser Vertragsklauseln existieren, das heißt zum Beispiel, dass Informations- oder Delegationsrisiken ex

[572] Zu beachten ist, dass es sich hierbei nur um die fehlende Erschließung potenzieller Cash Flows handelt (Opportunitätskosten) und nicht um einen tatsächlichen Renditeverlust.

[573] Die Übersicht zeigt in ihrer Abgrenzung zwischen den Gesellschaftergruppen, dass die Auswirkungen immer dann hoch sind, wenn der Gesellschafter- und/oder der Geschäftsführerstatus tangiert werden. Damit wirkt sich die Einflussnahme unterschiedlich auf die Interessengruppe der (geschäftsführenden) Mehrheits- und (nicht-geschäftsführenden) Minderheitsgesellschafter aus, da ihnen untereinander eine nicht gleich verteilte Verantwortung und Kompetenz mit Bezug auf die Steuerungs- und Kontrollprozesse im Unternehmen zu Teil wird.

[574] Im Vergleich fallen die Risiken jedoch aufgrund der abweichenden Geschäftsführungskompetenz und des gesellschaftsrechtlichen Verantwortungs- und Haftungsbereichs in ihrem Ausmaß unterschiedlich aus, was u.a. auch mit der Rechtsform sowie der nach Gesellschaftsvertrag und Satzung vereinbarten internen Organisation unter den Gesellschaftern selbst (z.B. Informationsprozesse, zustimmungspflichtige Geschäfte, Gesellschaftersitzungen, Beschlussfassungen) zusammenhängt.

ante – auf Basis anderer Vertragsklauseln oder vor-vertraglicher Vereinbarungen – und mit Abschluss dieser Vertragsklauseln ex interim bestehen.

Vertragsklauseln	Geschäftsführende Mehrheitsgesellschafter	Nicht-geschäftsführende Minderheitsgesellschafter
Meilensteinfinanzierung	Hohe Auswirkungen, da u.U. auf weiteres Kapital angewiesen.	Hohe Auswirkungen, da u.U. auf weiteres Kapital angewiesen.
Veto-/Zustimmungsrechte	Hohe Auswirkungen, da die Rechte unmittelbar die Geschäftsführung betreffen.	Geringe Auswirkungen, da keine Geschäftsführungskompetenz.
Informationsrechte	Hohe Auswirkungen, da die Rechte unmittelbar die Geschäftsführung betreffen.	Geringe Auswirkungen, da keine Geschäftsführungskompetenz.
Entsenderechte/Blockbuster-Bestimmungen	Hohe Auswirkungen, da Entsendung von Mitgliedern in Geschäftsführung oder (kompletter) Austausch.	Hohe Auswirkungen, da Entsendung von Mitgliedern in die Kontrollgremien.
Bindung	Hohe Auswirkungen, da es die Position der Geschäftsführung betrifft.	Geringe Auswirkungen, da keine Geschäftsführungsposition.
Manager-/Mitarbeiterbeteiligung	Hohe Auswirkungen, da u.U. Kapitalerhöhung vorgenommen wird und neue Mitgesellschafter an den Cash Flows partizipieren (Erfolgs-/Risikoteilung).	Hohe Auswirkungen, da u.U. Kapitalerhöhung vorgenommen wird und neue Mitgesellschafter an den Cash Flows partizipieren (Erfolgs-/Risikoteilung).

Tabelle 20: Auswirkungen der Vertragsklauseln auf die verbleibenden Mehr- oder Minderheitsgesellschafter (eigene Darstellung)

Nach Abschluss der Vertragsklauseln zur **Meilensteinfinanzierung** existiert trotz vertraglicher Vereinbarung hauptsächlich das **Informations-** und das **Delegationsrisiko** in der Qualitätsunsicherheit darin, wann durch die Private-Equity-Gesellschaften weitere Zahlungen und in welcher Höhe geleistet werden. Weiterhin erstreckt sich die Unsicherheit auf die inhaltliche Ausgestaltung und letztendliche Erfüllung der an die Zahlungsströme gebundenen Bedingungen (Meilensteine).[575] Ebenfalls ist es aus Sicht dieser Gesellschaftergruppen unsicher, wie die Überprüfung der Erfüllung der Meilensteine vollzogen wird und auf Grundlage welcher Informationen dies geschieht. Darüber hinaus wird der Entscheidungs- und Gestaltungsspielraum einseitig eingeschränkt.[576] Demgegenüber reduzieren diese Vertragsklauseln aber auch die Asymmetrien ex interim, da nun festgelegte Bedingungen für beide Seiten bestehen, in deren Rahmen ein gegenseitiger, verpflichtender Informationsaustausch gewährleistet ist. Im Vergleich zwischen der Analyseperspektive der nicht-geschäftsführenden Minderheitsgesell-

[575] Analog zur Perspektive der Private-Equity-Gesellschaften besteht das Problem in der Bestimmtheit oder in der Bestimmbarkeit der Meilensteine. Vgl. Brehm (2012), S. 67.

[576] Vgl. Brehm (2012), S. 69; Geigenberger (2006), S. 134.

schafter und der geschäftsführenden Mehrheitsgesellschafter zeigt sich, dass die beschriebenen Asymmetrien sowie die Handlungsunsicherheit (Hidden Action; Hidden Information) für erstere stärker sind, da sie nicht in die Geschäftsführung und Steuerungsprozesse involviert sind. Das **Betroffenheitsrisiko** wird aus Sicht der Mehrheitsgesellschafter ex interim insofern verstärkt, dass sie der Gefahr ausgesetzt sind, dass die Zahlungen verzögert oder sogar gänzlich eingestellt werden und die Gesellschafter dadurch einen finanziellen Verlust erleiden.[577] Für die Minderheitsgesellschafter besteht dieses Risiko in dem Sinne, dass sie angesichts weiterer Kapitalerhöhungen eine Verwässerung ihrer Gesellschaftsanteile sowie den Verlust weiterer Minderheitsrechte befürchten müssen. Auf der anderen Seite reduziert diese Vertragsklausel jedoch auch das Betroffenheitsrisiko für beide Gesellschaftergruppen insoweit, dass jede weitere Zahlung durch die Private-Equity-Gesellschaften einer genauen Überprüfung und Bewertung hinsichtlich der Gesamtinvestition in die Beteiligungsgesellschaften unterzogen werden, womit letztendlich auch eine Beurteilung für die verbleibenden Mehr-/Minderheitsgesellschafter vorliegt, die ihnen zeigt, ob sich ihr zukünftiges (finanzielles) Engagement in dem Unternehmen lohnt oder nicht. Zu beachten ist, dass das Betroffenheitsrisiko grundsätzlich auf ein bestimmtes Maß beschränkt ist, da die Gesellschafter nicht verpflichtet sind – falls dies vertraglich vorher nicht vereinbart war – weitere Nachschüsse zu leisten. An dieser Stelle zeigt sich ein Unterschied zwischen der GmbH und der Private Company hinsichtlich der Interessengruppe der nicht-geschäftsführenden Minderheitsgesellschafter. Aufgrund der Tatsache, dass Nachschusspflichten in der GmbH – wenn diese vor Eintritt der Gesellschafter bereits vereinbart worden sind – auch gegen den Willen von Minderheitsgesellschafter eingefordert werden können, steigt deren Betroffenheitsrisiko im Vergleich zu den Minderheitsgesellschafter der Private Company an, wo diesbezügliche Nachschusspflichten nicht existieren. Die Vertragsklauseln wirken sich des Weiteren auf die **Rendite** aus, wobei die Cash Flows und die Liquidität im Unternehmen zunächst durch weitere Zahlungsströme seitens der Private-Equity-Gesellschaften gesichert werden. Demgegenüber erfährt die Rendite-Komponente des eingesetzten Eigenkapitals unter Umständen eine wertmäßige (negative) Veränderung, da der zusätzliche Gesellschaftsanteil die Anteile der verbleibenden Gesellschafter verwässert.[578]

[577] So könnte z.B. im Fall, dass die Private-Equity-Gesellschaften ihrer Zuzahlungsverpflichtung nicht nachkommen, auf Seiten der Beteiligungsunternehmen eine kurzfristige Finanzierungslücke entstehen, die in der Folge auch zur Illiquidität führen kann. Vgl. Brehm (2012), S. 71.

[578] Das Problem besteht darin, dass die Private-Equity-Gesellschaften zwar eine volle Anteilsquote (vertragliche Vereinbarung) erhalten, die Investition (Beteiligungs-/Kapitalsumme) jedoch noch nicht in voller Höhe ge-

Im Vergleich zwischen Deutschland und Großbritannien wird vor allem die unterschiedliche Beschlussform (formgebunden/-los) bezüglich der Kapitalerhöhungen deutlich, da auch die verbleibenden Gesellschafter – neben den Private-Equity-Gesellschaften – von diesen betroffen sind. Demnach kann angenommen werden, dass bei der GmbH die Anzahl der Meilensteine aufgrund der mit den notwendigen Kapitalerhöhungen und die damit zusammenhängenden Kosten reduziert werden. Dies hätte im Vergleich zur Private Company zur Folge, dass das Informations- und das Delegationsrisiko höher sind, da die Kontrolle und Überprüfung unregelmäßiger stattfindet.

Nach Abschluss der Vertragsklauseln über die **Veto-/Zustimmungsrechte** verstärkt sich das **Informations-** und das **Delegationsrisiko** dadurch, dass Verhaltensunsicherheit (Hidden Intention; Hold Up) über das Zustandekommen zustimmungspflichtiger Geschäfte oder Transaktionen, die gegebenenfalls durch die Private-Equity-Gesellschaften blockiert werden, besteht. Damit existiert gänzlich die Gefahr der Einschränkung des Verhaltens im Rahmen der Geschäftstätigkeit, insbesondere beim Treffen von Unternehmensentscheidungen. Auf der anderen Seite schaffen diese Vertragsklauseln jedoch auch die Möglichkeit der Überprüfung der Unternehmensentscheidungen durch Dritte (Private-Equity-Gesellschaften) und reduzieren insofern ebenso existierende Asymmetrien.[579] In Gegenüberstellung von GmbH und Private Company ist festzustellen, dass das Weisungsrecht gegenüber den geschäftsführenden Mehrheitsgesellschaftern in der GmbH (siehe Kapitel 5.3.2) nicht greift, da diese selbst einen Gesellschafterstatus innehaben, wodurch lediglich auf die inhaltliche Ausgestaltung der Veto-/Zu-stimmungsrechte zwischen GmbH und Private Company abzustellen ist. Ein Unterschied besteht in der Übertragung der Veto-/Zustimmungsrechte auf andere Interessengruppen, insbesondere Personen in den Kontrollgremien. Dies bezieht sich für die GmbH auf Mitglieder im Aufsichts-/Beirat (zum Beispiel nicht-geschäftsführende Minderheitsgesellschafter) und für die Private Company auf Mitglieder im Board of Directors, speziell die nicht-geschäftsführenden Directors (Non-Executive Directors). Angesichts der Tatsache, dass die Befugnisse der nicht-geschäftsführenden Directors gegenüber den geschäftsführenden Direc-

leistet worden ist, d.h., dass die Private-Equity-Gesellschaften zunächst mehr Anteile erhalten als vereinbart ist. Vgl. Brehm (2012), S. 71.

579 Dies begründet sich ferner dadurch, dass durch die Mitwirkung der Private-Equity-Gesellschaften potenzielle Gefahren gebannt werden, z.B. durch falsche strategische Entscheidungen oder einem nicht angemessenen Einsatz von Zahlungsmitteln. Vgl. Brehm (2012), S. 117. Der Erfolg einer Private-Equity-Beteiligung beruht zu einem gewissen Teil an der intensiven Betreuung der Beteiligungsunternehmen, wobei die genannten Rechte die ausschlaggebenden Hilfsmittel darstellen. Vgl. Nitschke (1996), S. 140.

tors nicht in dem Maße ausgeprägt sind, wie es zwischen den Aufsichtsratsmitgliedern und den ausführenden Organen in der GmbH der Fall ist, liegt im Vergleich ein höheres Informations- und Delegationsrisiko für die nicht-geschäftsführenden Minderheitsgesellschafter bei der Private Company vor. Das **Betroffenheitsrisiko** wird ex interim in dem Maße erhöht, dass potenziell Erfolg versprechende Geschäfte/Transaktionen nicht realisiert werden.[580] Andererseits tragen die Vertragsklauseln dazu bei, das Risiko dann zu reduzieren, wenn das vermeintlich Erfolg versprechende Geschäft tatsächlich mit einem finanziellen Verlust verbunden ist und durch das Veto/die Zustimmung gerade nicht realisiert worden ist. Aus Sicht der geschäftsführenden Mehrheitsgesellschafter fallen dann Kosten an, die sich negativ auf die **Rendite** auswirken, wenn die Entscheidung der Zustimmung über das jeweilige Geschäft in ihrer Durchführung und Durchsetzung zeitlich aufgeschoben wird oder zusätzlich Auflagen erteilt werden, mit der Folge, dass dieses Geschäft unter Umständen nicht abgeschlossen wird.

Nach Abschluss der Vertragsklauseln über die **Informationsrechte** werden zwar unter Umständen mehr Informationen an die Private-Equity-Gesellschaften geliefert, gleichzeitig erhöht sich das **Informations-** und das **Delegationsrisiko**, da verstärkt Qualitätsunsicherheit über die Verwendung (Adressat; Ausmaß) der durch die Private-Equity-Gesellschaften zusätzlich erhaltenen Informationen existiert.[581] Demgegenüber reduzieren die Vertragsklauseln die Asymmetrien in den Fällen, dass das Informationssystem und der -prozess/-austausch innerhalb des Unternehmens effizienter gestaltet, umgestellt und/oder ausgebaut wird und die verbleibenden Gesellschafter in den Prozess der Informationsauswertung/-verwendung stärker einbezogen werden. Zwischen Deutschland und Großbritannien zeigt sich in dem existierenden Informationsverweigerungsrecht bei der GmbH, dass die geschäftsführenden Gesellschafter nicht alle Informationen an die Private-Equity-Gesellschaften weitergeben müssen, sofern diese gesellschaftsfremden Zwecken dienen. Dies betrifft das Informations- und das Delegationsrisiko insoweit, dass die Gefahr, dass durch die weitergegebenen Informationen Schaden an der Gesellschaft ausgeübt wird, begrenzt ist. Während das **Betroffenheitsrisiko** in dem Fall erhöht wird, dass die auf Grundlage der zusätzlichen Informationen getroffenen (Fehl-)

[580] Damit ist zwar kein tatsächlicher finanzieller Verlust gegeben, jedoch eine finanzielle Chance vergeben (Opportunitätskosten).
[581] Z.B. besteht die Gefahr, dass diese gewonnenen Informationen an Unternehmensfremde und/oder konkurrierende Unternehmen weitergeben werden.

Entscheidungen zu einem finanziellen Verlust für die Gesellschafter führen, kann durch zusätzliche Informationen ebenso die auf Informationen beruhende Entscheidungsgrundlage gestärkt werden, wodurch das Betroffenheitsrisiko insgesamt reduziert wird. Die Vertragsklauseln wirken sich auf die **Rendite** dann negativ aus, wenn die erweiterten Informationspflichten sowie der Ausbau und die Nutzung von Informationssystemen mit mehr Kosten (zum Beispiel durch verstärkte Reportingmaßnahmen) einhergehen.[582] Positive Auswirkungen auf die Rendite entfalten die Informationsrechte in den Fällen, in denen das Mehr an Informationen auch zu einem Anstieg von Informationsqualität auf Seiten der Private-Equity-Gesellschaften führt, wodurch diese bessere unternehmerische Entscheidungen treffen oder aus der Minderheitsposition heraus die Steuerungsprozesse besser überwachen können, wodurch zum Beispiel mit negativen Cash Flow-Potenzialen verbundene Unternehmensentscheidungen vermieden werden (Opportunitätskosten).

Nach Abschluss der Vertragsklauseln zu den **Entsenderechten** und den **Blockbuster-Bestimmungen** verstärkt sich das **Informations-** und das **Delegationsrisiko** in dem Sinne, dass Qualitätsunsicherheit darüber besteht, welche Mitglieder in die Steuerungsprozesse (Geschäftsführung) oder Kontrollprozesse (Aufsichts-/Beirat; Board of Directors) entsendet und wie diese sich dort verhalten oder welche Mitglieder durch die Private-Equity-Gesellschaften ausgetauscht werden (Handlungs-/Verhaltensunsicherheit). Ferner besteht die Gefahr, dass die entsprechenden Gremien einseitig (in Form einer zu starken, gleichen Interessenorientierung) besetzt werden oder sind und dieser Zustand in der Folge eine Art lähmende Blockade auslöst. Andererseits helfen die Vertragsklauseln jedoch auch, Asymmetrien dann abzubauen, wenn die entsandten Personen als Mittler eine bessere Verbindung zwischen den Gesellschaftern und den Private-Equity-Gesellschaften schaffen. Gerade aufgrund der Unterstützung und Beratung bezüglich operativer und strategischer Entscheidungen erfolgt ein positiver Einfluss auf die Beteiligungsgesellschaften.[583] Die Risiken werden des Weiteren dadurch reduziert, dass die geschäftsführenden Interessengruppen einen Anreiz erfahren, nicht nur Entscheidungen im Interesse der Private-Equity-Gesellschaften zu treffen, sondern auch im Sinne der Zielsetzung des Unternehmens zu handeln, bestärkt durch die Gefahr des Entzugs der Ent-

[582] Die umfangreichen Informations-, Reporting-, und Prüfpflichten verlangen einen hohen Verwaltungsaufwand, welcher zusätzliche Ressourcen bindet und diesbezügliche Kosten verursacht. Vgl. Grisebach (1989), S. 220 f.; Brinkrolf (2002), S. 111.

[583] Vgl. Brehm (2012), S. 96, 98.

scheidungskompetenz sowie den möglichen monetären Verlust.[584] Das **Betroffenheitsrisiko** aus Sicht beider Gesellschaftergruppen geht unmittelbar mit dem (finanziellen) Verlust einher, der durch die Beendigung der Tätigkeit bedingt ist (aufgrund des Austausches), das heißt dass zum Beispiel Geschäftsführergehälter nicht weiter gezahlt werden. Für die Minderheitsgesellschafter erhöht sich das Betroffenheitsrisiko dadurch, dass ein (teilweiser) Kontrollverlust bei Austausch oder Entsendung weiterer Mitglieder in die Kontrollgremien entsteht. Andererseits reduziert sich das Risiko, indem weitere entsendete Personen die bisher getroffenen Entscheidungen mittragen. Daher wird unter Umständen die Entscheidungs-/Überwachungsqualität erhöht, da gegebenenfalls potenzielle (finanzielle) Verluste besser erkannt und laufende Unternehmensentscheidungen/-abläufe besser überwacht werden. Die Blockbuster-Klausel trägt dazu bei, das Betroffenheitsrisiko zu begrenzen, weniger aus geschäftsführender Sicht, sondern vielmehr aus Gesellschafter-Perspektive.[585] Die Vertragsklauseln wirken sich desgleichen auf die **Rendite** der Gesellschaftergruppen aus. Bei Austausch oder Entsendung wird die Rendite dadurch reduziert, dass auch die damit verbundenen Entgeltzahlungen eingeschränkt oder beendet werden. Desgleichen besteht jedoch die Chance der Renditesteigerung, da die neuen Personen innerhalb der Steuerungs- und Kontrollprozesse unter Umständen in der Lage sind, neue Cash Flow-Potenziale zu erwirtschaften.

Nach der Vereinbarung der Vertragsklauseln zur **Bindung** erhöht sich das **Informations-** und das **Delegationsrisiko** dadurch, dass einerseits verstärkt Qualitätsunsicherheit darüber besteht, welche Gründe (Good-/Bad-Leaver) genau eine Entbindung zwischen der Gesellschafter- und Geschäftsführerposition rechtfertigen und welches (begründete) Verhalten eine Bindung aufrechterhält. Fernerhin entstehen Anreize zur Risikoerhöhung und Ergebnismanipulation.[586] Andererseits reduzieren diese Vertragsklauseln die Asymmetrien insoweit, dass die Bindung einen Anreiz bei der Ausübung der gegenwärtigen Geschäftsführungstätigkeit schafft, der dazu beiträgt, dass die geschäftsführenden Gesellschafter versuchen werden, gegenüber den Private-Equity-Gesellschaften bestehende Asymmetrien abzubauen, damit keine Gründe, die ein Ausscheiden rechtfertigen, im Raum stehen. Darüber hinaus existieren Leistungsanreize, beispielsweise keine Unternehmensressourcen zu verschwenden.[587] Das **Betrof-**

[584] Vgl. Eckner (2009), S. 31; Nathusius (2005), S. 179.
[585] Vgl. Brinkrolf (2002), S. 174.
[586] Vgl. Antonczyk (2006), S. 152.
[587] Vgl. Antonczyk (2006), S. 120.

fenheitsrisiko wird unmittelbar dann erhöht, wenn Gründe eintreten und geltend gemacht werden, die zu einem Wegfall des Gesellschafter- und Geschäftsführerstatus und damit zu einem finanziellen Verlust führen. Während die Leaver-Klauseln bei der Private Company rechtlich unzweifelhaft durchsetzbar sind und damit das Betroffenheitsrisiko der Gesellschafter durch diese besser einschätzbar ist, da die Rechtsfolgen durch die Rechtssicherheit bekannt sind, kann das Betroffenheitsrisiko durch die geschäftsführenden Mehrheitsgesellschafter der GmbH im Vergleich dazu nicht beurteilt werden, weder das Ausmaß – da die Folgen der gerichtlichen Durchsetzung offen sind – noch die Existenz selbst, da nicht sicher ist, ob die Private-Equity-Gesellschaften Ausscheidungsgründe hervorbringen werden. Die Vertragsklauseln wirken sich auch unmittelbar auf die **Rendite** der (geschäftsführenden) Mehrheitsgesellschafter aus. Eine gerechtfertigte Entbindung führt zur Reduzierung der Rendite, da der Gesellschaftsanteil verkauft werden muss und die Gehaltszahlungen aus der Geschäftsführertätigkeit eingestellt werden.

Nach Abschluss der Vertragsklauseln zur **Manager-/Mitarbeiterbeteiligung** erhöht sich das bestehende **Informations-** und das **Delegationsrisiko** ex interim in dem Sinne, dass Unsicherheit über das Verhalten der betreffenden Interessengruppe (Manager und/oder Mitarbeiter) während der Beteiligung – insbesondere auch darüber, welche Funktion während der Beteiligung ausgefüllt wird – besteht, gerade in Fällen, in denen die Private-Equity-Gesellschaften gegebenenfalls externe Personen bestimmen, mit denen zuvor noch nicht zusammen gearbeitet worden ist. Für die Minderheitsgesellschafter verstärken sich die Asymmetrien insofern, dass sie über das oben beschriebene Verhalten angesichts der fehlenden Geschäftsführungskompetenz nicht genau informiert sind (Qualitätsunsicherheit). Des Weiteren wird aus Sicht dieser Gesellschaftergruppe sowohl die Handlungsunsicherheit (Verhalten der Manager/Mitarbeiter kann nicht beobachtet werden) als auch die Verhaltensunsicherheit (Verhalten kann erkannt, jedoch zum Beispiel wegen fehlender Mehrheiten nicht verhindert werden) erhöht. Die Beteiligung von internen oder externen Managern/Mitarbeitern trägt andererseits aber auch dazu bei, bestehende Asymmetrien abzubauen, da die Aufnahme in den Gesellschafterkreis das Verhältnis beziehungsweise die Verbindung zu der aufgenommenen Person enger wird und im Zweifel auch besser beobachtet werden kann. Das **Betroffenheitsrisiko** zeichnet sich aus Sicht der Mehrheitsgesellschafter durch die Gefahr aus, dass weitere Kapitalerhöhungen womöglich die eigenen Gesellschaftsanteile verwässern. Dies verstärkt sich für die Minderheitsgesellschafter insofern, dass diese im gleichen Fall ihre gegenwärtigen Minderheitsrechte verlieren. Andererseits wird das Betroffenheitsrisiko durch die Manager-/Mitarbeiterbeteiligung reduziert, da nunmehr das Verhalten dieser beteiligten Person besser beobachtet oder kontrolliert werden kann. Werden die Länder Deutschland und Großbritannien einem Vergleich unterzogen, wird das Betroffenheitsrisiko der verbleibenden Gesellschafter der GmbH aufgrund der Bewertungsproblematik von *Know-How* der Manager/Mitarbeiter erhöht und zwar dadurch, dass über die Folge der Bewertung Rechtsunsicherheit besteht, mit der Gefahr, dass eine mögliche fehlerhafte Bewertung negative Konsequenzen, zum Beispiel Haftungsfolgen, nach sich zieht. Die Vertragsklauseln wirken sich ferner auf die (erwartete) **Rendite** beider Gesellschaftergruppen aus. Einerseits können die laufenden Cash Flows dann erhöht werden, wenn die beteiligten Manager/Mitarbeiter aufgrund ihrer Gesellschafterposition beispielsweise neue Investitionspotenziale erschließen. Anderseits bedingt die Beteiligung der Manager/Mitarbeiter eine Verschiebung der gegenwärtigen Eigentümerstrukturen in den Unternehmen, wodurch sich der Kapitalanteil der verbleibenden Gesellschafter unter Umständen verringert (Verwässerung). Dadurch bedingt, dass die Manager/Mitarbeiter als neue Mitgesellschafter an den laufenden Cash Flows partizipieren, geht der Interessengruppe der verbleibenden Gesellschafter dieser Verteilungsanteil verloren. Dies kann gleichzeitig das Koordinationsproblem des Kontrollrisikos der anderen Gesellschafter verstärken, besonders für die Minderheitsgesellschafter. Im Vergleich zwischen Deutschland und Großbritannien besteht analog zur Perspektive der Private-Equity-Gesellschaften der Unterschied in der Einlagefähigkeit von *zukünftig zu erbringender Arbeitskraft* sowie der Bewertungsproblematik von *Know-How*. Für die verbleibenden Gesellschafter der GmbH wirkt sich die fehlende Einlagemöglichkeit zukünftiger Arbeitskraft in der Weise auf die Rendite aus, dass potenzielle Renditechancen, die mit einer Einlagefähigkeit einhergingen, erst gar nicht realisierbar sind.

5.3.3.2 Ausgeschiedene Gesellschafter

Da die Interessengruppe der ausgeschiedenen Gesellschafter mit Eintritt der Private-Equity-Gesellschaften in das Unternehmen ausscheiden, sind die Auswirkungen der Vertragsklauseln als (sehr) gering einzustufen. Lediglich die Vertragsklauseln zur Meilensteinfinanzierung wirken sich zum Teil noch auf die ausgeschiedenen Gesellschafter aus, und zwar in den Fällen, in denen noch Abfindungsansprüche bestehen oder anteilige Gewinnausschüttungen ausstehen und diese (nur) aus den gestuften Zahlungen der Private-Equity-Gesellschaften geleistet werden können. Alle weiteren Vertragsklauseln zielen zwar indirekt auf die Erreichung der ökonomischen Ziele ab, jedoch kommen diesbezüglich vielmehr die gesetzlichen Bestimmungen, wie zum Beispiel gesetzliche Informationsrechte (Einsichts-/Auskunftsrechte) zum Tragen.[588] Da die ausgeschiedenen Gesellschafter in der Regel ihre Ansprüche gegen die Gesellschaft sowie gegen die Anteilskäufer und damaligen Mitgesellschafter geltend machen, bestehen die Informations-, Delegations- und Betroffenheitsrisiken während der Beteiligungsbeziehung hauptsächlich gegenüber den jetzt verbleibenden Gesellschaftern.

Die Vertragsklauseln zur **Meilensteinfinanzierung** wirken sich aus Sicht der ausgeschiedenen Gesellschafter ex interim dann auf das **Informations-** und das **Delegationsrisiko** aus, wenn die oben genannten Ansprüche bestehen. Unsicherheit existiert hauptsächlich darüber, wann weitere Zahlungen und in welcher Höhe durch die verbleibenden Gesellschafter geleistet werden (Qualitätsunsicherheit). Da die ausgeschiedenen Gesellschafter durch die gesetzlichen Informationsrechte höchstens Einfluss auf die Kontrollprozesse sowie die dort involvierten Personen ausüben können, ist die Handlungs- und Verhaltensunsicherheit stärker, als zum Beispiel das Risiko zwischen den geschäftsführenden Gesellschaftern und den Private-Equity-Gesellschaften. Hinsichtlich des Ländervergleichs bestehen zunächst Unterschiede in der Ausgestaltung der gesetzlich zustehenden Informationsrechte. Während bei der GmbH gesetzliche Auskunfts- und Einsichtsrechte für die ausgeschiedenen Gesellschafter – die sich im Grundsatz auf den Zeitraum und die Vorgänge vor dem Austritt aus der GmbH beziehen – gegenüber den geschäftsführenden Organen bestehen,[589] existieren bei der Private Company für die ausgeschiedenen Gesellschafter Rechte, die sich daraus ableiten lassen, dass die ausge-

[588] Zwar können privatrechtlich Wettbewerbsverbote vereinbart worden sein, diese gelten jedoch zumeist für Gesellschafter die erst während der Beteiligungsbeziehung oder an dessen Anschluss aus der Gesellschaft ausscheiden.

[589] Dieser gesetzliche Anspruch resultiert aus dem Grund, dass gerade auch externe Informationsinteressen befriedigt werden. Vgl. § 51a GmbHG. So lässt sich bspw. der Jahresabschluss keinem "geheimschutzbedürftigen Bereich" zuordnen, was Voraussetzung einer berechtigten Verweigerung wäre. Vielmehr dient der Jahresabschluss gerade der Befriedigung externer und interner Informationsinteressen. Gemäß § 51a Absatz 2 Satz 1 GmbHG ist ein Auskunftsanspruch ausnahmsweise dann ausgeschlossen, wenn zu befürchten ist, dass der Gesellschafter die Information zu gesellschaftsfremden Zwecken verwenden wird und dadurch der Gesellschaft einen nicht unerheblichen Nachteil zufügen kann. Vgl. dazu den Beschluss des OLG München vom 11.12.2007, 31 Wx 048/07. Ein ausgeschiedener GmbH-Gesellschafter hat gemäß § 51a GmbHG Anspruch auf Auskunft über die Angelegenheiten der Gesellschaft und auf Einsicht in Bücher und Schriften für den Zeitraum, als er noch Gesellschafter der GmbH war. Dieses Auskunftsrecht steht auch einem Gesellschafter zu, der sich mittlerweile bei einem Konkurrenzunternehmen engagiert. Des Weiteren lassen sich sowohl die Mitwirkungspflichten als auch die Auskunfts- und Einsichtsrechte der Altgesellschafter aus den allgemeinen Treuepflichten ableiten.

schiedenen Gesellschafter weiterhin Interessenkonflikte vermeiden sollen, soweit es um die Nutzung von Gesellschaftsvermögen sowie von Geschäftsmöglichkeiten und Informationen geht, die ihnen während ihrer Gesellschafterbeteiligung bekannt geworden sind.[590] Unterschiede bestehen in der Hinsicht, dass der Anspruch auf eine Abfindung bei der GmbH unabhängig von dem Grund des Ausscheidens gilt und durch den Gesellschaftsvertrag oder eine Satzung nicht ausgeschlossen werden kann.[591] Das **Betroffenheitsrisiko** wird aus Sicht der ausgeschiedenen Gesellschafter durch diese Vertragsklausel – trotz gesetzlich oder privatrechtlich zustehender Ansprüche – insoweit intensiviert, dass Zahlungen durch die Private-Equity-Gesellschaften an die Beteiligungsunternehmen verzögert oder sogar gänzlich eingestellt werden, mit der Folge, dass auch die Zahlungen durch die verbleibenden Gesellschafter an die ausgeschiedenen Gesellschafter entsprechend verschoben oder beendet werden und insofern ein finanzieller Verlust erlitten wird. Nichtsdestotrotz ist das Betroffenheitsrisiko dahingehend begrenzt, dass ein Anspruch besteht, der in ein mögliches Insolvenzverfahren übertragen werden kann, woraus dann die Zahlungen beglichen werden. Die Vertragsklauseln wirken sich des Weiteren auch auf die **Rendite** aus. Grundsätzlich werden die Cash Flows dadurch erhöht, dass überhaupt weitere Zahlungsströme durch die Private-Equity-Gesellschaften und über die verbleibenden Gesellschafter geleistet und damit geltende Ansprüche bedient werden. Da bei der Private Company die Gestaltung der Abfindung oder die Höhe durch den Anteilverkauf gesetzlich nicht geregelt und folglich zwischen dem Verkäufer und Käufer individuell zu vereinbaren ist, ist das Betroffenheitsrisiko der ausgeschiedenen Gesellschafter der Private Company im Zweifel stärker im Vergleich zur äquivalenten Interessengruppe der GmbH, da die Anspruchsgrundlage hier nicht von Gesetzes wegen besteht und im Einzelfall bei Einstellung weiterer gestaffelter Zahlungen keine Ansprüche – zum Beispiel im Rahmen des Insolvenzverfahrens – geltend gemacht werden können.

[590] Vgl. Feltl (2008a), S. 143. Die Pflichten des Directors sind in den Bestimmungen Sec. 171 bis 179 CA 2006 kodifiziert, die ebenso auf ausscheidende Directors Anwendung finden. Dies gilt insofern dann, wenn es sich um Gesellschafter handelt, die vor ihrem Ausscheiden als Directors tätig gewesen sind. In dem Fall, dass es sich bei diesen Gesellschaftern um Non-Executive Directors handelte oder um nicht-geschäftsführende Gesellschafter, werden sich die Rechte und Pflichten im Zweifel aufgrund der genannten Vermeidung etwaiger Interessenkonflikte begründen.

[591] Ergibt sich der Abfindungsanspruch nicht aus dem Gesellschaftsvertrag, gelten die Regelungen des BGB. Die Höhe des Anspruchs orientiert sich an dem tatsächlichen Wert des jeweiligen GmbH-Anteils (Verkehrswert). In der Praxis sind regelmäßig dazu im Gesellschaftervertrag Buchwertklauseln vorgesehen. Zu beachten ist, dass die Höhe der Abfindung angemessen sein muss und diesbezüglich im Zweifel der Einzelfall entscheidet.

5.3.3.3 Top-Management

Mit der Interessengruppe des Top-Managements wird neben der Interessengruppe der geschäftsführenden Mehrheitsgesellschafter eine weitere separate Analyseperspektive beziehungsweise eine gesondert betrachtete Situation adressiert (siehe Kapitel 5.1.5). Die Vertragsklauseln und die Einflussnahme durch die Private-Equity-Gesellschaften wirken sich dabei unterschiedlich auf das Top-Management aus, was unter anderem mit dem ökonomischen Ziel dieser Interessengruppe zusammenhängt.[592] Tabelle 21 stellt die für diese Analyse begründete Festlegung der unterschiedlichen Auswirkungen der Vertragsklauseln auf das Top-Management dar, wobei eine Unterteilung in *hohe Auswirkungen* und *geringe Auswirkungen* vorgenommen wird. Diese Einteilung stellt desgleichen die jeweilige Auswahl der Vertragsklauseln für die Analyse dar (die der *hohen Auswirkungen*). Aus Sicht des Top-Managements bestehen während der Beteiligungsbeziehung Informations-, Delegations- und Betroffenheitsrisiken hauptsächlich gegenüber den Private-Equity-Gesellschaften als Kontraktpartner.[593] Dabei ist zu beachten, dass die endogenen Risiken auch bereits vor dem Abschluss dieser Vertragsklauseln existieren.

Vertragsklauseln	Top-Management
Meilensteinfinanzierung	Hohe Auswirkungen, da u.U. auf weiteres Kapital angewiesen.
Veto-/Zustimmungsrechte	Hohe Auswirkungen, da die Rechte unmittelbar die Geschäftsführung betreffen.
Informationsrechte	Hohe Auswirkungen, da die Rechte unmittelbar die Geschäftsführung betreffen.
Entsenderechte/Block-buster-Bestimmungen	Hohe Auswirkungen, da Entsendung von Mitgliedern in Geschäftsführung oder (kompletter) Austausch.
Bindung	Geringe Auswirkungen, da keine Gesellschafterposition.
Manager-/Mitarbeiter-beteiligung	Hohe Auswirkungen, da die Beteiligung auf die eigene Person abzielt.

Tabelle 21: Auswirkungen der Vertragsklauseln auf das Top-Management (eigene Darstellung)

Nach Abschluss der Vertragsklauseln zur **Meilensteinfinanzierung** existiert aus Sicht des Top-Managements – analog zur Perspektive der geschäftsführenden Mehrheitsgesellschafter – das **Informations-** und das **Delegationsrisiko** verstärkt in der Qualitätsunsicherheit bezüglich der gestaffelten Zahlungsströme (Höhe; Zeit), der inhaltlichen Ausgestaltung, der Erfüllung

[592] Abgeleitet davon, ist es für die Höhe der Auswirkungen weiterhin von Relevanz, in welcher Vertragsbeziehung (direkt/indirekt) oder Arbeitsbeziehung (geschäftsführend/nicht-geschäftsführend; Gesellschafterstatus/Arbeitnehmer; Schuldner/Gläubiger) die Interessengruppen zueinander stehen.

[593] Im Vergleich fallen die Risiken jedoch aufgrund der abweichenden Geschäftsführungskompetenz und des gesellschaftsrechtlichen Verantwortungs- und Haftungsbereichs in ihrem Ausmaß unterschiedlich aus, was u.a. auch mit der Rechtsform sowie der nach Gesellschaftsvertrag und Satzung vereinbarten internen Organisation unter den Gesellschaftern selbst (z.B. Informationsprozesse, zustimmungspflichtige Geschäfte, Gesellschaftersitzungen, Beschlussfassungen) zusammenhängt.

der an die Zahlungsströme gebundenen Bedingungen sowie hinsichtlich der Überprüfung der Erfüllung der Meilensteine und der daran anschließenden Informationsverwertung (Handlungs-/Verhaltensunsicherheit). Demgegenüber reduzieren die festgelegten Bedingungen, durch die ein gegenseitiger, verpflichtender Informationsaustausch praktiziert und gewährleistet wird, die bestehenden Asymmetrien zu den Private-Equity-Gesellschaften. Wird hinsichtlich des Vergleichs zwischen der GmbH und der Private Company die Annahme getroffen, dass die Kosten für die Kapitalerhöhungen Auswirkungen auf die Anzahl der Meilensteine haben, wird das Informations- und das Delegationsrisiko bei der Private Company im Vergleich zur GmbH geringer sein, da hier angesichts der formlosen Kapitalerhöhung unter Umständen mehr Meilensteine existieren, mit denen eine regelmäßigere Überprüfung und Kontrolle stattfindet. Das **Betroffenheitsrisiko** weicht von dem der geschäftsführenden Gesellschafter ab, da mit der Erhöhung des Einkommenzahlungsstroms ein divergierendes ökonomisches Ziel verfolgt wird. Zwar besteht das Betroffenheitsrisiko aus der Gefahr, dass die Zahlungsströme sich verzögern oder sogar eingestellt werden, und damit ein finanzieller Verlust für das Unternehmen und die Gesellschafter verbunden ist, jedoch ist dieses Risiko dadurch begrenzt, dass die Einkommenszahlungen an das Top-Management unter Umständen losgelöst von den gestuften Eigenkapitalzahlungen gezahlt werden können und müssen, da nicht zuletzt ein gesetzlicher/vertraglicher Gehaltsanspruch (als Gehaltsgläubiger) besteht. Das Ausmaß des Betroffenheitsrisikos richtet sich demnach zuallererst nach dem Finanzierungsanlass selbst und der mit der Private-Equity-Beteiligung verbundenen, notwendigen Liquidität für das Unternehmen, woraus auch das Gehalt für das Top-Management gezahlt wird. Aus den Ausführungen ergibt sich, dass die Vertragsklauseln nur eingeschränkt auf die **Rendite** des Top-Managements wirken, da unabhängig von den Vertragsklauseln sowie die damit in Verbindung stehenden Zahlungsströme, Gehaltszahlungen erfolgen müssen. Mit Bezug auf den Ländervergleich wird auf die Perspektive der verbleibenden Gesellschafter insofern verwiesen, dass divergierende Beschlussformen bei Kapitalerhöhungen existieren, mit denen Kosten einhergehen, die die Cash Flows der Unternehmen senken, wobei dadurch die Rendite des Top-Managements selbst nicht unmittelbar reduziert wird.

Die Vertragsklauseln über die **Veto-/Zustimmungsrechte** wirken sich aus Sicht des Top-Managements – analog zur Perspektive der geschäftsführenden Gesellschafter – auf das **Informations-** und das **Delegationsrisiko** ex interim erhöhend in dem Sinne aus, dass überwiegend Unsicherheit über das Zustandekommen eines zustimmungspflichtigen Geschäftes existiert und der unternehmerische Entscheidungs-/Handlungsspielraum womöglich eingeschränkt wird. Das Risiko wird dann reduziert, wenn diese Vertragsklauseln eine Überprüfung der eigenen Unternehmensentscheidungen im Zuge der Geschäftsführung durch Dritte (Private-Equity-Gesellschaften) ermöglichen. Im Vergleich zwischen Deutschland und Großbritannien besteht ein markanter Unterschied zwischen den Rechtsformen im Weisungsrecht der GmbH-Gesellschafter gegenüber dem Top-Management als Geschäftsführer. Dadurch bedingt, dass das Top-Management den Weisungen der Gesellschafter, insbesondere der Private-Equity-Gesellschaften als nicht-geschäftsführende Minderheitsgesellschafter, unterworfen ist, fällt das Delegations- und das Betroffenheitsrisiko im Vergleich zur Private Company, in der die Executive (Managing) Directors einen viel weiteren Entscheidungs- und Handlungsspielraum besitzen, durchaus stärker aus. Analog zur Gesellschafter-Perspektive wirken die Vertragsklauseln auch unterschiedlich auf das **Betroffenheitsrisiko** (Erhöhung des Risikos durch Nichtrealisierung Erfolg versprechender und Erfolg tatsächlicher Geschäfte; Reduzierung des Risikos durch Nichtrealisierung Erfolg versprechender und tatsächlich verlustbringender Geschäfte). Im Unterschied zu den Gesellschaftern jedoch, erhält das Top-Management unabhängig vom Zustandekommen der Geschäfte fixe Einkommenszahlungen, wobei der Unternehmenserfolg langfristig gesehen ebenso die Gehaltszahlungen in dem Sinne bedingt, dass aus den potenziellen Cash Flows durch die Unternehmenstransaktionen, die Gehälter gezahlt werden. Diese Wirkung der Vertragsklauseln ist desgleichen auch auf die **Rendite** übertragbar, wobei auch hier die Tatsache, dass bei jedem zustimmungspflichtigen Geschäft die Zustimmung durch die Private-Equity-Gesellschaften eingeholt werden muss und dies Kosten verursacht, je nach Ausgang und Ergebnis der jeweiligen Transaktion die Rendite langfristig entsprechend erhöht oder reduziert.

Nach Abschluss der Vertragsklauseln zu den **Informationsrechten** besteht – ähnlich wie im Fall der geschäftsführenden Mehrheitsgesellschafter – trotz des erhöhten Informationsaustausches das **Informations-** und das **Delegationsrisiko** verstärkt in der Unsicherheit darüber, wie die zusätzlich übertragenen Informationen an die Private-Equity-Gesellschaften von diesen verwendet werden (Adressat; Ausmaß). Demgegenüber reduzieren die Vertragsklauseln das Risiko in den Fällen, in denen das Mehr an Informationen auch die Informationsqualität für das Top-Management erhöht, zum Beispiel dann, wenn dieses in den Informationsprozess/-austausch sowie in die Informationsverwendung stärker einbezogen wird (Abbau von Handlungsunsicherheit). Trotz des existierenden Weisungsrechts bei der GmbH zeigt sich im Vergleich zur Private Company, dass das Top-Management der GmbH bestimmte, gesellschaftsfremden Zwecken dienende Informationen verweigern darf. Dies betrifft das Delegationsrisiko insoweit, dass die Gefahr, dass mit der Informationsweitergabe durch das Top-Management ein Schaden an der Gesellschaft verbunden liegt, begrenzt ist. Im Gegensatz zur Perspektive der geschäftsführenden Gesellschafter ist die Gefahr für das Top-Management, dass die auf Grundlage der zusätzlichen Informationen getroffenen Entscheidungen zu einem finanziellen Verlust führen (**Betroffenheitsrisiko**), aufgrund des ökonomischen Ziels und dem geltenden fixen Gehaltsanspruch – zumindest kurzfristig – begrenzt. Die Vertragsklauseln wirken sich auf die **Rendite** dann negativ aus, wenn die erweiterten Informationspflichten zu mehr Verwaltungsaufwand (Kosten) und in Folge zur Reduzierung der Einkommenzahlungen führen. Demgegenüber wirken sich die Informationsrechte in dem Fall positiv auf die Rendite aus, wenn das Mehr an Informationen zu einem Anstieg der Informationsqualität auf Seiten der Private-Equity-Gesellschaften als Minderheitsgesellschafter führt, wodurch diese in die Lage versetzt werden, bessere unternehmerische Entscheidungen zu treffen, um dadurch bedingt weitere Cash Flow-Potenziale durch entsprechende Investitionsmöglichkeiten zu generieren, in Folge dessen die Einkommenzahlungen des Top-Managements erhöht werden.

Die Vertragsklauseln zu den **Entsenderechten** und den **Blockbuster-Bestimmungen** wirken sich aus Sicht des Top-Managements auf das **Informations-** und das **Delegationsrisiko** in dem Sinne aus, dass ex interim verstärkt Qualitätsunsicherheit darüber besteht, wer zusätzlich in die Geschäftsführung (Steuerungsprozesse) entsendet wird und wie diese Personen sich dort verhalten oder ein Austausch stattfindet, das heißt das Top-Manager oder ein ganzes Team durch andere Personen ersetzt werden. Auf der anderen Seite ist zu konstatieren, dass die Vertragsklauseln zu den Entsenderechten das Risiko dann reduzieren, wenn die entsandten Personen als Mittler fungieren und insofern eine bessere Verbindung auf persönlicher und sachlicher Ebene zwischen dem Top-Management und den Private-Equity-Gesellschaften schaffen. Das **Betroffenheitsrisiko** geht unmittelbar mit dem (finanziellen) Verlust über die Tätigkeit bei Austausch einher, das heißt dass zum Beispiel das für diese Tätigkeit gezahlte Geschäftsführergehalt eingestellt wird und unter Umständen für die neue bereitgestellte Position weniger gezahlt wird. Bei Entsendung weiterer Personen in die Geschäftsführung entsteht ferner ein gewisser Kontrollverlust durch das Top-Management, da weitere Entscheidungsträger in Zukunft mitgestalten werden. Die Vertragsklauseln zu den Entsenderechten reduzieren dann das Betroffenheitsrisiko für das Top-Management, wenn die neuen Personen die bisher getroffenen Entscheidungen mittragen und insofern zusätzliche Entscheidungspersonen involviert sind und dadurch die Entscheidungs-/Überwachungsqualität erhöht wird. Beide Vertragsklauseln wirken sich schließlich auf die **Rendite** aus. Gerade im Fall des Austausches wird die Rendite dadurch reduziert, dass die mit dieser entfallenen Position verbundenen Gehaltszahlungen eingestellt werden und die neue Tätigkeit gegebenenfalls mit einer geringeren Vergütung einhergeht.[594]

Die Vertragsklauseln zur **Manager-/Mitarbeiterbeteiligung** wirken sich aus Sicht des Top-Managements, je nachdem ob es sich um eine direkte Beteiligung oder um eine Gewährung von Optionen handelt, auf das bestehende **Informations-** und das **Delegationsrisiko** unterschiedlich aus. Die Qualitätsunsicherheit in der direkten Beteiligung besteht zunächst darin, dass trotz der gegenwärtigen Geschäftsführungskompetenz nicht genau beurteilt werden kann, inwiefern sich das bestehende Tätigkeitsfeld sowie der damit zusammenhängende Verantwortungsbereich mit Erlangung des Gesellschafterstatus verändert. Die Gewährung von Optionen unterscheidet sich von der direkten Beteiligung dadurch, dass die einzelnen Top-Manager sich mit der Optionsausübung Zeit nehmen und unter Umständen den Beginn der Gesellschafterstatus damit selbst bestimmen können. Auf der anderen Seite reduziert die Beteiligung bestehende Asymmetrien, sodass ein engerer Kontakt zu den jetzigen Gesellschaftern aufgebaut und insoweit Handlungsunsicherheit (Hidden Action; Hidden Information) reduziert werden kann. Darüber hinaus partizipiert das Top-Management an einer künftigen Steigerung des Unternehmenswerts.[595] Das **Betroffenheitsrisiko** zeichnet sich durch die Gefahr aus, dass mit der Gesellschafterstellung auch ein finanzieller Verlust verbunden liegen kann, der sich im unternehmerischen Risiko an sich ausdrückt.[596] Die Vertragsklauseln wirken sich ferner auf die **Rendite** aus. Positiv in dem Fall, dass durch die Beteiligung als Gesellschafter neben den bisherigen Einkommenszahlungen und abhängig von der vereinbarten Gewinnverteilung/-ver-

[594] U.U. wird die Rendite zu diesem Zeitpunkt durch Abfindungszahlungen kurzfristig erhöht.
[595] Vgl. Brehm (2012), S. 159.
[596] Im Ländervergleich existieren zwar Unterschiede in der Einlagefähigkeit und Bewertung von *Know-How* und der *zukünftigen Arbeitskraft*, jedoch betrifft dies weniger das Top-Management, dass das Gut einbringt, sondern vielmehr die jetzigen Gesellschafter, die das betreffende Einlagegut bewerten müssen.

wendung zusätzliche Zahlungsströme in Form von Unternehmensüberschüssen erzielt werden. Negative Auswirkungen gehen mit den Fällen einher, in denen zwar die zusätzliche Funktion in Form als Gesellschafter eine weitere Vergütung generiert, dies jedoch mit einem erhöhten persönlichen Arbeitspensum und weniger Freizeit einhergeht und in der Konsequenz die Opportunitätskosten steigen.

5.3.3.4 Mitarbeiter

Die Mitarbeiter als Arbeitnehmer verfügen über keine Geschäftsführungskompetenz. Die Vertragsklauseln und die Einflussnahme durch die Private-Equity-Gesellschaften wirken sich unterschiedlich auf die Interessengruppe der Mitarbeiter aus, was unter anderem mit den ökonomischen Zielen zusammenhängt.[597] Tabelle 22 stellt die für diese Analyse begründete Festlegung der unterschiedlichen Auswirkungen der Vertragsklauseln auf die Mitarbeiter dar, wobei die Unterteilung in *hohe Auswirkungen* und *geringe Auswirkungen* vorgenommen wird. Diese Einteilung stellt desgleichen die jeweilige Auswahl der Vertragsklauseln für die Analyse dar (die der *hohen Auswirkungen*). Aus Sicht der Mitarbeiter bestehen während der Beteiligungsbeziehung Informations-, Delegations- und Betroffenheitsrisiken hauptsächlich gegenüber dem Arbeitgeber (zum Beispiel die verbleibenden Mehr-/Minderheitsgesellschafter, Private-Equity-Gesellschaften oder das Top-Management). Dabei ist zu beachten, dass die endogenen Risiken auch bereits vor dem Abschluss dieser bestimmten Vertragsklausel existieren.

Vertragsklauseln	Mitarbeiter
Meilensteinfinanzierung	Geringe Auswirkungen, da keine Geschäftsführungskompetenz.
Veto-/Zustimmungsrechte	Geringe Auswirkungen, da keine Geschäftsführungskompetenz.
Informationsrechte	Geringe Auswirkungen, da keine Geschäftsführungskompetenz.
Entsenderechte/Blockbuster-Bestimmungen	Hohe Auswirkungen, da Entsendung von Mitgliedern in Kontrollgremien (in den Fällen, dass von Mitarbeiter/Betriebsräten besetzt)
Bindung	Geringe Auswirkungen, da keine Gesellschafterstellung.
Manager-/Mitarbeiterbeteiligung	Hohe Auswirkungen, da die Beteiligung auf die eigene Person abzielt.

Tabelle 22: Auswirkungen der Vertragsklauseln auf die Mitarbeiter (eigene Darstellung)

Die Vertragsklauseln zu den **Entsenderechten** und den **Blockbuster-Bestimmungen** wirken sich aus Sicht der Mitarbeiter in den Fällen auf das **Informations-** und das **Delegationsrisiko**

[597] Empirische Arbeiten, die sich mit den Auswirkungen von Private-Equity-Beteiligungen auf die Interessengruppe der Mitarbeiter beschäftigen, nehmen zum größten Teil Bezug auf Börsengänge (IPO) oder fokussieren im Detail nur Leveraged Buyouts (LBOs). Vgl z.B. Liebeskind/Margarethe/Hansen (1992); Amess/Wright (2007); Cressy/Munari/Malipiero (2007); Weir/Jones/Wright (2008); Olsson/Tag (2012).

aus, in denen diese selbst in den Kontrollgremien der Beteiligungsunternehmen im Zuge der betrieblichen Mitbestimmung (über den Betriebsrat) oder der Unternehmensmitbestimmung (zum Beispiel Besetzung im Aufsichts-/Beirat) involviert sind.[598] Das Informations- und das Delegationsrisiko besteht aus der Qualitätsunsicherheit darüber, welche neuen Mitglieder in die entsprechenden Gremien entsendet werden und welche Veränderungen mit der Entsendung einhergehen. Ein Asymmetrieabbau geht dann mit dem Abschluss dieser Vertragsklauseln einher, wenn die entsandten Personen als Mittler fungieren und insofern eine bessere Verbindung oder engere Arbeitsbeziehung zwischen den Arbeitgebern, dem Betriebsrat (im Rahmen der betrieblichen Mitbestimmung) sowie den Private-Equity-Gesellschaften schaffen. Das **Betroffenheitsrisiko** besteht aus einem (teilweisen) Kontrollverlust der Mitarbeiter, da sich die Verteilung in den Gremien möglicherweise verändert und aufgrund dessen zusätzliche Entscheidungsträger unter Umständen neue, andere Entscheidungen hervorheben. Andererseits reduzieren die Vertragsklauseln dann das Betroffenheitsrisiko, wenn die neuen Personen die bisher getroffenen Entscheidungen mittragen und insofern zusätzliche Entscheidungspersonen involviert sind und dadurch die Entscheidungs-/Kontrollqualität erhöht wird. Im Vergleich zwischen Deutschland und Großbritannien liegt ein markanter Unterschied darin, dass die Unternehmensmitbestimmung in Großbritannien in der Art nicht existiert und eine Besetzung von Mitarbeitern in den Kontrollgremien der Private Company damit nicht vorgesehen ist (siehe Kapitel 4.4.3.3).[599] Insofern besteht kein Betroffenheitsrisiko im Fall einer Entsendung für die Mitarbeiter bei der Private Company. Die Vertragsklauseln zu den Entsenderechten wirken sich insofern auf die **Rendite** aus, dass durch die Entsendung neuer oder weiterer Personen Veränderungen hinsichtlich bestimmter Investitions-/Finanzierungsentscheidungen herbeigeführt werden und dadurch bedingt, Veränderungen in den Einkommenszahlungen erfolgen. Dabei zeigt sich der Unterschied in der Rendite und dem Betroffenheitsrisiko im Vergleich zum Top-Management darin, dass die Mitarbeiter über weitaus weniger Einflussmöglichkeiten verfügen, die bisherige Gehalts-/Lohnstruktur zu sichern, da

[598] Ein Austausch der Mitarbeiter in den Kontrollgremien ist angesichts der Schutzbestimmungen im Rahmen der Mitbestimmung ausgeschlossen.

[599] Eine Unternehmensmitbestimmung für Arbeitnehmer existiert in Großbritannien nicht. Vgl. Luke (2006), S. 49. Dies zeigt bereits der Umstand, dass ein separates Aufsichtsgremium in der Private Company nicht vorgesehen ist. Demzufolge ist eine Entsendung von Mitgliedern des Betriebsrats als Arbeitnehmervertreter in den Aufsichtsrat der Private Company obsolet. Vgl. Gower/Davies (2003), S. 318. Dies begründet sich ferner dahingehend, dass nur diejenige Interessengruppe die die Gesellschaft finanzieren und demzufolge das Unternehmensrisiko trägt, auch Einfluss auf die Zusammensetzung des Aufsichts- und Kontrollgremiums ausüben soll. Insofern wird den Mitarbeitern kein echtes Mitspracherecht zuerkannt, gleichwohl sollen die Directors im Rahmen ihrer Treuepflichten gegenüber der Private Company die Arbeitnehmerinteressen berücksichtigen sollen. Vgl. Sec. 172 CA 2006; Sec. 309 CA 1985.

ihnen aufgrund der fehlenden Geschäftsführungskompetenz nicht zuletzt weniger Informationen vorliegen und kaum Gestaltungsspielraum gegeben ist.

Nach Abschluss der Vertragsklauseln zur **Manager-/Mitarbeiterbeteiligung** existiert aus Sicht der Mitarbeiter – analog zur Top-Management-Perspektive – das **Informations-** und das **Delegationsrisiko** in der Qualitätsunsicherheit darüber, dass nicht genau beurteilt werden kann, inwieweit sich das jetzige Arbeitsumfeld und die Arbeitsbelastung sowie der damit zusammenhängende Verantwortungsbereich mit Erlangung des Gesellschafterstatus verändert. Weiterhin ist das Verhalten der bereits jetzigen Gesellschafter aus Sicht der Mitarbeiter nicht abschließend zu bewerten. Demgegenüber reduziert die Mitarbeiterbeteiligung bestehende Asymmetrien dann, wenn durch die Aufnahme in den Gesellschafterkreis ein engerer (persönlicher) Kontakt zu den jetzigen Gesellschaftern (und im weiteren Sinne Arbeitgeber) aufgebaut wird, wodurch die Handlungsunsicherheit verringert wird. Werden aufgrund der Beteiligung im Rahmen der Gesellschafterversammlung zudem Entscheidungen der anderen Gesellschafter womöglich verhindert, kann Verhaltensunsicherheit abgebaut werden (Hidden Intention; Hold Up). Die Mitarbeiterbeteiligung verstärkt des Weiteren das **Betroffenheitsrisiko**, ausgedrückt durch die Gefahr, dass mit der Gesellschaftsbeteiligung ein finanzieller Verlust einhergeht (unternehmerisches Risiko). Bezüglich der Auswirkungen dieser Vertragsklauseln auf die **Rendite** wird auf die Top-Management-Perspektive verwiesen (Erhöhung der Rendite durch zusätzliche Zahlungsströme; Reduzierung der Rendite durch erhöhtes Arbeitspensum und weniger Freizeit; Steigerung der Opportunitätskosten).

5.3.3.5 Fremdkapitalgeber

Die Vertragsklauseln und die Einflussnahme durch die Private-Equity-Gesellschaften wirken sich unterschiedlich auf die Fremdkapitalgeber aus, was unter anderem mit dem ökonomischen Ziel dieser Interessengruppe zusammenhängt. Tabelle 23 stellt die für diese Analyse begründete Festlegung der unterschiedlichen Auswirkungen der Vertragsklauseln auf die Fremdkapitalgeber dar, wobei eine Unterteilung in *hohe Auswirkungen* und *geringe Auswirkungen* vorgenommen wird. Diese Einteilung stellt desgleichen die jeweilige Auswahl der Vertragsklauseln für die Analyse dar (die der *hohen Auswirkungen*). Aus Sicht der Fremdkapitalgeber bestehen während der Beteiligungsbeziehung Informations-, Delegations- und Betroffenheitsrisiken grundsätzlich gegenüber den Schuldnern (Gesellschafter; Top-

Management).[600] Zu beachten ist, dass die endogenen Risiken auch bereits vor dem Abschluss dieser Vertragsklauseln existieren.

Vertragsklauseln	Fremdkapitalgeber
Meilensteinfinanzierung	Hohe Auswirkungen, da die gestuften Zahlungsströme auch die Zins-/Tilgungsleistungen sowie das Insolvenzeintritts und -verlustrisiko betreffen.
Veto-/Zustimmungsrechte	Geringe Auswirkungen, da keine unmittelbare Verbindung zum Insolvenzeintritts und -verlustrisiko besteht.
Informationsrechte	Geringe Auswirkungen, da keine unmittelbare Verbindung zum Insolvenzeintritts und -verlustrisiko besteht.
Entsenderechte/Block-buster-Bestimmungen	Hohe Auswirkungen, da Entsendung von Mitgliedern in Kontrollgremien (in den Fällen, dass von Fremdkapitalgebern besetzt).
Bindung	Hohe Auswirkungen, da der Schuldner u.U. seine Gesellschafterstellung verliert und damit eine Verbindung zum Insolvenzeintritts und -verlustrisiko besteht.
Manager-/Mitarbeiter-beteiligung	Geringe Auswirkungen, da keine unmittelbare Verbindung zum Insolvenzeintritts und -verlustrisiko besteht.

Tabelle 23: Auswirkungen der Vertragsklauseln auf die Fremdkapitalgeber (eigene Darstellung)

Die Vertragsklauseln zur **Meilensteinfinanzierung** wirken sich aus Sicht der Fremdkapitalgeber in erster Line auf das **Informations-** und das **Delegationsrisiko** aus. Dieses zeigt sich in der Gestalt, dass hauptsächlich Unsicherheit darüber besteht, ob, in welcher Höhe und wie die durch die Private-Equity-Gesellschaften zu leistenden gestaffelten Zahlungen verwendet werden (Qualitätsunsicherheit; Handlungsunsicherheit; teilweise Verhaltensunsicherheit).[601] Die Verwendung zielt dabei vor allem auf die vertraglich vereinbarten Zins- und Tilgungsleistungen im Zuge der Kreditbeziehung ab. In Abhängigkeit davon, ob die Fremdkapitalgeber in den Kontrollgremien vertreten sind oder nicht, verstärkt sich das Risiko, denn ohne einen entsprechenden Gremiensitz, sind die Fremdkapitalgeber lediglich auf die Informationen in Form von gesetzlichen und freiwilligen (vertraglich fixierten) Publizitäts- und Transparenzpflichten (wie zum Beispiel Offenlegungs-, Register-, Rechnungslegungs- und Berichtspflichten) angewiesen. Im Vergleich zwischen Deutschland und Großbritannien zeigen sich markante Unterschiede im (gesetzlichen) Gläubigerschutz.[602] Während die Gläubiger in Deutschland be-

[600] Zu beachten ist, dass diesbezügliche Kreditverträge auch bereits vor der Beteiligung abgeschlossen worden sein können.

[601] Mit Abschluss des Beteiligungsvertrags sowie bestimmter Vertragsklauseln entsteht zwischen den Gläubigern und den Eigentümern/Gesellschaftern ein Interessenkonflikt über die zukünftig vorzunehmenden Aktivitäten und den Wert ihrer Ansprüche. Diese Veränderung muss nicht unbedingt zu Lasten der Gläubiger erfolgen. Vgl. Larisch (2002), S. 35.

[602] Vgl. Boese (2009), S. 22. Das Kriterium fasst insofern die Aspekte *Aufsicht* sowie *Publizität* und *Transparenz* zusammen, die sowohl die Gläubigerrechte der Fremdkapitalgeber widerspiegeln als auch den Fremdkapitalgebern ermöglicht die der tatsächlichen Gefährdung ihrer Forderungen angemessenen Maßnahmen (zur Durchsetzung) im Rahmen der Aufsicht zu ergreifen sowie als Informations- und Entscheidungsbasis in der Beziehung zwischen Beteiligungsunternehmen und Fremdkapitalgeber dient. Vgl. Moxter (1962), S. 225.

sonders durch gesetzliche Gläubigerrechte (zum Beispiel Regelungen in der Insolvenzordnung im Fall der Zahlungsunfähigkeit oder Überschuldung) geschützt sind, gilt in Großbritannien vielmehr der Gläubiger-Selbstschutz, der sich durch einen höheren Grad an Informationen in Form von Offenlegungs- und Transparenzregeln auszeichnet.[603] Damit wird vorausgesetzt, dass es Aufgabe der Gläubiger ist, sich mit Hilfe von individualvertraglichen Vereinbarungen einen weitergehenden Schutzumfang zu verschaffen.[604] Das **Betroffenheitsrisiko** wird durch diese Vertragsklauseln insofern erhöht, dass die Gefahr besteht, dass die Zahlungen verzögert oder sogar gänzlich eingestellt werden und durch den Schuldner in der Folge keine weiteren Zinsen/Tilgungen beglichen werden können, womit unmittelbar das Insolvenzeintritts und -verlustrisiko steigt. Nichtsdestotrotz ist das Betroffenheitsrisiko insoweit begrenzt, dass die Fremdkapitalgeber als Gläubiger vorrangig im Rahmen der Insolvenz behandelt werden. Eine Form des Gläubiger-Selbstschutzes sind die Sicherungsinstrumente. Hierbei bestehen mit dem Instrument der Floating Charge als Kreditsicherung in Großbritannien Unterschiede zu Deutschland.[605] Da durch dieses Sicherungsinstrument nicht nur ganz bestimmte Vermögensgegenstände, sondern auch das gesamte gegenwärtige und zukünftige Vermögen des Sicherungsgebers/Kreditnehmers herangezogen werden kann,[606] ist schlussfolgernd, dass die Fremdkapitalgeber bei der Private Company im Vergleich zur GmbH ihr Betroffenheitsrisiko weitaus stärker reduzieren können. Nichtsdestotrotz sind die Fremdkapitalgeber in beiden Ländern in der Lage, das Betroffenheitsrisiko (sowie das Informations- und das Delegationsrisiko) durch entsprechende Kreditverträge und Covenants als zentrale Vertragsbestandteile sowie durch Sicherungsinstrumente, je nach Notwendigkeit, zu reduzieren. Anzunehmen ist, dass die Kosten zur Ausgestaltung und Durchsetzung von Gläubigerrechten in Deutschland geringer sind als im Vergleich zu Großbritannien, da mehr Gläubigerrechte gesetzlich

[603] Während das britische/englische Gesellschaftsrecht Mindestkapitalerfordernisse nicht kennt, gelten diverse Kapitalerhaltungsvorschriften, die nicht auf den Schutz eines zwingend für die Gläubiger zu erhaltenden Kapitalstocks abzielen, sondern vielmehr auf den Schutz der gesellschaftlichen Vermögensstruktur insgesamt gerichtet sind, um die satzungsmäßig verifizierten Geschäftsziele einzuhalten. Dies zeigt sich z.B. auch daran, dass z.B. keine Nachschusspflichten für Gesellschafter oder ganz allgemein keine Verknüpfung zwischen Haftungsprivilegien und gesellschaftlicher Kapitalstruktur existieren. Vgl. Hilpert (2007), S. 92; Sec. 851 (1) CA 2006; Gower/Davies (2008), Rn. 12-4; Micheler (2004), S. 324 ff. So erfolgt die Finanzierung der Unternehmen in Großbritannien vielmehr über ungebundene Einlagen wie einbehaltene Gewinne oder Fremdkapital. Vgl. Kasolowsky/Schall (2006), § 4 Rn. 79; Hilpert (2007), S. 258. Demnach können die umfassenden Publizitätsvorschriften als Substitut zu dem nicht vorgeschriebenen Mindestkapital angesehen werden. Vgl. Luke (2006), S. 52. Die bereits schwache Ausprägung der Pflichten von Directors lässt weiterhin vermuten, dass erst recht keine Gesellschafterpflichten, z.B. eine kapitalisierungsbezogene Treuepflicht, existieren. Vgl. Hilpert (2007), S. 133.

[604] Vgl. Happ/Holler (2004), S. 730, 732.

[605] Vgl. Rummel von (2008), S. 128.

[606] Vgl. Davies (2002), S. 823 ff. Siehe auch Kap. 4.4.3.4.

fixiert sind und keiner (nochmaligen) Vereinbarung und anschließender rechtlicher Durchsetzung bedürfen. Aus den Ausführungen zum Betroffenheitsrisiko ergibt sich, dass die Vertragsklauseln nur eingeschränkt auf die **Rendite** wirken, da unabhängig von den Vertragsklauseln Zinsen gezahlt und Tilgungen geleistet werden müssen. Dennoch wird die Rendite in den Fällen erhöht, dass die Zahlungsströme der Private-Equity-Gesellschaften eine frühzeitige Kreditrückzahlung und/oder Abschlusszahlung ermöglichen. Andererseits wird die Rendite in den Fällen kurzfristig reduziert, dass sich die Zahlungen durch die Private-Equity-Gesellschaften an die Gesellschafter verzögern und diese wiederum als Schuldner die Zinszahlungen/Tilgungen nicht leisten können. Darüber hinaus kann das Kooperationsproblem des Kontrollrisikos für die Fremdkapitalgeber verstärkt werden, da diese die wahre Höhe der Vertragsrückflüsse (hier die gestaffelten Zahlungsströme an das Unternehmen) nicht bestimmen können und sie das tatsächliche Ergebnis nicht oder nur unter nicht ökonomisch sinnvollem Aufwand beobachten können.

Die Vertragsklauseln zu den **Entsenderechten** und **Blockbuster-Bestimmungen** wirken sich aus Sicht der Fremdkapitalgeber in den Fällen auf das **Informations-** und das **Delegationsrisiko** aus, in denen sie selbst in den Kontrollgremien der Beteiligungsgesellschaften vertreten sind. Der Gremiensitz ist zumeist der Höhe des Kreditvolumens geschuldet, gerade auch zur Sicherung der Kreditverwendung.[607] Das Informations- und das Delegationsrisiko besteht ex interim damit verstärkt in der Unsicherheit darüber, welche zusätzlichen Personen in die Gremien entsendet werden (Qualitätsunsicherheit) und welche Veränderungen mit der Entsendung einhergehen (Handlungs-/Verhaltensunsicherheit). Demgegenüber werden Asymmetrien dann abgebaut, wenn die entsandten Personen als Mittler fungieren und insofern eine bessere Verbindung und ein engerer Kontakt zwischen den Schuldnern, den Gläubigern sowie den Private-Equity-Gesellschaften schaffen. Das **Betroffenheitsrisiko** geht mit einem (teilweisen) Kontrollverlust der Fremdkapitalgeber einher, da sich die Verteilung in den Gremien durch zusätzliche oder andere Entscheidungsträger verändert und möglicherweise neue, andere Entscheidungen hervorhebt. Im Gegenteil dazu reduzieren die Vertragsklauseln das Risiko in den Fällen, in denen die neuen Personen die bisher getroffenen Entscheidungen mittragen

[607] Bereits vor Kreditvertragsabschluss werden die Fremdkapitalgeber die Kreditwürdigkeit der potenziellen Kreditnehmer prüfen, um das Kredit-/Ausfallrisiko (Insolvenz- und Verlustrisiko) zu bestimmen und darauf aufbauend auch festzulegen in welchem Maße die Aufsichts- und Kontrollrechte der Fremdkapitalgeber im Kreditvertrag – für die Kreditlaufzeit – fixiert werden müssen.

und insofern zusätzliche Entscheidungspersonen involviert sind und dadurch die Entscheidungs-/Kontrollqualität erhöht wird. Die Vertragsklauseln zu den Entsenderechten wirken sich insoweit auf die **Rendite** aus, dass weitere oder neue Personen über die Investitions-/Finanzierungsentscheidungen und damit ebenso über die Mittelverwendung (unter Umständen durch Fremdkapital finanziert) beraten und diese überwachen, womit sich sowohl positive als auch negative Veränderungen hinsichtlich der Zins- und Tilgungsleistung ergeben (Abbau/Aufbau des Kooperationsproblems des Kontrollrisikos). Nichtsdestotrotz ist die Rendite für die Fremdkapitalgeber vertraglich fixiert, wodurch die negativen Veränderungen begrenzt sind. Die Rendite wird dann erhöht, wenn die oben genannten Entscheidungen in den Gremien dazu führen, dass unter Umständen Sondertilgungen durch die Schuldner möglich sind.

Die Vertragsklauseln zur **Bindung** wirken sich aus Sicht der Fremdkapitalgeber weniger auf das **Informations-** und das **Delegationsrisiko**, sondern vielmehr in direkter Weise auf das **Betroffenheitsrisiko** aus, und zwar in dem Fall, dass der betreffende geschäftsführende Mehrheitsgesellschafter als Schuldner den bisherigen Gesellschafter- und Geschäftsführerstatus verliert und damit die Gefahr besteht, dass dieser ehemalige Gesellschafter für die Verbindlichkeiten nicht mehr aufkommen kann. Nichtsdestotrotz ist das Betroffenheitsrisiko begrenzt, da auch die Gesellschaft an sich für die Verbindlichkeiten haftet und damit auch die weiteren Mitgesellschafter.[608] Andererseits reduzieren diese Vertragsklauseln das Betroffenheitsrisiko, indem eine durch die Bindung geschaffene Anreizfunktion für denjenigen Gesellschafter als Schuldner geschaffen wird (siehe Kapitel 5.3.3.1). Da das Betroffenheitsrisiko begrenzt ist, wirken sich die Vertragsklauseln auch nicht negativ auf die Rendite aus, da die Zins-/Tilgungsleistung, im Fall der Entbindung und des Ausscheidens eines Gesellschafters, durch die weiteren Mitgesellschafter gesichert ist.

5.3.4 Konfligierende und harmonische Beziehungen zwischen den Interessengruppen

Nachstehend erfolgt im Kontext der Forschungsfrage, insbesondere für die Phase der Beteiligungsbeziehung, die Gesamtanalyse unter Einbezug der konfligierenden und harmonischen Beziehungen der Interessengruppen. Dabei wird an den entsprechenden Stellen auf länderspezifische Unterschiede hingewiesen. Da die Private-Equity-Gesellschaften in erster Linie mit den Entscheidungsträgern der Beteiligungsunternehmen den Beteiligungsvertrag abschließen,

608 In der Regel haben die Fremdkapitalgeber bereits mit der Gesellschaft als juristische Person Kreditverträge abgeschlossen, wobei die Gesellschaft durch die Gesellschafter oder die Geschäftsführer vertreten wird.

werden in einem ersten Schritt anhand der einzelnen Vertragsklauseln diese Beziehungen analysiert. In einem zweiten Schritt werden die Beziehungen der weiteren Interessengruppen untersucht. Generell lassen sich die Beziehungen als konfligierend beschreiben, wenn die Verfolgung der ökonomischen Ziele durch eine Interessengruppe den Erreichungsgrad der ökonomischen Ziele der anderen Interessengruppe verringert. Harmonische Beziehungen bestehen dann, wenn durch die Verfolgung der ökonomischen Ziele der einen Interessengruppe die ökonomischen Ziele der anderen Interessengruppe automatisch auch erreicht werden oder zumindest die Zielerreichung gefördert wird.[609]

Die ökonomischen Ziele der Private-Equity-Gesellschaften (Optimierung der Rendite-Risiko-Position) und der Entscheidungsträger, das heißt der geschäftsführenden Mehrheitsgesellschafter (Optimierung der Rendite-Risiko-Position) oder des Top-Managements (Erhöhung des Einkommenzahlungsstroms/Reduzierung des Risikos des Zahlungsstromausfalls), stehen in verschiedenen Beziehungen zueinander. Bei der Vereinbarung der Vertragsklauseln zur **Meilensteinfinanzierung** zwischen den **Private-Equity-Gesellschaften** und den **Entscheidungsträgern**[610] wird die Erreichung der ökonomischen Ziele grundsätzlich durch die Unsicherheit in Bezug auf die gestaffelten Zahlungsströme flankiert. Während sich die Unsicherheit auf Seiten der Private-Equity-Gesellschaften vor allem auf die Mittelverwendung bezieht, besteht die Unsicherheit auf Seiten der Entscheidungsträger darin, ob, in welcher Höhe und wann die gestuften Zahlungen erfolgen (Informations-/Delegationsrisiko). Die ökonomischen Ziele sind konfligierend zueinander, da einerseits die Private-Equity-Gesellschaften mit diesen Vertragsklauseln die Investition in das Unternehmen zu jeder Zeit adäquat bewerten und beurteilen wollen, um im Zweifel weitere Zahlungen einzustellen. Andererseits bevorzugen die Entscheidungsträger von Anfang an die komplette Kapitalsumme, um die an die einzelnen Zahlungen gebundenen Bedingungen (Meilensteine) sowie die Unsicherheit über weitere Zahlungen zu vermeiden. Des Weiteren lassen sich konfligierende Beziehungen hinsichtlich der Durchsetzung, das heißt insbesondere in der Ausgestaltung der Bedingungen und dem

[609] In Bezug auf die Forschungsfrage und die Prozessstufe der Beteiligungsbeziehung führen bei konfligierenden (harmonischen) Beziehungen demnach die Handlungen der einen Interessengruppe zu einer negativen (positiven) Abweichung vom ökonomischen Ziel der anderen Interessengruppe, wobei die Handlungen selbst bzw. die damit verbundene Einflussnahme durch die einzelnen Vertragsklauseln verursacht sind. Somit sind die konfligierenden oder harmonischen Beziehungen unmittelbar durch die mit der Beteiligung am Unternehmen einhergehenden Gestaltung und der Durchsetzung der Vertragsklauseln bedingt.

[610] Damit sind im weiteren Verlauf die Interessengruppen der geschäftsführenden Mehrheitsgesellschafter/Top-Management gemeint. Eine notwendige Differenzierung wird an entsprechender Stelle vorgenommen.

Verhältnis zwischen Kapital- und Stimmrechtsanteil beschreiben (Delegationsrisiko). Demnach ist das Konfliktpotenzial umso stärker, je unspezifischer die Bedingungen formuliert und ausgestaltet sind. Für den Fall, dass der Kapitalanteil geringer als der Stimmrechtsanteil ist, besteht zudem Konfliktpotenzial darin, dass die gegenwärtige Verteilung der Eigentums- und Verfügungsrechte sich nicht in dem bis dato geleisteten Kapitalanteil widerspiegelt und noch eine Differenz zwischen dem vereinbarten und dem tatsächlich gezahlten Anteil besteht. Darüber hinaus zeigen sich konfligierende Beziehungen auch aufgrund der Divergenz der Betroffenheitsrisiken. Für die Private-Equity-Gesellschaften ist das Betroffenheitsrisiko dann besonders hoch, wenn nach bereits geleisteten Zahlungen (ex post), die Investitionen in das Unternehmen womöglich gestoppt werden und die für dieses Projekt angefallen Kosten insgesamt den dafür erwarteten Nutzen überschreiten. Dies gilt für die Entscheidungsträger dann, wenn die Private-Equity-Gesellschaften weitere Zahlungen einstellen, geplante Investitionen nicht fortsetzen werden, bestimmte Finanzierungswege ausgeschlossen sind oder die Liquidität des Unternehmens voraussichtlich reduziert wird.[611] Harmonische Beziehungen bestehen bei Abschluss der Vertragsklauseln in den Fällen, in denen die im Rahmen der gestaffelten Finanzierung festgelegten Meilensteine/Bedingungen beiden Interessengruppen eine gegenseitige Überprüfung der bereits getroffenen und zukünftig beabsichtigen Entscheidungen innerhalb des gemeinsamen Projektes, das heißt, der Investition in das Beteiligungsunternehmen, gewährleisten. Insgesamt tragen diese Vertragsklauseln nur begrenzt dazu bei, bestehende Asymmetrien zwischen den genannten Interessengruppen abzubauen. Vielmehr bestehen auf diese Weise ex interim zusätzliche Risiken, die zudem einseitig auf die Entscheidungsträger der Beteiligungsgesellschaften verlagert werden.

Bei Abschluss der Vertragsklauseln zur Meilensteinfinanzierung werden ferner die Beziehungen der **weiteren Interessengruppen** untereinander tangiert. Dies betrifft sowohl die Beziehungen zwischen den geschäftsführenden Mehrheitsgesellschaftern und den nichtgeschäftsführenden Minderheitsgesellschaftern als auch die Beziehungen zwischen den Gesellschaftern und dem Top-Management. Aufgrund der Geschäftsführungskompetenz werden in beiden Fällen die Beziehungen durch das Informations- und das Delegationsrisiko flankiert, was sich im Rahmen der Meilensteinfinanzierung hauptsächlich sowohl auf die Bedingungen als auch auf die anschließende Mittelverwendung bezieht. Besonderheiten zeigen sich inner-

[611] Wenn die genannten Fälle tatsächlich zutreffen, besteht an dieser Stelle kein derartiges Risiko mehr, sondern es ist ein tatsächlicher finanzieller/monetärer Schaden eingetreten.

halb beider Fälle im jeweiligen Betroffenheitsrisiko. In der Beziehung zwischen den Gesellschaftergruppen, ist es für die nicht-geschäftsführenden Minderheitsgesellschafter möglich, auf weitere Nachschüsse zu verzichten, (wenn dies vorher nicht vereinbart wurde), was insofern dann Betroffenheit auf Seiten der Mehrheitsgesellschafter auslöst, wenn die Minderheitsgesellschafter der Aufforderung tatsächlich nicht nachkommen. In der Beziehung zwischen den Gesellschaftern und dem Top-Management verfolgt das Top-Management im Vergleich zu den Gesellschaftern andere ökonomische Ziele (Erhöhung des Einkommenzahlungsstroms/Reduzierung des Risikos des Zahlungsstromausfalls). Dabei ist davon auszugehen, dass das Betroffenheitsrisiko auf Seiten des Top-Managements geringer ist, da dieses ein fixes Einkommen erhält. Harmonische Beziehungen zwischen den Gesellschaftern sowie zwischen den Gesellschaftern und dem Top-Management sind mit Abschluss dieser Vertragsklauseln immer dann anzunehmen, wenn sich die gestaffelten Zahlungsströme durch die Private-Equity-Gesellschaften unmittelbar auf die Rendite der jeweiligen Interessengruppen auswirken, das heißt die Cash Flows (Einzahlungen aus Unternehmertätigkeit) auf Seiten der Gesellschafter und die Cash Flows (Einzahlungen aus Gehalt) auf Seiten des Top-Managements.

Bei der Vereinbarung der Vertragsklauseln über die **Veto-/Zustimmungsrechte** zwischen den **Private-Equity-Gesellschaften** und den **Entscheidungsträgern**[612] wird die gegenseitige Erreichung ökonomischen Ziele (Optimierung der Rendite-Risiko-Position) grundsätzlich durch das Informations- und das Delegationsrisiko flankiert. Dadurch, dass die Private-Equity-Gesellschaften aus einer Minderheitsposition heraus durch die notwendige Zusage bei zustimmungspflichtigen Geschäften zum Teil auf die Geschäftsführung einwirken, wird der Entscheidungs- und Handlungsspielraum durch die geschäftsführenden Organe grundsätzlich eingeschränkt. Darüber hinaus bestehen konfligierende Beziehungen auch angesichts der unterschiedlichen Auslegung zustimmungspflichtiger Geschäfte. Demzufolge ist das Konfliktpotenzial umso stärker, je unspezifischer die Vertragsklauseln über die Veto-/Zustimmungsrechte, auch bezüglich des Ausmaßes, formuliert und ausgestaltet sind. Harmonische Beziehungen existieren insofern, dass letztendlich bei den zustimmungspflichtigen Geschäften sowie die damit zusammenhängenden zukünftigen Investitionen, eine Prüfung durch

---

[612] Damit sind im weiteren Verlauf die Interessengruppen der geschäftsführenden Mehrheitsgesellschafter/Top-Management gemeint. Eine notwendige Differenzierung wird an entsprechender Stelle vorgenommen.

alle relevanten Interessengruppen (Private-Equity-Gesellschaften und geschäftsführende Mehrheitsgesellschafter oder Top-Management) stattfindet.[613]

Vom Abschluss der Vertragsklauseln über die Veto-/Zustimmungsrechte sind darüber hinaus die Beziehungen der **weiteren Interessengruppen** untereinander betroffen, und zwar besonders die Beziehungen zwischen den geschäftsführenden Mehrheitsgesellschaftern und den nicht-geschäftsführenden Minderheitsgesellschaftern einerseits und zwischen den Gesellschaftern und dem Top-Management andererseits. In Anbetracht der Verteilung der Geschäftsführungskompetenz wird in beiden Fällen die Erreichung der ökonomischen Ziele durch das Informations- und das Delegationsrisiko flankiert, wobei sich die Risiken im Zuge des Veto-/Zustimmungsverfahrens für die zustimmungspflichtigen Geschäfte, Transaktionen oder Investitionen überwiegend auf das Zustandekommen des Ergebnisses (Ausgang des Verfahrens) beziehen. Aufgrund der Tatsache, dass die Entscheider in der Geschäftsführung sowie die getroffenen Entscheidungen durch weitere Personen (Private-Equity-Gesellschaften) überprüft werden, können auch in diesem Fall harmonische Beziehungen unterstellt werden. In der Beziehung zwischen den Gesellschaftern und dem Top-Management stellen sich Besonderheiten wiederum im Betroffenheitsrisiko dar, da beide Interessengruppen voneinander abweichende ökonomische Ziele verfolgen. Diese Annahme begründet sich insoweit, dass das Top-Management unabhängig vom Zustandekommen der Geschäfte fixe Einkommenszahlungen erhält und nicht unbedingt von einem Zustandekommen/Nicht-Zustandekommen (beziehungsweise dem damit verbundenen Ausgang) eines Vetos oder einer Zustimmung abhängig ist. Durch diese Vertragsklauseln werden hauptsächlich Asymmetrien zwischen den geschäftsführenden Interessengruppen (geschäftsführende Mehrheitsgesellschafter/Top-Management) und den nicht-geschäftsführenden Interessengruppen (nicht-geschäftsführende Minderheitsgesellschafter) abgebaut, da die nicht-geschäftsführenden Interessengruppen durch das Veto/die Zustimmung der Private-Equity-Gesellschaften und die damit einhergehende Überprüfung der Entscheidung der geschäftsführenden Organe unter Umständen vor Fehlentscheidungen sowie der damit zusammenhängenden zukünftigen Investitionen geschützt werden. Bei der Betrachtung der Beziehungen zwischen den nicht-geschäftsführenden

[613] Je nachdem auf welche Art und Weise das Veto oder die Zustimmung erfolgt, d.h. in welchem Maß die Entscheidungsträger der Beteiligungsunternehmen über das Zustandekommen eines Ergebnisses informiert werden, findet der Asymmetrieabbau nach Abschluss dieser Vertragsklauseln verstärkt auf Seiten der Private-Equity-Gesellschaften statt.

Minderheitsgesellschaftern und dem Top-Management bestehen aufgrund der Existenz/Nicht-Existenz eines Weisungsrechts der Gesellschafter gegenüber den angestellten Geschäftsführern länderspezifische Unterschiede zwischen Deutschland und Großbritannien. Angenommen werden kann, dass die nicht-geschäftsführenden Minderheitsgesellschafter einer GmbH durchaus besser in der Lage sind – trotz bestehender Veto-/Zustimmungsrechte – unternehmerischen Einfluss auf das Top-Management auszuüben und ihre ökonomischen Ziele durchzusetzen, was im Umkehrschluss bedeutet, dass das Top-Management bei der GmbH über einen geringeren Entscheidungs-/Handlungsspielraum verfügt als es bei der Private Company der Fall ist.

Bei der Vereinbarung der Vertragsklauseln zu den **Informationsrechten** zwischen den **Private-Equity-Gesellschaften** und den **Entscheidungsträgern**[614] wird die Erreichung der ökonomischen Ziele grundsätzlich durch das Informations- und das Delegationsrisiko flankiert. Die Beziehungen verlaufen konfligierend zueinander, da zwar die Entscheidungsträger alle im Rahmen der Vereinbarungen fixierten Informationen den Private-Equity-Gesellschaften zur Verfügung stellen sollen, letztere jedoch nicht angehalten sind, entsprechend zu berichten, was mit diesen Informationen geschieht (Gefahr des Informationsabzugs). Demzufolge schaffen diese Vertragsklauseln einen eher einseitigen Informationsaustausch.[615] Erst wenn die erweiterten Informationsrechte durch die Private-Equity-Gesellschaften auch die Informationsqualität für die Entscheidungsträger steigert, zum Beispiel durch die stärkere Einbeziehung in den Informationsaustausch, die Informationsauswertung sowie die anschließende Informationsverwendung, nähert sich die Zielbeziehung der Entscheidungsträger denen der Private-Equity-Gesellschaften an.

Bei Abschluss der Vertragsklauseln zu den Informationsrechten werden ferner die Beziehungen der **weiteren Interessengruppen** untereinander, vor allem die Beziehungen zwischen den geschäftsführenden und den nicht-geschäftsführenden Gesellschaftern sowie zwischen den Gesellschaftern und dem Top-Management tangiert. Auch in diesen Fällen wird das Konfliktpotenzial dadurch erhöht, dass durch die Vereinbarung ein eher einseitiger Informations-

[614] Damit sind im weiteren Verlauf die Interessengruppen der geschäftsführenden Mehrheitsgesellschafter/Top-Management gemeint. Eine notwendige Differenzierung wird an entsprechender Stelle vorgenommen.

[615] Insofern bauen diese Vertragsklauseln auf Seiten der Private-Equity-Gesellschaften bestehende Informationsasymmetrien ab, reduzieren diese Asymmetrien jedoch nicht auf der Seite der Informationsgeber, d.h. der Entscheidungsträger der Beteiligungsunternehmen (einseitiger Asymmetrieabbau).

austausch gegeben ist und auf Seiten der nicht-geschäftsführenden Minderheitsgesellschafter Unsicherheit darin besteht, wie die Informationen verarbeitet und an wen diese weitergeleitet werden.[616] Im Vergleich zwischen Deutschland und Großbritannien zeigen sich Unterschiede vor allem aufgrund der Existenz/Nicht-Existenz des Weisungsrechts der Gesellschafter sowie der Existenz/Nicht-Existenz des Informationsverweigerungsrechts für die Interessengruppe der nicht-geschäftsführenden Minderheitsgesellschafter. Zwar können auf Seiten der GmbH erweiterte Informationsrechte zwischen den Private-Equity-Gesellschaften und den Entscheidungsträgern (zum Beispiel Top-Management) vereinbart werden, aufgrund des Weisungsrechts gegenüber den Geschäftsführern (Top-Management) ist jedoch anzunehmen, dass die nicht-geschäftsführenden Minderheitsgesellschafter im Vergleich zu den Minderheitsgesellschaftern der Private Company ihre ökonomischen Ziele besser durchsetzen können. Indem die geschäftsführenden Organe Gebrauch vom Informationsverweigerungsrecht dann machen können, wenn zu befürchten ist, dass die Gesellschafter (zum Beispiel die Private-Equity-Gesellschaften) die Informationen zu gesellschaftsfremden Zwecken verwenden, werden die nicht-geschäftsführenden Minderheitsgesellschafter der GmbH in einem bestimmten Maße geschützt.

Bei der Vereinbarung der Vertragsklauseln zu den **Entsenderechten** und den **Blockbuster-Bestimmungen** zwischen den **Private-Equity-Gesellschaften** und den **Entscheidungsträgern**[617] wird die gegenseitige Erreichung der ökonomischen Ziele grundsätzlich durch das Informations- und das Delegationsrisiko flankiert. Konfliktpotenzial zwischen den Interessengruppen und den unterschiedlichen Auswirkungen auf die Interessengruppen besteht in dem Fall, dass diese Vertragsklauseln tatsächlich Anwendung finden beziehungsweise durchgesetzt werden, das heißt, dass die geschäftsführenden Mehrheitsgesellschafter oder das Top-Management als Entscheidungsträger durch andere Personen in der Geschäftsführung ausgetauscht werden (Blockbuster-Bestimmungen) oder die Geschäftsführung durch zusätzliche Personen ergänzt wird (Entsendung). Der Unterschied liegt darin, dass der ausgetauschte Gesellschafter weiterhin seine Gesellschafterposition besitzt und sein ökonomisches Ziel verfolgen kann, während der einzelne Top-Manager (wenn nicht als Gesellschafter beteiligt) zu-

[616] Besonderheiten stellen sich wiederum in dem Betroffenheitsrisiko zwischen Gesellschafter und Top-Management dar, die voneinander abweichende ökonomische Ziele verfolgen.

[617] Damit sind im weiteren Verlauf die Interessengruppen der geschäftsführenden Mehrheitsgesellschafter/Top-Management gemeint. Eine notwendige Differenzierung wird an entsprechender Stelle vorgenommen.

nächst seine alleinige Position als Geschäftsführer verliert. Das Konfliktpotenzial besteht im Fall der Entsendung darin, dass weitere Geschäftsführungsmitglieder den Entscheidungs-/ Handlungsspielraum der bis dato geschäftsführenden Personen jetzt womöglich einschränken. Von harmonischen Beziehungen zwischen den Private-Equity-Gesellschaften und den Entscheidungsträgern ist in den Fällen auszugehen, in denen die entsendeten Personen zum Unternehmenserfolg beitragen und die Zielerreichung und -durchsetzung der weiteren Interessengruppen fördern. Länderspezifische Unterschiede zwischen Deutschland und Großbritannien zeigen sich bei der Betrachtung dieser Beziehungen in dem Problem, dass bei der Entsendung eines Directors in der Private Company möglicherweise dessen Neutralität nicht gewährleistet ist, da dieser aufgrund der Treuepflicht im Grundsatz nicht dem Interesse der Entsender, sondern dem Interesse der Gesellschaft zu dienen hat. Daraus ergeben sich für die Private-Equity-Gesellschaften bei der Private Company dann ein höheres Betroffenheits- und Haftungsrisiko sowie ein starkes Konfliktpotenzial, wenn sich der entsendete Director nicht an diesen Grundsatz hält.[618]

Bei Abschluss der Vertragsklauseln zu den Entsenderechten und den Blockbuster-Bestimmungen werden ferner die Beziehungen der **weiteren Interessengruppen** untereinander tangiert. Dies betrifft hauptsächlich die Beziehungen der Interessengruppen, die in die entsprechenden Kontrollgremien der Beteiligungsunternehmen involviert sind, das heißt die nicht-geschäftsführenden Minderheitsgesellschafter, die Mitarbeiter oder auch die Fremdkapitalgeber. Während die Erreichung der ökonomischen Ziele zwischen den einzelnen Interessengruppen bei Entsendung weiterer Mitglieder vor allem durch das Informations- und das Delegationsrisiko tangiert werden (zum Beispiel wegen einem erhöhten Koordinations- und Abstimmungsaufwand oder einem langsameren Informationsverarbeitungsprozess), verstärkt sich mit dem Austausch das jeweilige Betroffenheitsrisiko für die Interessengruppe, die ersetzt wird. Von harmonischen Beziehungen zwischen den Interessengruppen ist in den Fällen auszugehen, in denen die zusätzlich entsandten Personen die Entscheidungsfindung in den Gremien sowie die Durchsetzung der ökonomischen Ziele unterstützen. Im Ergebnis bauen die Vertragsklauseln die bestehenden Asymmetrien für die Private-Equity-Gesellschaften ab, verstärken jedoch gleichzeitig die Risiken der weiteren Interessengruppen.

---

[618] An dieser Stelle sei nochmals auf das Rechtsinstitut des *Shadow-Directors* (*faktischer Geschäftsführer*) hingewiesen (siehe Kap. 4.4.3 ff.).

Bei der Vereinbarung der Vertragsklauseln zur **Bindung** zwischen den **Private-Equity-Gesellschaften** und den **Entscheidungsträgern** sowie der rechtlichen Durchsetzung von Ausscheidungsgründen oder der Durchsetzung einer Entbindung wird die gegenseitige Erreichung der ökonomischen Ziele grundsätzlich durch das Informations- und das Delegationsrisiko flankiert, wobei als Entscheidungsträger in diesem Fall lediglich die geschäftsführenden Mehrheitsgesellschafter in Frage kommen, da die Gesellschafterposition an die Geschäftsführungstätigkeit geknüpft ist. Die damit einhergehende Unsicherheit auf Seiten der Private-Equity-Gesellschaften gelangt dadurch zum Ausdruck, dass die durch die Private-Equity-Gesellschaften vorgetragenen Gründe der rechtlichen Prüfung einer Anspruchsgrundlage genügen müssen und tatsächlich vor Gericht geltend gemacht werden können. Die Unsicherheit auf Seiten der geschäftsführenden Mehrheitsgesellschafter besteht in der Frage, ob die Private-Equity-Gesellschaften in der Lage sind, valide Gründe hervorzuheben und durchzusetzen, die zu einer Entbindung führen. Auch das Betroffenheitsrisiko hängt von dem Ausgang ab, inwiefern die Ausscheidungsgründe berechtigt sind.[619] Harmonische Beziehungen zwischen den beiden Interessengruppen sind dann anzunehmen, wenn die Vertragsklauseln durch die Bindung der Gesellschafterposition an die Geschäftsführertätigkeit einen Anreiz für den betreffenden geschäftsführenden Mehrheitsgesellschafter bei Ausübung seiner Tätigkeit schaffen.

Bei Abschluss der Vertragsklauseln zur Bindung werden darüber hinaus die Beziehungen der **weiteren Interessengruppen** untereinander tangiert und zwar hauptsächlich die zwischen den geschäftsführenden Mehrheitsgesellschaftern und den nicht-geschäftsführenden Minderheitsgesellschaftern. Die Beziehungen verlaufen dann konfligierend zueinander, wenn die geschäftsführenden Mehrheitsgesellschafter ihren Gesellschafter-/Geschäftsführerstatus verlieren und die Mitgesellschafter (Minderheitsgesellschafter) nun über eine neue Besetzung der Geschäftsführung entscheiden müssen oder diese sogar durch die Private-Equity-Gesellschaften bestimmt wird, was letzten Endes mit Kosten sowie der erneuten Unsicherheit darüber, wer als Geschäftsführer tätig wird, verbunden ist. Länderspezifische Unterschiede zwischen Deutschland und Großbritannien liegen in der Rechts-(un)sicherheit bezüglich der Vereinbarung/Wirksamkeit von Leaver-Klauseln. Angenommen werden kann, dass die in Deutschland bestehende Rechtsunsicherheit in den Beziehungen zwischen den Private-

[619] Sobald es tatsächlich zu einer Entbindung kommt, tritt ein finanzieller/monetärer Schaden ein (Verlust der Gesellschafterposition) und das Betroffenheitsrisiko an sich fällt weg.

Equity-Gesellschaften und den GmbH-Gesellschaftern ein größeres Konfliktpotenzial, und damit auch höhere endogene Risiken, hervorhebt als es bei der Private Company der Fall ist.

Bei der Vereinbarung der Vertragsklauseln zur **Manager-/Mitarbeiterbeteiligung** zwischen den **Private-Equity-Gesellschaften** und den **Entscheidungsträgern** (damit sind im Weiteren die geschäftsführenden Mehrheitsgesellschafter gemeint) wird die gegenseitige Erreichung der ökonomischen Ziele durch das Informations- und das Delegationsrisiko flankiert. Dies drückt sich vor allem durch die Unsicherheit aus, welche Veränderungen mit der Eigentümerstruktur einhergehen und wer zukünftig am Unternehmen beteiligt wird (externe oder interne Manager/Mitarbeiter). Ob von einem Konfliktpotenzial oder von Harmonie auszugehen ist, hängt also auch davon ab, ob die Vorstellungen über die zu beteiligende(n) Person(en) sowie der jeweilige Beteiligungsvorgang und die diesbezüglichen Beteiligungsbedingungen (direkte Beteiligung; Beteiligungsoption) sich angleichen oder voneinander entfernen.[620] Länderspezifische Unterschiede zwischen Deutschland und Großbritannien liegen in der Bewertung des Einlageguts über die *zukünftige Arbeitskraft*, wobei die Bewertung in Deutschland mit Problemen und Rechtsunsicherheit behaftet ist. Angenommen werden kann, dass diese Bewertung in den Beziehungen zwischen den Private-Equity-Gesellschaften und den Gesellschaftern in der GmbH ein größeres Konfliktpotenzial (samt der Risiken) hervorhebt als es bei der Private Company der Fall ist.

Bei Abschluss der Vertragsklauseln zur Manager-/Mitarbeiterbeteiligung werden ferner die Beziehungen der **weiteren Interessengruppen** untereinander tangiert. Dies betrifft hauptsächlich die Beziehungen zwischen den geschäftsführenden und nicht-geschäftsführenden Gesellschaftern, zwischen den Gesellschaftern und dem Top-Management/den Mitarbeitern. Die Beziehungen innerhalb der Gesellschaftergruppen verlaufen konfligierend in den Fällen, in denen die Minderheitsgesellschafter in die Entscheidung der beabsichtigten Beteiligung nicht involviert werden (Informations-/Delegationsrisiko) und das Ausmaß, insbesondere die Veränderungen in der Eigentümerstruktur nicht genau zu verifizieren sind (Betroffenheitsrisiko). Die Beziehungen zwischen den Gesellschaftern und dem Top-Management/den Mitarbeitern stehen dann konfligierend zueinander, wenn die jetzigen Gesellschafter und/oder die zukünftigen Gesellschafter entweder nicht in der Lage sind das Ausmaß der Beteiligung abzu-

[620] Je nachdem wer, wie beteiligt wird und wie sich die Eigentümerstrukturen ändern, werden die Beziehungen auch durch Betroffenheitsasymmetrien flankiert.

schätzen und/oder die Initiatoren der Beteiligung das Verhalten der beteiligten Personen nicht beurteilen sowie beobachten können (Informations-, Delegations-, Betroffenheitsrisiko). Harmonische Beziehungen bestehen bei der Beteiligung von Managern oder Mitarbeitern in den Fällen, in denen diese Interessengruppen als zukünftige Gesellschafter dazu beitragen, die jeweiligen ökonomischen Ziele aller Gesellschafter durchzusetzen.

5.4 Nach-Vertragsphase (Beteiligungsabwicklung)

5.4.1 Vorbemerkungen

Mit Beendigung der Beteiligungsbeziehung beginnt die Prozessstufe der Beteiligungsabwicklung (Desinvestition), wobei die Stufen nicht trennscharf voneinander abzugrenzen sind.[621] Insofern die für die Abwicklung der Beteiligung notwendigen Modalitäten nicht bereits mit Abschluss des Beteiligungsvertrags geregelt worden sind, geschieht dies bis spätestens zum Ende der Beteiligungsbeziehung.[622] Diesbezügliche Vereinbarungen betreffen insbesondere die Exit-bezogenen Vertragsklauseln sowie die Exit-Ansätze (Kanäle).[623] Dabei umfassen die möglichen Exit-Strategien grundsätzlich den Börsengang (Initial Public Offering), den Verkauf an strategische Investoren oder andere Unternehmen (Trade Sale/Corporate Acquisition), den Verkauf an andere Finanzinvestoren (Secondary-Buy-Out/-Sale/-Purchase), den Rückkauf durch Alt-/Mitgesellschafter (Share-/Company-Buy-Back) sowie die Desinvestition der Aktiva und die Schließung (Write-Off/Liquidation).[624] In Bezug auf die Rendite der Interes-

[621] In der Literatur wird dieser Aspekt auch durch das Problem des effizienten Beteiligungsausstiegs zum Ausdruck gebracht. Vgl. Houben (2003) S. 180 ff.

[622] Generell kann es zwischen den Vertragsparteien zu einem Konflikt kommen, wenn zum Zeitpunkt des geplanten Ausstiegs mehrere Exit-Kanäle verfügbar sind. Das Problem existiert gerade aufgrund der Tatsache, dass in dieser Situation nicht notwendigerweise der gesamtwirtschaftlich effiziente Kanal gewählt wird. Vielmehr wird die Vertragspartei den Kanal wählen, die die Entscheidung treffen darf, um damit ihren eigenen Nutzen zu maximieren. Insofern ist eine ineffiziente Wahl nicht auszuschließen. Aufgrund dessen, dass zum Zeitpunkt des Abschlusses des Beteiligungsvertrags grds. noch nicht bekannt ist, welche Kanäle verfügbar sind und welcher Kanal effizient sein wird, ist eine effiziente Entscheidung zum Exit nicht durch eine Vereinbarung des zu fokussierenden Kanals im Vertrag zu implementieren. Eine Implementierung der effizienten Exitentscheidung ist folglich lediglich über die Allokation der Kontrolle über die Exitentscheidung möglich. Vgl. Houben (2003), S. 192 f.

[623] Aus diesem Grund besteht die Notwendigkeit, aus der Planung der Exit-Strategie alternative (Exit-)Kanäle zu evaluieren und zu sondieren, um sodann den Zeitpunkt und das Verfahren des Exits zu definieren. Vgl. Willert (2006), S. 33; Bygrave/Peeters/Hay (1999).

[624] Vgl. Bader (1996), S. 137 f.; Wall/Smith (1997); Matz (2002), S. 36 ff. Die Beteiligungsabwicklung (Exit) stellt einen wesentlichen empirischen Forschungsbereich dar. Der Hauptteil der Arbeiten untersucht die langfristige Entwicklung des Exit-Volumens und verdeutlicht einzelne Exit-Kanäle im Zeitverlauf. Vgl. Simon (2010), S. 444. Empirische Arbeiten, die sich mit den einzelnen Exit-Strategien in verschiedenster Weise auseinandersetzen, sind z.B. Hege/Lovo/Slovin/Sushka (2012). Empirische Arbeiten, die sich speziell mit den Rechten in Bezug auf den Exit auseinandersetzen sind z.B. Yerramilli (2004). Cumming zeigt, dass je stärker die Kontrollrechte für den Kapitalgeber sind, desto größer ist die Wahrscheinlichkeit ist, dass das Beteiligungsunternehmen die Akquisition als Exit wählt, weniger als den Write-Off oder den Börsengang. Vgl.

sengruppen werden die Größen, die Einfluss auf die Rendite nehmen, mit dem Exit tatsächlich realisiert (vor allem die Erlöse aus dem Verkauf von Unternehmensanteilen), was hauptsächlich die Interessengruppe der Private-Equity-Gesellschaften als Mehr- oder Minderheitsgesellschafter oder die zukünftig ausscheidenden Gesellschafter betrifft, da die weiteren Interessengruppen auch nach dem Exit der zwei zuvor genannten Interessengruppen weiter an dem Unternehmen beteiligt oder angestellt sind.[625]

Tabelle 24 gibt einen Überblick über die wesentlichen Exit-bezogenen Vertragsklauseln, die sich in der deutschen und britischen Private-Equity-Praxis etabliert haben. Hierbei stehen ausgewählte, für Deutschland und Großbritannien typische Vertragsbestandteile im Vordergrund und nicht die Ermittlung aller möglichen Vertragsgestaltungen.[626] Zu beachten ist, dass die einzelnen Vertragsklauseln unterschiedlich kategorisiert werden können.[627] Shoot out-/ Buy-Sell-Klauseln werden für die Prozessstufe der Beteiligungsabwicklung aus der Analyse ausgeschlossen.[628] Dies begründet sich dadurch, dass neben der in der deutschen Rechtspraxis umstrittenen Anwendung, rechtspraktische Erfahrungen gerade aus Großbritannien zeigen, dass Shoot out-Klauseln zwar vereinbart, jedoch nur selten exekutiert werden.[629]

Cumming (2008). Zur Exit-Wahl existiert eine Reihe von weiteren Literaturrichtungen, wie z.B. die sich mit der Entscheidung für einen Börsengang auseinandersetzen. Vgl. z.B. Boot/Gopalan/Thakor (2006); Chemmanur/Fulghieri (1999); Maksimovic/Pichler (2001); Fulghieri/Sevilir (2009); Hellmann (2006).

625 Eine endgültige Beurteilung dessen steht in Abhängigkeit zum getroffenen Exit-Kanal.

626 Dies begründet sich dahingehend, dass sich die Vertragsbestandteile von Beteiligungsunternehmen (Beteiligungsvertrag) zu Beteiligungsunternehmen (Beteiligungsvertrag) unterscheiden, und eine komparative Analyse sich zu sehr im Detail verlieren würde, anstatt die existenziellen Bestandteile zu untersuchen. Vgl. Grisebach (1989), S. 183.

627 Demzufolge werden im Rahmen dieser Analyse die Veräußerungsverbote und Veräußerungsbeschränkungen zu den Mitveräußerungsrechten gezählt, wenn auch hier keine eindeutig trennscharfe Zuordnung möglich ist, da bereits die Mitveräußerungsrechte und -pflichten selbst inhaltlich nicht überschneidungsfrei sind.

628 Zur Thematik von Shoot out-Klauseln (auch Deutschland und Großbritannien) vgl. Fleischer/Schneider (2012b).

629 Vgl. Fleischer/Schneider (2010), S. 2719.

Vertragsklauseln während der Beteiligungsabwicklung	
Vertragsklauseln	**Inhalt und Zweck**
Mitver-äußerungs-rechte[630]	- Einschränkung der Übertragbarkeit von Gesellschaftsanteilen mit dem Ziel der Private-Equity-Gesellschaften, die zur Disposition stehenden Anteile selbst zu erwerben **oder** ihre Anteile zumindest mitveräußern zu können.[631] Des Weiteren sind hierunter auch **Veräußerungsverbote** und **-beschränkungen** zu subsumieren: - Zeitlich befristete Veräußerungsverbote bei Einhaltung einer Lock-up-Periode. - Veräußerungsbeschränkungen in Form von Vinkulierungsklauseln und Vorerwerbs-klauseln, wobei die Vinkulierung nur die Anteilsveräußerung verhindert. - Vorerwerbsrechte lassen das Ausscheiden des veräußerungswilligen Gesellschafters zu, indem die Anteile von den übrigen Gesellschaftern erworben werden können.[632]
Mitver-äußerungs-pflichten[633]	- Verpflichtung der Mitgesellschafter ihre Gesellschaftsanteile zu dem mit dem mögli-chen Erwerber vereinbarten Preis mitzuveräußern, so dass die Private-Equity-Gesellschaften einen Exit im Zuge des Trade Sales unter Einbeziehung der Gesell-schaftsanteile der verbleibenden Gesellschafter vollziehen können. - Börseneinführungsrechte: Durchsetzung der Notierung von Aktien (Demand Registra-tion Rights) oder Teilnahme mit eigenen Aktien (Piggyback Rights)[634] Des Weiteren sind hierunter auch Shoot out-/Buy-Sell-Klauseln zu subsumieren: - Regelungen, die den Private-Equity-Gesellschaften erlauben, die Mitgesellschafter entweder zum Anteilskauf oder zum Anteilsverkauf zu zwingen. - Verkaufsoption, die durch die Pflicht bedingt ist, vor Ausübung den Mitgesellschaftern ein Kaufangebot zu gleichen Bedingungen zu unterbreiten.[635]
Veräußerungs-erlösvorzug[636]	- Schutz vorwiegend beim Verkauf (Exit-Erlös); Vermögensrechtliche Besserstellung der Private-Equity-Gesellschaften durch Vorrechte bei der Verteilung von Überschüssen.[637]

Tabelle 24: Vertragsklauseln während der Beteiligungsabwicklung (eigene Darstellung)

[630] Auch „Co-sale-/Tag-along-/Take-along-Klauseln" genannt.

[631] Vgl. Brehm (2012), S. 162; Inhester (2010), S. 253; Mackensen (2009), S. 363; Simon (2010), S. 427 ff.; Fleischer/Schneider (2012a); Ziegert (2005), S. 172. Die letztgenannte Alternative geht mit der Verpflichtung der Mitgesellschafter einher, bei Anteilsverkauf an Dritte, die Anteile der Private-Equity-Gesellschaften auf deren Wunsch pro rata mitzuverkaufen. Vgl. Grisebach (1989), S. 257; Art 21 der Model-Articles; Weitnauer (2011), S. 337; Tal (2010), S. 43. Durch diese Klausel soll aus Sicht der Private-Equity-Gesellschaften ein Bestandsschutz geschaffen werden, d.h. ein Schutz vor der Änderung von Beteiligungsverhältnissen/-strukturen. Vgl. Brehm (2012), S. 162; Inhester (2010), S. 253; Mackensen (2009), S. 363; Simon (2010), S. 427 ff.; Fleischer/Schneider (2012a); Ziegert (2005), S. 172.

[632] Vgl. Winkler (2004), S. 129 ff., 139; Weitnauer (2011), S. 335; Winkler (2004), S. 146. Siehe auch Inhester (2010), S. 250 f.

[633] Auch „Drag-along-/Come-along-/Go-along-Klauseln" oder „Gesamtverkaufsklausel" genannt.

[634] Vgl. Article 22 der Model-Articles ; Winkler (2004), S. 208; Ziegert (2005), S. 170; Mackensen (2009), S. 362; Grisebach (1989), S. 253 ff.; Simon (2010), S. 422 ff.; Fleischer/Schneider (2012a), S. 961-968. Zu den Hinauskündigungsklauseln im deutschen Recht (ähnlich zu Drag along-Klauseln) siehe Ziegert (2005), S. 178; Grisebach (1989), S. 250 ff.; Simon (2010), S. 415 ff. Das Piggyback-Right ist das Recht, gegenüber den Mitgesellschaftern die Notierung von Aktien des Beteiligungsunternehmens an einer Wertpapierbörse zu verlangen. Vgl. Weitnauer (2011), S. 339; Ziegert (2005), S. 179; Grisebach (1989), S. 249 f.; Simon (2010), S. 417 ff.

[635] Vgl. Simon (2010), S. 439; Fleischer/Schneider (2010), S. 2713. Vgl. für das britische/englische Recht Hewitt (2008). Durch diese Klauseln soll ferner erreicht werden, das gesellschaftliche Beziehungsgeflechts ohne Schädigung des operativen Geschäfts oder der Liquidation zu beenden. Vgl. Bader (1996), S. 148 f.; Grisebach (1989), S. 256. Generell sind im Rahmen dieser Klausel verschiedene Spielarten denkbar, u.a. Russian Roulette, Texas-Shoot-out. Vgl. Simon (2010), S. 439 ff. Siehe für weitere Spielarten Fleischer/Schneider (2010).

[636] Auch „Liquidationsvorzug (Liquidation Preference)" genannt.

[637] Vgl. Winkler (2004), S. 227. Die Liquidationspräferenz gilt auch für den Fall, dass die Mehrheit der Anteile veräußert wird. Vgl. Weitnauer (2011), S. 340; Simon (2010), S. 346. Der Schutz bezieht sich hauptsächlich auf Exit-Erlöse im Zuge eines Trade Sales, Buy Back oder bei Liquidation der Gesellschaftsanteile. Vgl. Brehm (2012), S. 178.

Die ökonomische Analyse setzt am Beziehungsgeflecht zwischen den Private-Equity-Gesellschaften und den ausgewählten Interessengruppen der Beteiligungsunternehmen an. Ausgehend von der Forschungsfrage werden nachfolgend aus Perspektive der Private-Equity-Gesellschaften als Mehr- oder Minderheitsgesellschafter (Kapitel 5.4.2) die oben genannten Vertragsklauseln zunächst auf die Frage hin untersucht, inwiefern die Private-Equity-Gesellschaften aus einer Mehr-/Minderheitsposition heraus rechtsformunabhängig in der Lage sind, Einfluss auf die Corporate Governance sowie auf die betroffenen Interessengruppen auszuüben. Des Weiteren erfolgt für die ausgewählten Vertragsklauseln die inhaltlich rechtsformspezifische Einordnung, das bedeutet es wird die Frage beantwortet, wie die Vertragsklauseln bei der GmbH und der Private Company rechtlich ausgestaltet sind und durchgesetzt werden. Ziel ist es demnach aufzuzeigen, wie in den beiden Rechtsformen im Speziellen Einfluss ausgeübt wird und inwiefern sich die vereinbarten Vertragsbestandteile sowie deren Durchsetzung auf die Rendite und die endogenen Risiken der Private-Equity-Gesellschaften in Deutschland und Großbritannien auswirken. Dazu ist anzumerken, dass bezüglich der Auswirkungen auf die Risiken oder die Rendite (Reduktion/Erhöhung) keine pauschale Aussage möglich ist, sondern lediglich aufgezeigt wird, welche Auswirkungen in welchen Fällen, welchen Situationen und bei welchen Bedingungen wahrscheinlich sind. Aus den Perspektiven der Interessengruppen der Beteiligungsgesellschaften (Kapitel 5.4.3) wird zunächst analysiert, ob und wie sich die jeweiligen Vertragsklauseln und die Einflussnahme durch die Private-Equity-Gesellschaften auf die Interessengruppen, insbesondere auf die Rendite und auf die endogenen Risiken, auswirken. Daran schließt sich eine Gesamtanalyse unter Einbezug der harmonischen und konfligierenden Beziehungen an. (Kapitel 5.4.4).

5.4.2 Aus Sicht der Private-Equity-Gesellschaften als Mehr- oder Minderheitsgesellschafter

Als geschäftsführende Mehrheitsgesellschafter oder nicht-geschäftsführende Minderheitsgesellschafter üben die Private-Equity-Gesellschaften aufgrund der jeweiligen Verteilung der Eigentums- und Verfügungsrechte (Mitwirkungs- und Kontrollrechte) unterschiedlich Einfluss auf die Corporate Governance innerhalb der Prozessstufe der Beteiligungsabwicklung aus, indem sie entweder selbst in die jeweiligen Steuerungs-/Kontrollprozesse als Prozessbeteiligte involviert und/oder dafür verantwortlich sind. Im Vergleich zur Prozessstufe der Beteiligungsbeziehung, werden sich mit dem bevorstehenden Exit der Private-Equity-

Gesellschaften oder den weiteren ausscheidenden Mitgesellschaftern die gegenwärtigen Eigentümerstrukturen sowie die Verteilung der oben genannten Rechte erneut verschieben.

Die Vertragsklauseln zu den **Mitveräußerungsrechten** bestimmen, dass die Private-Equity-Gesellschaften das Recht erhalten die Gesellschaftsanteile der Mitgesellschafter zu kaufen oder die Mitgesellschafter in die Pflicht genommen werden, die Gesellschaftsanteile der Private-Equity-Gesellschaften (mit)zuverkaufen.[638] Rechtsformunabhängig betrachtet ist aufgrund dieser Vertragsklauseln die Einflussnahme durch die Private-Equity-Gesellschaften aus einer Mehr- oder Minderheitsposition heraus auf die Kontroll- oder Steuerungsprozesse sowie auf die jeweils dafür verantwortlichen und/oder involvierten Interessengruppen, insbesondere die Mitgesellschafter, das heißt die verbleibenden Mehr-/Minderheitsgesellschafter sowie die zukünftig ausscheidenden Gesellschafter, möglich. Beim Recht der Private-Equity-Gesellschaften, Gesellschaftsanteile der Mitgesellschafter zu kaufen, begründet sich die Einflussnahme insoweit, dass – je nachdem, ob ein Verkauf durch die Mitgesellschafter gewollt ist oder nicht – eine Anreiz- und Sanktionsfunktion für die verbleibenden Gesellschafter (bei teilweisem Verkauf der Anteile) und/oder für die zukünftig ausscheidenden Gesellschafter (bei komplettem Verkauf der Anteile) geschaffen wird.[639] Dieser Anreiz-/Sanktionsmechanismus wirkt auch angesichts der direkten Verbindung zur Rendite der betreffenden Mitgesellschafter, insbesondere aber die Erlöse aus dem Verkauf von Unternehmensanteilen. Bei der Verpflichtung der Mitgesellschafter, Gesellschaftsanteile der Private-Equity-Gesellschaften mitzuverkaufen, begründet sich die Einflussnahme allein durch die Sanktionsfunktion.[640] Dieser Sanktionsmechanismus wirkt ebenso aufgrund der Verbindung zur Rendite, in diesem Fall hauptsächlich durch die für den Mitverkauf anfallenden Kosten. Insgesamt baut die Einflussnahme damit auf dem unmittelbaren Zusammenhang zwischen den Mitveräußerungsrechten, dem Verhalten und den Entscheidungen der zur Mitveräußerung angehal-

[638] Zu den Missbrauchsgefahren von Mitveräußerungsklauseln siehe Fleischer/Schneider (2012a). Bienz/Walz zeigen, dass in den meisten Kontrakten die Verteilung der Exit-Rights (Drag-along/Tag-along-rights) zu Gunsten der Venture-Capital-Geber/Private-Equity-Gesellschaften liegt und dass Exit-Rights zur Reduzierung von Hold Up-Problemen beitragen. Vgl. Bienz/Walz (2010).

[639] Gerade aus einer Minderheitsposition heraus, sichern sich die Private-Equity-Gesellschaften durch dieses Recht die Teilnahme an einem Exit und verhindern womöglich eine unerwünschte Beteiligung durch einen neuen Mehrheitsgesellschafter. Vgl. Houben/Nippel (2005), S. 325 ff., 331. Für eine rechtsökonomische Differenzierung zwischen den Haltezeitpunkten und Verkaufszeitpunkten sowie zwischen Mehr- und Minderheitsgesellschafter siehe Fleischer/Schneider (2012a), S. 963.

[640] Da in jedem der Fälle (auch) die Mitgesellschafter einen Anteilsverkauf vornehmen (zum Teil oder komplett), ist generell von einer Einschränkung der Übertragung der Gesellschaftsanteile durch die Private-Equity-Gesellschaften auszugehen.

tenen Personen beziehungsweise der Personen, von denen die Private-Equity-Gesellschaften die Anteile erwerben, auf.[641]

Während die **Veräußerungsverbote** ein zeitlich befristetes Veräußerungsverbot der Gesellschaftsanteile beinhalten, schließen die **Veräußerungsbeschränkungen** Beschränkungen bezüglich der Anteilsveräußerung in Form zustimmungspflichtiger Übertragungen (Vinkulierung) sowie Vorkaufsrechte für die Mitgesellschafter ein. Rechtsformunabhängig betrachtet ist die Einflussnahme durch die Private-Equity-Gesellschaften aus einer Mehr- oder Minderheitsposition heraus auf die Kontroll- oder Steuerungsprozesse sowie auf die jeweils dafür verantwortlichen und/oder involvierten Interessengruppen durch die Veräußerungsverbote (verzögerte Veräußerung) und -beschränkungen dadurch möglich, dass eine Sanktionsfunktion gegenüber den Mitgesellschaftern geschaffen wird, die ihre Anteile verkaufen wollen.[642] Insgesamt baut die Einflussnahme damit auf dem unmittelbaren Zusammenhang zwischen den Veräußerungsbeschränkungen/-verboten und dem Verhalten und den Entscheidungen der mit der Veräußerung/dem Verbot konfrontierten Personen auf.

Bei der **rechtsformspezifischen Ausgestaltung** in der **GmbH** gilt grundsätzlich die freie Verfügbarkeit beziehungsweise Übertragbarkeit von Geschäftsanteilen, was insofern auch für die Vereinbarung von Mitveräußerungsrechten gilt.[643] Die Satzung kann die Abtretung von Gesellschaftsanteilen an weitere Voraussetzungen knüpfen,[644] wodurch Veräußerungsbeschränkungen/-verbote geschaffen werden. Demnach besteht die Möglichkeit der Übertragungssperre oder des Zustimmungsvorbehaltes (Vinkulierung), das heißt dass Geschäftsanteile nicht ohne die Zustimmung der übrigen Gesellschafter (hier die Private-Equity-Gesellschaften) an Dritte übertragen werden dürfen.[645] Eine Alternative oder Ergänzung zur

---

[641] Trotz der Tatsache, dass diese Exit-bezogene Vertragsklausel u.U. bereits mit dem Beteiligungsbeginn vereinbart worden ist, wird die Anreiz-/Sanktionsfunktion nicht verzerrt, da diese letztendlich ihre Wirkung erst mit dem Exit auf die betreffende Interessengruppe entfaltet.

[642] Der Anreiz-/Sanktionsmechanismus wirkt auch angesichts der direkten Verbindung zur Rendite, insb. die Erlöse aus dem Verkauf von Unternehmensanteilen.

[643] Vgl. Brehm (2012), S. 163; § 137 Satz 1 BGB; Reichert/Winter (1992), S. 209, 211; Möller (2003), S. 99; Winkler (2004), S. 142. Das Mitverkaufsrecht wird regelmäßig auf schuldrechtlicher Basis im Beteiligungsvertrag geregelt. Vgl. Schäfer/Stephan (2003), Rn. 129; Brehm (2012), S. 165. Das zugrunde liegende Kausalgeschäft sowie die Abtretung bedürfen der notariellen Form. Vgl. Tal (2010), S. 181; § 15 Absatz 3 und 4 GmbHG.

[644] Vgl. Lutter/Bayer (2004), § 15, Rn. 15; § 15 Absatz 5 GmbHG.

[645] Siehe § 15 Absatz 5 GmbHG; Brehm (2012), S. 163; Weitnauer (2011), S. 347. Bei der Vinkulierung von Geschäftsanteilen besteht weitgehende Gestaltungsfreiheit. Geschäftsanteile können dergestalt vinkuliert werden, dass eine Zustimmung zur Veräußerung von der Einhaltung vereinbarter Mitverkaufsrechte abhängt.

Vinkulierung stellen Vorkaufs-/Vorerwerbsrechte zugunsten der Mitgesellschafter dar.[646] In der Regel besteht für veräußerungswillige Gesellschafter hierfür eine Andienungspflicht mit einem korrespondierenden Vorerwerbsrecht auf Seiten der anderen Gesellschafter, wonach veräußerungswillige Gesellschafter vor der Veräußerung der Anteile an Dritte dazu verpflichtet sind, die Anteile den Mitgesellschaftern innerhalb einer bestimmten Frist zu identischen Konditionen anzubieten.[647] Des Weiteren kann auch eine Verpflichtung in die Satzung aufgenommen werden, dass bei einer Abtretung einer Mehrheit von Anteilen der zum Verkauf bereitwillige Gesellschafter den restlichen Gesellschaftern anbieten muss, sich prozentual am Verkauf zu beteiligen.[648] Das Zusammenspiel zwischen den Mitveräußerungsrechten und den Veräußerungsverboten/-beschränkungen wird dadurch sichtbar, dass die Mitveräußerungsrechte letzten Endes die freie Veräußerbarkeit von Gesellschaftsanteilen beträchtlich einschränken, wirken sie bei fehlender Bereitwilligkeit des Dritterwerbers zur Übernahme sämtlicher Anteile faktisch wie ein Veräußerungsverbot gegenüber dem zum Verkauf entschlossenen Gesellschafter und stellen insofern eine Spezialform der Vinkulierung dar.[649] Bei der **rechtsformspezifischen Ausgestaltung** in der **Private Company** besteht eine weitreichende Vertragsfreiheit, die dazu führt, dass die Parteien regelmäßig im Hinblick auf die Übertragung von Gesellschaftsanteilen auch Zustimmungsvorbehalte und Vorerwerbsrechte zugunsten der Private-Equity-Gesellschaften in den Articles vereinbaren.[650] Demnach verpflichten sich die veräußerungswilligen Gesellschafter, ihre Gesellschaftsanteile nur in dem Fall zu veräußern, wenn diese ein entsprechendes Angebot für die Private-Equity-Gesellschaften herbeiführen

Die veräußerungswilligen Gesellschafter sind in jedem Fall durch das Recht zur Kündigung aus wichtigem Grund geschützt. Vgl. Tal (2010), S. 187; Michalski/Ebbing (2002), § 15, Rn. 138. Wird die Vinkulierung nachträglich eingeführt, so bedarf es nach herrschender Meinung der Zustimmung aller betroffenen Gesellschafter. Vgl. Schmidt (2002), § 35 II 1b. Die Satzung kann die Abtretbarkeit einerseits gänzlich ausschließen und andererseits unter den Vorbehalt der Zustimmung der Gesellschaft, einer Gruppe von Gesellschaftern oder eines einzelnen Gesellschafters stellen. Vgl. Reichert (1984), S. 53-62; Reichert/Winter (1992), S. 209, 212. Insofern kann auch nichts anderes gelten, wenn die Entscheidung einem fakultativen Aufsichtsrat übertragen ist. Vgl. Winkler (2004), S. 162; Brehm (2012), S. 165.

[646] Siehe §§ 463 ff. BGB; Brehm (2012), S. 163. Statutarische Veräußerungsbeschränkungen sind innerhalb der GmbH vollumfänglich möglich. Die Regelung des § 15 Absatz 5 GmbHG gestattet neben einer Vinkulierung der Geschäftsanteile auch die Statuierung von sonstigen Veräußerungsbeschränkungen sowie die Begründung von Erwerbsvorrechten. Vgl. Lutter/Hommelhoff (2000), § 15, Rz. 38, 39. Bei einer GmbH muss das Vorkaufsrecht zwingend in die Gesellschaftssatzung aufgenommen werden. Vgl. Hueck/Fastrich (2000), § 3, Rn. 42, 47. Damit ist die für Dritte notwendige Publizität hergestellt. Vgl. Ziegert (2005), S. 177.

[647] Vgl. Brehm (2012), S. 163. Das Vorerwerbsrecht kann in der Satzung unabhängig davon festgesetzt werden, wem die Anteile angeboten werden müssen. Vgl. Tal (2010), S. 182.

[648] Vgl. Hueck/Fastrich (2000), § 15, Rn. 37. Siehe zur Abtretung § 15 Absatz 5 GmbHG.

[649] Vgl. Dörrscheidt (2008), S. 223; Winkler (2004), S. 139.

[650] Vgl. Tal (2010), S. 87. Bei den Mitveräußerungsrechten handelt es sich um bedingte Veräußerungsverbote. Vgl. Dwyer (2006), Rn. 8.54.

und deren Zustimmung erlangen.[651] Rechtsformspezifische Unterschiede bezüglich der Einflussnahme durch die Private-Equity-Gesellschaften sind angesichts der Tatsache, dass sowohl in der GmbH als auch in der Private Company hinsichtlich der Vereinbarung von Mitveräußerungsrechten sowie den Veräußerungsverboten/-beschränkungen gesellschaftsrechtlich primär Vertragsfreiheit herrscht, nicht zu festzustellen.

Hinsichtlich der Vertragsklauseln zu den **Mitveräußerungsrechten** und den **Veräußerungsverboten und -beschränkungen** ist zwischen den einzelnen Varianten, die den Private-Equity-Gesellschaften zur Verfügung stehen, zu differenzieren, das heißt sowohl zwischen **(a)** dem Selbsterwerb der Anteile der Mitgesellschafter und **(b)** dem Recht, eigene Anteile mitveräußern zu können als auch zwischen **(c)** den Veräußerungsbeschränkungen (Vinkulierung/Vorerwerbsrecht) und **(d)** dem Veräußerungsverbot. Da die Vereinbarung dieser Vertragsklauseln sowie der weiteren Bestimmungen das Verhältnis zu den anderen Mitgesellschaftern betrifft, existieren die Asymmetrien vor allem gegenüber der Interessengruppe der verbleibenden Mehr- oder Minderheitsgesellschafter sowie gegenüber den (zukünftig) ausscheidenden Gesellschaftern (im Weiteren *Mitgesellschafter* genannt).[652] Mit der Vereinbarung über das Recht, dass die Private-Equity-Gesellschaften Anteile der Mitgesellschafter kaufen können **(a)**, wird das bestehende **Informations-** und das **Delegationsrisiko**, ausgedrückt durch Qualitätsunsicherheit, mangelnde Beobachtung des Verhaltens (Handlungsunsicherheit; Hidden Action; Hidden Information) sowie mangelnde Einflussnahme auf das Verhalten (Verhaltensunsicherheit) gegenüber den Mitgesellschaftern, in den Fällen reduziert, in denen die Mitgesellschafter ihre Anteile überhaupt verkaufen wollen und die Private-Equity-Gesellschaften Kenntnis von dieser Absicht haben.[653] Je nachdem, ob ein Bedürfnis existiert, die Anteile zu verkaufen oder nicht, sind die Private-Equity-Gesellschaften in der Lage, die Option zu ihren Gunsten auszuüben und das Verhalten der betreffenden Mitgesellschafter zumindest zu verifizieren, wenn nicht sogar auch mittelbar zu lenken.[654] Besitzen die Private-

[651] Vgl. Tal (2010), S. 90.

[652] Dabei ist zu beachten, dass endogene Risiken bereits vor dem Abschluss der Mitveräußerungsrechte sowie den Beschränkungen/Verboten (ex ante), d.h. während der Beteiligungsbeziehung existiert haben und mit Abschluss dieser Vertragsklausel (ex interim) bestehen.

[653] Antonczyk/Brettel/Breuer zeigen, dass Mitveräußerungsrechte Hidden Information, Hidden Action und das Hold Up-Problem weder reduzieren noch erhöhen. Vgl. Antonczyk/Brettel/Breuer (2007b), S. 25.

[654] Bei dieser Betrachtung ist es weiterhin von Relevanz, wann diese spezielle Vereinbarung mit den Mitgesellschaftern getroffen worden ist (Beginn der Beteiligung, während der Beteiligungsbeziehung oder unmittelbar vor der Beteiligungsabwicklung), und wie lange die Mitgesellschafter bereits von dieser Option wissen. Demzufolge sind verschiedene Szenarien denkbar, wobei aus Sicht der Private-Equity-Gesellschaften stets zu

Equity-Gesellschaften bei der Vereinbarung dieses Rechts im Gegensatz dazu keine Kenntnis über die Verkaufsabsicht ihrer Mitgesellschafter, bleiben die Asymmetrien ex interim bestehen. Das **Betroffenheitsrisiko** auf Seiten der Private-Equity-Gesellschaften lässt sich durch dieses Mitverkaufsrecht insoweit reduzieren, dass eine Option besteht, die letztendlich nur dann ausgeübt wird, wenn das Ergebnis des Anteilskaufes aus Sicht der Private-Equity-Gesellschaften entsprechend opportun ist. Gerade dadurch bedingt, dass die Private-Equity-Gesellschaften sowohl in einer Mehr- als auch in einer Minderheitsposition im Zuge der *aktiven Beteiligung* entweder selbst geschäftsführend tätig sind oder zumindest im engen Kontakt zu den Entscheidungsträgern der Beteiligungsunternehmen stehen, sind sie in der Lage, den zum Kauf stehenden Gesellschaftsanteil entsprechend zu bewerten. Die Option zum Selbsterwerb der Anteile wirkt sich des Weiteren auch auf die **Rendite**, insbesondere die Rendite-Komponente des eingesetzten Eigenkapitals (kurzfristige Erhöhung, dann Reduzierung aufgrund des anschließenden Weiterverkaufs) sowie die Erlöse aus dem Verkauf von Unternehmensanteilen, aus. Die Rendite wird dadurch erhöht, dass die zur Bewertung und Überprüfung (Due Diligence) notwendigen Kosten entfallen, da die Private-Equity-Gesellschaften als Gesellschafter über die bereits notwendigen Unternehmensinformationen verfügen.[655]

Die Vereinbarung über die Verpflichtung der Mitgesellschafter, die Anteile der Private-Equity-Gesellschaften mitzuveräußern **(b)**, kann grundsätzlich als Option für die Private-Equity-Gesellschaften gestaltet werden oder als unbedingte Verpflichtung der Mitgesellschafter. Bei erstgenannter Ausgestaltung gelten weitestgehend die zu (a) genannten Ausführungen, mit dem Unterschied, dass mit der Optionsausübung lediglich eine Sanktionsfunktion gegenüber den Mitgesellschaftern greift und insofern kein Anreiz geschaffen wird. Mit der Vereinbarung über eine unbedingte Mitveräußerungsverpflichtung, wird das bestehende **Informations-** und das **Delegationsrisiko** nicht reduziert, da kein Anreizmechanismus für die Mitgesellschafter existiert, Asymmetrien abzubauen. Dem entgegengesetzt besteht vielmehr die Gefahr, dass die Asymmetrien verstärkt werden und zwar durch die Unsicherheit darüber,

unterstellen ist, dass diese von der Verkaufsabsicht der Mitgesellschafter Kenntnis haben. Wissen die Mitgesellschafter bereits länger von der Option, besteht einerseits die Gefahr, dass die Mitgesellschafter die bestehenden Asymmetrien zu den Private-Equity-Gesellschaften über die Zeit der Beteiligung weiter aufbauen. Andererseits können die Asy-mmetrien jedoch durch die Mitgesellschafter auch abgebaut werden, mit dem Ziel, die eigenen Geschäftsanteile gegenüber der Private-Equity-Gesellschaften als potentielle Käufer einträglich und Erfolg versprechend darzustellen.

[655] Die Rendite kann durch die Ausübung der Option insoweit erhöht bzw. die Opportunitätskosten reduziert werden, da die Private-Equity-Gesellschaften in der Lage sind, den Rendite bringenden Anteil der Mitgesellschafter für sich bestmöglich zu bewerten und bestehende Alternativen am besten einzuschätzen.

ob die Mitgesellschafter den betreffenden Anteil überhaupt, an wen und in welcher Höhe verkaufen werden (Handlungs- und Verhaltensunsicherheit).[656] Diese Konsequenz überträgt sich desgleichen auf das **Betroffenheitsrisiko**. Dies wird dann verstärkt, wenn im Vorhinein keine fixe Verkaufssumme vereinbart worden ist und die Mitgesellschafter selbst keine Käufer werden, sondern lediglich Mittler sind. Demnach befinden sich die Private-Equity-Gesellschaften in einer Lage, in der sie den Ausgang des Verkaufsvorgangs nur schwer beobachten, kontrollieren und verifizieren können. Diese Verpflichtung wirkt sich des Weiteren auf die **Rendite**, insbesondere die Erlöse aus dem Verkauf von Unternehmensanteilen, aus, wobei erneut danach zu differenzieren ist, ob ein direkter Verkauf an die Mitgesellschafter stattfindet oder nicht. Während der direkte Verkauf eine fixe (festgelegte) Verkaufssumme gewährleistet, besteht bei der Verkaufsvermittlung Unsicherheit darüber, ob der Verkauf zustande kommt und wenn ja, mit welcher Erlössumme (Erhöhung des Kooperationsproblems des Kontrollrisikos). Im Gegensatz zu den anderen Veräußerungswegen wird die Rendite durch diese Mitveräußerungsverpflichtung dadurch erhöht, dass die Kosten zur Veräußerung auf die Mitgesellschafter übertragen werden und dass ferner dafür selbst keine Zeit investiert werden muss.

Bei den Veräußerungsbeschränkungen ist danach zu unterscheiden, ob eine zustimmungspflichtige Übertragung der Gesellschaftsanteile (Vinkulierung) oder ein Vorerwerbsrecht für die Mitgesellschafter gemeint ist **(c)**. Die Vinkulierung wirkt zunächst als Veto oder Zustimmung durch die Private-Equity-Gesellschaften auf die Veräußerung der Anteile durch die Mitgesellschafter und führt zu einer Reduzierung des **Informations-** und des **Delegationsrisikos** auf Seiten der Private-Equity-Gesellschaften dahingehend, dass sie bei der Veräußerung der Anteile durch die Mitgesellschafter entsprechend informiert werden müssen. Damit sind die Private-Equity-Gesellschaften stets indirekt am Verkaufsvorgang beteiligt.[657] Das **Betroffenheitsrisiko** wird durch die Vinkulierung insoweit reduziert, dass der finanzielle Verlust aus der Veräußerung begrenzt wird, indem die betreffende Veräußerung erst gar nicht oder nicht in diesem Ausmaß durchgeführt wird (Reduzierung der Verhaltensunsicherheit, da Verhaltensabsicht eingeschränkt wird). Dies ermöglicht den Private-Equity-Gesellschaften, die

---

656 Diese Unsicherheit besteht dann, wenn die Private-Equity-Gesellschaften keine Verkaufssumme fixiert haben. Des Weiteren hängt dies davon ab, ob die Mitgesellschafter selbst die Anteile kaufen oder nur Mittler sind.

657 Diese Verhaltenssteuerung der betreffenden Gesellschafter trägt auch zur Reduzierung von Hidden Action bei. Vgl. Nathusius (2005), S. 192. Auch Antonczyk/Brettel/Breuer zeigen, dass die Veräußerungsbeschränkungen sowohl die Hidden Information, Hidden Action als auch das Hold Up-Problem reduzieren. Vgl. Antonczyk/Brettel/Breuer (2007b), S. 25.

Gefahr über einen mit dieser Veräußerung verbundenen finanziellen Verlust besser zu beurteilen. Die Vinkulierung wirkt sich ferner unterschiedlich auf die **Rendite** aus. Einerseits reduzieren die für die Zustimmung anfallenden Kosten (zum Beispiel für die Überprüfung; Verwaltungsaufwand) die Rendite, andererseits wird die Rendite durch die Senkung von Opportunitätskosten indirekt dadurch erhöht oder zumindest konstant gehalten, dass potenzielle Erwerber im Vorfeld erkannt werden, die aus Sicht der Private-Equity-Gesellschaften die jeweiligen Anteile am Unternehmen nicht erhalten sollen, da mit dem Erwerb sowohl eine Verwässerung der eigenen Anteile als auch die Gefahr einhergeht, dass sich diese Beteiligung negativ auf die Rendite auswirkt, zum Beispiel durch Umstrukturierungsmaßnahmen, erhöhter Informationsaufwand oder erweiterte Reporting-Maßnahmen. Die Vorerwerbsrechte für die Mitgesellschafter reduziert das bestehende **Informations-** und das **Delegationsrisiko** hauptsächlich dadurch, dass eine Anreizfunktion für den betreffenden Gesellschafter geschaffen wird und zwar durch das in Aussicht stellen einer Vorerwerbsoption auf den Gesellschaftsanteil der Private-Equity-Gesellschaften.[658] Da die Private-Equity-Gesellschaften mit den Mitgesellschaftern als potenzielle Käufer das Vorkaufsrecht vereinbart haben, sind sie in der Lage, diese Käufer (im Vergleich zu anderen, externen Käufern) besser zu beurteilen sowie Handlungsunsicherheit abzubauen und demzufolge auch das bestehende **Betroffenheitsrisiko** zu reduzieren. Auf diese Weise kann die **Rendite** insoweit erhöht werden, da keine Kosten für die Suche nach alternativen Käufern anfallen.

Mit dem zeitlich befristeten Veräußerungsverbot **(d)** wird das **Informations-** und das **Delegationsrisiko** auf Seiten der Private-Equity-Gesellschaften nicht reduziert, da kein Anreizmechanismus für die Mitgesellschafter existiert, Asymmetrien abzubauen. Vielmehr besteht damit die Gefahr, dass die Mitgesellschafter angesichts dieser Sanktion die Asymmetrien zu den Private-Equity-Gesellschaften eher aufbauen. Das **Betroffenheitsrisiko** wird einerseits dadurch reduziert, dass Private-Equity-Gesellschaften einen zeitlichen Aufschub der Veräußerung durch die Mitgesellschafter gewinnen. Andererseits führen die Sanktionen gegenüber den Mitgesellschaftern sowie die damit verbundenen Asymmetrien gleichzeitig zu einer Erhöhung des Betroffenheitsrisikos. Das befristete Veräußerungsverbot wirkt sich desgleichen auf die **Rendite** aus. Diese wird zum Beispiel dadurch erhöht, dass durch die Verzögerung

[658] Antonczyk/Brettel/Breuer zeigen in ihrer empirischen Arbeit, dass Vorerwerbsrechte weder Hidden Information, Hidden Action und das Hold Up-Problem reduzieren noch erhöhen. Vgl. Antonczyk/Brettel/Breuer (2007b), S. 25.

(Aufschub; Prolongierung) alternative Entscheidungen getroffen werden und umsetzbar sind. Hinsichtlich des Vergleichs zwischen Deutschland und Großbritannien sind mit Bezug zu den Vertragsklauseln über die Mitveräußerungsrechte sowie die aufgezählten Varianten keine markanten Unterschiede festzustellen, da die Vereinbarung von Mitveräußerungsrechten in der GmbH und Private Company nicht zuletzt der Vertragsfreiheit der Gesellschafter unterliegt und Unterschiede demnach nur aufgrund der individuellen Vertragswerke, aber nicht aufgrund der Rechtsformen festzustellen sind.

Die Vertragsklauseln zu den **Mitveräußerungspflichten** beinhalten sowohl die Verpflichtung der Mitgesellschafter, ihre Anteile zu dem mit dem potenziellen Erwerber vereinbarten Preis mitzuveräußern als auch Börseneinführungsrechte für die Private-Equity-Gesellschaften. Rechtsformunabhängig betrachtet ist die vertraglich fixierte Einflussnahme aus einer Mehr- oder Minderheitsposition heraus auf die Kontroll- oder Steuerungsprozesse sowie auf die jeweils dafür verantwortlichen und/oder involvierten Interessengruppen, das heißt insbesondere die Mitgesellschafter, möglich. Hinsichtlich der Begründung ist zwischen den einzelnen Vertragskonstellationen und deren Zweck zu differenzieren.[659] Während sich die Einflussnahme durch die Verpflichtung der Mitgesellschafter, ihre eigenen Anteile mitzuveräußern, darin begründet, dass – je nachdem ob ein Verkauf durch den verpflichteten Mitgesellschafter gewollt ist oder nicht – eine Anreiz- und Sanktionsfunktion geschaffen wird,[660] ist die Einflussnahme durch die Börseneinführungsrechte mittels der Durchsetzung der Aktiennotierung und bei der Teilnahme mit eigenen Aktien, bei den betreffenden Mitgesellschaftern aufgrund einer Sanktionsfunktion zu erklären. Der Anreiz-/Sanktionsmechanismus wirkt auch angesichts der direkten Verbindung zur Rendite der betreffenden Mitgesellschafter, insbesondere zur Rendite-Komponente der Erlöse aus dem Verkauf von Unternehmensanteilen. Insgesamt baut die Einflussnahme damit auf dem unmittelbaren Zusammenhang zwischen der Pflicht zur Mitveräußerung beziehungsweise dem Zwang der Börseneinführung, dem Verhalten und den Entscheidungen der mit diesen Verpflichtungen betroffenen Personen auf.

659 Durch diese Vertragsklauseln bzw. deren Androhung zur Durchsetzung sind die Private-Equity-Gesellschaften in der Lage, operative und strategische Entscheidungen und dessen Handeln zu blockieren. Vgl. Antonczyk (2006), S. 122 ff.

660 Es kann sich hierbei auch um die Interessengruppe der (zukünftig) ausscheidenden Gesellschafter handeln. Dies ist davon abhängig, ob ein teilweiser oder kompletter Verkauf vorgenommen wird.

Bei der **rechtsformspezifischen Ausgestaltung** in der **GmbH** ist eine statutarische **Mitveräußerungspflicht** der Gesellschafter möglich. In dem Fall, dass diese Pflicht nicht in der Satzung, sondern als schuldrechtliche Nebenabrede vereinbart ist, bedarf es der notariellen Beurkundung.[661] Angesichts der Tatsache, dass diese Verpflichtung der Private-Equity-Gesellschaften zu einem vollständigen Verlust des Gesellschafterstatus der betroffenen Mitgesellschafter führt, bestehen regelmäßig Zweifel darüber, ob dieser Vorgang rechtswirksam ist,[662] denn grundsätzlich kann ein GmbH-Gesellschafter nur aus einem wichtigen Grund aus der Gesellschaft ausgeschlossen werden.[663] Eine Verpflichtung zur Mitveräußerung ist nur wirksam, wenn dem betroffenen Gesellschafter zusätzlich die Möglichkeit gegeben wird, im Falle eines Kaufangebots durch einen Dritten ein Vorkaufs-/Vorerwerbsrecht auszuüben. Damit wird dem Bestandsinteresse sowie dem Ausstiegsinteresse der Private-Equity-Gesellschaften Rechnung getragen.[664] Nach der eigentlichen Rechtsformumwandlung in eine Aktiengesellschaft (AG) oder Kommanditgesellschaft auf Aktien (KGaA), ist die Entscheidung zum Börsengang allein durch den Vorstand eigenverantwortlich zu treffen. Eine etwaige schuldrechtliche Vereinbarung, welche diese Entscheidung in die Hände der Private-Equity-Gesellschaften legt (und diese nicht den Vorstand bilden), ist unzulässig. Dies schließt jedoch nicht aus, dass der Vorstand vorab in einem Vertrag mit einem Dritten (Private-Equity-Gesellschaften) eine Entscheidung über eine konkrete Geschäftsführungsmaßnahme trifft. Eine Vereinbarung über eine vorrangige Platzierung von Aktien durch die Private-Equity-Gesellschaften im Zuge des IPO (Piggyback) ist insofern zulässig.[665] Abhängig von den statutarischen Bestimmungen bedarf es für den notwendigen Rechtsformwechsel grundsätzlich eines Gesellschafterbeschlusses, der mit qualifizierter Mehrheit gefasst werden muss.[666] Bei der **rechtsformspezifischen Ausgestaltung** in der **Private Company** ist die Vereinbarung von Vertragsklauseln über Mitveräußerungspflichten rechtlich wirksam. Demnach gilt im

[661] Vgl. Weitnauer (2007), S. 288; § 15 Absatz 4 GmbHG. Die Mitveräußerungspflicht kann auch im Gesellschaftsvertrag festgeschrieben werden. Vgl. Beauvais/Hellich (2010), S. 370; Ziegert (2005), S. 171; Brehm (2012), S. 170.

[662] Vgl. Tal (2010), S. 188.

[663] Vgl. BGH (1977), Urteil des Bundesgerichtshofs vom 19.09.1977, II ZR 11/76. Nach dem BGH zu urteilen, soll ein freies Ausschließungsrecht ausnahmsweise dann zulässig sein, wenn aus besonderen Umständen Gründe existieren, die ein solches Recht sachlich rechtfertigen. Vgl. BGH (1977) Urteil des Bundesgerichtshofs vom 20.01.1977, II ZR 217/75. Demnach sind es hauptsächlich Gründe, die aus der Entstehungsgeschichte der Gesellschaft als sachliche Rechtfertigung akzeptiert werden. Vgl. auch Tal (2010), S. 192.

[664] Vgl. Tal (2010), S. 193.

[665] Vgl. Winkler (2004), S. 227. Die GmbH ist zuvor in eine AG oder KGaA umzuwandeln. Aus diesem Grund sollte bereits vor der Umwandlung geregelt sein, ob und ggf. in welcher modifizierten Form die besonderen Rechte der Private-Equity-Gesellschaften auch gegenüber der neuen Rechtsform gelten.

[666] Vgl. Schlitt/Ries (2010), S. 398 f.

Grundsatz, dass eine Vereinbarung in den Articles der Private Company, wonach ein bestimmter Gesellschafter unter gewissen Umständen zur Anteilsveräußerung gezwungen werden kann, rechtsgültig und gerichtlich durchsetzbar ist.[667] Nach aktueller Rechtsprechung verletzt eine solche Festlegung keine absolut geschützten Eigentümerrechte des betroffenen Gesellschafters.[668] Wird dagegen eine Veräußerungspflicht ausschließlich von einem Beschluss der Gesellschafterversammlung abhängig gemacht und sind die Gründe, die eine Übertragungspflicht auslösen, deswegen nicht eindeutig vorformuliert, ist eine Enteignung nur wirksam, wenn sie im Interesse der Gesellschaft erfolgt,[669] wobei ein Interesse des Mehrheitsgesellschafters hierfür nicht ausreichend ist.[670] Bei der Beurteilung, ob ein Beschluss noch dem Gesellschaftsinteresse dient, lässt die Rechtsprechung den Gesellschaftern einen weiten Ermessensspielraum.[671] Die Grenze der zulässigen Ausübung mehrheitlicher Gesellschafterverhältnisse ist in dem Fall erreicht, wenn diese mehrheitliche Stellung oder Position in der Gesellschaft missbräuchlich zum Nachteil anderer eingesetzt wird (sogenannte Fraud-on-a-Power- oder Fraud-on-a-Minority-Doktrin).[672] Im Ergebnis setzt die Wirksamkeit der Mitveräußerungsverpflichtung voraus, dass sie von Anfang an vereinbart sowie in den Articles fixiert wurde und dass sie nicht bloß als Generalklausel formuliert wurde, sondern den Übertragungstatbestand, nämlich die Übertragungspflicht auf Wunsch des veräußerungswilligen Gesellschafters im Fall eines Kaufangebotes von dritter Seite, eindeutig charakterisiert.[673]

Rechtsformspezifische Unterschiede bestehen hauptsächlich bei den Vertragsklauseln zu den Mitveräußerungspflichten und weniger zu den Börseneinführungsrechten. Während bei der GmbH Rechtsunsicherheit bezüglich der Vereinbarung der Mitveräußerungsverpflichtung sowie deren Wirkungsweise besteht sowie die Verpflichtung zur Mitveräußerung nur dann

[667] Vgl. Borland's Trustee v Steel Brothers & Co Ltd. [1901] 1 Ch. 279. Vgl. Prentice (1970), S. 700-704; Tal (2010), S. 90.

[668] Vgl. Borland's Trustee v Steel Brothers & Co Ltd. [1901] 1 Ch. 279, 288; Tal (2010), S. 91.

[669] Vgl. Phillips v Manufacturers' Securities Co (1907) 116 LT 290; Tal (2010), S. 91.

[670] Vgl. Sidebottom v Kershaw, Leese & Co Lt. [1920] 1 Ch 154; Tal (2010), S. 91. Gleiches gilt für den Fall, dass nachträglich eine Veräußerungsverpflichtung in die Articles aufgenommen werden soll. Vgl. Sidebottom v Kershaw, Leese & Co Lt. [1920] 1 Ch 154; Tal (2010), S. 91.

[671] Vgl. Shuttleworth v Cox Bros & Co. (Maidenhead) Lt. [1927] KB 9, 18-23; Tal (2010), S. 91. Vgl. dazu auch Verse (2006), S. 133. Sie führt im Zweifelsfall einen subjektiven Test durch, bei dem es genügt, dass die Gesellschaftermehrheit vernünftigerweise annehmen durfte, dass der angegriffene Beschluss dem vermeintlichen Gesellschafterinteresse dient.

[672] Vgl. North-west Transportation Co. Ltd. V Beatty [1887] App Cas 589, 593; Tal (2010), S. 91.

[673] Vgl. Article 23 der Model-Articles; Tal (2010), S. 91 f. Angesichts der Tatsache, dass die Rechtsprechung bei der Durchsetzung eigennütziger Gesellschafterinteressen sehr liberal ist, sind nur kaum Fallkonstellationen denkbar, in der die Ausübung eines Drag-along-Rechts als Machtmissbrauch angesehen werden könnte. Vgl. Cameron v Glenmorangie Distillery Co. Ltd. (1896) 23 R 1092, 1095; Tal (2010), S. 92.

wirksam ist, wenn dem betroffenen Gesellschafter zusätzlich die Möglichkeit gegeben wird, im Falle eines Kaufangebotes durch einen Dritten ein Vorkaufs-/Vorerwerbsrecht auszuüben, existiert bei der Private Company Rechtsunsicherheit in den Fällen, in denen eine Veräußerungspflicht ausschließlich von einem Beschluss der Gesellschafterversammlung abhängig gemacht wird und Gründe, die eine Übertragungspflicht auslösen, nicht eindeutig vorformuliert sind. Diese Rechtsunsicherheit zeigt sich in der Pflicht, ein Gesellschaftsinteresse zu bekunden, wobei die Rechtsprechung den Gesellschaftern im Rahmen der Beurteilung, ob ein Beschluss noch dem Gesellschaftsinteresse dient, einen großen Ermessensspielraum überlässt. Zwar besteht für beide Rechtsformen mit Hinsicht auf die Verpflichtung zur Mitveräußerung Rechtsunsicherheit, dennoch fällt diese in ihrem Ausmaß unterschiedlich aus. Während sich die Rechtsunsicherheit bei der GmbH hauptsächlich auf die Private-Equity-Gesellschaften sowie die von der Mitveräußerung betroffenen Mitgesellschafter auswirkt, erstreckt sich die Rechtsunsicherheit bei der Private Company, unabhängig davon, ob die Private-Equity-Gesellschaften oder die weiteren Mitgesellschafter, vielmehr auf die Gesellschafterversammlung an sich, das heißt die dort vertretenen Gesellschafter, die rechtsformspezifisch Einfluss dadurch ausüben, indem sie einen ihr zustehenden Ermessensspielraum bei der Beurteilung ausnutzen können.

Hinsichtlich der Vertragsklauseln zu den **Mitveräußerungspflichten** ist zwischen den einzelnen Varianten, die den Private-Equity-Gesellschaften zur Verfügung stehen, zu differenzieren, das heißt zwischen **(a)** der Verpflichtung der Mitgesellschafter, ihre Anteile mitzuveräußern und **(b)** den Börseneinführungsrechten. Da die Vereinbarung dieser Vertragsklauseln das Verhältnis zu den weiteren Mitgesellschaftern betrifft, existieren die Asymmetrien überwiegend gegenüber der Interessengruppe der verbleibenden Mehr- oder Minderheitsgesellschafter sowie gegenüber den (zukünftig) ausscheidenden Gesellschaftern (im Weiteren *Mitgesellschafter* genannt).[674] Mit der Vereinbarung über die Mitveräußerungsverpflichtung gegenüber den Mitgesellschaftern **(a)**, wird das bestehende **Informations-** und das **Delegationsrisiko**, ausgedrückt durch die Qualitätsunsicherheit, mangelnde Beobachtung des Verhaltens (Handlungsunsicherheit) sowie die mangelnde Einflussnahme auf das Verhalten (Verhaltensunsicherheit), aus Sicht der Private-Equity-Gesellschaften während der Beteiligungsabwicklung in

[674] Dabei ist zu beachten, dass endogene Risiken bereits vor dem Abschluss der Mitveräußerungsrechte sowie den Beschränkungen/Verboten (ex ante), d.h. während der Beteiligungsbeziehung existiert haben (siehe Kap. 5.4) und mit Abschluss dieser Vertragsklausel (ex interim) bestehen.

den Fällen reduziert, in denen die Mitgesellschafter ihre Anteile überhaupt verkaufen wollen (oder nicht) und die Private-Equity-Gesellschaften Kenntnis von dieser Absicht haben.[675] Je nachdem, ob ein Bedürfnis besteht, die eigenen Anteile auch zu diesem Zeitpunkt und zu einer bestimmten Höhe zu veräußern, sind die Private-Equity-Gesellschaften in der Lage, diese Verpflichtung gegenüber den Mitgesellschaftern durchzusetzen und damit teilweise das Verhalten der Mitgesellschafter zu beeinflussen. Anhand dieser Vereinbarung wird erneut klar (siehe auch Mitveräußerungsrechte), dass nicht die Vereinbarung selbst bestehende Informations-/Gestaltungsasymmetrien beeinflusst, sondern vielmehr die Kenntnis/Information über die Absicht der von der Vereinbarung betroffenen Person, Anteile zu verkaufen/kaufen oder nicht.[676] Darüber hinaus wirken sich die Vertragsklauseln zu den Mitveräußerungspflichten auch auf das **Betroffenheitsrisiko** sowie die **Rendite** der Private-Equity-Gesellschaften aus. Indem eine Verpflichtung zur Mitveräußerung besteht, sind die Private-Equity-Gesellschaften in der Lage, potenziellen Käufern – gegebenenfalls im Rahmen eines Verkaufs an strategische Investoren oder andere Unternehmen (Trade Sale/Corporate Acquisition) oder eines Verkaufs an andere Finanzinvestoren (Secondary-Buy-Out/-Sale/-Purchase) – die gesamten Unternehmensanteile zu verkaufen und nicht nur ihren eigenen Anteil am Unternehmen, wodurch der Käufer unter Umständen bereit ist, einen höheren Preis zu zahlen als für die Summe der einzelnen Anteile (Synergieeffekte). Dadurch bedingt erhöht sich die Rendite, gleichzeitig werden jedoch auch Betroffenheitsasymmetrien abgebaut, da die Mitgesellschafter aufgrund ihrer Verpflichtung, einen möglichen Verkauf nicht verzögern können. Im Vergleich zwischen Deutschland und Großbritannien liegt ein markanter Unterschied darin, dass bei der GmbH hauptsächlich Rechtsunsicherheit bezüglich der Vereinbarung der Mitveräußerungsverpflichtung an sich existiert, bei der Private Company weitgehend Rechtsunsicherheit in den Fällen, in denen eine Veräußerungspflicht ausschließlich von einem Beschluss der Gesellschafterversammlung abhängig gemacht wird und Gründe, die eine Übertragungspflicht auslösen, nicht eindeutig vorformuliert sind. Diese Rechtsunsicherheit stellt sich in der daran anknüpfenden Pflicht dar, ein Gesellschaftsinteresse zu bekunden, wobei die Rechtsprechung den Gesellschaftern im Rahmen der Beurteilung, ob ein Beschluss noch dem Gesellschaftsinteresse dient, einen großen Ermessensspielraum überlässt. Die Rechtsunsicherheit erstreckt sich dem-

[675] Antonczyk/Brettel/Breuer zeigen, dass die Mitveräußerungsverpflichtung Hidden Information und Hidden Action reduziert, dass Hold Up-Problem jedoch weder reduziert noch erhöht wird. Vgl. Antonczyk/Brettel/Breuer (2007b), S. 25.

[676] Des Weiteren handelt es sich hierbei um ein Recht (Option) der Private-Equity-Gesellschaften, welches diese ausüben können oder nicht.

zufolge bei der GmbH vor allem auf die Betroffenheitsasymmetrien der Private-Equity-Gesellschaften, da das Ausmaß und der Ausgang dieser Vereinbarung nicht eindeutig zu verifizieren sind. Bei der Private Company bezieht sich die Rechtsunsicherheit vielmehr auf die Informations-/Gestaltungsasymmetrien, da der Ermessensspielraum bei der Gesellschafterversammlung liegt und der Ausgang insoweit vom Urteil der Gesellschaftsversammlung abhängt.[677]

Auch durch die Börseneinführungsrechte **(b)** kann das Verhalten indirekt dann beeinflusst werden, wenn die Absicht derjenigen Person bekannt ist (Sanktions-/Anreizfunktion), wodurch das **Informations-** und das **Delegationsrisiko** auf Seiten der Private-Equity-Gesellschaften reduziert werden.[678] Die Börseneinführungsrechte reduzieren das **Betroffenheitsrisiko** dadurch, dass damit andere Exit-Kanäle ausgeschlossen werden, um auch mögliche (finanzielle) Verluste zu begrenzen sowie den eigenen Exit-Weg (in diesem Fall der IPO) besser zu gestalten. Durch diese Vereinbarung wird die **Rendite** erhöht, da durch die letztendliche Ausübung des Rechts allein dieser Exit-Kanal fixiert ist. Das bedeutet, dass Sicherheit über die Gestaltung und den Ausgang der Beteiligungsveräußerung besteht und im Gesellschafterkreis über keine Alternativen verhandelt oder entschieden werden muss. Dadurch bedingt lassen sich auch die benötigten Ressourcen der Private-Equity-Gesellschaften besser kanalisieren, da unter anderem auf Erfahrungen, Kompetenzen oder bestehende Netzwerke zurückgegriffen wird. Nichtsdestotrotz wird die Rendite mit der Börseneinführung durch bestimmte Kosten reduziert (zum Beispiel durch die Rechtsformumwandlung).

Die Vertragsklauseln zum **Veräußerungserlösvorzug** regeln im Rahmen des Anteils-/Unternehmensverkaufs das Verteilungsvorrecht der Private-Equity-Gesellschaften im Fall von Überschüssen aus dem Exit.[679] Rechtsformunabhängig betrachtet ist die Einflussnahme durch die Private-Equity-Gesellschaften aus einer Mehr- oder Minderheitsposition heraus auf die Kontroll- oder Steuerungsprozesse sowie auf die jeweils dafür verantwortlichen und/oder involvierten Interessengruppen, insbesondere die weiteren Mitgesellschafter (verbleibende

[677] Dieses Urteil wird wiederum durch die in der Versammlung vertretenen Gesellschafter gefällt, die über unterschiedliche Stimmrechte verfügen.

[678] Diesbezüglich gelten die Ausführungen zum Mitveräußerungsrecht der Private-Equity-Gesellschaften sowie der Mitveräußerungspflicht für die Mitgesellschafter.

[679] Nach Trezzini zu urteilen, verwenden ca. 91% der befragten Venture-Capital-Gesellschaften im deutschsprachigen Raum einen Erlösvorzug. Als Auslösegrund werden vor allem Liquiditätsereignisse genannt. Vgl. Trezzini (2005), S. 308.

Mehr- oder Minderheitsgesellschafter; zukünftig ausscheidende Gesellschafter), insoweit möglich, dass eine Anreiz-/Sanktionsfunktion gegenüber den Gesellschaftern geschaffen wird, die an der Erfolgsteilung (Erlös/Überschuss) partizipieren werden. Der Anreiz- oder Sanktionsmechanismus wirkt auch angesichts der Verbindung zur Rendite der betreffenden Gesellschafter, insbesondere aber die Erlöse aus dem Verkauf von Unternehmensanteilen.[680] Insgesamt baut die Einflussnahme damit auf dem unmittelbaren Zusammenhang zwischen der individuellen Verteilung von Veräußerungserlösen, dem Verhalten sowie den Entscheidungen der von dieser Verteilung betroffenen Personen auf.

Bei der **rechtsformspezifischen Ausgestaltung** in der **GmbH** existiert keine gesetzliche Einschränkung über den Erlösvorzug. Den Gesellschaftern ist es demzufolge möglich, statutarisch frei über die Vermögensverteilung zu bestimmen.[681] Demnach kann der Liquidationserlös bei der GmbH abweichend von der Verteilung nach dem jeweiligen Geschäftsanteil erfolgen, womit insoweit eine Liquidationspräferenz geschaffen wird, die schuldrechtlich zulässig und wirksam ist.[682] Bei der **rechtsformspezifischen Ausgestaltung** in der **Private Company** sind die Gesellschafter ebenso wie bei der GmbH in der Lage, hinsichtlich des Erlösvorzuges frei zu entscheiden und diesen entsprechend zu gestalten.[683] Da in beiden Rechtsformen eine alternative Festlegung der Erfolgsteilung beziehungsweise der Liquidationspräferenz aufgrund der gesellschaftsrechtlichen Vertragsfreiheit für die Gesellschafter möglich ist, lassen sich in Gegenüberstellung keine markanten rechtsformspezifischen Unterschiede bezüglich der Einflussnahme durch die Private-Equity-Gesellschaften feststellen.

Durch die Vertragsklauseln zum **Veräußerungserlösvorzug** wird das bestehende **Informations-** und das **Delegationsrisiko** (Qualitätsunsicherheit; Handlungs- und Verhaltensunsicherheit) zu den Mitgesellschaftern (Mehr-/Minderheitsgesellschaftern, die von dieser Erfolgsteilung betroffen sind) in den Fällen reduziert, in denen das durch die Beeinflussung sowie die individuelle Festlegung der Erfolgsteilung und die damit einhergehende Sanktions-

[680] Diese Vertragsklausel kann eine starke Auswirkung auf die unternehmensinterne Anreizstruktur haben. Vgl. Brehm (2012), S. 189.

[681] Vgl. Winkler (2004), S. 229 f.; § 72 Satz 2 GmbHG.

[682] Vgl. Ziegert (2005), S. 188; Möller (2003), S. 95. Gerade im Zusammenspiel von Mitveräußerungspflicht- und Mitveräußerungsrechtklauseln kommt der Liquidationspräferenz besondere Bedeutung zu. Als Ausgleich dafür, dass die Private-Equity-Gesellschaften verpflichtet sind, die übrigen Gesellschafter an der Anteilsveräußerung teilnehmen zu lassen, gewähren Liquidationspräferenzen ihnen den Anspruch auf vorrangige Befriedigung im Innenverhältnis. Vgl. Beauvais/Hellich (2010), S. 370; Brehm (2012), S. 182.

[683] Vgl. Article 5 der Article-Models.

oder Anreizfunktion das Verhalten der betroffenen Mitgesellschafter indirekt beeinflusst wird.[684] Demgegenüber erhöhen sich die Risiken dann, wenn die weiteren Mitgesellschafter ohnehin bereits resignieren, da sie höchstwahrscheinlich nach einem Exit nur einen geringen Erlösanteil erhalten (Risiko- und Manipulationsanreiz).[685] Darüber hinaus wirken sich diese Vertragsklauseln auch auf das **Betroffenheitsrisiko** sowie die **Rendite** aus. Dadurch bedingt, dass die Verteilung oder das Anteilsverhältnis selbst festgelegt wird, ist das Betroffenheitsrisiko selbst begrenzbar und verifizierbar und die Verteilung der Erlöse entsprechend erhöht.[686] Ferner wird durch die Festlegung das Koordinationsproblem des Kontrollrisikos weitestgehend eingegrenzt, da das Ergebnis von Anfang an fixiert ist. Hinsichtlich des Vergleichs zwischen Deutschland und Großbritannien bestehen keine markanten Unterschiede, da die Vereinbarung eines Erlösvorzuges in der GmbH und der Private Company der Vertragsfreiheit der Gesellschafter unterliegt und Unterschiede demnach nur aufgrund der individuellen Vertragswerke, aber nicht aufgrund der Rechtsformen festzustellen sind.

5.4.3 Aus Sicht der Interessengruppen der Beteiligungsgesellschaften

5.4.3.1 Verbleibende Mehr- oder Minderheitsgesellschafter

Bei diesen Interessengruppen handelt es sich um Gesellschafter, die trotz des Exits der Private-Equity-Gesellschaften im Beteiligungsunternehmen verbleiben. Das bedeutet, dass diese Mitgesellschafter zwar einen Teil ihrer Gesellschaftsanteile verkaufen können, jedoch nicht gänzlich im Zuge der Beteiligungsabwicklung ausscheiden. Die Vertragsklauseln und die Einflussnahme durch die Private-Equity-Gesellschaften wirken sich dabei unterschiedlich auf die (zukünftig) verbleibenden Gesellschafter aus, was unter anderem mit den ökonomischen Zielen der Interessengruppen zusammenhängt. Tabelle 25 stellt die für diese Analyse begründete Festlegung der unterschiedlichen Auswirkungen der Vertragsklauseln dar, wobei eine Unterteilung in *hohe Auswirkungen* und *geringe Auswirkungen* vorgenommen wird. Diese Einteilung zeigt desgleichen die jeweilige Auswahl der Vertragsklauseln für die folgende Analyse (die der *hohen Auswirkungen*). Die Übersicht zeigt, dass die Höhe der Auswirkungen im engen Zusammenhang zum Gesellschafterstatus und/oder der Absicht, Gesellschaftsanteile zu

---

684 Antonczyk/Brettel/Breuer zeigen, dass der Erlösvorzug Hidden Information und Hidden Action reduziert, dass Hold Up-Problem jedoch weder reduziert noch erhöht. Vgl. Antonczyk/Brettel/Breuer (2007b), S. 25.

685 Vgl. Brehm (2012), S. 190.

686 Die Liquiditätspräferenz stellt demnach eine Art Absicherung des Investments für die Private-Equity-Gesellschaften dar, die ihr Verlustrisiko für den Fall begrenzen können, dass ihr anteiliger Veräußerungserlös ohne einen entsprechenden Vorzug unterhalb des ursprünglichen Investments läge. Vgl. Dörrscheidt (2008), S. 224. Die letztendliche Erlöshöhe bestimmt sich nach dem erzielten Preis am Markt.

kaufen/verkaufen, steht. Sowohl aus Sicht der Mehrheitsgesellschafter als auch aus Sicht der Minderheitsgesellschafter bestehen während der Beteiligungsabwicklung Informations-, Delegations- und Betroffenheitsrisiken vorwiegend gegenüber den Private-Equity-Gesellschaften.[687]

Vertragsklauseln	Verbleibende Mehr- oder Minderheitsgesellschafter
1a) Mitveräußerungsrechte: Recht der Private-Equity-Gesellschaften, Anteile der Mitgesellschafter zu kaufen	Hohe Auswirkungen, da selbst Mitgesellschafter; teilweiser Verlust von Gesellschaftsanteilen bei verpflichtendem Verkauf eigener Anteile.
1b) Mitveräußerungsrechte: Verpflichtung der Mitgesellschafter, Anteile der Private-Equity-Gesellschaften mitzuverkaufen	Hohe Auswirkungen, da selbst Mitgesellschafter; Kauf und Weiterverkauf der Anteile oder Mittler zwischen Verkäufer und Käufer.
1c)/d) Veräußerungsverbot/-beschränkungen	Hohe Auswirkungen als Mitgesellschafter, wenn Veräußerungsabsicht (teilweiser Verkauf) besteht.
2a) Verpflichtung der Mitgesellschafter, ihre Anteile mitzuveräußern	Geringe Auswirkungen, da diese Mitgesellschafter weiterhin am Unternehmen beteiligt bleiben (eine Verpflichtung würde zu einem gänzlichen Verlust der Gesellschafterposition führen).
2b) Börseneinführungsrechte	Hohe Auswirkungen, da diese als Mitgesellschafter an der Rechtsformumwandlung und der anschließenden Börseneinführung beteiligt sind.
3) Erlösvorzug	Hohe Auswirkungen, da diese als Mitgesellschafter an der Erfolgsteilung partizipieren.

Tabelle 25: Auswirkungen der Vertragsklauseln auf die verbleibenden Mehr- oder Minderheitsgesellschafter
(eigene Darstellung)

Nach Abschluss der Vertragsklauseln zu den **Mitveräußerungsrechten** der Private-Equity-Gesellschaften, Anteile der Mitgesellschafter zu kaufen (**1a**), besteht das **Informations-** und das **Delegationsrisiko** generell in der Unsicherheit darüber, ob die Private-Equity-Gesellschaften von dem Recht Gebrauch machen und wenn ja, zu welchem Zeitpunkt und mit welchen Bedingungen der Verkauf an die Private-Equity-Gesellschaften verknüpft ist (Qualitätsunsicherheit; Handlungsunsicherheit). Inwiefern diese Vertragsklauseln die bestehenden Risiken abbauen oder verstärken, hängt davon ab, ob die betreffenden Mehr-/Minderheitsgesellschafter überhaupt ihre Gesellschaftsanteile verkaufen wollen und ob die Private-Equity-Gesellschaften Kenntnis von dieser Absicht haben. Für den Fall, dass der Verkauf selbst nicht beabsichtigt ist (und die Private-Equity-Gesellschaften dies wissen), besteht die Gefahr für die verbleibenden Mehr- oder Minderheitsgesellschafter, dass durch die Option der Wahrnehmung und Durchsetzung dieses Rechts ihr Verhalten indirekt zu Gunsten der Private-Equity-Gesellschaften gelenkt wird und dadurch vor allem die Gestaltungsasymmetrien

[687] Dabei ist zu beachten, dass die endogenen Risiken auch bereits vor dem Abschluss dieser Vertragsklauseln (ex ante) existieren.

aufgebaut werden. Dieser Diskurs ist ebenso auf das **Betroffenheitsrisiko** übertragbar, wobei das Risiko für die verbleibenden Gesellschafter dann am höchsten ist, wenn sie nicht beabsichtigen, ihre Anteile zu verkaufen und die Private-Equity-Gesellschaften von dieser Absicht Kenntnis haben. Beabsichtigen die Gesellschafter im Gegenteil dazu einen Verkauf, reduziert sich das Betroffenheitsrisiko unmittelbar, begründet dadurch, dass mit den Private-Equity-Gesellschaften ein Käufer gefunden ist, den die verbleibenden Gesellschafter besser kennen als einen potenziellen externen Käufer. Die Vertragsklauseln wirken sich ferner auf die **Rendite** aus. Bei Verkaufsabsicht und anschließenden tatsächlichen Verkauf wird die Rendite, im Vergleich zu alternativen Verkäufen (zum Beispiel an externe Käufer), dadurch erhöht, dass bei dieser Art des Verkaufsvorgangs Kosten für die Suche nach anderen Käufern entfallen. Anderseits reduziert die Verkaufsverpflichtung die Rendite in dem Fall, dass keine Beteiligungsabsicht vorliegt, da die verbleibenden Mehr- oder Minderheitsgesellschafter unter Umständen alternative (Verkaufs-)Wege zur Realisierung der Rendite bevorzugt hätten.[688]

Nach Abschluss der Vertragsklauseln zu den **Mitveräußerungsrechten**, die eine Verpflichtung der Mitgesellschafter beinhalten, Anteile der Private-Equity-Gesellschaften mitzuverkaufen (**1b**), existiert das **Informations-** und das **Delegationsrisiko** in der Unsicherheit darüber, ob die Private-Equity-Gesellschaften diese Option, das bedeutet die Ausübung des Mitveräußerungsrechts, schlussendlich ziehen oder nicht (Verhaltensunsicherheit). Im Fall der Optionsausübung, das heißt der unmittelbaren Verpflichtung zur Mitveräußerung, verlagert sich ein großer Teil der genannten Risiken auf die Seite der Private-Equity-Gesellschaften insofern, dass die verbleibenden Gesellschafter im Rahmen dieser Verpflichtung für das weitere Verkaufsprozedere verantwortlich sind und den Ausgang (Verkauf ja/nein; Verkaufshöhe; Verkaufsadressat) demzufolge mitgestalten.[689] Das **Betroffenheitsrisiko** wird durch diese Vertragsklauseln dann erhöht, wenn es zu einer Mitveräußerungsverpflichtung kommt und deren Ausgang für die verbleibenden Gesellschafter abschließend nicht verifizierbar ist. Dies zeigt sich vor allem in dem Fall, dass die betreffenden Gesellschafter keine Mittlerfunktion einnehmen, sondern vielmehr in einem Zwischenschritt zunächst den Anteil der Private-Equity-Gesellschaften selbst kaufen müssen, um diesen dann weiterzuverkaufen. Die reine

[688] Damit steigen bei tatsächlichem Verkauf, die Opportunitätskosten der verbleibenden Gesellschafter grds. an.

[689] Diese Vertragsklausel erschwert u.U. den verkaufswilligen Gesellschaftern einen Anteilsverkaufs und demzufolge den Unternehmensausstieg, müssen diese einen Käufer finden der bereit ist, ggf. alle weiteren Anteile der mitveräußerungsberechtigten Gesellschafter zu übernehmen. Vgl. Nathusius (2005), S. 184.

Vermittlung des Anteils an einen potenziellen Käufer beeinflusst die **Rendite** grundsätzlich nicht. Muss demgegenüber der Anteil vor der Weiterveräußerung durch die verbleibenden Gesellschafter gekauft werden, reduziert sich die Rendite insgesamt dann, wenn die letztendlich erzielte Anteilshöhe nicht erreicht wird und den vorherigen Kauf sowie die damit verbundenen Kosten nicht hinreichend deckt.

Nach Abschluss des (zeitlich befristeten) **Veräußerungsverbots** sowie der **Veräußerungsbeschränkungen** in Form einer zustimmungspflichtigen Anteilsübertragung oder eines Vorerwerbsrechts (**1c/d**), besteht das **Informations-** und das **Delegationsrisiko** in der Unsicherheit, wie das Verbot oder die Beschränkungen durch die Private-Equity-Gesellschaften tatsächlich ausgestaltet und durchgesetzt werden (Qualitäts- und Verhaltensunsicherheit). Das Delegationsrisiko wird insbesondere dann erhöht, wenn die Veräußerungsbeschränkungen aus Sicht der verbleibenden Gesellschafter Verkaufstransaktionen zeitlich verzögern oder sich die Beschränkungen sogar auf den potenziellen Käuferkreis erstrecken. Das **Betroffenheitsrisiko** wird insofern verstärkt, dass für die Fälle, in denen eine Verkaufsabsicht (Teile der Gesellschaftsanteile) durch die verbleibenden Gesellschafter besteht, das Ausmaß des zeitlich befristeten Verbots oder der sonstigen Beschränkungen durch die Mitgesellschafter nicht eindeutig verifiziert werden kann. Jedes Verbot beziehungsweise jede Beschränkung hinsichtlich der Veräußerung reduziert die **Rendite** insoweit, dass ein bestimmter Käuferkreis nicht adressiert werden darf oder ein Verbot potenzieller Verkäufe zu einem bestimmten Zeitpunkt nicht ermöglicht. Dies führt des Weiteren zu relativ höheren Kosten die mit der beschränkten Verkaufstransaktion einhergehen, wie zum Beispiel gestiegene Opportunitätskosten (Käufer nimmt Preisabschläge vor, da Verkauf verzögert wird) oder Kosten, um weitere Käufer zu suchen.

Bei Abschluss der **Börseneinführungsrechte** (**2b**) ist von einer Erhöhung des **Informations-** und des **Delegationsrisikos** dann auszugehen, wenn die verbleibenden Gesellschafter in den Vorgang der Börseneinführung nur begrenzt involviert werden, das heißt insbesondere in die Rechtsformumwandlung (GmbH in KGaA/AG; Private Company in Public Company) sowie die anschließende Börseneinführung. Diesbezüglich bestehen Unterschiede darin, ob es sich bei den verbleibenden Gesellschaftern um Mehr- oder Minderheitsgesellschafter handelt. Während die Beteiligung an der Börseneinführung den Mehrheitsgesellschaftern angesichts ihrer Geschäftsführungskompetenz nicht abzusprechen ist und die Asymmetrien zu den Private-Equity-Gesellschaften als eher gering einzustufen sind, verhält es sich für die Minderheitsgesellschafter grundsätzlich umgekehrt, das heißt, dass gerade die fehlende Geschäftsführungskompetenz zu einer verstärkten Qualitätsunsicherheit bezüglich der Börseneinführung führt. Dieser Diskurs ist desgleichen auf das **Betroffenheitsrisiko** beider Gesellschaftergruppen übertragbar. Dieses besteht im Zuge der Börseneinführung insoweit, dass nicht abschließend beurteilt werden kann, wie sich die Unternehmens-, Eigentümer-, Aktionärsstruktur oder die Kapitalstruktur nach dem Gang an die Börse verändert. Die **Rendite** wird in den Fällen erhöht, in denen der Börsengang dem Unternehmen und damit auch den verbleibenden Gesellschaftern zusätzliches Kapital verschafft und mit der neuen Unternehmensstruktur erhöhte Cash Flows generiert werden. Anderseits wird die Rendite dann reduziert, wenn die erwartete Beteiligung von weiteren Gesellschaftern (Aktionären) ausbleibt und die Kosten der Börseneinführung höher sind als die mit der Börseneinführung tatsächlich realisierte Rendite.

Durch den **Erlösvorzug (3)** wird das **Informations-** und das **Delegationsrisiko** erhöht, da die Private-Equity-Gesellschaften in der Lage sind, die Verteilung der Erlöse unmittelbar zu bestimmen und damit auch indirekt das Verhalten der an der Erfolgsteilung beteiligten Mitgesellschafter zu beeinflussen (Hidden Action; Hidden Information und Hidden Intention; Hold Up). Demnach besteht vor allem Unsicherheit darüber, in welchem Verhältnis die Verteilung erfolgt. Auf der anderen Seite werden die Risiken grundsätzlich durch den aufgrund des Erlösvorzugs geschaffenen Leistungsanreiz reduziert.[690] Die zuvor genannte Unsicherheit überträgt sich auf das **Betroffenheitsrisiko** in dem Fall, dass das Verteilungsverhältnis nicht genau zu verifizieren ist (unter Umständen ist das Verhältnis abhängig von weiteren abhängigen Variablen) und eine aus Sicht der Gesellschafter nicht angemessene Verteilung womöglich zu einem finanziellen Verlust führt. Die **Rendite** der verbleibenden Mehr- oder Minderheitsgesellschafter wird durch den Erlösvorzug in den Fällen reduziert, in denen den Gesellschaftern zustehende Erlöse nicht ausgeschüttet beziehungsweise nicht verteilt werden (Koordinationsproblem des Kontrollrisikos).[691]

[690] Vgl. Antonczyk (2006), S. 127, 133.

[691] Dieser Anspruch ist zwar grds. gerichtlich durchsetzbar, dennoch wird die Rendite kurz- bis mittelfristig reduziert.

5.4.3.2 Zukünftig ausscheidende Gesellschafter

Bei dieser Interessengruppe handelt es sich um Gesellschafter die mit dem Exit der Private-Equity-Gesellschaften ebenfalls aus dem Unternehmen aussteigen. Die Vertragsklauseln und die Einflussnahme durch die Private-Equity-Gesellschaften wirken sich dabei unterschiedlich auf die Interessengruppe der zukünftig ausscheidenden Gesellschafter aus, was unter anderem mit den ökonomischen Zielen zusammenhängt. Tabelle 26 stellt die für diese Analyse begründete Festlegung der unterschiedlichen Auswirkungen der Vertragsklauseln dar, wobei eine Unterteilung in *hohe Auswirkungen* und *geringe Auswirkungen* vorgenommen wird. Diese Einteilung zeigt desgleichen die jeweilige Auswahl der Vertragsklauseln für die folgende Analyse (die der *hohen Auswirkungen*). Die Übersicht zeigt, dass die Höhe der Auswirkungen im engen Zusammenhang zum Gesellschafterstatus und des Verkaufs von Gesellschaftsanteilen, steht. Während der Beteiligungsabwicklung bestehen vorwiegend gegenüber den Private-Equity-Gesellschaften Informations-, Delegations- und Betroffenheitsrisiken.[692]

Vertragsklauseln	Zukünftig ausscheidende Gesellschafter
1a) Mitveräußerungsrechte: Recht der Private-Equity-Gesellschaften, Anteile der Mitgesellschafter zu kaufen	Hohe Auswirkungen, da selbst Mitgesellschafter; kompletter Verlust von Gesellschaftsanteilen bei verpflichtendem Verkauf eigener Anteile.
1b) Mitveräußerungsrechte: Verpflichtung der Mitgesellschafter, Anteile der Private-Equity-Gesellschaften mitzuverkaufen	Hohe Auswirkungen, da selbst Mitgesellschafter; Kauf und Weiterverkauf der Anteile oder Mittler zwischen Verkäufer und Käufer.
1c)/d) Veräußerungsverbot/-beschränkungen	Hohe Auswirkungen als Mitgesellschafter, da Veräußerung (kompletter Verkauf) beabsichtigt ist.
2a) Verpflichtung der Mitgesellschafter, ihre Anteile mitzuveräußern	Hohe Auswirkungen, da diese Mitgesellschafter durch die Verpflichtung ihren Gesellschafterstatus verlieren und aus dem Unternehmen ausscheiden.
2b) Börseneinführungsrechte	Geringe Auswirkungen, da der Ausstieg aus dem Unternehmen vor der Börseneinführung stattfindet.
3) Erlösvorzug	Hohe Auswirkungen, da diese als Mitgesellschafter an der Erfolgsteilung partizipieren.

Tabelle 26: Auswirkungen der Vertragsklauseln auf die zukünftig ausscheidenden Gesellschafter (eigene Darstellung)

Nach Abschluss der Vertragsklauseln zu den **Mitveräußerungsrechten** der Private-Equity-Gesellschaften, Anteile der Mitgesellschafter zu kaufen (**1a**), existiert das **Informations-** und das **Delegationsrisiko** in Form der Unsicherheit darüber, ob die Private-Equity-Gesellschaften von dem Recht generell Gebrauch machen und wenn ja, zu welchem Zeitpunkt

[692] Dabei ist zu beachten, dass die endogenen Risiken auch bereits vor dem Abschluss dieser Vertragsklauseln (ex ante) existieren.

und mit welchen Bedingungen der Verkauf an die Private-Equity-Gesellschaften verknüpft ist (Qualitätsunsicherheit; Verhaltensunsicherheit). Im Gegensatz zur Interessengruppe der verbleibenden Gesellschafter besteht auf Seiten der zukünftig ausscheidenden Gesellschafter die Absicht, ihre Gesellschaftsanteile zu verkaufen. Inwiefern diese Vertragsklauseln die Risiken abbauen oder verstärken, hängt demnach davon ab, ob die Private-Equity-Gesellschaften Kenntnis von dieser Absicht haben. Für den Fall, dass die Private-Equity-Gesellschaften diese Kenntnis besitzen, besteht für die aussteigenden Gesellschafter die Gefahr, dass durch die Option, dieses Recht nicht auszuüben, ihr Verhalten indirekt zu Gunsten der Private-Equity-Gesellschaften gelenkt wird und dadurch vor allem die Gestaltungsasymmetrien aufgebaut werden. Dieser Diskurs ist ebenso auf das **Betroffenheitsrisiko** übertragbar, wobei das Risiko für die ausscheidenden Gesellschafter dann am höchsten ist, wenn die Private-Equity-Gesellschaften ihr Mitveräußerungsrecht nicht wahrnehmen und der Anteilsverkauf für diese Gesellschaftergruppe dadurch gefährdet wird, da diese nach anderen beziehungsweise weiteren Käufern suchen müssen. Demgegenüber reduziert sich das Betroffenheitsrisiko unmittelbar, wenn die Private-Equity-Gesellschaften die Anteile der betreffenden Gesellschafter kaufen und damit ein Verkäufer gefunden ist, von dem die zukünftig ausscheidenden Gesellschafter wissen und den sie im Zweifel besser kennen als fremde Käufer. Bei Verkaufsabsicht wird die **Rendite** im Vergleich zu alternativen Verkäufen dadurch erhöht, dass bei dieser Art des Verkaufsvorgangs Kosten für die Suche nach anderen Käufern entfallen. Anderseits reduziert die Verkaufsverpflichtung die Rendite, da die zukünftig ausscheidenden Gesellschafter unter Umständen alternative (Verkaufs-)Wege zur Realisierung der Rendite bevorzugen.[693]

Nach Abschluss der Vertragsklauseln zu den **Mitveräußerungsrechten**, das eine Verpflichtung der Mitgesellschafter beinhaltet, Anteile der Private-Equity-Gesellschaften mitzuverkaufen (**1b**), existiert – analog zur Perspektive der verbleibenden Gesellschafter – das **Informations-** und das **Delegationsrisiko** in der Unsicherheit darüber, ob die Private-Equity-Gesellschaften diese Option ausüben oder nicht. Im Fall der Optionsausübung, das heißt der unmittelbaren Verpflichtung zur Mitveräußerung, verlagern sich die genannten Risiken auf die Seite der Private-Equity-Gesellschaften insoweit, dass die zukünftig ausscheidenden Gesellschafter im Rahmen dieser Verpflichtung für das weitere Verkaufsprozedere verantwortlich sind und den Ausgang (Verkauf ja/nein; Verkaufshöhe, -adressat) demzufolge mitgestal-

[693] Damit steigen bei tatsächlichem Verkauf, die Opportunitätskosten der zukünftig ausscheidenden Gesellschafter grds. an.

ten. Im Fall einer unmittelbaren Mitveräußerungsverpflichtung wird das **Betroffenheitsrisiko** für die zukünftig ausscheidenden Gesellschafter erhöht, da diese den Ausgang und das Ergebnis dieser Verpflichtung nicht eindeutig verifizieren können. Wie bereits für die Interessengruppe der verbleibenden Gesellschaftern adressiert, verstärkt sich das Risiko für den Fall, dass die betreffenden, zukünftig ausscheidenden Gesellschafter keine Mittlerfunktion einnehmen, sondern vielmehr in einem Zwischenschritt zunächst den Anteil selbst kaufen müssen, um diesen dann weiterzuverkaufen. Entsprechend wirkt sich die Mitveräußerungspflicht auch auf die **Rendite** aus. Die Vermittlung des Anteils an einen potenziellen Käufer selbst beeinflusst die Rendite grundsätzlich nicht. Muss demgegenüber der Anteil vor der Weiterveräußerung durch die zukünftig ausscheidenden Gesellschafter gekauft werden, reduziert sich die Rendite insgesamt dann, wenn die letztendlich erzielte Anteilshöhe nicht erreicht wird und den vorherigen Kauf sowie die damit verbundenen Kosten nicht hinreichend deckt.

Nach Abschluss des (zeitlich befristeten) **Veräußerungsverbots** sowie der **Veräußerungsbeschränkungen** in Form einer zustimmungspflichtigen Anteilsübertragung oder eines Vorerwerbsrechts (**1c/d**), besteht – wie auf Seiten der verbleibenden Gesellschaftern – das **Informations-** und das **Delegationsrisiko** in der Unsicherheit darüber, wie das Verbot oder die Beschränkungen durch die Private-Equity-Gesellschaften gegenüber den Gesellschaftern, die ihre kompletten Anteile verkaufen wollen, tatsächlich durchgeführt werden. In jedem Fall wird das Delegationsrisiko insbesondere dann erhöht, wenn die Veräußerungsbeschränkungen aus Sicht der zukünftig ausscheidenden Gesellschafter deren beabsichtigte Verkaufstransaktionen zeitlich verzögern oder sich die Beschränkungen sogar auf den potenziellen Käuferkreis erstrecken. Das **Betroffenheitsrisiko** wird verstärkt, wenn die zukünftig ausscheidenden Gesellschafter den Ausgang ihrer Verkaufsabsicht aufgrund des Ausmaßes des zeitlich befristeten Verbots oder der sonstigen Beschränkungen nicht eindeutig verifizieren können und demnach der Verkauf und der Ausstieg aus dem Unternehmen unter Umständen gefährdet sind. Das zeitlich befristete Veräußerungsverbot beziehungsweise die Veräußerungsbeschränkungen reduzieren insofern die **Rendite**, dass ein bestimmter Käuferkreis nicht adressiert werden darf oder ein Verbot mögliche Verkäufe zu einem bestimmten Zeitpunkt nicht ermöglicht. Dies kann des Weiteren zu relativ höheren Kosten führen, die mit der verzögerten Verkaufstransaktion einhergehen, wie zum Beispiel gestiegene Opportunitätskosten (Käufer nimmt Preisabschläge vor, da Verkauf verzögert wird) oder Kosten, um weitere Käufer zu suchen.

Zwar beabsichtigen die zukünftig ausscheidenden Gesellschafter, ihre kompletten Gesellschaftsanteile zu verkaufen, dennoch besteht nach Abschluss der **Verpflichtung** der Mitgesellschafter, ihre Anteile **mitzuveräußern (2a)** das **Informations-** und das **Delegationsrisiko** in Form der Qualitätsunsicherheit darüber, zu welchen Konditionen (zum Beispiel Zeitpunkt; Verkaufsauflagen; Verkaufshöhe) dieser Verkauf tatsächlich stattfindet. Des Weiteren können diese Vertragsklauseln Anreize schaffen, den eigenen erzielbaren Erlös aus dem Verkauf des Unternehmensanteils zu steigern.[694] Das **Betroffenheitsrisiko** besteht für die zukünftig ausscheidenden Gesellschafter insoweit, dass diese den Ausgang dieser verpflichtenden Mitveräußerung nicht genau verifizieren können, verstärkt für die Fälle, dass die Private-Equity-Gesellschaften mögliche Verkaufsverhandlungen führen. Hinsichtlich des Ländervergleichs bestehen vor allem Unterschiede in der Rechts(un-)sicherheit bei der Vereinbarung von Mitveräußerungspflichten. Aus Sicht der zukünftig ausscheidenden Gesellschafter der GmbH führt die Rechtsunsicherheit dazu, dass vornehmlich ein Betroffenheitsrisiko besteht, da das Ausmaß und der Ausgang dieser Mitveräußerungsverpflichtung nicht genau beurteilt werden kann. Für die zukünftig ausscheidenden Gesellschafter der Private Company erstreckt sich die Rechtsunsicherheit sowohl auf das Betroffenheitsrisiko als auch auf das Informations- und Delegationsrisiko. Je nachdem, wann die Gesellschafter aus dem Unternehmen ausscheiden und ob sie in der Gesellschafterversammlung noch beteiligt sind und welche Gesellschafterposition (Mehr- oder Minderheitsposition) sie dort einnehmen, obliegt es ihnen, entsprechende Entscheidungen im Rahmen der Gesellschafterversammlung durchzusetzen und den genannten Ermessensspielraum zu nutzen. Für den Fall, dass die Gesellschafter bereits tatsächlich ausgeschieden sind, ist eine Teilnahme an der Gesellschafterversammlung nicht mehr möglich, wodurch sich die genannten Risiken unter Umständen verstärken und lediglich gesetzlich zustehende Rechte zur Einflussnahme auf die Entscheidungsfindung der Gesellschafterversammlung wahrgenommen werden können. Die ausgehandelten Konditionen im Rahmen der Verkaufsverhandlungen beziehungsweise im Zuge der Mitveräußerung wirken sich ebenso auf die **Rendite** aus. Diese wird dann reduziert, wenn die zukünftig ausscheidenden Gesellschafter selbst keine potenziellen Käufer finden (Suchkosten) oder entsprechende Verhandlungen führen müssen (Verhandlungskosten).

[694] Vgl. Antonczyk (2006), S. 123, 126.

Zwar wird diese Gesellschaftergruppe aus dem Unternehmen zukünftig ausscheiden, dennoch besteht ein (vertraglicher) Anspruch auf die vor dem Austritt (beziehungsweise eine zuvor fixierte Periode) erzielten Erlöse. Der **Erlösvorzug (3)** erhöht das **Informations-** und das **Delegationsrisiko**, da die Private-Equity-Gesellschaften in der Lage sind, die Verteilung der Erlöse unmittelbar zu bestimmen (Reduzierung des Kooperationsproblems des Kontrollrisikos) und damit insofern auch indirekt das Verhalten der an der Erfolgsteilung beteiligten Mitgesellschafter zu beeinflussen (Handlungs-/Verhaltensunsicherheit). Für die zukünftig ausscheidenden Gesellschafter besteht demzufolge vor allem Unsicherheit über das Verteilungsverhältnis. Das **Betroffenheitsrisiko** wird durch diese Unsicherheit in der Weise verstärkt, dass dieses Verteilungsverhältnis nicht bekannt ist (da es unter Umständen an weitere abhängige Variablen geknüpft ist) und eine aus Sicht der Gesellschafter nicht angemessene Verteilung womöglich zu einem finanziellen Verlust führt. Analog zur Perspektive der verbleibenden Gesellschafter wird die **Rendite** der zukünftig ausscheidenden Gesellschafter durch den Erlösvorzug in den Fällen reduziert, in denen der Gesellschafter tatsächlich zustehende Erlöse nicht ausgeschüttet beziehungsweise an sie nicht zugeteilt werden.

5.4.3.3 Top-Management

Die Vertragsklauseln und die Einflussnahme durch die Private-Equity-Gesellschaften wirken sich unterschiedlich auf das Top-Management aus, was unter anderem mit den ökonomischen Zielen dieser Interessengruppen zusammenhängt. Tabelle 27 stellt die für diese Analyse begründete Festlegung der unterschiedlichen Auswirkungen der Vertragsklauseln dar, wobei eine Unterteilung in *hohe Auswirkungen* und *geringe Auswirkungen* vorgenommen wird. Diese Einteilung zeigt desgleichen die jeweilige Auswahl der Vertragsklauseln für die folgende Analyse (die der *hohen Auswirkungen*). Die Übersicht zeigt, dass die Höhe der Auswirkungen im engen Zusammenhang zur Geschäftsführungskompetenz sowie zum Gesellschafterstatus im Fall einer Managementbeteiligung und/oder des Verkaufes von Gesellschaftsanteilen, steht. Während der Beteiligungsabwicklung bestehen vorwiegend gegenüber den Private-Equity-Gesellschaften Informations-, Delegations- und Betroffenheitsrisiken.[695]

[695] Dabei ist zu beachten, dass die endogenen Risiken auch bereits vor dem Abschluss dieser Vertragsklauseln (ex ante) existieren.

Vertragsklauseln	Top-Management
1a) Mitveräußerungsrechte: Recht der Private-Equity-Gesellschaften, Anteile der Mitgesellschafter zu kaufen	Hohe Auswirkungen für die Geschäftsführer (Verschiebung Eigentümerstruktur) sowie für die Mitgesellschafter im Fall einer Managementbeteiligung (teilweiser/kompletter Verlust des Gesellschafterstatus bei verpflichtendem Verkauf eigener Anteile)
1b) Mitveräußerungsrechte: Verpflichtung der Mitgesellschafter, Anteile der Private-Equity-Gesellschaften mitzuverkaufen	Hohe Auswirkungen für die Mitgesellschafter im Fall einer Managementbeteiligung; Kauf und Weiterverkauf der Anteile oder Mittler zwischen Verkäufer und Käufer.
1c)/d) Veräußerungsverbot/-beschränkungen	Hohe Auswirkungen für die Mitgesellschafter im Fall einer Managementbeteiligung, wenn Veräußerungsabsicht besteht.
2a) Verpflichtung der Mitgesellschafter, ihre Anteile mitzuveräußern	Geringe Auswirkungen, da diese Mitgesellschafter (im Fall einer Managementbeteiligung) weiterhin am Unternehmen beteiligt bleiben (eine Verpflichtung würde zu einem kompletten Verlust des Gesellschafterstatus führen).
2b) Börseneinführungsrechte	Hohe Auswirkungen für die Geschäftsführer (Rechtsformumwandlung) sowie als Mitgesellschafter im Fall einer Managementbeteiligung (Beteiligung an Rechtsformumwandlung und anschließender Börseneinführung).
3) Erlösvorzug	Hohe Auswirkungen, da Mitgesellschafter im Fall einer Managementbeteiligung (Partizipation an der Erfolgsteilung).

Tabelle 27: Auswirkungen der Vertragsklauseln auf das Top-Managements (eigene Darstellung)

Das Mitveräußerungsrecht tangiert das Top-Management als Geschäftsführer und als Mitgesellschafter im Fall einer Managementbeteiligung. Nach Abschluss der Vertragsklauseln zu den **Mitveräußerungsrechten** der Private-Equity-Gesellschaften, Anteile der Mitgesellschafter zu kaufen (**1a**), besteht das **Informations-** und das **Delegationsrisiko** als Geschäftsführer hauptsächlich in der Qualitätsunsicherheit darüber, wie sich die bisherige Eigentümerstruktur verschiebt und welche gesellschaftsrechtlichen Entscheidungen damit verbunden sind. Als Mitgesellschafter existiert – analog zur Perspektive der verbleibenden Gesellschafter – Unsicherheit darüber, ob die Private-Equity-Gesellschaften von dem Mitveräußerungsrecht Gebrauch machen und wenn ja, zu welchem Zeitpunkt und mit welchen Bedingungen der Verkauf an die Private-Equity-Gesellschaften verknüpft ist. Inwiefern diese Vertragsklauseln die bestehenden Risiken abbauen oder verstärken, hängt davon ab, ob das an der Gesellschaft beteiligte Top-Management überhaupt Anteile verkaufen will und ob die Private-Equity-Gesellschaften Kenntnis von dieser Absicht haben. Für den Fall, dass der Verkauf selbst nicht beabsichtigt ist (und die Private-Equity-Gesellschaften dies wissen), besteht die verstärkte Gefahr für das Top-Management darin, dass durch die Option, dass Recht auszuüben und durchzusetzen, die Private-Equity-Gesellschaften das Verhalten des Top-Managements indirekt lenken und dadurch Gestaltungsasymmetrien auf Seiten des Top-Managements aufgebaut werden. Mit Hinsicht auf das **Betroffenheitsrisiko** ist ebenfalls zwischen dem Top-

Management als Geschäftsführer (geschäftsführendes Organ) und als Mitgesellschafter zu differenzieren. Als Geschäftsführer ist die Betroffenheit bei Abschluss und Durchsetzung des Mitveräußerungsrechts zunächst begrenzt, da sie das ökonomische Ziel verfolgen, entweder den Einkommenzahlungsstrom zu erhöhen oder das Risiko des Zahlungsstromausfalls zu reduzieren und durch die reine Verschiebung der Eigentümerstruktur zunächst unmittelbar kein finanzieller Verlust verbunden ist. Als Mitgesellschafter ist das Betroffenheitsrisiko dann am stärksten, wenn nicht beabsichtigt ist, Anteile zu verkaufen und die Private-Equity-Gesellschaften von dieser Absicht Kenntnis haben. Ist demgegenüber ein Verkauf beabsichtigt, reduziert sich das Betroffenheitsrisiko unmittelbar, da ein Käufer gefunden ist, dessen Verhalten besser beurteilt werden kann als beispielsweise externe, fremde Käufer. Die Vertragsklauseln wirken sich des Weiteren auf die **Rendite** aus, wobei dies nicht die Rendite des Top-Managements als geschäftsführendes Organ betrifft, sondern vielmehr die Rendite des Top-Managements als Mitgesellschafter. Bei Verkaufsabsicht wird die Rendite im Vergleich zu alternativen Verkäufen (zum Beispiel an Dritte) dadurch erhöht, dass bei dieser Art des Verkaufsvorgangs Kosten für die Suche nach anderen Käufern entfallen. Anderseits reduziert die Verkaufsverpflichtung die Rendite, da das Top-Management unter Umständen alternative (Verkaufs-)Wege zur Realisierung der Rendite bevorzugt.[696]

In Bezug auf die Auswirkungen der Vertragsklauseln zu den **Mitveräußerungsrechten**, die eine Verpflichtung der Mitgesellschafter beinhalten, Anteile der Private-Equity-Gesellschaften mitzuverkaufen (**1b**), und zum (zeitlich befristeten) **Veräußerungsverbot** sowie zu den **Veräußerungsbeschränkungen** in Form einer zustimmungspflichtigen Anteilsübertragung oder eines Vorerwerbsrechts (**1c/d**), wird auf die Perspektive der verbleibenden Mehr- oder Minderheitsgesellschafter (siehe Kapitel 5.4.3.1) verwiesen, da dieses Recht das Top-Management als Mitgesellschafter im Fall einer Managementbeteiligung tangiert.

Die Börseneinführungsrechte betreffen das Top-Management einerseits als Geschäftsführung und andererseits als Mitgesellschafter im Fall einer Managementbeteiligung. Nach Abschluss der Vertragsklauseln zu den **Börseneinführungsrechten (2b)** besteht das **Informations-** und das **Delegationsrisiko** als geschäftsführendes Organ überwiegend in der Qualitätsunsicherheit darüber, mit welchen Veränderungen die Rechtsformumwandlung verbunden ist (zum Bei-

[696] Damit steigen bei tatsächlichem Verkauf, die Opportunitätskosten des Top-Managements grds. an.

spiel neue Aufbau-/Ablaufstrukturen). Als Mitgesellschafter (siehe Perspektive der verbleibenden Gesellschafter) ist von einem Anstieg der Risiken dann auszugehen, wenn das Top-Management als Mitgesellschafter in den Vorgang der Börseneinführung nur begrenzt involviert wird. Nichtsdestotrotz sind diese Risiken insoweit beschränkt, dass das Top-Management aufgrund der Geschäftsführungskompetenz, zumindest zum Teil per se in diesen Geschäftsbereich (beispielsweise Vorbereitungen zur Rechtsformumwandlung; Umsetzung von gesetzlichen Maßnahmen) eingebunden ist. Bezüglich des **Betroffenheitsrisikos** ist erneut dahingehend zu unterscheiden, ob das Top-Management als Geschäftsführer oder als Mitgesellschafter fungiert. Als Geschäftsführer ist die Betroffenheit bei Börseneinführung des Unternehmens begrenzt, da der Gang an die Börse nicht unmittelbar das ökonomische Ziel flankiert beziehungsweise die Zielerreichung gefährdet. Als Mitgesellschafter existiert das Betroffenheitsrisiko in der Weise, dass nicht abschließend zu beurteilen ist, wie sich die Unternehmens- und Gesellschafterstruktur und/oder die Kapitalstruktur nach dem Gang an die Börse verändert. Die Durchsetzung einer Börseneinführung wirkt sich des Weiteren auf die **Rendite** aus. Die Rendite wird in den Fällen erhöht, in denen der Börsengang dem Top-Management als Mitgesellschafter zusätzliches Kapital verschafft und mit der neuen Unternehmensstruktur erhöhte Cash Flows generiert werden. Anderseits wird die Rendite in dem Fall reduziert, dass der erwartete Emissionspreis nicht erreicht wird, nicht genügend Aktionäre Anteile zeichnen und die Kosten der Börseneinführung die mit der Börseneinführung tatsächlich realisierten Rendite übersteigen.

In Bezug auf die Auswirkungen der Vertragsklauseln zum **Erlösvorzug (3)** wird auf die Perspektive der verbleibenden Mehr- oder Minderheitsgesellschafter (siehe Kapitel 5.4.3.1) verwiesen, da dieses Recht das Top-Management als Mitgesellschafter im Fall einer Managementbeteiligung tangiert.

5.4.3.4 Mitarbeiter

Die Vertragsklauseln und die Einflussnahme durch die Private-Equity-Gesellschaften wirken sich unterschiedlich auf das Top-Management aus, was unter anderem mit den ökonomischen Zielen dieser Interessengruppen zusammenhängt. Tabelle 28 stellt die für diese Analyse begründete Festlegung der unterschiedlichen Auswirkungen der Vertragsklauseln dar, wobei eine Unterteilung in *hohe Auswirkungen* und *geringe Auswirkungen* vorgenommen wird. Diese Einteilung zeigt desgleichen die jeweilige Auswahl der Vertragsklauseln für die folgende Analyse (die der *hohen Auswirkungen*). Die Übersicht veranschaulicht, dass die Höhe der Auswirkungen im engen Zusammenhang zur Arbeitnehmerstellung sowie zum Gesellschafterstatus im Fall einer Mitarbeiterbeteiligung und/oder des Verkaufes von Gesellschaftsanteilen steht. Während der Beteiligungsabwicklung bestehen vorwiegend gegenüber den Private-Equity-Gesellschaften sowie gegenüber dem Arbeitgeber (Gesellschafter; Top-Management) Informations-, Delegations- und Betroffenheitsrisiken.[697]

Vertragsklauseln	Mitarbeiter
1a) Mitveräußerungsrechte: Recht der Private-Equity-Gesellschaften, Anteile der Mitgesellschafter zu kaufen	Hohe Auswirkungen für die Arbeitnehmer (Verschiebung Eigentümerstruktur; Arbeitgeberwechsel) sowie für die Mitgesellschafter im Fall einer Mitarbeiterbeteiligung (teilweiser/kompletter Verlust des Gesellschafterstatus bei verpflichtendem Verkauf eigener Anteile)
1b) Mitveräußerungsrechte: Verpflichtung der Mitgesellschafter, Anteile der Private-Equity-Gesellschaften mitzuverkaufen	Hohe Auswirkungen für die Mitgesellschafter im Fall einer Mitarbeiterbeteiligung; Kauf und Weiterverkauf der Anteile oder Mittler zwischen Verkäufer und Käufer.
1c)/d) Veräußerungsverbot/-beschränkungen	Hohe Auswirkungen für die Mitgesellschafter im Fall einer Mitarbeiterbeteiligung, wenn Veräußerungsabsicht besteht.
2a) Verpflichtung der Mitgesellschafter, ihre Anteile mitzuveräußern	Geringe Auswirkungen, da diese Mitgesellschafter (im Fall einer Mitarbeiterbeteiligung) weiterhin am Unternehmen beteiligt bleiben (eine Verpflichtung würde zu einem gänzlichen Verlust der Gesellschafterposition führen).
2b) Börseneinführungsrechte	Hohe Auswirkungen für die Arbeitnehmer (Rechtsformumwandlung; Strukturwandel des Arbeitsumfelds) sowie als Mitgesellschafter im Fall einer Mitarbeiterbeteiligung (Beteiligung an Rechtsformumwandlung und anschließender Börseneinführung).
3) Erlösvorzug	Hohe Auswirkungen für die Mitgesellschafter im Fall einer Mitarbeiterbeteiligung (Partizipation an der Erfolgsteilung).

Tabelle 28: Auswirkungen der Vertragsklauseln auf die Mitarbeiter (eigene Darstellung)

Analog zur Perspektive des Top-Managements tangiert das Mitveräußerungsrecht die Mitarbeiter in zweierlei Hinsicht, das heißt sowohl als Arbeitnehmer als auch als Mitgesellschafter im Fall einer Mitarbeiterbeteiligung. Nach Abschluss dieser Vertragsklauseln zu den **Mitveräußerungsrechten** der Private-Equity-Gesellschaften (**1a**), besteht das **Informations-** und das **Delegationsrisiko** als Arbeitnehmer weitestgehend in der Qualitätsunsicherheit darüber, wie sich die bisherige Eigentümerstruktur womöglich verschiebt und ob dadurch bedingt ein Arbeitgeberwechsel geschaffen wird, der auch Veränderungen hinsichtlich des aktuellen Arbeitsumfeldes mit sich bringt. Als Mitgesellschafter existiert – analog zur Perspektive der verbleibenden Gesellschafter/Top-Management als Mitgesellschafter – Unsicherheit diesbe-

[697] Dabei ist zu beachten, dass die endogenen Risiken auch bereits vor dem Abschluss dieser Vertragsklauseln (ex ante) existieren.

züglich, ob die Private-Equity-Gesellschaften das Mitveräußerungsrecht tatsächlich durchsetzen und wenn ja, zu welchem Zeitpunkt und mit welchen Bedingungen der Verkauf verknüpft ist (Verhaltensunsicherheit). Ob diese Vertragsklauseln die bestehenden Risiken abbauen oder verstärken ist davon abhängig, ob die an der Gesellschaft beteiligten Mitarbeiter überhaupt Anteile verkaufen wollen und ob die Private-Equity-Gesellschaften Kenntnis von dieser Verkaufsabsicht haben. Für den Fall, dass der Verkauf selbst nicht beabsichtigt ist (und die Private-Equity-Gesellschaften dies wissen), besteht die erhöhte Gefahr für die Mitarbeiter, dass durch die Option, das Recht tatsächlich auszuüben, das Verhalten der Mitarbeiter als Mitgesellschafter indirekt zu Gunsten der Private-Equity-Gesellschaften gelenkt wird und dadurch Gestaltungsasymmetrien aufgebaut werden. Bezüglich des **Betroffenheitsrisikos** ist – analog zur Perspektive des Top-Managements – zwischen den Mitarbeitern als Arbeitnehmer sowie den Mitarbeitern als Mitgesellschafter zu differenzieren. Als Arbeitnehmer ist die Betroffenheit insoweit begrenzt, dass die (ökonomische) Zielerreichung (Erhöhung des Einkommenzahlungsstroms/Reduzierung des Risikos des Zahlungsstromausfalls) durch die Verschiebung der Eigentümerstruktur und der mögliche Arbeitgeberwechsel nicht unmittelbar gefährdet sind (auch wenn das Ergebnis dieser Verschiebung vorher nicht eindeutig verifizierbar ist) und diesbezüglich der finanzielle Verlust beschränkt ist. Für die Mitarbeiter als Mitgesellschafter ist das Betroffenheitsrisiko in dem Fall am höchsten, dass ein Verkauf nicht beabsichtigt ist und die Private-Equity-Gesellschaften davon Kenntnis besitzen. Bei Verkaufsabsicht wird das Betroffenheitsrisiko unmittelbar abgebaut, begründet durch die Tatsache, dass das Verhalten der Private-Equity-Gesellschaften als potenzielle Käufer grundsätzlich besser beurteilt werden kann, als beispielsweise von externen Käufern. Die Vertragsklauseln wirken sich ferner auf die **Rendite** aus, wobei die Durchsetzung dieser Vertragsklauseln nicht die Rendite der Mitarbeiter als Arbeitnehmer betrifft, sondern vielmehr die Rendite der Mitarbeiter als Mitgesellschafter. Bei Verkaufsabsicht wird die Rendite im Vergleich zu alternativen Verkäufen (zum Beispiel an Dritte) dadurch erhöht, dass bei dieser Art des Verkaufsvorgangs Kosten für die Suche nach anderen Käufern entfallen. Anderseits reduziert die Verkaufsverpflichtung die Rendite, da die Mitarbeiter gegebenenfalls alternative (Verkaufs-)Wege zur Realisierung der Rendite bevorzugen.[698]

[698] Damit steigen bei tatsächlichem Verkauf, die Opportunitätskosten der Mitarbeiter grds. an.

Mit Hinsicht auf die Auswirkungen der Vertragsklauseln zu den **Mitveräußerungsrechten**, die eine Verpflichtung der Mitgesellschafter beinhalten, Anteile der Private-Equity-Gesellschaften mitzuverkaufen (**1b**), und zum (zeitlich befristeten) **Veräußerungsverbot** sowie zu den **Veräußerungsbeschränkungen** in Form einer zustimmungspflichtigen Anteilsübertragung oder eines Vorerwerbsrechts (**1c/d**) wird auf die Perspektive der verbleibenden Mehr- oder Minderheitsgesellschafter (siehe Kapitel 5.4.3.1) verwiesen, da dieses Recht lediglich die jeweiligen Mitarbeiter als Mitgesellschafter im Fall einer Mitarbeiterbeteiligung tangiert.

Die Börseneinführungsrechte betreffen die Mitarbeiter einerseits als Arbeitnehmer und andererseits als Mitgesellschafter im Fall einer Mitarbeiterbeteiligung. Nach Abschluss der Vertragsklauseln zu den **Börseneinführungsrechte** (**2b**) besteht das **Informations-** und das **Delegationsrisiko** für die Arbeitnehmer hauptsächlich in der Qualitätsunsicherheit darüber, mit welchen Veränderungen hinsichtlich der Arbeitsstrukturen (beispielsweise die Verlegung von Arbeitsplätzen; Veränderung des Arbeitsumfeldes sowie der Aufbau-/Ablauforganisation), die Rechtsformumwandlung verbunden ist. Als Mitgesellschafter ist von einem Anstieg der Risiken dann auszugehen, wenn sie in den Vorgang der Börseneinführung nur begrenzt involviert werden, zum Beispiel in dem Fall, dass im Rahmen der Gesellschafterversammlung lediglich ein geringer Stimmrechtsanteil geltend gemacht werden kann. Im Gegensatz zum Top-Management sind die Risiken in diesem Fall höher, da den Mitarbeitern als Arbeitnehmer und Mitgesellschafter die entsprechende Geschäftsführungskompetenz fehlt. Eine Einbindung der Mitarbeiter als Arbeitnehmer erfolgt zumindest in der Hinsicht, dass die Mitarbeiter unter Umständen im Rahmen der betrieblichen Mitbestimmung (über den Betriebsrat/Shop Steward) über die beabsichtigten Veränderungen mit der Börseneinführung sowie über die weiteren Entscheidungen informiert und unterrichtet werden. Bezüglich des **Betroffenheitsrisikos** ist erneut dahingehend zu unterscheiden, ob die Mitarbeiter als Arbeitnehmer oder als Mitgesellschafter fungieren. Als Arbeitnehmer ist die Betroffenheit bei Börseneinführung des Unternehmens begrenzt, da der Gang an die Börse nicht unmittelbar das ökonomische Ziel (Erhöhung des Einkommenzahlungsstroms/Reduzierung des Risikos des Zahlungsstromausfalls) flankiert beziehungsweise die Zielerreichung gefährdet. Als Mitgesellschafter besteht das Betroffenheitsrisiko insoweit, dass nicht abschließend zu beurteilen ist, wie sich die Unternehmens-, Eigentümer-, Aktionärsstruktur oder die Kapitalstruktur nach dem Börsengang verändert. Die Durchsetzung der Börseneinführung wirkt sich ferner auf die **Rendite** aus, wobei die Börseneinführung selbst nicht die Rendite der Mitarbeiter als Arbeitnehmer betrifft, sondern vielmehr die Rendite der Mitarbeiter als Mitgesellschafter. Die Rendite wird dann erhöht, wenn der Börsengang dem Unternehmen zusätzliches Kapital verschafft und mit der neuen Unternehmensstruktur erhöhte Cash Flows generiert werden. Reduziert wird die Rendite dann, wenn die erwartete Beteiligung von weiteren Gesellschaftern (Aktionären) ausbleibt oder der erwartete Emissionspreis nicht bezahlt wird und die Kosten der Börseneinführung höher sind als die mit der Börseneinführung tatsächlich realisierten Rendite.

Hinsichtlich der Auswirkungen der Vertragsklauseln zum **Erlösvorzug (3)** wird auf die Perspektive der verbleibenden Gesellschafter als Mehr- oder Minderheitsgesellschafter (siehe Kapitel 5.4.3.1) verwiesen, da dieses Recht lediglich die Mitarbeiter als Mitgesellschafter im Fall einer Mitarbeiterbeteiligung betrifft.

5.4.3.5 Fremdkapitalgeber

Die Vertragsklauseln und die Einflussnahme durch die Private-Equity-Gesellschaften wirken sich unterschiedlich auf die Fremdkapitalgeber aus, was unter anderem mit den ökonomischen Zielen dieser Interessengruppen zusammenhängt. Tabelle 29 stellt die für diese Analyse begründete Festlegung der unterschiedlichen Auswirkungen der Vertragsklauseln dar, wobei eine Unterteilung in *hohe Auswirkungen* und *geringe Auswirkungen* vorgenommen wird. Diese Einteilung zeigt desgleichen die jeweilige Auswahl der Vertragsklauseln für die folgende Analyse (die der *hohen Auswirkungen*). Die Übersicht veranschaulicht, dass die Höhe der Auswirkungen im engen Zusammenhang zum Gläubiger-Schuldner-Verhältnis sowie zum Insolvenzeintritts- und -verlustrisiko steht. Während der Beteiligungsabwicklung bestehen vorwiegend gegenüber den Schuldnern, das heißt in der Regel der Gesellschaft als juristische Person, vertreten durch die Gesellschafter (Private-Equity-Gesellschaften, weitere Gesellschafter) oder die Geschäftsführer (Top-Management), Informations-, Delegations- und Betroffenheitsrisiken.[699]

[699] Dabei ist zu beachten, dass die endogenen Risiken auch bereits vor dem Abschluss dieser Vertragsklauseln (ex ante) existieren.

Vertragsklauseln	Fremdkapitalgeber
1a) Mitveräußerungsrechte: Recht der Private-Equity-Gesellschaften, Anteile der Mitgesellschafter zu kaufen	Hohe Auswirkungen, wenn der Mitgesellschafter als Schuldner den Gesellschafterstatus (zum Teil) verliert.
1b) Mitveräußerungsrechte: Verpflichtung der Mitgesellschafter, Anteile der Private-Equity-Gesellschaften mitzuverkaufen	Geringe Auswirkungen, da der Kauf und Weiterverkauf der Anteile oder die Funktion als Mittler zwischen Käufer und Verkäufer nicht direkt das Gläubiger-Schuldner-Verhältnis betrifft.
1c)/d) Veräußerungsverbot/-beschränkungen	Hohe Auswirkungen, da das Verbot/die Beschränkungen die Veräußerung (komplett/teilweise) durch den Mitgesellschafter als Schuldner beeinflusst und damit auch die Gläubiger-Schuldner-Beziehung.
2a) Verpflichtung der Mitgesellschafter, ihre Anteile mitzuveräußern	Hohe Auswirkungen, wenn der Mitgesellschafter als Schuldner den kompletten Gesellschafterstatus verliert.
2b) Börseneinführungsrechte	Hohe Auswirkungen, da durch die Börseneinführung die Eigentümer- und Kapitalstruktur verändert wird und damit auch die Gläubiger-Schuldner-Beziehung.
3) Erlösvorzug	Hohe Auswirkungen, da unter Umständen die zur Zins-/Tilgungsleistung notwendigen Finanzmittel aufgrund des Erlösabzugs oder durch eine Anders-/Umverteilung von Erlösen für die Mitgesellschafter als Schuldner nicht vorhanden sind.

Tabelle 29: Auswirkungen der Vertragsklauseln auf die Fremdkapitalgeber (eigene Darstellung)

Nach Abschluss der Vertragsklauseln zu den **Mitveräußerungsrechten** der Private-Equity-Gesellschaften, Anteile der Mitgesellschafter zu kaufen (**1a**), zeichnet sich das **Informations-** und das **Delegationsrisiko** in Form der Unsicherheit für den Fremdkapitalgeber als Gläubiger insoweit ab, dass sich der (teilweise) Verlust des bisherigen Gesellschafterstatus auf das Schuld(ner)verhältnis auswirken kann, das heißt ob der Schuldner aus der Gesellschaft ausscheiden wird (Hidden Intention; Hold Up). Dies gilt auch für den Fall, dass die Fremdkapitalgeber nicht mit den Mitgesellschaftern, sondern mit der Gesellschaft als juristische Person den Kreditvertrag abgeschlossen haben, da die Mitgesellschafter auch die Gesellschaft vertreten und unter Umständen mit den hinterlegten Sicherheiten bürgen oder haften. Das **Betroffenheitsrisiko** sowie das damit einhergehende Insolvenzeintritts- und -verlustrisiko ist beim Verkauf der Anteile durch den Mitgesellschafter als Schuldner für die Fremdkapitalgeber begrenzt, da die Verpflichtung zur Zins- und Tilgungsleistung nicht mit dem vollständigen Verlust der Gesellschafterposition endet. Insofern wird die ökonomische Zielerreichung (Erhöhung der Zins- und Tilgungszahlungsströme oder Reduzierung des Risikos des Zahlungsstromausfalls) nicht durch diese Vertragsklauseln gefährdet. Gerade in Bezug auf die Sicherheiten für die Fremdkapitalgeber bestehen im Vergleich zwischen Deutschland und Großbritannien mit dem Sicherungsinstrument der Floating Charge markante Unterschiede. Da dieses Instrument nicht nur einen ganz bestimmten Vermögensgegenstand, sondern vielmehr das gesamte gegenwärtige und zukünftige Vermögen des Sicherungsgebers umfasst, ist anzunehmen, dass sich das Betroffenheitsrisiko für die Fremdkapitalgeber der Private Company noch weiter begrenzen lässt, als es für die GmbH der Fall wäre. Des Weiteren reduziert diese Art von Mitveräußerungsrechten auch nicht unmittelbar die **Rendite** der Fremdkapitalgeber, da die die Cash Flows (Einzahlungen aus Zins- und Tilgung) trotz des Anteilsverlusts des Schuldners weiterhin gewährleistet sind. Die Rendite wird dahingehend erhöht, dass die Mitgesellschafter als Schuldner durch den Verkauf der Anteile, Kredite frühzeitiger zurückzahlen können und insofern entsprechende Erlöse generiert werden.

Das (zeitlich befristete) **Veräußerungsverbot** sowie die **Veräußerungsbeschränkungen** in Form einer zustimmungspflichtigen Anteilsübertragung oder eines Vorerwerbsrechts (**1c/d**) wirken sich aus Sicht der Fremdkapitalgeber hauptsächlich auf ihr **Betroffenheitsrisiko** aus, und zwar erhöht sich dieses Risiko in den Fällen, in denen die frühzeitige Rückzahlung des Kredits angesichts des Anteilsverkaufes durch die Mitgesellschafter als Schuldner durch die Private-Equity-Gesellschaften zeitlich verzögert wird oder der Verkauf mit bestimmten Auflagen oder Beschränkungen einhergeht (Verhaltensunsicherheit). Beide Vertragsbestimmungen führen dann zu einer Reduzierung der **Rendite**, wenn eine vorzeitige Tilgung ursprünglich beabsichtigt oder vereinbart war, und aufgrund des Verbots oder der Beschränkungen tatsächlich keine Erlöse aus der frühzeitigen Kreditzurückzahlung und/oder aus Abschlusszahlungen generiert werden (Erhöhung des Kooperationsproblems des Kontrollrisikos).

Hinsichtlich der Auswirkungen der **Verpflichtung** der Mitgesellschafter, ihre Anteile **mitzuveräußern** (**2a**), wird auf die oben genannten Ausführungen zum Mitveräußerungsrecht (1a) verwiesen, da auch in diesem Fall, die Mitgesellschafter als Schuldner ihren Anteil an der Gesellschaft reduzieren.[700]

Die Börseneinführungsrechte betreffen die Fremdkapitalgeber dann, wenn diese einerseits selbst einen Sitz in den Kontrollgremien der Unternehmens haben und/oder durch die Rechtsformumwandlung sowie den anschließenden Börsengang das Gläubiger-Schuldner-Verhältnis dadurch tangiert wird, dass bisherige Entscheidungs- und Handlungsspielräume des Schuldners durch die Börseneinführung selbst eingeschränkt werden. Nach Abschluss der Vertrags-

[700] Diesbezüglich geht die Verpflichtung sogar mit einem kompletten Verlust des Gesellschafterstatus einher.

klauseln zu den **Börseneinführungsrechten (2b)**, besteht das **Informations-** und das **Delegationsrisiko** für die Fremdkapitalgeber überwiegend in der Qualitätsunsicherheit darin, mit welchen Veränderungen die Börseneinführung in der Eigentümer-, Kapitalstruktur und der Gesellschafterstruktur einhergeht. Das **Betroffenheitsrisiko** sowie das Insolvenzeintritts- und -verlustrisiko ist abermals insoweit begrenzt, dass der Gang an die Börse nicht unmittelbar das ökonomische Ziel flankiert beziehungsweise die Zielerreichung gefährdet. Generell besteht jedoch das Betroffenheitsrisiko in der Weise, dass die Fremdkapitalgeber nicht genau verifizieren können, wie sich die oben genannten Strukturen nach dem Börsengang verändern. Die Durchsetzung einer Börseneinführung wirkt sich nicht unmittelbar auf die **Rendite** aus, höchstens erhöhend in den Fällen, dass durch die Zuführung zusätzlichen Kapitals, die Kredite frühzeitiger zurückgezahlt werden können und dadurch Erlöse aus der frühzeitigen Kreditrückzahlung und/oder aus Abschlusszahlungen generiert werden oder generell durch die Schuldner neue Kreditlinien in Anspruch genommen werden.

Der **Erlösvorzug (3)** wirkt sich weniger auf das **Informations-** und das **Delegationsrisiko** aus, sondern vor allem auf das **Betroffenheitsrisiko** der Fremdkapitalgeber und zwar erhöht sich dieses Risiko dann, wenn die zur Zins-/Tilgungsleistung notwendigen Finanzmittel aufgrund des Erlösabzugs oder durch eine Anders-/Umverteilung von Erlösen für die Gesellschafter als Schuldner nicht vorhanden sind und sich dadurch Rückzahlungen verzögern oder gegebenenfalls nicht schneller zurückzuführen sind (Kooperationsproblem des Kontrollrisikos).[701] Beide Fälle senken die Rendite der Fremdkapitalgeber insofern, dass sich die Cash Flows (Einzahlungen aus Zins- und Tilgung) angesichts einer zeitlichen Verzögerung reduzieren oder keine Erlöse aus frühzeitiger Kreditrückzahlung und/oder aus Abschlusszahlungen generiert werden können, insofern eine vorzeitige Tilgung vorab vereinbart wurde.

5.4.4 Konfligierende und harmonische Beziehungen zwischen den Interessengruppen

Nachstehend erfolgt im Kontext der Forschungsfrage, insbesondere für die Phase der Beteiligungsabwicklung, die Gesamtanalyse unter Einbezug der harmonischen und konfligierenden Beziehungen der Interessengruppen. Dabei wird an den entsprechenden Stellen auf länderspezifische Unterschiede hingewiesen. Da die Private-Equity-Gesellschaften in erster Linie mit den weiteren Gesellschaftern (verbleibende Mehr-/Minderheitsgesellschafter; zukünftig aus-

[701] Vgl. auch Larisch (2002), S. 35.

scheidende Gesellschafter) Exit-bezogene Vertragsklauseln abschließen,[702] werden in einem ersten Schritt diese Beziehungen analysiert. In einem zweiten Schritt werden die Beziehungen der weiteren Interessengruppen untersucht. Generell lassen sich die Beziehungen als konfligierend beschreiben, wenn die Verfolgung der ökonomischen Ziele durch eine Interessengruppe den Erreichungsgrad der ökonomischen Ziele der anderen Interessengruppe verringert. Harmonische Beziehungen bestehen dann, wenn durch die Verfolgung der ökonomischen Ziele der einen Interessengruppe die ökonomischen Ziele der anderen Interessengruppe automatisch auch erreicht werden oder zumindest die Zielerreichung gefördert wird.[703]

Bei der Vereinbarung der Vertragsklauseln zu den **Mitveräußerungsrechten (1a)** zwischen den **Private-Equity-Gesellschaften** und den **Mitgesellschaftern**[704] wird die Erreichung der ökonomischen Ziele grundsätzlich durch die Unsicherheit auf der Käuferseite (Private-Equity-Gesellschaften) in Bezug darauf, ob die Verkäufer eine Verkaufsabsicht verfolgen, sowie durch die Unsicherheit auf der Verkäuferseite darüber, ob und unter welchen Bedingungen das Recht ausgeübt wird, flankiert. Die ökonomischen Ziele sind konfligierend zueinander, da die Private-Equity-Gesellschaften auf der einen Seite mit diesen Vertragsklauseln zu jeder Zeit über den Anteilskauf bestimmen können und auf der anderen Seite die Mitgesellschafter als potenzielle Anteilsverkäufer nicht oder nicht unter den genannten Konditionen verkaufen wollen und insofern in der Lage sind, den Vorgang zu verzögern. Harmonische Beziehungen bestehen dann, wenn die betroffenen Mitgesellschafter einen Anteilsverkauf beabsichtigen und über keine weiteren, alternativen Verkaufsmöglichkeiten verfügen. Insgesamt tragen diese Vertragsklauseln nur begrenzt dazu bei, bestehende Asymmetrien zwischen den genannten Interessengruppen abzubauen. Vielmehr entstehen zusätzliche Risiken, die zudem einseitig auf die zum Verkauf verpflichteten Mitgesellschafter verlagert werden. Bei

[702] Zu beachten ist, dass dies auch das Top-Management und/oder die Mitarbeiter bei entsprechender Gesellschaftsbeteiligung betrifft.

[703] In Bezug auf die Forschungsfrage und die Prozessstufe der Nach-Vertragsphase (Beteiligungsabwicklung) führen bei konfligierenden (harmonischen) Beziehungen demnach die Handlungen der einen Interessengruppe zu einer negativen (positiven) Abweichung vom ökonomischen Ziel der anderen Interessengruppe, wobei die Handlungen selbst bzw. die damit verbundene Einflussnahme durch die einzelnen Vertragsklauseln verursacht sind. Somit sind die konfligierenden und harmonischen Beziehungen unmittelbar durch die mit der Beteiligung am Unternehmen sowie mit der Beteiligungsabwicklung einhergehenden Gestaltung und der Durchsetzung der Vertragsklauseln bedingt.

[704] Damit sind im weiteren Verlauf die Interessengruppe der verbleibende Mehr-/Minderheitsgesellschafter, der zukünftig ausscheidenden Gesellschafter als auch die weiteren Gesellschaftergruppen (d.h. im Fall, dass das Top-Management oder die Mitarbeiter am Unternehmen beteiligt sind) gemeint. Eine notwendige Differenzierung wird an entsprechender Stelle vorgenommen.

Abschluss der Vertragsklauseln zu den Mitveräußerungsrechten werden ferner die Beziehungen der **weiteren Interessengruppen** untereinander tangiert. Dies betrifft vor allem die Beziehungen zwischen den Gesellschaftern und den Nicht-Gesellschaftern (Top-Management/Mitarbeiter falls keine Beteiligung; Fremdkapitalgeber) sowie die Beziehungen zwischen den Gesellschaftern selbst.[705] Innerhalb der erstgenannten Beziehungen bestehen hauptsächlich dann konfligierende Beziehungen, wenn die Gesellschafter aufgrund ihrer Verfügungsrechte das Umfeld, die Bedingungen oder auch den Entscheidungsspielraum für die Nicht-Gesellschafter maßgebend verändern. Innerhalb der letztgenannten Beziehungen stehen die Beziehungen in den Fällen konfligierend zueinander, wenn die Gesellschafter durch ihren Anteilsverkauf auf Seiten des restlichen Gesellschafterkreises, die ihren Anteil nicht verkaufen, strukturelle Veränderungen auslösen. Demgegenüber bestehen harmonische Beziehungen insoweit, dass die Gesellschafter, die in dem Unternehmen verbleiben, die Käufer der Anteile der Private-Equity-Gesellschaften kennen, da diese aus dem eigenen Gesellschafterkreis stammen und insofern keine Dritten die Anteile kaufen.

Bei der Vereinbarung der Vertragsklauseln zu den **Mitveräußerungsrechten (1b)** zwischen den **Private-Equity-Gesellschaften** und den **Mitgesellschaftern**[706] wird die Erreichung der ökonomischen Ziele generell durch die Unsicherheit, ob das Recht durch die Private-Equity-Gesellschaften ausgeübt wird oder nicht, sowie darüber, ob und wenn ja zu welchen Konditionen die Mitgesellschafter den Anteil mitverkaufen sollen, flankiert. Die ökonomischen Ziele stehen dann konfligierend zueinander, wenn die Mitgesellschafter tatsächlich zum Mitverkauf verpflichtet werden und der Ausgang dieses Mitverkaufs (für beide Seiten) nicht genau verifizierbar ist. Lediglich in den Fällen, in denen die Mitgesellschafter den Anteil zunächst selbst kaufen um ihn dann weiter zu verkaufen, wird das Delegations- und das Betroffenheitsrisiko für die Private-Equity-Gesellschaften begrenzt. Harmonische Beziehungen existieren nicht, selbst wenn die Mitgesellschafter lediglich als Mittler fungieren, da der Ausgang dieses Verkaufsvorgangs offen bleibt. Die Ausführungen zeigen, dass auch diese Vertragsklauseln die

[705] Demnach kann es der Fall sein, dass das Top-Management oder die Mitgesellschafter vielfach kein Interesse haben, dass die Private-Equity-Gesellschaften jederzeit ihre Beteiligung beenden und aus den Beteiligungsunternehmen ausscheiden können, da dies z.B. kurzfristig gesehen, zu Liquiditätsabflüssen führen kann. Vgl. Gabbert (2000), S. 12.

[706] Damit sind im weiteren Verlauf die Interessengruppe der verbleibende Mehr-/Minderheitsgesellschafter, der zukünftig ausscheidenden Gesellschafter als auch die weiteren Gesellschaftergruppen (d.h. im Fall, dass das Top-Management oder die Mitarbeiter am Unternehmen beteiligt sind) gemeint. Eine notwendige Differenzierung wird an entsprechender Stelle vorgenommen.

Asymmetrien zwischen den Private-Equity-Gesellschaften und den Mitgesellschaftern verstärken und nur begrenzt dazu beitragen, etwaige Risiken abzubauen. Lediglich auf der Seite der Private-Equity-Gesellschaften erfolgt einseitig ein Abbau der Asymmetrien in den Fällen, in denen die Mitgesellschafter eine Mittlerfunktion im Rahmen der Mitveräußerung einnehmen. Das Mitveräußerungsrecht tangiert darüber hinaus die Beziehungen zwischen den **weiteren Interessengruppen** untereinander, insbesondere zwischen den Mitgesellschaftern. Konfligierende Beziehungen bestehen insoweit, dass der Kauf und Weiterverkauf der Anteile sowie der Ausgang der Anteilsübertragung an einen Dritten durch die Gesellschafter, die hieran nicht beteiligt sind, nicht eindeutig beobachtet und beurteilt werden kann und insofern die Gefahr besteht, dass sich zukünftig die Beteiligungs-/Gesellschafterstruktur verändert. Harmonische Beziehungen zeichnen sich insofern ab, dass der Anteilsverkauf an einen Dritten durch den zur Mitveräußerung verpflichteten Gesellschafter weitestgehend selbst bestimmbar ist und die anderen Mitgesellschafter sich diesbezüglich unter Umständen mit diesem Gesellschafter abstimmen sowie relevante Informationen austauschen können.

Bei der Vereinbarung der Vertragsklauseln zum **Veräußerungsverbot** sowie zu den **Veräußerungsbeschränkungen (1c/d)** zwischen den **Private-Equity-Gesellschaften** und den weiteren **Mitgesellschaftern**[707] wird die gegenseitige Erreichung der ökonomischen Ziele generell nur dann flankiert, wenn auch eine entsprechende Verkaufsabsicht besteht. Die Beziehungen sind konfligierend, da das zeitlich befristete Verbot den Verkaufsvorgang für den betreffenden Verkäufer verschiebt und dieser selbst nicht den geeigneten Verkaufszeitpunkt bestimmen kann. Die Beschränkungen verzögern die Zielverfolgung in Form eines interessenorientierten und Rendite-/Risiko optimierten Verkaufs des eigenen Gesellschaftsanteils. Insgesamt betrachtet, tragen diese Vertragsklauseln zu einem gegenseitigen Asymmetrieabbau nur sehr bedingt bei, es findet vielmehr eine teilweise Asymmetrieverlagerung auf die Seite der Verkäufer (Mitgesellschafter) statt. Das zeitlich befristete Veräußerungsverbot beziehungsweise die Veräußerungsbeschränkungen betreffen ferner die Beziehungen der **weiteren Interessengruppen** untereinander. Gerade die Beziehungen zwischen den Mitgesellschaftern sind dann konfligierend, wenn durch das Verbot oder die Beschränkungen die Unsicherheit

[707] Damit sind im weiteren Verlauf die Interessengruppe der verbleibende Mehr-/Minderheitsgesellschafter, der zukünftig ausscheidenden Gesellschafter als auch die weiteren Gesellschaftergruppen (d.h. im Fall, dass das Top-Management oder die Mitarbeiter am Unternehmen beteiligt sind) gemeint. Eine notwendige Differenzierung wird an entsprechender Stelle vorgenommen.

über einen potenziellen Käufer oder dessen Einstieg durch das zeitliche Verzögern verstärkt wird.

Bei der Vereinbarung der Vertragsklauseln zur **Mitveräußerungsverpflichtung (2a)** zwischen den **Private-Equity-Gesellschaften** und den betreffenden **Mitgesellschaftern** (dies betrifft nur die Interessengruppe der zukünftig ausscheidenden Gesellschafter) wird die gegenseitige Erreichung der ökonomischen Ziele grundsätzlich durch die Unsicherheit über die tatsächliche Ausübung dieser Verpflichtung sowie die mit der Verpflichtung resultierenden Bedingungen, wie zum Beispiel die Verkaufshöhe sowie die tatsächliche Verkaufsabsicht, flankiert. Die ökonomischen Ziele sind dann konfligierend, wenn die Mitgesellschafter zur Mitveräußerung verpflichtet werden und der Ausgang dieses Mitverkaufs mit dem Ausscheiden aus dem Unternehmen sowie dem Verlust des Gesellschafterstatus einhergeht. Von harmonischen Beziehungen zwischen den beiden Interessengruppen ist in den Fällen auszugehen, in denen die betreffenden Mitgesellschafter beabsichtigen, ihre Gesellschaftsanteile zu verkaufen. Durch diese Vertragsklauseln werden die gegenseitigen Asymmetrien dann abgebaut, wenn den Mitgesellschaftern von Anfang an verdeutlicht wird, dass es zu einer Mitveräußerung kommen kann und die damit einhergehenden Bedingungen und Konditionen zu Beginn bestimmt sind. Wird diese Art von Informationen durch die Private-Equity-Gesellschaften nicht bekannt gegeben, erfolgt ein einseitiger Asymmetrieabbau zu Ungunsten der Mitgesellschafter. Durch die Mitveräußerungsverpflichtung werden des Weiteren die Beziehungen der **weiteren Interessengruppen** untereinander tangiert. Dies betrifft insoweit die Mitgesellschafter, wobei konfligierende Beziehungen dann existent sind, wenn die Mitverkaufsverpflichtung sowie der damit verbundene Verlust des Gesellschafterstatus zu einer strukturellen Veränderung auf Seiten der anderen Gesellschafter führen, die im Unternehmen verbleiben. Dies verstärkt sich vor allem in den Fällen, in denen diese Gesellschafter bezüglich eines neuen Gesellschafters nicht mitentscheiden können oder dürfen.[708] Unterschiede zwischen Deutschland und Großbritannien zeigen sich insbesondere in der divergierenden Rechts(un)sicherheit bezüglich der Vereinbarung von Mitveräußerungsverpflichtungen. Inwiefern dies auf konfligierende oder harmonische Beziehungen schließen lässt, ist abschließend nicht erkennbar. Einerseits lässt eine hohe Rechtssicherheit diesbezügliche Konflikte nicht zu, da die Vereinbarungen über diese Vertragsklauseln eindeutig sind. Jedoch können

[708] Des Weiteren ist diese mögliche Situation auch abhängig davon, ob der ausscheidende Gesellschafter einen Mehr- oder Minderheitsanteil verliert.

konfligierende Beziehungen in der eigentlichen Durchsetzung dieser Vertragsklauseln hervorgerufen werden. Andererseits führt Rechtsunsicherheit nicht automatisch zu konfligierenden Beziehungen, begründet dadurch, dass diese Unsicherheit nicht zuletzt beide Vertragspartner betrifft.

Bei der Vereinbarung der Vertragsklauseln zu den **Börseneinführungsrechten (2b)** zwischen den **Private-Equity-Gesellschaften** und den weiteren **Mitgesellschaftern** (dies betrifft nur die Interessengruppe der verbleibenden Mehr-/Minderheitsgesellschafter) wird die gegenseitige Erreichung der ökonomischen Ziele grundsätzlich durch die Unsicherheit darüber flankiert, welche Veränderungen sowohl mit der Rechtsformumwandlung als auch mit dem Gang an die Börse für die Gesellschafter einhergehen, das heißt insbesondere in Hinsicht auf neue Gesellschaftsstrukturen, Ablauf-/Aufbauorganisationen sowie zusätzliche Entscheidungsträger innerhalb der Unternehmen. Relevant ist hierbei, dass beispielsweise in Deutschland die Entscheidung zum Börsengang – nach der Rechtsformumwandlung – allein durch den Vorstand eigenverantwortlich zu treffen ist. Eine etwaige schuldrechtliche Vereinbarung, welche diese Entscheidung in die Hände der Private-Equity-Gesellschaften legt (und das Management/die Eigentümer der Private-Equity-Gesellschaften nicht den Vorstand bilden), ist unzulässig. Insofern lassen sich diesbezüglich ergebende Konfliktsituationen gerade dadurch verringern, dass der Vorstand vorab in einem Vertrag mit einem Dritten (das heißt der Private-Equity-Gesellschaften) eine Entscheidung über eine konkrete Geschäftsführungsmaßnahme trifft. Harmonische Beziehungen zwischen diesen beiden Interessengruppen liegen in den Fällen vor, in denen der Börsengang und die damit einhergehenden Konsequenzen (zum Beispiel erweiterter Aktionärskreis; Finanzierungsvolumen; Unternehmenspublizität) sowie die Tragweite der Rechte und Pflichten beiderseitig bekannt und gewollt sind. Durch diese Vertragsklauseln werden die gegenseitigen Asymmetrien nur bedingt abgebaut. Es entstehen dann zusätzliche Risiken sowohl für die Private-Equity-Gesellschaften als auch für die Mitgesellschafter, wenn ein Börsengang nicht gewollt ist, begründet unter anderem durch die oben genannten Konsequenzen und Folgen. Durch diese Vertragsklauseln werden des Weiteren die Beziehungen der **weiteren Interessengruppen** untereinander tangiert. Dies sind hauptsächlich die Beziehungen zwischen den Entscheidungsträgern der Beteiligungsgesellschaften (Private-Equity-Gesellschaften; Mitgesellschafter) und den weiteren Interessengruppen, die in den eigentlichen Entscheidungsprozess des Börsengangs nicht eingebunden sind und insofern keine Geschäftsführungskompetenz innehaben (Mitarbeiter; Fremdkapitalgeber in den Fällen, dass diese nicht an den Kontrollgremien partizipieren). Die ökonomischen Beziehungen sind hauptsächlich dann konfligierend, wenn der Börsengang weitreichende Veränderungen nach sich zieht (zum Beispiel die Erweiterung des Gesellschafter-/Aktionärskreises; Verlagerung von Arbeitsplätzen; Umstrukturierungserfordernisse im Rahmen der Aufbau-/Ablauforganisation) und damit die Verfolgung und Durchsetzung der ökonomischen Ziele gefährdet. Von harmonischen Beziehungen ist demgegenüber in den Fällen auszugehen, in denen gerade auf Seiten der Mitarbeiter und/oder Fremdkapitalgeber ein Gang an die Börse positive Veränderungen schafft, beispielsweise die Erschließung neuer Produkt-/Dienstleistungsmärkte, der Ausbau gegenwärtiger Organisationsstrukturen und/oder zusätzliches Kapital über die Börse.

Bei der Vereinbarung der Vertragsklauseln zum **Erlösvorzug (3)** zwischen den **Private-Equity-Gesellschaften** und den weiteren **Mitgesellschaftern**[709], die am erwirtschafteten Erlös des Unternehmen partizipieren, wird die gegenseitige Erreichung der ökonomischen Ziele generell durch die Unsicherheit beeinträchtigt, ob der vereinbarten Liquiditätspräferenz durch die weiteren Gesellschafter rechtlich widersprochen wird und ob die fixierte Erfolgsteilung angemessen ist. Durch diese Vertragsklauseln werden die gegenseitigen Asymmetrien in den Fällen abgebaut, in denen die Bedingungen zum Erlösvorzug von Anfang an eindeutig für alle teilhabenden Gesellschafter festgehalten wurden und diesbezüglich für niemanden (Rechts-)Unsicherheit hinsichtlich der Verteilungsregeln besteht. Liegen diese Voraussetzungen vor, so ist anzunehmen, dass in diesem Punkt ebenso harmonische Beziehungen existieren. Durch diese Vertragsklauseln werden ferner die Beziehungen der **weiteren Interessengruppen** untereinander tangiert. Dies betrifft die Beziehungen zwischen den Gesellschaftergruppen, die über die Liquiditätspräferenz entscheiden und von dieser partizipieren, und der weiteren Interessengruppen, die nicht Gesellschafter sind (Top-Management/Mitarbeiter falls keine Beteiligung; Fremdkapitalgeber). Die ökonomischen Beziehungen sind vor allem in den Fällen konfligierend, in denen Liquidität (Zahlungsströme) durch die Gesellschafter beansprucht werden, die aus Sicht der genannten Interessengruppen vielmehr zur Befriedigung der eigenen ökonomischen Ziele hätten beitragen können (Opportunitätskosten), zum Beispiel für einma-

[709] Damit sind im weiteren Verlauf die Interessengruppe der verbleibende Mehr-/Minderheitsgesellschafter, der zukünftig ausscheidenden Gesellschafter als auch die weiteren Gesellschaftergruppen (d.h. im Fall, dass das Top-Management oder die Mitarbeiter am Unternehmen beteiligt sind) gemeint. Eine notwendige Differenzierung wird an entsprechender Stelle vorgenommen.

lige Sonderzahlungen (zusätzliches Gehalt an Mitarbeiter) oder frühzeitigere Rückzahlungen von Krediten (Sondertilgungsleistungen an Fremdkapitalgeber).

6. Kapitel: Schlussbetrachtung

6.1 Zusammenfassung und kritische Würdigung

Ziel dieser Arbeit war es, das Beziehungsgeflecht zwischen den Private-Equity-Gesellschaften und den weiteren Interessengruppen der Beteiligungsunternehmen zu analysieren. Im Fokus stand dabei sowohl die vertraglich fixierte Einflussnahme der Private-Equity-Gesellschaften auf die Corporate Governance der Beteiligungsgesellschaften als auch die Auswirkungen der Einflussnahme auf die Rendite-Risiko-Relationen der einzelnen Interessengruppen. Methodisch wurde eine komparative, ökonomische Analyse gewählt. Entlang der in der Problemstellung aufgeworfenen Fragestellungen werden im Folgenden die Ergebnisse der Arbeit zusammengefasst und einer kurzen kritischen Würdigung unterzogen.

1. Durch welche vor-vertraglichen Instrumentarien und Vertragsklauseln begründet sich die vertraglich fixierte Einflussnahme durch die Private-Equity-Gesellschaften in den jeweiligen Beteiligungsphasen?

Die Einflussnahme der Private-Equity-Gesellschaften begründet sich während der Beteiligungsanbahnung durch die Absichtserklärungen oder Vorverträge sowie während der Beteiligungsbeziehung und -abwicklung durch die Klauseln des Beteiligungsvertrags. Bei den vor-vertraglichen Instrumentarien spielt die Formulierung und das daraus resultierende Verständnis beider Parteien über den Vertragsinhalt eine bedeutende Rolle, weil durch ungenaue Formulierungen eine ungewollte Bindungswirkung erzielt werden kann. Den Parteien steht es je nach Interessenlage damit offen, das vor-vertragliche Beziehungsgeflecht entweder für eine bestimmte Zeit rechtlich unverbindlich zu halten, um einen Spielraum für alternative Entscheidungen zu nutzen, oder schnellstmöglich eine rechtlich verbindliche Situation zu schaffen, die weitestgehend Rechtssicherheit bietet. Mit Hinblick auf den Ländervergleich zeigt sich, dass die vor-vertraglichen Instrumentarien in ihrer rechtlichen Ausgestaltung und Rechtsfolgen in Deutschland und Großbritannien weitestgehend kongruent sind. Unterschiede ergeben sich vielmehr im Anwendungs- und Wirkungsbereich auf bestimmte Interessengruppen in den jeweiligen Rechtsformen. Auch die sich in der deutschen und britischen Private-Equity-Praxis etablierten Klauseln des Beteiligungsvertrags weisen insbesondere in der inhaltlich rechtsformspezifischen Einordnung Unterschiede auf.

Im Ergebnis basiert die Einflussnahme allein auf den zwischen den Private-Equity-Gesellschaften und den Entscheidungsträgern der Beteiligungsunternehmen individuell abgeschlossenen Absichtserklärungen/Vorverträgen oder durch den Beteiligungsvertrag. Die geltende Privatautonomie führt dazu, dass der Umfang sowie die damit verbundene Ausgestaltung und Wirkung der in den Vertragswerken aufgenommenen Klauseln allein durch die Parteien im Rahmen der Verhandlungen bestimmt werden. Erst in der Interaktion der Interessengruppen untereinander und im Rahmen der Unternehmensbeteiligung zeigt sich die tatsächliche Durchsetzung der vertraglich fixierten Einflussnahme.

2. Inwiefern nehmen die Private-Equity-Gesellschaften in den jeweiligen Beteiligungsphasen Einfluss auf die Corporate Governance der Beteiligungsgesellschaften?

Die Private-Equity-Gesellschaften verfügen über verschiedene Möglichkeiten auf die Corporate Governance Einfluss zu nehmen. Dabei ist zu beachten, dass die im Rahmen dieser Arbeit unter dem Corporate-Governance-Begriff verstandenen Steuerungs- und Kontrollprozesse des Unternehmens nicht trennscharf voneinander abgrenzbar sind, da der eine Prozess den anderen Prozess aufgrund von Wechselwirkungen bedingt. Während der Beteiligungsanbahnung sind die Private-Equity-Gesellschaften noch keine Gesellschafter der Beteiligungsunternehmen, ihnen fehlen somit die notwendigen Eigentumsrechte. Dennoch geben die vorvertraglichen Instrumentarien den Private-Equity-Gesellschaften das (Verfügungs-)Recht, zum Beispiel im Zuge der Potenzialprüfung – insbesondere auf die internen Unternehmensinformationen, Informationsprozesse und damit auch auf die Kontrollprozesse – auf die für die Prozesse verantwortlichen und/oder beteiligten Personen sowie mittelbar auf die Steuerungsprozesse Einfluss zu nehmen und zwar durch die Ausübung von Informationsrechten, inklusive Einsichts- und Auskunftsrechten. Da durch die Informationsrechte desgleichen der Umfang an Informationen sowie der Zugriff auf die Informationen zum Ausdruck gelangt, stellen die Informationsrechte auch gleichzeitig ein Kontrollinstrument dar. Kritisch zu betrachten ist die Annahme, dass eine direkte Einflussnahme, besonders auf die Steuerungsprozesse des Unternehmens während der Beteiligungsanbahnung, für die Fälle zu bejahen ist, in denen die jetzigen Gesellschafter selbst Veränderungen an den Steuerungsprozessen vornehmen, um das

Interesse der Private-Equity-Gesellschaften an einer zukünftigen Beteiligung zu wecken oder die bestehende Absicht zu stärken.

Während der Beteiligungsbeziehung und -abwicklung hängt das Maß der Einflussnahme auf die Steuerungs- und Kontrollprozesse von den jeweiligen Vereinbarungen im Beteiligungsvertrag sowie vom Grad der Beteiligung ab. Aus einer Minderheitsposition heraus erfolgt die Einflussnahme auf die Steuerungs-/Kontrollprozesse verstärkt über die Aufsichts- und Gesellschaftergremien. Für die GmbH betrifft dies vor allem die Ausübung eines Mandats im Aufsichtsrat/Beirat (fakultativ) oder in der Gesellschafterversammlung. In der Private Company fehlt ein separates Aufsichtsgremium, hier nehmen die Non-Executive Directors im Board eine Art überwachende, kontrollierende Funktion wahr. Allein im General Meeting wird Kontrolle im engeren Sinne ausgeübt. Aus einer Mehrheitsposition heraus erfolgt die Einflussnahme verstärkt auf die Steuerungsprozesse, indem die Prozesse selbst durchgeführt werden und Verantwortung für diese übernommen wird. Dies ist in der GmbH durch die Übernahme der Geschäftsführung sowie die Teilnahme an der Gesellschafterversammlung möglich. In der Private Company erfolgt die Einflussnahme auf die Steuerungsprozesse ebenso durch die Ausübung der Geschäftsführung (oder das Board of Directors, wenn mehrere Directors die Geschäftsführung innehaben). Kritisch zu berücksichtigen ist die Tatsache, dass trotz der scheinbaren Trennung beziehungsweise Zusammenführung von Unternehmensführung und Unternehmensaufsicht in der GmbH/Private Company, im Ergebnis die Art und Weise wie Einfluss auf die jeweiligen Steuerungs- und Kontrollprozesse durch die Private-Equity-Gesellschaften genommen wird sowie die Intensität des Einflusses kongruent ist.

3. Wie wirkt sich die Einflussnahme auf die Rendite und die endogenen Risiken der einzelnen Interessengruppen der Beteiligungsgesellschaften in den jeweiligen Beteiligungsphasen aus?

Diese Forschungsfrage ist nur perspektivengetrieben zu beantworten, das heißt, dass sich die Einflussnahme durch die Private-Equity-Gesellschaften auf die Rendite und die Risiken jeder einzelnen Interessengruppe unterschiedlich auswirkt (Erhöhung/Reduktion vice versa, was auch die empirischen Arbeiten zeigen), das heißt an die jeweilige Einzelfallbetrachtung, Situation, Bedingung gebunden ist. Dies begründet sich unter anderem durch die divergenten

Beteiligungsphasen, die Inhalte der vor-vertraglichen Instrumentarien oder Klauseln des Beteiligungsvertrags sowie durch deren rechtsformspezifische Ausgestaltung. Mit Hinsicht auf die Risikobetrachtung zeigen sich zunächst länderunabhängig deutliche Unterschiede zwischen den Interessengruppen, was unter anderem von der Geschäftsführungskompetenz sowie von der ökonomischen Zielsetzung abhängt. Dementsprechend sind die geschäftsführenden Interessengruppen (geschäftsführende Mehrheitsgesellschafter; Top-Management) in der Lage ihre Informationsrisiken grundsätzlich stärker zu reduzieren, andererseits ist angesichts des Verantwortungs- und Entscheidungsbereichs sowie der Haftung von höheren Betroffenheitsrisiken auszugehen. Bezüglich der ökonomischen Zielsetzung ist zwischen den Interessengruppen dahingehend zu differenzieren, dass bei einem Teil der Gruppen (zum Beispiel die Mitarbeiter oder Fremdkapitalgeber) die Betroffenheit als Lohn-/Kapitalgläubiger begrenzt ist, was auch für das Top-Management zutrifft, wenn unter Umständen entsprechende Versicherungen bestehen. Eine Ausnahme betrifft die Interessengruppe der nicht-geschäftsführenden Minderheitsgesellschafter. Diese Gesellschaftergruppe ist nicht unbedingt in bestimmte Handlungen und Entscheidungen eingebunden, um gegebenenfalls Informationsrisiken abzubauen, dennoch ist sie angesichts der Haftungsgrenze auf die getätigte Gesellschaftereinlage derselben Betroffenheit wie die geschäftsführenden Mehrheitsgesellschafter ausgesetzt. Ein bedeutender Unterschied bezüglich der Risikobetrachtung besteht auch darin, dass die einzelnen Interessengruppen, abhängig von der Beteiligungsphase, verschiedenartig selbst Einfluss ausüben beziehungsweise der Einflussnahme durch die Private-Equity-Gesellschaften begegnen können. Als Beispiel sei die Interessengruppe der Mitarbeiter genannt, die hauptsächlich während der Beteiligungsanbahnung Einfluss nehmen kann. Länderspezifische Unterschiede zeichnen sich in den einzelnen Beteiligungsphasen zum Beispiel hinsichtlich der Rechts(un)sicherheit, Gerichtsbarkeit, Durchsetzbarkeit von Ansprüchen, der Wirksamkeit bestimmter Vertragsklauseln, der Existenz/Nicht-Existenz eines Weisungsrechts der Gesellschafter gegenüber den Geschäftsführern, der Trennung/Zusammenführung von Führung und Aufsicht oder auch bezüglich des Informationsverweigerungsrechts ab.

4. Lassen sich durch die Beantwortung der Fragen 1 bis 3 Gründe für das Auseinanderfallen der Private-Equity-Marktvolumina in Deutschland und Großbritannien in den unterschiedlichen Beziehungsgeflechten identifizieren?

Festzuhalten ist, dass die Beantwortung dieser Teilfrage abschließend und pauschal – auch im Vergleich der beiden Länder – angesichts der in den einzelnen Analyseschritten dieser Arbeit aufgezeigten Abhängigkeiten, Bedingungen sowie der existierenden Vertragsfreiheit (Privatautonomie) nicht möglich ist. Dies geht zusätzlich mit dem Erfordernis einher, einen kausalen Zusammenhang sowohl zwischen der Marktvolumina und den Beziehungsgeflechten als auch zwischen dem Beziehungsgeflecht und den umgebenen äußeren Rahmenbedingungen sowie deren formale und institutionelle Ausgestaltung abzuleiten, wofür es notwendig ist, den Beziehungsgeflechten als Attribut eine unterschiedliche Effizienz zu unterstellen. Erst im nächsten Schritt könnte erörtert werden, ob die Existenz von effizienteren Beziehungsgeflechten zu größeren Marktvolumina führen oder steigende Marktvolumina effizientere Beziehungsgeflechte schaffen (Henne-Ei-Problem). Unabhängig von einer schrittweisen Lösung dieses Kausalproblems, auf welches es nur eine perspektivengetriebene Beantwortung gibt, stellen die Beziehungsgeflechte in ihrer Ausgestaltung und Interaktion grundsätzlich einen Grund für das Auseinanderfallen der Private-Equity-Marktvolumina dar; hauptsächliche Gründe liegen dennoch in der Historie der jeweiligen nationalen Finanz- und Bankensysteme sowie in den wirtschaftlichen, rechtlichen, steuerrechtlichen sowie (fiskal-)politischen Rahmenbedingungen der jeweiligen Länder.[710]

6.2 Implikationen für die Forschung und die Legislative

Das Gebiet der vergleichenden Corporate-Governance- und Private-Equity-Forschung könnte in erster Linie durch weitere komparative, ökonomische Analysen zur Beantwortung andersartiger Themen- und Problemstellungen ergänzt sowie die Interdisziplinarität zwischen der Ökonomie und der Jurisprudenz gestärkt werden.[711] Weitere Arbeiten, die sich an dieser Schnittstelle bewegen, könnten in vielfältiger Weise durch einzelne Parameter komplettiert werden und auf dieser Arbeit aufbauen (siehe Tabelle 30).

---

[710] Vgl. KfW (2004). In dieser Studie wird angeführt, dass der britische Private-Equity-Markt auf eine verhältnismäßig lange Geschichte zurückblickt und die Ursprünge auf staatliche Initiativen zurückzuführen sind und die Entwicklung primär von einer kommerziellen Ausrichtung geprägt ist, was sich in der Förderung und Institutionalisierung zeigt. Als Grund für die im europäischen Vergleich beispiellose Größe werden auch die wirtschaftlichen und rechtlichen Rahmenbedingungen genannt. Der deutsche Markt ist demgegenüber deutlich jünger. Private-Equity-Investitionen werden nur partiell durch Privatpersonen und vielmehr durch Finanzinstitute und Industrieunternehmen finanziert. Die heutige staatliche Förderung spielt eine größere Rolle als in Großbritannien.

[711] So auch Müllner (2012), S. 153.

	Erweiterung des Untersuchungsgegenstandes
Interessen-orientierung	- Spezifizierung der Interessengruppen, wie bspw. der Gesellschafterkreis (Separierung nach den quotalen Anteilen an der Gesellschaft); Arbeitnehmerkreis (Separierung in Angestellte, leitende Angestellte, Lohn- oder Leiharbeiter); Trägerschaft der Private-Equity-Gesellschaften (independent, captive, semi-captive).
Beteiligungs-prozessstufen	- Zerlegung in weitere (Teil-)Prozessstufen um den Detailierungsgrad zu vergrößern (siehe Kap. 5.2 zur Vor-Vertragsphase).
Rechtsformen, Länder und Rechtskreise	- Betrachtung zusätzlicher Rechtsformen (z.B. Offene Handelsgesellschaften, Kommandit-gesellschaften, Partnerships) in verschiedenen Ländern und Rechtskreise (Kontinentaleuropa, Anglo-amerikanischer Raum)
Vertrags-klauseln	- Erweiterung des Spektrums von Vertragsklauseln unter Bezugnahme des Interessenkreises (z.B. Vertragsklauseln, die die betriebliche Vereinbarung und damit Mitarbeiter betreffen oder Beziehungen zu den Kunden oder Lieferanten tangieren) - Erweiterung um alle die im Rahmen der Analyse ausgeschlossenen Vertragsklauseln (siehe Kapitel 5.3.1 und 5.4.1)
Branchen	- Spezifizierung nach Branchen, denen Beteiligungsunternehmen zugeordnet werden können (z.B. Dienstleistungs-/Beratungssektor, produzierendes Gewerbe)
Entwicklungs-stadium	- Aufteilung nach der Early-Stage-/Later-Stage-Phase (z.B. Bridge Financing, Replacement Capital, Restructuring Capital) und Buyout-Phase (z.B. Management-Buy-Out/-Buy-In, Leveraged-Buyout)
Risiken	- Erweiterung und Spezifizierung der Risikoarten, wie z.B. Hinzunahme exogener Risiken (Preis-, Markt-, Kredit-, Liquidationsrisiken, leistungswirtschaftliche Risiken, operationelle Risiken) mit Fokus auf die Branche sowie die dort geltenden Rahmenbedingungen.

Tabelle 30: Erweiterung des Untersuchungsgegenstandes (eigene Darstellung)

Bei der Wahl der Rechtsform (Kapitel 4.4.2) hat sich gezeigt, dass sich die gesellschaftsrechtlichen (Fonds-)Strukturen sowie die Auswahl der Beteiligungsunternehmen in Deutschland und Großbritannien in erster Linie an dem vorherrschenden Steuersystem orientieren. Die Ausrichtung ist in Deutschland unter anderem geprägt von steuerrechtlichen Vorgaben, Erlassen aus der Finanzverwaltung sowie durch die laufende Rechtsprechung und in Großbritannien von Verständigungsvereinbarungen (Memorandum of Understanding) zwischen der britischen Finanzverwaltung (Her Majesty's Revenue and Customs) und der BVCA.[712] Im Zuge der ökonomischen Analyse hat sich für beide Länder herausgestellt, dass zum Teil Rechtsunsicherheit bezüglich der Umsetzung und Durchsetzung bestimmter Vertragsklauseln besteht, was zudem Asymmetrien innerhalb der einzelner Beziehungsgeflechte hervorhebt, die verstärkt einseitig zu Lasten einer bestimmten Interessengruppe ausfallen und auf keinen Interessenausgleich schließen lassen. Angesichts der Ausführungen sowie der Tatsache, dass die wirtschaftlichen, rechtlichen und steuerrechtlichen Rahmenbedingungen – in denen sich diese Interessengruppen bewegen, von denen die einzelnen Beziehungsgeflechte umgeben sind und in denen grundsätzlich Vertragsfreiheit herrscht – weitestgehend durch die jeweilige nationale

[712] Vgl. Levin (2007), Ch. 10, § 1001; Anzinger/Jekerle (2008), S. 822; HM Revenue & Customs (1987); BMF (2003).

parlamentarische und europäische Gesetzgebung bestimmt werden, ist kritisch zu diskutieren, ob sich daraus zunächst überhaupt ein Handlungs- und/oder Regulierungsbedarf für die Legislative ableiten lässt. Konkret ist zu hinterfragen, ob ein tatsächlich politischer Wille, das heißt der Wille, das Wachstum der Branche oder des Marktes zu fördern oder zu hemmen, besteht, ob Private Equity tatsächlich als Werttreiber in der (in-)nationalen Wirtschaftspolitik verstanden wird und in welchem Maß eigentlich zum Interessensausgleich beigetragen werden kann. Dem ungeachtet, wird zumindest aus der Wissenschaft heraus bereits gefordert, den internationalen Wettbewerb der Rechtsformen sowie die Debatten um geschlossene Fonds und Gesellschaften aufzugreifen, da andernfalls ein Verlust der Marktanteile der heimischen Rechtsdienstleistungsbranche zu erwarten ist.[713]

[713] Vgl. Weller (2012), S. 389.

Literaturverzeichnis und Gesetzestexte

Achleitner, A.-C. (2001), Venture Capital, in: Breuer, R.-E. (Hrsg.), Handbuch Finanzierung, 3. Aufl., Wiesbaden, S. 513 - 529.

Achleitner, A.-K. / Nathusius, E. (2004), Venture Valuation – Bewertung von Wachstumsunternehmen, Stuttgart.

Achleitner, A.-K. / Poech, A. / Groth, T. (2005), Beteiligungskapital und selektive Informationssuche in mittelständischen Unternehmen, http://www.cefs.de/files/200504-cefs-wp.pdf (abgerufen am 26.10.2012).

Admati, A.R. / Pfleiderer, P. (1994), Robust Financial Contracting and the Role of Venture Capitalists, in: Journal of Finance, Vol. XLIX, No. 2, S. 371 - 402.

Ahrweiler, S. / Börner, C.J. (2003), Neue Finanzierungswege für den Mittelstand: Ausgangssituation, Notwendigkeit und Instrumente, in: Kienbaum, J. / Börner, C.J. (Hrsg.), Neue Finanzierungswege für den Mittelstand: Von der Notwendigkeit zu den Gestaltungsformen, Wiesbaden.

Akerlof, G.A. (1970), The Market for Lemons, in: The Quarterly Journal of Economics, 84, 3, S. 488 - 500.

Albach, H. (1983), Zur Versorgung der deutschen Wirtschaft mit Risikokapital, Institut für Mittelstandsforschung, Bonn.

Alchian, A. (1965), Some Economics of Property Rights, in: Il Politico, 30, 4, S. S. 816 - 829.

Alchian, A. / Demsetz, H. (1972), Production, Information Costs, and Economic Organization, in: American Economic Review, 62. Jg., Nr. 5, S. 777 - 795.

Alchian, A. / Demsetz, H. (1973), The Property Right Paradigm, in: Journal of Economic History, 33, 1, S. 16 - 27.

Alchian, A. / Woodward, S. (1987), Reflections on the Theory of the Firm, in: Journal of Institutional and Theoretical Economics, 143, S. 110 - 137.

Alchian, A. / Woodward, S. (1988), The firm is dead; long live the firm: A review of Oliver E. Williamson's The Economic Institutions of Capitalism, in: Journal of Economic Literature, 26(March), S. 65 - 79.

Allen, F. / Santomero, A.M. (1998), The Theory of Financial Intermediation, in: Journal of Banking & Finance, 21, 11-12, S. 1461 - 1485.

Allen, F. / Santomero, A.M. (2000), What Do Financial Intermediaries Do?, in: Journal of Banking & Finance, 25, 2, S. 271 - 294.

Altfelder, S. (2005), Beitrag oder Leistung? Orientierungshilfe für Personengesellschafter im Dickicht aktueller Vorschriften zu Umsatzsteuer, Private-Equity-Fonds und Halbeinkünfteverfahren, in: Finanz-Rundschau, 2005, S. 6 - 20.

Amess K. / Wright, M. (2007), The wage and employment effects of leveraged buyouts in the UK, in: International Journal of the Economics of Business, 14(2), S. 179 - 195.

Antonczyk, R.C. (2006), Venture-Capital-Verträge – Eine empirische Untersuchung des Einflusses von Anreizkonflikten zwischen Wagnisfinanciers und Unternehmensgründern, Aachen.

Antonczyk, R.C. / Brettel, M. / Breuer, W. (2007a), The Role of Venture Capital Firms' Experience, Ownership Structure, and of Direct Measures of Incentive Problems for Venture Capital Contracting in Germany, Working Paper.

Antonczyk, R.C. / Brettel, M. / Breuer, W. (2007b), Venture Capital Financing in Germany. The Role of Contractual Arrangements in Mitigating Incentive Conflicts, Working Paper, RWTH Aachen, http://www.socialpolitik.de/tagungshps/2007/paper/Breuer-Wol.pdf (abgerufen am 19.12.2012).

Anzinger, H. / Jekerle, K. (2008), Entwicklungen in der Besteuerung des Carried Interest in Deutschland, Großbritannien und den USA – Denkanstöße aus der neuen Welt?, in: Internationales Steuerrecht, Heft 23, 2008, S. 821 - 832.

Arrow, K. J. (1985), The economics of agency, in: Pratt, J. W. / Zeckhauser, R. J. (Hrsg.), Principals and Agents: The Structure of Business, S. 37 - 51, Boston.

Arthurs, J.D. / Busenitz, L.W. (2003), The Boundaries and Limitations of Agency and Stewardship Theory in the Venture Capitalist/Entrepreneur Relationship, in: Entrepreneurship Theory and Practice, Winter 2003, S. 145 - 162.

Baader, C. (1997), Systematische Beteiligungsführung, Gießen.

Bader, H. (1996), Private Equity als Anlagekategorie: Theorie, Praxis und Portfoliomanagement für institutionelle Investoren, Dissertation an der Hochschule St. Gallen.

Bakhaya, Z. (2006), Wertorientierte Unternehmenssteuerung in Private Equity-finanzierten Unternehmen, Hamburg.

Baltzer, K. (2002), Die Bedeutung des Venture Capital für innovative Unternehmen, Aachen.

Bamberg G. / Coenenberg A.G. (2006), Betriebswirtschaftliche Entscheidungstheorie, 13. Auflage, München.

Bamberger, I. / Wrona, T. (1996), Der Ressourcenansatz und seine Bedeutung für die strategische Unternehmensführung, in: Zeitschrift für betriebswirtschaftliche Forschung, 2 (48), S. 130 - 153.

Bank, M. (1997), Gestaltung von Finanzierungsbeziehungen, Wiesbaden.

Bank, M. (2001), Finanzintermediation, in: Steiner, M. et al. (Hrsg.), Handwörterbuch des Bank- und Finanzwesens, 3. Aufl., Sp. 836 - 847.

Bank, S. (2006), Die britische Limited Liability Partnership: Eine attraktive Organisationsform für Freiberufler?, Berlin.

Bannier, C.E. (2005), Vertragstheorie, Heidelberg.

Barclay, M.J. / Holderness, C.G. (1989), Private Benefits from Control of Public Corporations, in: Journal of Financial Economics, Vol. 25, S. 371 - 395.

Barney, J.B. (1990), The debate between traditional management theory and organizational economics: substantive differences or intergroup conflict?, in: Academy of Management Review, 15, S. 382 - 393.

Barney, J.B. / Busenitz, L. / Fiet, J.O. / Moesel, D. (1989), The structure of venture capital governance: An organizational economic analysis of relations between venture capital firms and new ventures, Annual Meetings of the Academy of Management, Washington, D.C.

Bartlett, J. (1999), Fundamentals of Venture Capital, Lanham.

Bauer, S. / Fischer, M. (2009), Private Equity als Anlageklasse: Investitionsprogramm und Risikomessung, JUNI 2009 http://www.mlfischer.com/content/PrivateEquityalsAnlageklasse_-080609_mf.pdf (abgerufen am 07.11.2012).

Baums, T. / Möller, M. (2002), Vertragsgestaltung zwischen Start-up-Unternehmen und Investoren (Contracting), in: Hommel von, U. / Knecht, T.C. (Hrsg.), Wertorientiertes Start-Up-Management. Grundlagen, Konzepte, Strategie, S. 396 - 412, München.

Beauvais, E.-A. / Hellich, P. (2010), Exit-Strukturierung, in: Jesch, T.A. / Striegel, A. / Boxberger, L. (Hrsg.), Rechtshandbuch Private Equity, München.

Behrens, M. (2008), Turnaround Finance, Sternenfels.

Behrens, P. (1997), Die Gesellschaft mit beschränkter Haftung im internationalen und europäischen Recht, 2. Aufl., Berlin.

Bell, M. (2000), Venture Capital-Finanzierung durch Wandelpapiere, Frankfurt am Main.

Bengtsson, O. / Sensoy, B.A. (2011), Investor Abilities and Financial Contracting: Evidence from Venture Capital, in: Journal of Financial Intermediation, Vol. 20(4), S. 477 - 502.

Benston G.J. / Smith C.W. Jr. (1976), A Transaction Cost Approach to the Theory of Financial Intermediation, in: Journal of Finance, 31, 5, S. 215 - 231.

Bergemann, D. / Hege, U. (1998), Venture capital financing, moral hazard, and learning, in: Journal of Banking & Finance, 22, S. 703 - 735.

Berglöf, E. (1994), A control theory of venture capital finance, in: Journal of Law, Economics, and Organizations 10, S. 247 - 267.

Bernstorff Graf von, C. (2006), Einführung in das englische Recht, 3. Aufl., München.

Berrar, C. (2001), Die Entwicklung der Corporate Governance in Deutschland im internationalen Vergleich, Baden-Baden.

Beschorner, T. (2002), Ökonomie als Handlungstheorie - evolutorische Ökonomik, verstehende Soziologie und Überlegungen zu einer neuen Unternehmensethik, Marburg.

Betsch, O. / Groh, A.P. / Lohmann, L. (1998), Corporate Finance, München.

Betsch, O. / Groh, A.P. / Schmidt, K. (2000), Gründungs- und Wachstumsfinanzierung innovativer Unternehmen, München.

Bettis, R.A. / Donaldson, L. (1990), Market Discipline and the Discipline of Management, in: Academy of Management Review, Vol. 15, No. 3, S. 367 - 368.

Bienz, C. / Hirsch, J. / Walz, U. (2008), Governance und Vertragsstrukturen in der deutschen VC-Industrie: Eine empirische Einschätzung, in: Zeitschrift für Betriebswirtschaft (special Issue), 6/2009, S. 15 - 42.

Bienz, C. / Hirsch, J. / Walz, U. (2009), Governance und Vertragsstrukturen in der deutschen VC Industrie: Eine empirische Einschätzung, CFS Working Paper No. 2009, 07.

Bienz, C. / Walz, U. (2006), Evolution of Decision and Control Rights in Venture Capital Contracts: An Empirical Analysis, Working Paper.

Bienz, C. / Walz, U. (2010), Venture Capital Exit Rights, Working Paper.

Bigus, J. (2006), Staging of venture financing, investor opportunism and patent law, in: Journal of Business Finance & Accounting, 33(7–8), S. 939 - 960.

Bilo, S. (2002), Alternative Asset Class, Bamberg.

Bitz, M. (1988), Kreditvergabe und Verschuldung bei Risikoscheu, eine risikotheoretische Analyse der Beziehungen zwischen Bank und Kreditnehmer, in: Rudolph, B. / Wilhelm, J. (Hrsg.), Bankpolitik, finanzielle Unternehmensführung und die Theorie der Finanzmärkte, S. 67 - 106, Berlin.

Bitz, M. (1993), Grundlagen des finanzwirtschaftlich orientierten Risikomanagements, in: Gebhardt, G. / Gerke, W. / Steiner, M. (Hrsg.), Handbuch des Finanzmanagements - Instrumente und Märkte der Unternehmensfinanzierung, S. 641 - 668, München.

Bitz, M. (1999), Dateikurs Finanzierung, Version 2.0, Fernuniversität Hagen, 1999, Kapitel 1.3 - 47, Hagen.

Bitz, M. (2002), Finanzdienstleistungen, 6. Aufl., München.

Bitz, M. (2005), Finanzdienstleistungen, 7. Aufl., München.

Bitz, M. / Niehoff, K. / Terstege, U. (2001), Wolfgang Stützels „bestandsökonomische Darstellung“ und die neuere Finanzierungstheorie, in: Schmidt, H. / Ketzel, E. / Prigge, S. (Hrsg.), Wolfgang Stützel – Moderne Konzepte für Finanzmärkte, Beschäftigung und Wirtschaftsverfassung, S. 207 - 243, Tübingen.

Bitz, M. / Oehler, A. (1993), Überlegungen zu einer verhaltenswissenschaftlich fundierten Finanzmarktforschung (Teil I), in: Kredit und Kapital, 26(3), S. 246 - 273.

Blum, U. (2008), Die volkswirtschaftliche Bedeutung von Private Equity, in: Gleißner, W. / Schaller, A. (Hrsg.), Private Equity. Beurteilungs- und Bewertungsverfahren von Kapitalbeteiligungsgesellschaften, S. 25 - 41, Weinheim.

Boese, S. (2009), Strukturprinzipien im Gläubigerschutz, Frankfurt am Main.

Böttger, A. / Ebhardt, A. (2004), Private Equity in Turnaround-Situationen, in: Brühl, V. / Göpfert, B. (Hrsg.), Unternehmensrestrukturierung, S. 247 - 260, Stuttgart.

Bohnenkamp, G. (1999), Zur Rolle der Beteiligungsgesellschaften bei der Entwicklung mittelständischer Unternehmen, Bamberg.

Boot, A.W.A. / Gopalan, R. / Thakor, A.V. (2006), The Entrepreneur's Choice between Private and Public Ownership, in: Journal of Finance, 61 (2006), S. 803 - 836.

Bottazzi, L. / Da Rin, M. (2002), Venture capital in Europe and the financing of innovative companies. Economic Policy, April, S. 231 - 269.

Brandes, K. (2008), § 25 Private Equity in der Restrukturierung, in: Buth, A.K. / Hermanns, M. (Hrsg.), Restrukturierung, Sanierung, Insolvenz, 3. Aufl., München.

Brehm, C. (2012), Das Venture-Capital-Vertragswerk, Wiesbaden.

Breitfeld, J. (2008), Die Möglichkeiten der Nutzung von Mikrokreditmanagementtechniken im Rahmen der Private-Equity-Finanzierung, Aachen.

Brettel, M. / Kauffmann, C. / Kühn, C. / Sobczak, C. (2008), Private Equity-Investoren – Eine Einführung, Stuttgart.

Brettel, M. / Rudolf, M. / Witt, P. (2005), Finanzierung von Wachstumsunternehmen, Wiesbaden.

Brettel, M. / Thust, S. / Witt, P. (2001), Die Beziehung zwischen VC-Gesellschaften und Start-Up-Unternehmen, Vallendar.

Breuer, W. (1993), Finanzintermediation im Kapitalmarktgleichgewicht, Wiesbaden.

Brinkrolf, A. (2002), Managementunterstützung durch Venture-Capital-Gesellschaften, Wiesbaden.

Brück, M. (1998), Beteiligung an Unternehmen: Desinvestition und Lösung von Engagements, St. Gallen.

Brumwell, J. / Mallet, N. (1995), Haftungssituation in der private limited company im Vereinigten Königreich, in: GmbH-Rundschau, S. 647 - 649.

Büschgen, H. (1976), Die Beteiligungsfinanzierung in der betriebswirtschaftlichen Theorie, in: Juncker, K. / Schlegelmilch, K. (Hrsg.), Kapitalbeteiligungsgesellschaft in Theorie und Praxis, S. 49 - 71, Frankfurt am Main.

Büschgen, H. (1999), Bankbetriebslehre, 5. Aufl., Wiesbaden.

BVCA (1992), Report on investment activity 1992, London.

BVCA (2011), Antwort vom 21.06.2011 auf persönliche E-Mail-Anfrage.

BVCA Venture Committee / Legal & Technical Committee (2010), Model documents for early stage investments, http://www.bvca.co.uk/assets/features/show/Modeldocuments-forearlystageinvest-ments (abgerufen am 10.12.2012).

BVK (2007), Hintergrundinformation Nr. 1, http://www.bvkap.de/privateequity.php/cat/32/-aid/28-/title/Hintergrundinformation_Nr._1 (abgerufen am 07.11.2012).

BVK (2011), Antwort vom 21.06.2011 auf persönliche E-Mail-Anfrage.

Bygrave, W. / Timmons, J.A. (1992), Venture Capital at the Crossroads, Boston.

Bygrave, W.D. / Peeters, J.B. / Hay, M. (1999), The venture capital handbook, London.

Cadman, J. (2004), Shareholders´Agreement, 4. Aufl., London.

Cattanach, K.A. / Kelley, M.F. / Sweeney, G.M. (2000), Hiddentreausre: A look into private equity´s history, future, and lure, in: Lake, R. / Lake, R.A. (Hrsg.), Private Equity and Venture Capital, S. 3 - 12, London.

Cezanne, W. / Mayer, A. (1998), Neue Institutionenökonomik – Ein Überblick, in: Das Wirtschaftsstudium, 27, 11, S. 1345 - 1353.

Chemmanur, T.J. / Chen, Z. (2006), Venture Capitalists versus Angels: The Dynamics of Private Firm Financing Contracts, Working Paper.

Chemmanur, T.J. / Fulghieri, P. (1999), A Theory of the Going-Public Decision, in: Review of Financial Studies, 12, S. 249 - 279.

CMBOR (2007), Centre for Management Buy-out Research, European Management Buyouts Jan-Dec 2006. Nottingham University Business School, Jubilee Campus, Wollaton Road University of Nottingham.

Coase, R.H. (1937), The Nature of the Firm, in: Econometrica, 4, 16, S. 386 - 405.

Coase, R.H. (1960), The problem of social cost, in: Journal of Law & Economics, 3(1), S. 31 - 44.

Cooke, D.J. (2008), Private Equity: Law and Practice, 3. Aufl., London.

Cornelli, F. / Yosha, O. (2003), Stage financing and the role of convertible debt, in: The Review of Economic Studies, 70, S. 1 - 32.

Cossin, D. / Leleux, B. / Saliasi, E. (2002), Understanding the economic value of legal covenants in investment contracts: a real options approach to venture equity contracts. Working paper, University of Lausanne, Lausanne.

Cressy R.C. / Munari F. / Malipiero, A. (2007), Creative destruction? UK evidence that buyouts cut jobs to raise returns. Working paper, Birmingham Business School, Birmingham Business School.

Cumming, D. (2008), Contracts and Exists in Venture Capital Finance, Oxford University Press.

Cumming, D. / Schmidt, D. / Walz, U. (2010), Legality and Venture Governance around the world, in: Journal of Business Venturing, Vol. 25, Issue 1, S. 54 - 72.

Daniels von, H. (2004), Private Equity Secondary Transactions, Wiesbaden.

Darwin, V.N. (1999), Staged financing: an agency perspective, in: The Review of Economic Studies, 66(227), S. 255 - 275.

Davies, P.L. (2002), Introduction to Company Law, Oxford.

Davis, J.H. / Schoormann, F.D. / Donaldson, L. (1997), Toward a Stewardship Theory of Management, in: Academy of Management Review, 1997, S. 20 - 47.

Demsetz, H. (1967), Towards a Theory of Property Rights, in: The American Economic Review, 57, 2, S. 347 - 359.

Dietl, H. (1993), Institutionen und Zeit, Tübingen.

Diller, C. (2007), Private Equity: Rendite, Risiko und Markteinflussfaktoren – Eine empirische Analyse europäischer Private-Equity-Fonds, Bad Soden.

Dörrscheidt, K. (2008), Grenzen der Gestaltungsfreiheit bei omnilateralen außerstatutarischen Gesellschafterabreden: Eine Untersuchung am Beispiel der Vertragsgestaltung bei Venture Capital-Beteiligungen, Norderstedt.

Donaldson, L. (1990a), A Rational Basis for Criticism of Organizational Economcis, in: Academy of Management Journal, Vol. 15 (3), S. 394 - 401.

Donaldson, L. (1990b), The Ethereal Hand: Organizational Economics and Management Theory, in: Academy of Management Review, Vol. 15, No. 3, S. 369 - 381.

Donaldson, L. / Davis, J.H. (1991), Stewardship Theory or Agency Theory, in: Australian Journal of Management, Vol. 16 (1), S. 49 - 64.

Doucouliagos, C. (1994), A note on the evolution of Homo Oeconomicus, in: Journal of Economic Issues, 1994, S. 877 - 883.

Duden (1996), Die deutsche Rechtschreibung, in: Drosdowski, G. / Müller, W. / Scholze-Stubenrecht, W. / Wermke, M. (Hrsg.), Duden, 21. Aufl., Mannheim u.a.

Dywer, M. (2000), Private Equity Transactions, London.

Dwyer, M. (2006), Private Equity Transactions, 2. Aufl., London.

Eckhardt, D. / Hermanns, M. (2011), Kölner Handbuch Gesellschaftsrecht, Köln.

Eckner, D. (2009), Venture Capital und Risikomanagement in Deutschland – Vertragliche und alternative Mechanismen, Norderstedt.

Egner, T. / Kohl, M. (2012), Finanzunternehmen i.S.d. § 1 Abs. 3 KWG und (gewerbliche) PE/VC-Fonds, in: Die Unternehmensbesteuerung, 5 (2012), 8, S. 516 - 529.

Eidenmüller, H. (2007), Private Equity, Leverage, und die Effizienz des Gläubigerschutzrechts, in: Zeitschrift für das gesamte Handelsrecht und Wirtschaftsrecht, 171, S. 644 - 683.

Eisenführ, F. / Weber, M. (2003), Rationales Entscheiden, 4. Aufl., Berlin u.a.

Elwell, A. (2007), Kapitalgesellschaften in Großbritannien, in: Legis, A. (Hrsg.), Das Recht der Kapitalgesellschaften in Europa, S. 121 - 136, Heidelberg u.a.

Erlei, M. / Leschke, M. /Sauerland, D. (1999), Neue Institutionenökonomik, Stuttgart.

Espel, P. (2008), Privates Beteiligungskapital im deutschen Mittelstand, Wiesbaden.

European Commission, Internal Market and Services DG (2006), Report of the Alternative Investment Expert Group: Developing European Private Equity, July 2006.

EVCA (1997), EVCA Yearbook 1997, Zaventem.

EVCA (1998), EVCA Yearbook 1998, Zaventem.

EVCA (2007), EVCA Yearbook 2007, Zaventem.

EVCA (2008), Benchmarking European Tax and Legal Environments, http://www.evca.eu/uploadedFiles/Benchmark.pdf (abgerufen am 08.02.2012).

EVCA (2011), Central and Eastern Europe Statistics 2011, August 2012, http://www.evca.eu/publications/PBCEE11.pdf (abgerufen am 29.11.2012).

EVCA / Thomson Financial (2005), Pan-European survey of performance, Research notes, 27.10.2005.

Fallgatter, M.J. (2004), Entrepreneurship, in: Schmalenbachs Zeitschrift für betriebswirtschaftliche Forschung, 56. Jg., 2, S. 23 - 44.

Fama, E.F. / Jensen, M.C. (1983), Separation of Ownership and Control, in: Journal of Law and Economics, 26, 2, S. 301 - 325.

Felden, B. / Pfannenschwarz, A. (2008), Unternehmensnachfolge, München.

Feltl, C. (2008a), Der Director der englischen Private Limited Company, Wien.

Feltl, C. (2008b), Möglichkeiten zur Gestaltung des Managements einer englischen Private Limited Company, in: AR aktuell, 2008/7.

Fenn, G. / Liang, N. / Prowse, S. (1995), The economics of private equity market, Staff Studies No. 168, Washington.

Fenn, G. / Liang, N. / Prowse, S. (1997), The Private Equity Market: An Overview, in: Financial Markets, Institutions and Instruments, 6, Nr. 4.

Financial Reporting Council (2012), The UK Corporate Governance Code, Fassung Sepetmber 2012, http://www.frc.org.uk/getattachment/a7f0aa3a-57dd-4341-b3e8-ffa99899e154/UK-Corporate-Governance-Code-September-2012.aspx (abgerufen am 29.10.2012).

Fink, A. (2002), Corporate-Venturing-Kooperationen, Bad Soden.

Fleischer, H. / Schneider, S. (2010), Zulässigkeit und Grenzen von Shoot-Out-Klauseln im Personengesellschafts- und GmbH-Recht, in: Der Betrieb, 2010, S. 2713 - 2718.

Fleischer, H. / Schneider, S. (2012a), Tag along- und Drag along-Klauseln in geschlossenen Kapitalgesellschaften, in: Der Betrieb, Nr. 17, S. 961 - 968.

Fleischer, H. / Schneider, S. (2012b), Shoot-Out Clauses in Partnerships and Close Corporations – An Approach from Comparative Law and Economic Theory, in: European Company and Financial Law Review, Vol. 9, No. 1, S. 35 - 50.

Fluck, Z. / Garrison, K. / Myers, S.C. (2006), Venture Capital Contracting: Staged Financing and Syndication of Later-stage Investments, Working Paper.

Franke, G. / Hax, H. (1999), Finanzwirtschaft des Unternehmens und Kapitalmarkt, Berlin.

Fraser-Sampson, G. (2007), Private Equity as an Asset Class, West Sussex.

Frère, E. / Jäger, C. (2005), Private Limited Company, Essen.

Friedrich, A. (2005), Auswahl von Syndikatspartnern im Private-Equity-Geschäft, Wiesbaden.

Fritz, C. (1996), Die Gesellschaft mit beschränkter Haftung in der EU, Wien.

Fulghieri, P. / Sevilir, M. (2009), Size and Focus of a Venture Capitalist's Portfolio, in: Review of Financial Studies, 22, S. 4643 - 4680.

Fulton, L. (1998), Arbeitsbeziehungen und Europäische Betriebsräte in Großbritannien, in: Lecher, W. (Hrsg.), Europäische Betriebsräte und Arbeitsbeziehungen, S. 7 - 26, Düsseldorf.

Furubotn, E.G. / Pejovich, S. (1974), The economics of property-rights, Cambridge.

Gabbert, M.M. (2000), Die vertragsrechtliche Gestaltung bei international agierenden Venture-Capital-Gesellschaften, in: Zeitschrift für Wirtschaftsrecht, 1/2000, S. 11 - 15.

Geigenberger, I. (2006), Risikokapital für Unternehmensgründer, 2. Aufl., München.

Gervais, S. / Odean, T. (2001), Learning to be Overconfident, in: Review of Financial Studies, Vol. 14, S. 1 - 27, Oxford.

Gietl, R. / Landau, C. / Hungenberg, H. (2008), Einflussnahme von Private Equity-Gesellschaften auf ihre Portfoliounternehmen und deren Entwicklung nach einem Buyout: Deskriptive Ergebnisse einer Befragung europäischer Portfoliounternehmen, Working Paper, http://www.management.wiso.uni-erlangen.de/Forschung/Arbeitspapiere/IUP%20AP%2008-04%20Einflussnahme%20durch%20Private%20Equity-Gesellschaften-vF.pdf (abgerufen am 06.12.2012).

Göbel, E. (2002), Neue Institutionenökonomik, Stuttgart.

Göhler, G. / Kühn, R. (1999), Institutionenökonomie, Neo-Institutionalismus und die Theorie politischer Institutionen, in: Edeling, T., Jann, W. / Wagner, D. (Hrsg.), Institutionenökonomie und Neuer Institutionalismus, S. 17 - 42, Opladen.

Goltz, H.-W. (1992), Vertragsgestaltung, in: Lütjen, G. (Hrsg.), Management-Buy-Out, S. 145 – 168, Wiesbaden.

Gompers, P. (1995), Optimal investment, monitoring, and the staging of venture capital, in: Journal of Finance, Vol. 50, No. 5, S. 1461 - 1489.

Gompers, P. (1997), Ownership and Control in entrepreneurial Firms, http://www.people.hbs.edu/pgompers/Convert.PDF (abgerufen am 04.12.2012).

Gompers, P. / Lerner, J. (1996), The use of covenants: An empirical analysis of venture partnership agreements, in: Journal of Law and Economics, 39, S. 463 - 498.

Gompers, P. / Lerner, J. (1999), The Venture Capital Cycle, Cambridge (USA).

Gompers, P. / Lerner, J. (2004), The Venture Capital Cycle, 2. Aufl., Cambridge.

Gompers, P. / Lerner, J. (2006), The Venture Capital Cycle, 2. Aufl. (überarbeitet), Cambridge.

Gompers, P. / Lerner, J. (2001), The Venture Capital Revolution, in: Journal of Economic Perspectives, 15, 2001, S. 145 - 168.

Gower, L.C.B. / Davies, P.L. (2003), Principles of Mondern Company Law, 7. Aufl., Andover.

Gower, L.C.B. / Davies, P.L. (2008), Gower and Davies′ Principles of Modern Company Law, 8. Aufl., London.

Gradow, A. / Schönefelder, L. (2009), Private Equity Reporting - Auswirkungen des Walker-Report auf die Transparenz britischer Private Equity-Gesellschaften, in: Zeitschrift für internationale und kapitalmarktorientierte Rechnungslegung, 12, S. 689 - 696.

Graf, S. / Gruber, A. / Grünbichler, A. (2001), Der Private Equity Markt in Europa, in: Graf, S. / Gruber, A. / Grünbichler, A. (Hrsg.), Private Equity und Hedge Funds, S. 21 - 44, Zürich.

Grant, R.M. (1996), Toward a knowledge-based theory of the firm, Strategic Management Journal, 17, S. 109 - 122.

Green, R. (2003), A Guide to Private Equity, London.

Greenberg, J. (1990), Organizational justice: yesterday, today, and tomorrow, in: Journal of Management, 16, S. 399 - 432.

Grisebach, R. (1989), Innovationsfinanzierung durch Venture Capital: eine juristische und ökonomische Analyse, München.

Groh, A. (2004), Risikoadjustierte Performance von Private Equity-Investitionen, Wiesbaden.

Groner, R. (2007), Private Equity-Recht, Bern.

Grüner, D. / Bur, M. (1990), Venture Capital, in: Dieterle, W.K.M. / Winckler, E.M. (Hrsg.), Unternehmensgründung, S. 325 - 338, München.

Güllmann, P. (2000), Die Rolle des Staates bei der Mobilisierung von (privatem) Risikokapital im Seed- und Start-up-Segment – Am Beispiel von Deutschland, Großbritannien und den Niederlanden, Lohmar.

Güthoff, J. (2004), Gesellschaftsrecht in Großbritannien, 3. Aufl., Heidelberg u.a.

Haase, M. (2000), Institutionenökonomische Betriebswirtschaftstheorie allgemeine Betriebswirtschaftslehre auf sozial- und institutionentheoretischer Grundlage, Wiesbaden.

Hagenmüller, M. (2004), Investor relations von Private-equity-Partnerships, Bamberg.

Hale, C. (2007), Introduction, in: Hale, C. (Hrsg.), Private Equity, S. 5 - 10, London.

Hannigan, B. (2003), Company Law, London.

Hansen, G.S. / Wenerfelt, B. (1989), Determinants of Firm Performance, in: Strategic Management Journal, S. 399 - 411.

Happ, W. / Holler, L. (2004), „Limited" statt GmbH?, in: Zeitschrift Deutsches Steuerrecht, 2004, S. 730 - 736.

Hart, O. / Moore, J. (1988), Incomplete Contracts and Renegotiation, in: Econometrica, 56(4), S. 755 - 785.

Hartmann-Wendels, T. / Pfingsten, A. / Weber, M. (2004), Bankbetriebslehre, 3. Aufl., Berlin.

Hartmann-Wendels, T. / Pfingsten, A. / Weber, M. (2007), Bankbetriebslehre, 4. Aufl., Berlin.

Hausch, K.T. (2004), Corporate Governance im deutschen Mittelstand, Wiesbaden.

Heckschen, H. / Köklü, A. / Maul, S. (2005), Private Limited Company, Freiburg i. Br.

Hege, U. / Lovo, S. / Slovin, M.B. / Sushka, M.E. (2012), Asset Sales and the Role of Buyers: Strategic Buyers versus Private Equity, Working Paper.

Heilmann, K.R. / Läger, V. / Oehler, A. (2000), Informationsaggregation, Insiderhandel und Liquidität in experimentellen Call Markets; in: Zeitschrift für Bankrecht und Bankwirtschaft, 12. Jg., S. 361 - 371.

Heinemann, S. (2002), Die englische partnership, Münster.

Heinrich, S. (2009), Covenants als Alternative zum institutionellen Gläubigerschutz, Berlin.

Heinz, V.G. (2006), Die englische Limited, 2. Aufl., Baden-Baden.

Hellmann, T. (1994), Financial Structure and Control in Venture Capital, Stanford University.

Hellmann, T. (1998), The allocation of control rights in venture capital contracts, in: The Rand Journal of Economics, Vol. 29, 1, S. 57 - 76.

Hellmann, T. (2006), IPOs, Acquisitions and the Use of Convertible Securities in Venture Capital, in: Journal of Financial Economics, 81, S. 649 - 679.

Hellwig, M.F. (2000), On the Economics and Politics of Corporate Finance and Corporate Control, in: Vives, X. (Hrsg.), Corporate Governance, Cambridge University Press, Cambridge 2000, S. 95 - 134.

Hewitt, I. (2008), Joint Ventures, 4. Aufl., London.

Hillman, A J. / Dalziel, T. (2003), Boards of Directors and Firm Performance, in: Academy of Management Review, 2003, S. 383 - 396.

Hilpert, C. (2007), Englische Ltd. und deutsche GmbH, Baden-Baden.

Hinderlich, B. (2007), Betriebliche Mitbestimmung im Wandel, München u.a.

Hinkel, K. (2001), Erfolgsfaktoren von Frühphasenfinanzierungen durch Wagniskapitalgesellschaften, Wiesbaden.

Hirsch, J. / Walz, U. (2006), Why Do Contracts Differ between VC Types?, CFS Working Paper No. 2006/12.

Hirsch, N. (2004), Agency-theoretische Analyse der Private-Equity Beteiligung, o.O.

Hirth, H. (2000), Zur Theorie der Marktmikrostruktur, Stuttgart.

HM Revenue & Customs (1987), Statement Approved By The Inland Revenue And The Department Of Trade And Industry On The Use Of Limited Partnerships As Venture Capital Investment Funds 26. 5. 1987, abgedruckt in: Davey/Clarke, Ray: Partnership Taxation, Loseblatt, Stand 2007, Appendix 8.

Hobeck, P.A. (1981), Fehlerhafte Erklärungen im englischen Vertrags- und Deliktsrecht unter besonderer Würdigung der Teilkodifikation durch den Misrepresentation Act 1967, Marburg.

Hockmann, H. / Thießen, F. (2002), Investment Banking, Stuttgart.
Hoffmann, R. / Hölzle, A. (2004), Meilensteinregelungen in Venture Capital-Verträgen nach deutschem Recht, in: Finanz Betrieb, 7. Jg., S. 233 - 238.

Hohaus, B. (2010), Management-Beteiligungen, in: Jesch, T.A. / Striegel, A. / Boxberger, L. (Hrsg.), Rechtshandbuch Private Equity, München.

Hopt, K. (2007), Vertrags- und Formularbuch zum Handels-, Gesellschafts- und Bankrecht, 3. Aufl., München.

Horstmeier, G. (2001), Bilanzielle und steuerrechtliche Aspekte bei der Gründung eines Tochterunternehmens in Großbritannien in Form einer Private Limited Company, in: GmbH-Rundschau, 2001, S. 332 - 336.

Houben, E. (2003), Optimale Vertragsgestaltungen bei Venture-Capital-Finanzierungen, Wiesbaden.

Houben, E. / Nippel, P. (2005), Vertragsgestaltung bei Venture-Capital-Finanzierungen, in Börner, C. / Grichnik, D. (Hrsg.), Entrepreneurial Finance: Kompendium der Gründungs- und Wachstumsfinanzierung, S. 325 - 346, Heidelberg.

Hsu, Y. (2011), Staging of venture capital investment: a real options analysis. Working paper—SSRN eLibrary. National Taiwan University, Department of International Business, Taipeh.

Hueck, A. / Fastrich, L. (2000), § 3, in: Baumann, A. / Hueck, A. (Hrsg.), GmbH-Gesetz, 17. Aufl., München.

Hummel, D. (1999), Neoinstitutionalismus in der Finanzierungs- und Banktheorie – Entwicklungsaspekte und Anwendungsfelder der New Institutional Economics, in: Edeling, T. / Jann, W. / Wagner, D. (Hrsg.), Institutionenökonomie und Neuer Institutionalismus, S. 205 - 220, Opladen.

Hyman, J. / Mason, B. (1995), Managing Employee Involvement and Participation, London.

Inhester, M. (2010), Beteiligungsvertrag, in: Jesch, T.A. / Striegel, A. / Boxberger, L. (Hrsg.), Rechtshandbuch Private Equity, S. 230 - 255, München.

Jasper, D. (2003), § 24, in: Münchener Handbuch des Gesellschaftsrechts, Band 3, 2. Aufl., 2003, München.

Jensen, M.C. / Meckling, W.H. (1976), Theory of the Firm – Managerial Behavior, Agency Costs and Ownership Structure, in: Journal of Financial Economics, 3, 4, S. 305 - 360.

Jensen, M.C. / Ruback, R.S. (1983), The Market For Corporate Control: The Scientific Evidence, in: Journal of Financial Economics 11 (1983), S. 5 - 50.

Jesch, T. A. (2004), Private-Equity-Beteiligungen, Wiesbaden.

Jessen, J.P. (2002), Venture Capital in Deutschland und in den USA, Frankfurt am Main.

Jung-Senssfelder, K. (2006), Equity Financing and Covenants in Venture Capital, Wiesbaden.

Just, C. (2006), Die englische Limited in der Praxis, 2. Aufl., München.

Just, C. (2008), Die englische Limited in der Praxis, 3. Aufl., München.

Kaas, K.-P. (1995), Marketing zwischen Markt und Hierarchie, in: Kaas, K.-P. (Hrsg.), Kontrakte, Geschäftsbeziehungen, Netzwerke – Marketing und Neue Institutionenökonomik, S. 19 - 42, Düsseldorf.

Kahneman, D. / Slovic, P. / Tversky, A. (1982), Judgement under Uncertainty: Heuristics and Biases, Cambridge.

Kaplan, S. / Martel, F. / Strömberg, P. (2006), How Do Legal Differences and Experience Affect Financial Contracts? http://faculty.chicagobooth.edu/steven.kaplan/research/ksintl.pdf (abgerufen am 04.12.2012);

Kaplan, S. / Strömberg, P. (2000), Financial Contracting Theory Meets the Real World: an Empirical Analysis of Venture Capital Contracts, National Bureau of Economic Research, Working Paper, No. W7660.

Kaplan, S. / Strömberg, P. (2003), Financial Contracting Theory Meets the Real World. An Empirical Analysis of Venture Capital Contracts, in: The Review of Economic Studies, Vol. 70 (No. 243), S. 281 - 316.

Kaplan, S. / Strömberg, P. (2004), Contracts, characteristics, and actions: Evidence from venture capitalist analyses. Journal of Finance 59, October.

Kaserer, C. / Achleitner, A.-K. / Einem von, C. / Schiereck, D. (2007a), Erwerb und Übernahme von Firmen durch Finanzinvestoren (insbesondere Private-Equity-Gesellschaften) - Bericht zum Forschungsprojekt 3/06 für das Bundesministerium der Finanzen, Berlin.

Kaserer, C. / Achleitner, A.-K. / Einem von, C. / Schiereck, D. (2007b), Private Equity in Deutschland. Rahmenbedingungen, ökonomische Bedeutung und Handlungsempfehlungen, o.O.

Kasolowsky, B. / Schall, A. (2006), § 4, in: Hirte, H. / Bücker, T. (Hrsg.), Grenzüberschreitende Gesellschaften, 2. Aufl., Köln.

Kästle, F. / Heuterkes, K. (2005), Leaver-Klauseln in Verträgen über Management-Beteiligungen im Lichte der neuesten OLG-Rechtsprechung, in: Neue Zeitschrift für Gesellschaftsrecht, 2005, S. 417 - 294.

Kau, W. (1983), Venture Capital & Going Public, Köln.

Keller, B. / Schnell, R. (2003a), Employee representation in the public service sector; in: European Industrial Relations Review, (353), S. 30 - 32.

Keller, B. / Schnell, R. (2003b), On the empirical analysis of staff councils - Structural data and problems in the field of interest representation; in: WSI-Mitteilungen (00/2003, Special issue: Industrial Relations in Germany - an Empirical Survey), S. 14 - 23.

Keller, B. / Schnell, R. (2003c), Zur empirischen Analyse von Personalräten - Strukturdaten und Probleme der Interessenvertretung; in: WSI-Mitteilungen (03/2003), S. 185 - 193.

KfW (2004), Auf unterschiedlichen Wegen zum gleichen Ziel? Beteiligungskapital in Deutschland und Großbritannien, http://www.kfw.de/kfw/de/I/II/Download_-Center/Fachthemen/Research/PDF_Dokumente_Schwerpunkt-Sonderthemen/Cambridge-Vergleich_Beteiligungsmaerkte.pdf (abgerufen am 19.10.2012).

King, R. / Levine, R. (1993), Finance and growth: Schumpeter might be right, in: Quarterly Journal of Economics, 108, S. 717 - 738.

Kirkbride, J. (2008), Private equity and the UK market; some „real" concerns, in: International Journal of Law and Management, Vol. 50, No. 2, S. 93 - 96.

Klier, D.O. / Welge, M.K. / Harrigan, K.R. (2009), The Changing Face of Private Equity: How Modern Private Equity Firms Manage Investment Portfolios, in: The Journal of Private Equity, Vol. 12, No. 4, Fall 2009, S. 7 - 13.

Knips, S. (2000), Risikokapital und Neuer Markt, Frankfurt am Main.

Kobel, M. (2005), Pre-IPO-Finanzierungen durch Venture-Capital-Unternehmen, Bayreuth.

Kokalj, L. (1989), Der deutsche Venture Capital-Markt, in: ifm-Materialien, Nr. 69, Bonn.

Kokalj, L. / Paffenholz, G. / Moog, P. (2003), Neue Tendenzen in der Mittelstandsfinanzierung, in: Institut für Mittelstandsforschung Bonn (Hrsg.), Schriften zur Mittelstandsforschung Nr. 99, Wiesbaden.

Koltes, S. (2008), Minderheitsbeteiligungen als neuer Weg, in FAZ vom 17.05.2008, http://www.seca.ch/sec/files/newsletter/pdf-news135/Argus_Minderheitsbeteiligung_Frankfurter_Allgemeine_17-05-08.pdf (abgerufen am 07.11.2012).

Konovsky, M. (2000), Understanding Procedural Justice and Its Impact on Business Organizations, in: Journal of Mangement, 26(3), S. 489 - 511.

Kraft, V. (2001), Private Equity für Turnaround-Investitionen, Frankfurt.

Krahnen, J.P. (1993), Finanzwirtschaftslehre zwischen Markt und Institution, Ein Essay, in: Die Betriebswirtschaft, 53. Jg., Nr. 6, S. 793 - 805.

Kranz, P. (2008), Managementunterstützung von mittleren Unternehmen bei Private Equity, Bamberg.

Krauß, J. (2004), Progress in the Theory of Financial Intermediation – Explaining the Existence of Banks, in: Lucius, O. (Hrsg.), Die Zukunft der Bankbetriebslehre, Wien.

Krecek, M. (2005), Venture Capital aus Investorensicht: Entscheidungstheoretische Analyse von Strukturen und Vertragsklauseln, Wiesbaden.

Kuckertz, A. (2006), Der Beteiligungsprozess bei Wagniskapitalfinanzierungen, Wiesbaden.

Kulicke, M. (1993), Chancen und Risiken junger Technologieunternehmen, Heidelberg.

Kulicke, M. (1998), Der Aufbau eines Marktes für Beteiligungskapital, Stuttgart.

Ladgies, M. / Pregel, C. (2007), Neue Pflichten für directors einer limited durch den Companies Act 2006, in: Zeitschrift Deutsches Steuerrecht, 2007, S. 2069 - 2075.

LaPorta, R. / Lopez-de-Silanes, F. / Shleifer, A. / Vishny, R. (1997), Legal determinants of external finance, in: Journal of Finance, 52, S. 1131 - 1150.

Larisch, S. (2002), Kreditsicherheiten bei asymmetrischer Information, Frankfurt am Main.

Laux, H. (2005), Entscheidungstheorie, 6. Auflage, Berlin u.a.

Lazonick, W. (2006), Corporate Governance, Innovative Enterprise, and Economic Development, World Institute for Development Economcis Research, Research Paper No. 2006/71, Juli 2006.

Lazonick, W. / O´Sullivan, M. (1998), Corporate Governance and the Innovative Economy, Paper repared for the European Commission, Oslo, März 1998.

Lazonick, W. / O´Sullivan, M. (2000), Perspectives on Corporate Governance, Innovation, and Economic Performance, INSEAD, Fontainebleau, Juni 2000.

Learmount, S. (2002), Theorizing Corporate Governance: New Organizational Alternatives, Working Paper No. 237, Cambridge.

Leblanc, R. / Gillies, J. (2005), Inside The Boardroom, Ontario.

Lechner, F. (2007), Private Equity in der Nachfolgeplanung mittelständischer Unternehmen, Berlin.

Leipold, H. (2006), Kulturvergleichende Institutionenökonomik - Studien zur kulturellen, institutionellen und wirtschaftlichen Entwicklung, Stuttgart.

Leitinger, R. / Strohbach, H. / Schöfer, P. / Hummel, M. (2000), Venture Capital und Börsengänge, Wien.

Leopold, G. / Frommann, H. (1998), Eigenkapital für den Mittelstand, München.

Leopold, G. / Fromann, H. / Kühr, T. (2003), Private Equity – Venture Capital – Eigenkapital für innovative Unternehmer, 2. Aufl., München.

Lerner, J. (1995), Venture Capitalists and the Oversight of Private Firms, in: Journal of Finance, Vol. 50, No.1, S. 301 - 318.

Lerner, J. / Schoar, A. (2005), Does Legal Enforcement Affect Financial Transactions? The Contractual Channel in Private Equity, in: Quarterly Journal of Economics, 120, S. 223 - 246.

Leslie, P. / Oyer, P. (2008), Managerial Incentives and Value Creation: evidence from Private Equity, Working Paper 1433.

Levin, J.S. (2007), Structuring Venture Capital, Private Equity and Entrepreneurial Transactions, New York.

Levine, R. (2002), Bank-Based or Market-Based Financial Systems: Which is Better?, in: Journal of Financial Intermediation, 11, S. 398 - 428.

Levy, A. (2000), Inside the Club, in: Bloomberg Markets, Vol. 9, No. 5, S. 27 - 35.

Liebeskind J. / Margarethe W. / Hansen G. (1992), LBOs, corporate restructuring, and the incentive-intensity hypothesis, in: Financial Management, 21(1), S. 73 - 88.

Lind, A. / Tyler, T. (1988), The Social Psychology of Procedural Justice, New York.

Lippert, I. (2008), Perspektivenverschiebung in der Corporate Governance - Neuere Ansätze und Studien der Corporate-Governance-Forschung, Berlin, 2008, (WZB - discussion paper; SP III 2008-302), http://www.boeckler.de/pdf_fof/S-2007-991-2-2.pdf (abgerufen am 29.10.2012).

Ljungqvist, A. / Richardson, M. (2003), The Investment Behavior of Private Equity Fund Managers, in: NYU Stern Working Paper, http://www.rwb-ag.de/downloads/7x_downloads/Schriftenreihe_3.pdf (07.11.2012).

Loos, N. (2005), Value creation in leveraged buyouts. Graduate School of Business Administration, Economics, Law and Social Sciences, University of St. Gallen (HSG): Disseration No. 3052.

Lorenz, C. (2001), Auswirkungen der Unternehmenssteuerreform 2001 auf die Gestaltung Venture Capital-Fonds, in: Zeitschrift Deutsches Steuerrecht, 39. Jg., S. 821 - 825.

Luke, J. (2006), Die U.K. Limited, 2. Aufl., Stuttgart u.a.

Lüpken, S. (2003), Alternative Finanzierungsinstrumente für mittelständische Unternehmen, Bremen.

Lutter, M. / Bayer, W. (2004), § 15, in: Lutter, M. / Hommelhoff, P. (Hrsg.), Kommentar zum GmbH-Gesetz, 16. Aufl., Köln.

Lutter, M. / Hommelhoff, P. (2000), GmbH-Gesetz: Kommentar, 15. Aufl., Köln.

Lutter, M. / Hommelhoff, P. (2004), in: Lutter, M. / Hommelhoff, P. (Hrsg.), Kommentar zum GmbH-Gesetz, 16. Aufl., Köln.

Lutz, R. (2011), Der Gesellschafterstreit, 2. Aufl., München.

MacInyre, E. (2001), Business Law, Harlow.

Mackensen, M. (2009), Beteiligung des Managements, in: Eilers, S. / Koffka, M. / Mackensen, M. (Hrsg.), Private Equity, S. 338 - 376, München.

Maidl, J. (2006), Die Wandelschuldbeschreibung bei der GmbH, in: Neue Zeitschrift für Gesellschaftsrecht, 2006, S. 778 - 780.

Maksimovic, V. / Pichler, P. (2001), Technological Innovation and Initial Public Offerings, in: Review of Financial Studies, 14, S. 459 - 494.

Manigart, S. / Lockett, A. / Meuleman, M. / Wright, M. / Landström, H. / Bruining, H. / Desbrieres, P. / Hommel, U. (2002), Why do European venture capitalist companies syndicate?, Rotterdam.

Matschke, X. (2001), Das Prinzipal-Agent-Modell adverser Selektion, in: Wissenschaftliches Studium, Heft 8, August 2001, S. 435 - 437.

Matz, C. (2002), Wettbewerbsentwicklung im deutschen Private-Equity-Markt, Wiesbaden.

Mayson, S.W. / French, D. / Ryan, C.L. (2007), Mayson, French and Ryan on company law, 24. Aufl., Oxford.

Metrick, A. / Yasuda, A. (2011), Venture Capital and Other Private Equity: a Survey, in: European Financial Management, Vol. 17, No. 4, S. 619 - 654.

Michalski, L. / Ebbing, F. (2002), § 15, in: Michalski, L. (Hrsg.), Kommentar zum GmbHG, Band 1, §§ 1-34, München.

Micheler, E. (2004), Gläubigerschutz im englischen Gesellschaftsrecht, in: Zeitschrift für Unternehmens- und Gesellschaftsrecht, 2004, S. 324 - 347.

Micklitz, H.-W. / Oehler, A. / Piorkowsky, M.-B. / Reisch, L. / Strünck, C. (2010), Der vertrauende, der verletzliche oder der verantwortungsvolle Verbraucher? Plädoyer für eine differenzierte Strategie in der Verbraucherpolitik, Stellungnahme des Wissenschaftlichen Beirats für Verbraucher- und Ernährungspolitik beim BMELV, Dezember 2010.

Milgrom, P. / Roberts, J. (1992), Economics, Organization and Management, Upper Saddle River.

Möller, I. (2000), Produktivitätswirkung von Mitarbeiterbeteiligung, in: Mitteilungen aus der Arbeitsmarkt- und Berufsforschung, 33. Jg., 4/2000, S. 565 - 582.

Möller, M. (2003), Rechtsformen der Wagnisfinanzierung, Frankfurt am Main.

Morse, G. (1999), Charlesworth and Morse: Company Law, 16. Aufl., Andover.

Morse, G. (2006), Palmer's Company Law, Andover.

Moxter, A. (1962), Der Einfluss von Publizitätsvorschriften auf das unternehmerische Verhalten, Köln/Opladen.

Müllner, J. (2012), Private equity and venture capital funds— from the state of research to a comprehensive model and an interdisciplinary research outlook, in: Journal für Betriebswirtschaft, 62, S. 119 - 167.

Nathusius, E. (2005), Syndizierte Venture-Capital-Finanzierung, Sternenfels.

Nathusius, K. (2001), Grundlagen der Gründungsfinanzierung, Wiesbaden.

Neuling, J. (1997), Deutsche GmbH und englische private company, Köln u.a.

Neus, W. (2005), Einführung in die Betriebswirtschaftslehre aus institutionenökonomischer Sicht, 4. Aufl., Tübingen.

Nevermann, H. / Falk, D. (1986), Venture Capital, Baden Baden.

Nikoleyczik, T. (2007), Gläubigerschutz zwischen Gesetz und Vertrag, Lohmar.

Nippa, M. / Grigoleit, J. (2006), Corporate Governance ohne Vertrauen? Ökonomische Konsequenzen der Agency-Theorie, Freiberger Arbeitspapiere, 1/2006, http://fak6.tu-freiberg.de/fileadmin/Fakultaet6/alleArbeitspapiere25.9.2008/paper/2006/nippa1_1_2006.pdf (abgerufen am 01.12.2012).

Nitschke, R. (1996), Wagnisfinanzierung: Eine Untersuchung nach US-amerikanischem und deutschem Gesellschaftsrecht, Bonn.

Oehler, A. (1992), "Anomalien", "Irrationalitäten" oder "Biases" der Erwartungsnutzentheorie und ihre Relevanz für Finanzmärkte; in: Zeitschrift für Bankrecht und Bankwirtschaft, 2/1992, S. 97 - 124.

Oehler, A. (1995), Die Erklärung des Verhaltens privater Anleger - Theoretischer Ansatz und empirische Analysen, Betriebswirtschaftliche Abhandlungen, Neue Folge Bd. 100, Stuttgart.

Oehler, A. (1998), Abnehmende oder zunehmende relative Risikoaversion?, in: Zeitschrift für Bankrecht und Bankwirtschaft, 10(4), S. 230 - 236.

Oehler, A. (2000a), Behavioral Finance - Theoretische, empirische und experimentelle Befunde unter Marktrelevanz, in: BankArchiv 48, S. 978 - 989.

Oehler, A. (2000b), Behavioral Finance – Mode oder mehr?, in: Die Bank, 2000, S. 718 - 724.

Oehler, A. (2000c), Auktionen als Alternative? Für und Wider des Einsatzes bei IPOs und Anwendungsvoraussetzungen, in: Unternehmermagazin 48, 10/2000, S. 50 - 51.

Oehler, A. (2001), Xetra, in: Bühner, R. (Hrsg.), Management-Lexikon, S. 889 - 890, München.

Oehler, A. (2002), Behavioral Finance, verhaltenswissenschaftliche Finanzmarktforschung und Portfoliomanagement, in: Kleeberg, J. / Rehkugler, H. (Hrsg.), Handbuch des Portfoliomanagement, 2. Aufl., S. 843 - 870, Bad Soden.

Oehler, A. (2004), Anlegerschutz in einem markt- und intermediärbasierten System – Eine Analyse im Lichte der Neuen Institutionenökonomik, der Theorie der Finanzintermediation und der Behavioral Economics & Finance, in: BAFIFO — Bank- und Finanzwirtschaftliche Forschung, Nr. 28, Diskussionsbeiträge des Lehrstuhl für BWL, insbes. Finanzwirtschaft, Universität Bamberg, März 2004.

Oehler, A. (2005a), Verbraucherinformation als Motor des Qualitätswettbewerbs; in: vzbv Verbraucherzentrale Bundesverband (Hrsg.), Wirtschaftsfaktor Verbraucherinformation – Die Bedeutung von Information für funktionierende Märkte, BWV, 2005, S. 28 - 50, Berlin.

Oehler, A. (2005b), Funktion von Banken und anderer Finanzintermediäre bei zunehmender internationaler Finanzmarktintegration unter der Perspektive ihrer gesellschaftlichen und nationalstaatlichen Bedeutung – Corporate Governance & Control in markt- und intermediärbasierten Finanzsystemen im Kontext von Personal- und Kapitalverflechtungen, in: Heidenreich, M., Micklitz, H.-W., Oehler, A., Rattinger, A. / Schwarze, J. (Hrsg.), Europa nach der Osterweiterung, Europaforschung an der Universität Bamberg, S. 212 - 223, Berlin.

Oehler, A. (2006a), Banken- und externes Rating der Unternehmernachfolge: Nur ein weiterer Ratingansatz in der Praxis der Finanzwirtschaft, in: Achleitner, A.-K., Everling, O. / Klemm, S. (Hrsg.), Nachfolgerating: Rating als Chance für die Unternehmensnachfolge, S. 297 - 312, Wiesbaden.

Oehler, A. (2006b), Zur ganzheitlichen Konzeption des Verbraucherschutzes – eine ökonomische Perspektive, in: Verbraucher und Recht, 21, 2006, S. 294 - 300.

Oehler, A. (2006c), Zur Makrostruktur von Finanzmärkten – Börsen als Finanzintermediäre im Wettbewerb, in: Kürsten, W. / Nietert, B. (Hrsg.), Kapitalmarkt, Unternehmensfinanzierung und rationale Entscheidungen, S. 75 - 91, Berlin.

Oehler, A. (2007), Risikomanagement für Investmentfonds und Hedge Funds – Status quo vadis?, Wien.

Oehler, A. (2010), Skript zur Einführung in Unternehmensfinanzierung, Finanzierung und Finanzmanagement, 2010, Universität Bamberg, Wintersemester 10/11.

Oehler, A. (2011a), Behavioral Economics und Verbraucherpolitik: Grundsätzliche Überlegungen und Praxisbeispiele aus dem Bereich Verbraucherfinanzen, in: Österreichisches BankArchiv, Oktober 2011, S. 707 - 726.

Oehler, A. (2011b), Behavioral Economics und Verbraucherpolitik: Grundsätzliche Überlegungen und Praxisbeispiele aus dem Bereich Verbraucherfinanzen, in: Konsumentenpolitisches Jahrbuch, BMASK (Hrsg.), 2011, S. 127 – 163, Wien.

Oehler, A. (2012a), Klar, einfach, verständlich und vergleichbar: Chancen für eine standardisierte Produktinformation für alle Finanzdienstleistungen – Eine empirische Analyse, in: Zeitschrift für Bankrecht und Bankwirtschaft, 24, S. 119 - 133.

Oehler, A. (2012b), Bei Abschluss: Verlust? Das Ende vom Anfang einer Vorsorge: Milliardenschäden durch fehlgeleitete Abschlüsse von Kapitallebens- und Rentenversicherungen, in: Zeitschrift Verbraucher und Recht, Heft 11/2012, S. 429 - 432.

Oehler, A. (2012c), Anbieter- und Verbrauchergerechte Beratung und Information, Abschlussbericht August 2012, in: http://www.verbraucherportal-bw.de/servlet/PB/show/2931309/Final%20Abschluss-bericht%20Anbieter%20und%20verbrauchergerechte (abgerufen am 06.11.2012).

Oehler, A. (2012d), Stellungnahme der Verbraucherkommission Baden-Württemberg vom 06.11.2012, Kapitallebens- und private Rentenversicherungen: Mehr Transparenz und klare Regulierung für einen besseren Verbraucherschutz, http://www.verbraucherkommission.de/servlet/PB/show/-2931896/Stellungnahme%20VK%20Lebensversicherungen_06112012.p (abgerufen am 16.11.2012).

Oehler, A. (2012e), Hintergrundpapier der Verbraucherkommission Baden-Württemberg vom 06.11.2012, Zur Misere fehlgeleiteter Abschlüsse von Kapitallebens- und privaten Rentenversicherungen durch Verbraucher: Problemlage und Lösungsvorschläge, http://www.verbraucherkommission.de-/servlet/PB/show/2931897/Stellungnahme%20VK%20Lebensversicherungen_Hintergrun (abgerufen am 16.11.2012).

Oehler, A. (2012f), Skript zur Einführung in Unternehmensfinanzierung, Finanzierung und Finanzmanagement, 2012, Universität Bamberg, Wintersemester 12/13.

Oehler, A. (2013), Verbraucher und Wirtschaft: Modellwelten oder Realität? Leid(t)bilder, Mythen und Lösungen, Vortrag, 1. Fachforum des Netzwerks Verbraucherforschung des BMELV „Alternativen zum Informationsparadigma der Verbraucherpolitik“, zeppelin universität, Friedrichshafen, 24. Januar 2013.

Oehler, A. / Chao, G.G.C. (2000), Institutional Herding in Bond Markets?, Working Paper, Bamberg University, 2000; in: BAFIFO — Bank- und Finanzwirtschaftliche Forschung, Nr. 13, Diskussionsbeiträge des Lehrstuhl für BWL, insbes. Finanzwirtschaft, Universität Bamberg.

Oehler, A. / Herberger, T. (2011), IPOs als Exit-Strategie von Finanzinvestoren im deutschen IPO-Markt, in: Corporate Finance biz, Heft 1/2011, S. 52 - 61.

Oehler, A. / Höfer, A. / Schalkowski, H. / Wendt, S. (2011), Fehlverhalten von Buy-Side-Analysten? Anwendung forensischer Aktivitäten im Risikomanagement; in: BiT Banking and Information Technology, Band 12, Heft 3, S. 25 - 31.

Oehler, A. / Höfer, A. / Wendt, S. (2012), Dispositionskredit versus Ratenkredit: Verbraucherschutz durch bonitätsgerechte Einstufung? Working Paper, Universität Bamberg.

Oehler, A. / Kohlert, D. (2008), Guter Rat macht hilflos: Zur Qualität der Anlageberatung in Deutschland; in: Brost, H. / Neske, R. / Wrabetz, W. (Hrsg.), Vertriebssteuerung in der Finanzdienstleistungsindustrie, 2008, S. 63 - 102, Frankfurt am Main.

Oehler, A. / Kohlert, D. (2009), Mittelstandsfinanzierung in der (Finanz)Krise?, in: Mittelstand Wissen, Heft 03/2009.

Oehler, A. / Kohlert, D. / Jungermann, H. (2009), Zur Qualität der Finanzberatung von Privatanlegern: Probleme des Beratungsprozesses und Lösungsansätze, Stellungnahme des Wissenschaftlichen Beirats für Verbraucher- und Ernährungspolitik beim BMELV, November 2009.

Oehler, A. / Kohlert, D. / Linn, A. (2009), Finanzkrise und KMU; in: Wirtschaftswissenschaftliches Studium 38, S. 380 - 383.

Oehler, A. / Reisch, L. (2008), Behavioral Economics – eine neue Grundlage für die Verbraucherpolitik?, Studie im Auftrag des vzbv, Berlin.

Oehler, A. / Reisch, L. (2009), Behavioral Economics: Eine neue Grundlage für die Verbraucherpolitik?, in: DIW Vierteljahreshefte zur Wirtschaftsforschung 78, Heft 3, S. 30 - 43.

Oehler, A. / Reisch, L. (2012), Sie lebt! Zur Verbraucherforschung im deutschsprachigen Raum: Eine empirische Analyse, in: Journal für Verbraucherschutz und Lebensmittel, April 2012.

Oehler, A. / Rummer, M. / Smith, P.N. (2005a), IPO Pricing and the Relative Importance of Investor Sentiment – Evidence from Germany; in: BAFIFO — Bank- und Finanzwirtschaftliche Forschung, Nr. 26, Diskussionsbeiträge des Lehrstuhl für BWL, insbes. Finanzwirtschaft, Universität Bamberg, Juli 2005.

Oehler, A. / Rummer, M. / Smith, P.N. (2005b), Is the investor sentiment approach the solution to the IPO underpricing phenomenon?; in: Journal of Financial Transformation, No. 13, 2005, S. 127 - 130.

Oehler, A. / Rummer, M. / Wendt, S. (2008), Portfolio Selection of German Investors: On the Causes of Home-Biased Investment Decisions, in: Journal of Behavioral Finance 9, S. 149 - 162.

Oehler, A. / Schalkowski, H. / Wendt, S. (2010), Unternehmensfinanzierung für Existenzgründer, in: Mittelstand Wissen, Heft Mai/2010.

Oehler, A. / Schalkowski, H. / Wendt, S. (2011), Gefährdung der Nachhaltigkeit von KMU durch Wirtschaftskriminalität – Ansatzpunkte zur Aufdeckung und Vorbeugung durch Forensic Economics & Finance; in: Meyer, J.-A. (Hrsg.), KMU-Jahrbuch 2011, S. 367 - 382, Lohmar.

Oehler, A. / Schalkowski, H. / Wendt, S. (2012), Personal- und Risikomanagement in KMU – Ein Ansatz zur Integration; in: Meyer, J.-A. (Hrsg.), KMU-Jahrbuch 2012, S. 407 - 417, Lohmar.

Oehler, A. / Schalkowski, H. / Wendt, S. (2013), Ist die Trennung von Eigen- und Fremdfinanzierung für die Corporate Governance obsolet? – Mitwirkungs- und Kontrollrechte im Vergleich, in: Zeitschrift für Corporate Governance, Heft 2/2013, S. 56 - 62.

Oehler, A. / Unser, M. (2002), Finanzwirtschaftliches Risikomanagement, 2. Aufl., Berlin.

Oehler, A. / Voit, M. (1999), Informationsökonomische Aspekte des Bond-Rating, in: Österreichisches Bank Archiv, 12/99, S. 968 - 974.

Oehler, A. / Walker, T. J. / Thiengtham, D. / Walker, M. G. / Martens, M. / Wendt, S. / Arcand, J.-P. (2011), Kurz- und langfristige Folgen einer Veränderung der Rolle des Gründers in Unternehmen mit IPOs, in: Die Betriebswirtschaft, Heft 1/2011, S. 41 - 62.

Oehler, A. / Wendt, S. (2007), Governance-Struktur und -Mechanismen von Investmentfonds. In: Oehler, A. (Hrsg.), Risikomanagement für Investmentfonds und Hedge Funds – Status quo vadis?, S. 120 - 161, Wien.

Oehler, A. / Wendt, S. (2009), Herding Behavior of Mutual Fund Managers in Germany; Working Paper, Bamberg.

Oehler, A. / Wilhelm-Oehler, D. (2011), Überlegungen zur Evaluation der Bildungskampagne „Altersvorsorge macht Schule"; in: Deutsche Rentenversicherung 66, Heft 1/2011, S. 32 - 58.

Olbrich, M. (2003), Unternehmensnachfolge und Unternehmensgründung, in: Walterscheid, K. (Hrsg.), Entrepreneurship in Forschung und Lehre, S. 133 - 145, Frankfurt am Main.

Olsson, M. / Tag, J. (2012), Private Equity and Employees, IFN Working Paper No. 906.

Opper, S. (2001), Der Stand der Neuen Institutionenökonomik, in: Wirtschaftsdienst Zeitschrift für Wirtschaftspolitik, 81, 10, S. 601 - 608.

Palka, H. / Weber, M. (1988), Maßgeschneiderte Konzepte: Zufuhr von Eigenkapital und strategische Beratung, in: Handelsblatt Nr. 87 vom 05.05.1988, Sonderbeilage „Banken international".

Pankotsch, F. (2005), Kapitalbeteiligungsgesellschaften und ihre Portfoliounternehmen – Gestaltungsmöglichkeiten und Erfolgsfaktoren der Zusammenarbeit, Wiesbaden.

Pape, U. / Beyer, S. (2001), Venture Capital als Finanzierungsalternative innovativer Wachstumsunternehmen, in: Finanz Betrieb, 3 (11), S. 627 - 638.

Pennington, R. (1994), Company Law, London.

Penrose, E. (1959), The theory of the growth of the firm, Oxford, Blackwell.

Pfeffer, J. / Salancik, G.R. (1978), The external control of organizations, New York.

Pfeifer, A. (1999), Venture Capital als Finanzierungs- und Beteiligungsinstrument, in: Betriebs-Berater, 1999, S. 1665 - 1672.

Pichotta, A. (1990), Die Prüfung der Beteiligungswürdigkeit von innovativen Unternehmungen durch Venture Capital-Gesellschaften, Bergisch Gladbach.

Picot, A. (1992), Ronald H. Coase – Nobelpreisträger 1991, Transaktionskosten, in: Wirtschaftswissenschaftliches Studium, 20. Jg., Nr. 2, S. 79 - 83.

Picot, A. / Dietl, H. (1990), Transaktionskostentheorie, in: Wirtschaftswissenschaftliches Studium, 18. Jg., S. 178 - 184.

Picot, A. / Dietl, H. / Franck, E. (1997), Organisation – eine ökonomische Perspektive, Stuttgart.

Picot, A. / Dietl, H. / Franck, E. (1999), Organisation – eine ökonomische Perspektive, 2. Aufl., Stuttgart.

Picot, A. / Dietl, H. / Franck, E. (2005), Organisation – eine ökonomische Perspektive, 4. Aufl., Stuttgart.

Piehler, K. / Schulte, N. (2004), § 38 Abfindungsklauseln, in: Münchener Handbuch des Gesellschaftsrechts, Band 2, 2. Aufl., München.

Poech, A. (2010), Ansatz für ein psychologisches Erklärungsmodell erfolgreicher Private-Equity-Transaktionen, in: NeuroPsychoEconomics, Jahrgang 5, Nr. 1, S. 30 - 46.

Pörschke, M. (1996), Anreizeffekte der Kapitalstrukturentscheidung, Lohmar.

Porter, M.E. (1985), Competitive advantage, New York.

Portisch, W. (2008), Finanzierung im Unternehmenslebenszyklus, München.

Premm, M. (2006), Beteiligungs- und Gesellschaftsverträge in der Private Equity- und Venture Capital Finanzierung, Wien.

Prentice, D. (1970), Expulsion of Members from a Company, in: The Modern Law Review, MLR 33 (6), S. 700 - 704.

Pytlik, M. (2003), Vertragsgestaltung bei Wagniskapitalfinanzierungen: Auswirkungen von Wettbewerb auf den Finanzierungsvertrag, Wiesbaden.

Quillmann, W. (1987), Venture Capital in den USA und Deutschland, in: Die Bank, 27, 12, S. 669 - 673.

Rajan, R. / Zingales, L. (1998), Financial dependence and growth, in: American Economic Review 88, S. 559 - 586.

Rauch, C. / Umber, M. / Furth, S. (2012), Private Equity Shareholder Activism, Working Paper.

Ray, K. (2010), Staged Investments in Entrepreneurial Financing, Working Paper.

Reece, T. / Ryan, C. (2009), The Law and Practice of Shareholders' Agreements, 3. Aufl., London.

Regierungskommission DCGK (2012), Deutscher Corporate Governance Kodex, Fassung 15.05.2012, http://www.corporate-governance-code.de/ger/download/kodex_2012/D_CorGov_Endfassung_Mai_2012.pdf (abgerufen am 29.10.2012).

Reichert, J. (1984), Das Zustimmungserfordernis zur Abtretung von Geschäftsanteilen in der GmbH, Heidelberg.

Reichert, J. / Winter, M. (1992), Vinkulierungsklauseln und gesellschafterliche Treuepflicht, in: Festschrift 100 Jahre GmbH-Gesetz, S. 209 - 243, Köln.

Reimer, M. / Momsen, B. / Quauke, A. (2011), Was Gründer wollen – Deskriptive Ergebnisse einer empirischen Untersuchung zu den Entscheidungskriterien bei der Auswahl von Venture Capital-Gesellschaften, in: Betriebswirtschaftliche Forschung und Praxis, 63(2011), Heft 6, S. 673 - 693.

Reißig-Thust, S. (2003), Venture-Capital-Gesellschaften und Gründungsunternehmen: Empirische Untersuchung zur erfolgreichen Gestaltung der Beziehung, Wiesbaden.

Renton, T. / Watkinson, J. (2001), The Company Director´s Guide, London.

Richter, R. (1990), Sichtweise und Fragestellungen der neuen Institutionenökonomik, in: Zeitschrift für Wirtschafts- und Sozialwissenschaften, 110(4), S. 571 - 591.

Richter, R. / Bindseil, U. (1995), Neue Institutionenökonomik, in: Wirtschaftswissenschaftliches Studium, 3/1995, S. 132 - 140.

Richter, R. / Furubotn, E. (1996), Neue Institutionenökonomik, Tübingen.

Richter, R. / Furubotn, E. (1999), Neue Institutionenökonomik, 2. Aufl., Tübingen.

Riedel, C. (2011), Managementbeteiligungen in Private-Equity-Transaktionen – ein Fall für das SchenkSt-Finanzamt?!, in: Der Betrieb, Nr. 34, S. 1888 - 1891.

Riekhof, H.C. (1983), Renaissance des homo oeconomicus? Zur Heuristik des verfügungsrechtlichen Paradigmas, in: Fischer-Winkelmann, W.F. (Hrsg.), Paradigmenwechsel in der Betriebswirtschaftslehre, S. 388 - 411, Spardorf.

Rindermann, G. (2003), Venture Capitalist Participation and the Performance of IPO Firms, Frankfurt am Main.

Ripperger, T. (1998), Ökonomik des Vertrauens, Tübingen.

Robinson, D.T. / Sensoy, B.A. (2012), Do Private Equity Managers Earn Their Fees? Compensation, Ownership, and Cash Flow Performance, NBER Working Paper No. 17942.

Römermann, V. (2002), § 47, in: Michalski, L. (Hrsg.), Kommentar zum GmbHG, Band 2, §§ 35-86, München.

Römermann, V. (2006), Private Limited Company in Deutschland, Hannover.

Rönnau, T. (2005), Haftung der Direktoren einer in Deutschland ansässigen Private Company Limited by Shares nach deutschem Strafrecht, in: Zeitschrift für Unternehmens- und Gesellschaftsrecht, 6/2005, S. 832 - 858.

Röper, B. (2004), Corporate Venture Capital, Bad Soden/Ts.

Ross, S.A. (1973), The Economic Theory of Agency: The Principal´s Problem, in: American Economic Review, Vol. 63, No. 2, S. 134 - 135.

Roth, G. (2003), § 55, Rn. 5, 26, in: Roth, G. / Altmeppen, H. (Hrsg.), GmbHG, 4. Aufl., München.

Rudolph, B. (2008), Funktion und Regulierung der Finanzinvestoren, in: Zeitschrift für Unternehmens- und Gesellschaftsrecht, 2–3/2008, S. 161 - 184.

Ruhnka, J.C. / Young, J.E. (1987), A Venture Capital Model of the Development Process for New Ventures, in: Journal of Business Venturing, No. 2, 1987, S. 167 - 184.

Rummel von, A. (2008), Institutioneller Gläubigerschutz im Recht der kleinen Kapitalgesellschaft, Tübingen.

Runge, J.C. (2010), Covenants in Kreditverträgen, Köln.

Ruppen, D.A. (2002), Corporate Governance bei Venture-Capital-finanzierten Unternehmen, Wiesbaden.

Sabadinowitsch, T. (2000), Risikokapital für mittelständische Wachstumsunternehmen, Frankfurt am Main.

Saenger, I. (2010), Gesellschaftsrecht, München.

Sahlman, W. A. (1990), The structure and governance of venture-capital organizations, in: Journal of Financial Economics, 27, S. 473 - 521.

Samuelson, W. / Zeckhauser, W. (1988), Status Quo Bias in Decision Making, in: Journal of Risk and Uncertainty, 1, S. 7 - 59.

Sapienza, H.J. / Gupta, A.K. (1994), Impact of agency risks and task uncertainty on venture capitalist-entrepreneur relations, in: Academy of Management Journal, 37, S. 1618 - 1632.

Schäfer, C. (2011), Gesellschaftsrecht, 2. Aufl., München.

Schäfer, H. / Stephan, M.-L. (2003), Venture Capital-Verträge, Köln.

Schäfer, I.-S. / Vater, H. (2002), Behavioral Finance: Eine Einführung, in: Finanz-Betrieb, 2002, Heft 12, Seite 739-748.

Schäfer, S. (2000), Die Deliktsfähigkeit juristischer Personen, Saarbrücken.

Schalkowski, H. / Wendt, S. (2011), Spezifische Corporate-Governance-Strukturen in familiengeführten Privatbanken, in: Zeitschrift für Corporate Governance, Heft 1/2011, S. 13 - 18.

Schall, A. (2009), Kapitalgesellschaftsrechtlicher Gläubigerschutz, München.

Schanz, K.-M. (2000), Mitarbeiterbeteiligungsprogramme, in: Neue Zeitschrift für Arbeitsrecht, Heft 12/2000, S. 626 - 635.

Schappert, M. (2008), Private Equity für Finanzdienstleister, Dresden.

Schefczyk, M. (2000), Erfolgsstrategien deutscher Venture Capital-Gesellschaften – Analyse der Investitionsaktivitäten und des Beteiligungsmanagement von Venture Capital-Gesellschaften, 2. Aufl., Stuttgart.

Schefczyk, M. (2000), Finanzieren mit Venture Capital, Wiesbaden.

Schefczyk, M. (2004), Erfolgsstrategien deutscher Venture Capital-Gesellschaften, 3. Aufl., Stuttgart.

Schefczyk, M. (2006), Finanzieren mit Venture Capital und Private Equity, 2. Aufl., Stuttgart.

Schefczyk, M. / Gerpott, T. (1998), Beratungsunterstützung von Portfoliounternehmen durch deutsche Venture-Capital-Gesellschaften, Eine empirische Untersuchung, in: Zeitschrift für Betriebswirtschaft, Jg. 68, Ergänzungsheft Finanzierungen.

Schertler, A. (2000), Venture Capital Contracts: A Survey of Recent Literature, Kieler Arbeitspapiere, No. 1017, Kiel Institute for the World Economy (IfW).

Schippmann, C. (2008), Betriebliche Mitbestimmungskulturen in Großbritannien, Spanien, Schweden, Frankreich und Ungarn, Düsseldorf.

Schlitt, M. / Ries, C. (2010), in: Jesch, T.A. / Striegel, A. / Boxberger, L. (Hrsg.), Rechtshandbuch Private Equity, München.

Schmidbauer, K. (2008), Die rechtlichen Verhältnisse der englischen Private Company Limited by Shares, Hamburg.

Schmidt, J. (2004), Anlageentscheidungen am Aktienmarkt – Eine experimentelle Analyse der Informations- und Entscheidungsprozesse individueller Anleger, Frankfurt a. M.

Schmidt, K. (2002), Gesellschaftsrecht, 4. Aufl., Köln.

Schmidt, R.H. (1985), Venture-Capital aus Sicht der Finanzierungstheorie, in: Betriebswirtschaftliche Forschung und Praxis, 37. Jg., Nr. 5, 1985, S. 421 - 438.

Schmidt, R.H. / Terberger, E. (1997), Grundzüge der Investitions- und Finanzierungstheorie, 4. Aufl., Wiesbaden.

Schmitt, C. / Ulmer, D. (2011), Wirtschaftsverträge rechtssicher gestalten, Berlin.

Schmitthoff, C. (1978), Die Treuepflicht des englischen Gesellschafters, in: Zeitschrift für Unternehmens- und Gesellschaftsrecht, 2/1978, S. 447 - 455.

Schmoller, G. (1900), Grundriß der Allgemeinen Volkswirtschaftlehre, Leipzig.

Schnittker, H. (2007), Gesellschafts- und steuerrechtliche Behandlung einer englischen Limited Liability Partnership mit Verwaltungssitz in Deutschland, Köln.

Schnittker, H. / Bank, S. (2008), Die LLP in der Praxis, München.

Scholtens, B. / Wensveen van, D. (2000), A Critique on the Theory of Financial Intermediation, in: Journal of Banking & Finance, 24, 8, S. 1243 - 1251.

Scholtens, B. / Wensveen van, D. (2004), The Theory of Financial Intermediation – An Essay on what it does (not) explain, in: Lucius, O. (Hrsg.), Die Zukunft der Bankbetriebslehre, S. 231 - 276, Wien.

Scholz, F. / Emmerich, V. (2000), Kommentar zum GmbHG-Gesetz, 9. Aufl., Köln.

Scholz, F. / Priester, H.-J. (2002), § 55, in: Scholz, F. (Hrsg.), Kommentar zum GmbHG, Band II, §§ 45-85, 9. Aufl., Köln.

Schopper, C. (2001), Die Bewertung von Wachstumsunternehmen, in: Stadler, W. (Hrsg.), Venture Capital und Private Equity, 2001, S. 283 - 296, Köln.

Schröder, C. (1992), Strategien und Management von Beteiligungsgesellschaften, Baden Baden.

Schulte, R. (2008), Finanzierungsstrukturen junger Unternehmen, in: Merz, J. / Schulte, R. (Hrsg.), Neue Ansätze der MittelstandsForschung, S. 189 - 208, Münster.

Schulten, Y. (2009), Letter of Intent, http://www.it-recht-kanzlei.de/eBooks.php (abgerufen am 14.02.2012).

Schumann, S. (2005), Die Verbesserung der Eigenkapitalausstattung mittelständischer Unternehmen durch Unternehmensbeteiligungsgesellschaften, Frankfurt am Main.

Schween, K. (1996), Corporate Venture Capital – Risikokapitalfinanzierung deutscher Industrieunternehmen, Wiesbaden.

Schweizer, U. (1999), Vertragstheorie, Tübingen.

Shearman, J. (1992), Die Gesellschaft mit beschränkter Haftung in England und Wales, in: GmbH-Rundschau, 1992, S. 149 - 157.

Shen, W. (2003), The Dynamics of the CEO-board Relationships, in: Academy of Management Review, 2003, S. 466 - 476.

Shiller, R.J. (2000), Irrational Exuberance, Princeton.

Shleifer, A. / Vishny, R.W. (1997), A Survey of Corporate Governance, in: Journal of Finance, Vol. LII, No. 2, June 1997, S. 737 - 783.

Siemes, M. (2003), Going Private unter Beteiligung von Finanzinvestoren in Deutschland, Wiesbaden.

Silberberg, M. / Schwendemann, J. (2007), Vorteile der englischen Limited, Köln.

Simon, H.A. (1955), A behavioral model of rational choice, in: Quarterly Journal of Economics, 69(1), S. 99 - 118.

Simon, J. (2010), Der Wert von Beteiligungsverträgen, Wiesbaden.

Sobczak, C. (2007), Nicht-finanzielle Unterstützung von Private-Equity-Gesellschaften und der Erfolg von Buyouts.

Speck, B.D. / Tanega, J. (2006), Private Equity Placements: Comparing the Laws in Switzerland, the European Union, the United Kingdom and the United States, in: Journal of International Banking Law and Regulation, Vol. 21, No. 4, 2006, S. 213 - 226.

Spence, M. (1973), Job market signalling, in: The Quarterly Journal of Economics, 87(3), S. 355 - 374.

Spence, M. (1976), Informational aspects of market structure: An introduction, in: The Quarterly Journal of Economics, 90(4), S. 591 - 597.

Spiwoks, M. (1998), Intermediationstheorie der Vermögensverwaltung – Verstärkte Kundenbindung durch Berücksichtigung individueller Transaktionskosten, Sofia-Diskussionsbeiträge zur Institutionenanalyse, Nr. 98-4, Darmstadt.

Spremann, K. (1990), Asymmetrische Information, in: Zeitschrift für Betriebswirtschaft, 60(5/6), S. 561 - 586.

Staffelbach, B. (2003), Der Teamgeist bleibt meist in der Tasche, Neue Züricher Zeitung, Ausgabe vom 10.06.2003.

Stein, I. (2004), Venture Capital-Finanzierungen: Kapitalstruktur und Exitentscheidung, Bad Soden.

Stiglitz, J.E. (1975), The Theory of Screening, Education, and the Distribution of Income, in: The American Economic Review, 71, 3, S. 283 - 300.

Storck, C.A. (2006), Private Equity in Mittelstand und Real Estate unter dem Blickwinkel von Behavioral Finance, in: Finanz-Betrieb, 4, 2006, S. 205 - 212.

Straßberger, M. (2005), Ein Informationsökonomischer Ansatz zur Erklärung der Existenz von Finanzintermediären, in: Wirtschaftswissenschaftliches Studium, 34, 9, S. 526 - 528.

Striebel, C. (2009), Private Equity im deutschen Mittelstand, Sternenfels.

Stubner, S. (2004), Bedeutung und Erfolgsrelevanz der Managementunterstützung deutscher Venture Capital Gesellschaften, Nürnberg.

Subramanian, G. (2008), Go-Shops vs. No-Shops in Private equity Deals: Evidence and Implications, in: The Business Lawyer, Vol. 63, May 2008, S. 729 - 760.

Süchting, J. (1995), Finanzmanagement, 6. Aufl., Stuttgart.

Tal, M. (2010), Innovationsfinanzierung durch privates Beteiligungskapital in Deutschland und Großbritannien, Frankfurt am Main.

Thaler, R.H. (1992), The Winner's Curse. Paradoxes and Anomalies of Economic Life, New York.

Trezzini, L. (2005), Finanzierungsstrukturierungen im Venture Capital. Ein integrierter Ansatz, Bern.

Triantis, G.G. (2001), in: University of Chicago Law Review, Vol. 68, Winter 2001, S. 305 - 323.

Triebel, V. / Hodgson, S. / Kellenter, W. / Müller, G. (1995), Englisches Handels- und Wirtschaftsrecht, 2. Aufl., Frankfurt am Main.

Triebel, V. / Illmer, M. / Ringe, W.-G. / Vogenauer, S. / Ziegler, K. (2012), Englisches Handels- und Wirtschaftsrecht, 3. Aufl., Frankfurt am Main.

Tversky, A. / Kahneman, D. (1974), Judgement under Uncertainty: Heuristics and Biases, in: Science, 185, S. 1124 - 1131.

Tyebjee, T. / Bruno, A. (1984), A model of venture capitalist investment activity, in: Management Science, 30 (9), S. 1051 - 1066.

Unser, M. / Oehler, A. (1997), Elektronische Börsen, in: Wirtschaftswissenschaftliches Studium, 26, 7, 1997, S. 367 - 370.

Vater, D. (2003), Die Qualität deutscher Private-Equity-Unternehmen, Wiesbaden.

Velte, P. (2010), Stewardship-Theorie, in: Zeitschrift für Planung & Unternehmenssteuerung, 20, S. 285 - 293.

Verse, D.A. (2006), Der Gleichbehandlungsgrundsatz im Recht der Kapitalgesellschaften, Tübingen.

Voit, M. (2002), Plattformstrategien im Retail-Banking – Eine theoretische Analyse der Kunde-Bank-Beziehung, Wiesbaden.

Volb, H. (2007), Die Limited, Herne u.a.

Volkmann, C. / Tokarski, K.O. (2006), Entrepreneurship: Gründung und Wachstum von jungen Unternehmen, Stuttgart.

Wall, J. / Smith, J. (1997), Better Exits, EVCA (Hrsg.), Zaventem.

Wang, S. / Zhou, H. (2002), Staged Financing in Venture Capital: Moral Hazard and Risks, Working Paper.

Weiber, R. / Adler, J. (1995), Der Einsatz von Unsicherheitsreduktionsstrategien im Kaufprozess - Eine informationsökonomische Analyse, in: Kaas, K.-P. (Hrsg.), Kontrakte, Geschäftsbeziehungen, Netzwerke: Marketing und Neue Institutionenökonomik, S. 61 - 77, Düsseldorf.

Weimerskirch, P. (1999), Finanzierungsdesign bei Venture-Capital-Verträgen, 2. Aufl., Wiesbaden.

Weir C. / Jones P. / Wright, M. (2008), Public to private transactions, private equity and performance in the UK: an empirical analysis of the impact of going private, Working paper series, University of Nottingham, Nottingham.

Weitnauer, W. (2007), Inhaltskontrolle von "Hinauskündigungsklauseln" – eine korrekturbedürftige Rechtsprechung, in: Zeitschrift Deutsches Steuerrecht, 2007, S. 1822 - 1829.

Weitnauer, W. (2011), Handbuch Venture Capital, 4. Auflage, München.

Weller, M.-P. (2012), Corporate Governance in geschlossenen Gesellschaften, in: Zeitschrift für Unternehmens- und Gesellschaftsrecht, 2012, S. 386 - 417.

Welpe, I. (2004), Venture-Capital-Geber und ihre Portfoliounternehmen, Wiesbaden.

Wendt, S. (2011), Die Auswirkungen von Corporate Governance auf die Fremdfinanzierungskosten von Unternehmen, Wiesbaden.

Werner, C.K. (2000), Venture – Capital – Politik in Deutschland, München.

Wernerfelt, B. (1995), The resource-based view of the firm, in: Strategic Management Journal, S. 171 - 180.

Wesel, M.A. (2010), Corporate Governance im Mittelstand, Berlin.

Willert, F. (2006), Was determiniert die Größe von Private Equity-Gesellschaften? – Eine fallstudienbasierte Untersuchung des Geschäftsmodells von Beteiligungsgesellschaften zur Erklärung von Größenmustern von Fonds und Organisation, Marburg.

Williamson, O.E., (1975), Markets and Hierarchies: Analysis and Antitrust Implications, New York.

Williamson, O.E., (1990), Die ökonomischen Institutionen des Kapitalismus, Unternehmen, Märkte, Kooperationen, Tübingen.

Winkler, C. (2004), Rechtsfragen der Venture Capital-Finanzierung, Berlin.

Witt, P. (2001), Mitarbeiterkapitalbeteiligungen in Gründungsunternehmen, in Klandt, H. / Nathusius, K. / Mugler, J. / Heil, H. (Hrsg.), Gründungsforschungs-Forum 2000, Köln.

Witt, P. / Brachtendorf, G. (2006), Staged financing of start-ups, in: Financial Markets and Portfolio Management, 20(2), S. 185 - 203.

Wolf, H. (2004), Der Beteiligungsvertrag der Aktiengesellschaft, Heidelberg.

Wolff, B. (1994), Organisation durch Verträge, Wiesbaden.

Wrede, T. (1987), Venture Capital: Das US-amerikanische Modell und seine Umsetzung in der Bundesrepublik Deutschland, Reihe: Gründung, Innovation und Beratung, Band 5, Bergisch Gladbach.

Wright, M. / Robbie, K. (1998), Venture Capital and Private Equity: A Review and Synthesis, in: Journal of Business Finance & Accounting, 25(5) & (6) June/July 1998, S. 521 - 570.

Yerramilli, V. (2004), Joint Control and Redemption Rights in Venture Capital Contracts, ECGI – Finance Working Paper No. 37/2004.

Zemke, I. (1995), Die Unternehmensverfassung von Beteiligungskapital-Gesellschaften, Wiesbaden.

Zemke, I. (1998), Erfolgsfaktoren von Private-Equity-Gesellschaften, in: Zeitschrift für das gesamte Kreditwesen, 51 (5), S. 212 - 215.

ZEW (2005), Staatliche Rahmenbedingungen für neue Assetklassen, ftp://ftp.zew.de/pub/zew-docs/gutachten/Endbericht-PE-REITS.pdf (abgerufen am 01.01.2013).

Ziegert, N. (2005), Der Venture Capital-Beteiligungsvertrag (VCB), Berlin.

Deutsche Gesetzestexte, Erlasse und Gerichtsentscheidungen

AktG (2012), Aktiengesetz vom 6. September 1965 (BGBl. I S. 1089), das zuletzt durch Artikel 2 Absatz 49 des Gesetzes vom 22. Dezember 2011 (BGBl. I S. 3044) geändert worden ist.

BAG (2006), Beschluss des Bundesarbeitsgerichts vom 19.09.2006, 1 ABR 53/05.

BayObLG (1997), Urteil des Bayerischen Obersten Landesgerichts vom 20.02.1997 - 5 St RR 159/96, Neue Juristische Wochenschrift, 1997, S. 1936.

BetrVG (2012), Betriebsverfassungsgesetz in der Fassung der Bekanntmachung vom 25. September 2001 (BGBl. I S. 2518), das zuletzt durch Artikel 9 des Gesetzes vom 29. Juli 2009 (BGBl. I S. 2424) geändert worden ist.

BGB (2012), Bürgerliches Gesetzbuch in der Fassung der Bekanntmachung vom 2. Januar 2002 (BGBl. I S. 42, 2909; 2003 I S. 738), das zuletzt durch Artikel 1 des Gesetzes vom 29. Juni 2011(BGBl. I S. 1306) geändert worden ist.

BGH (1977), Urteil des Bundesgerichtshofs vom 14.03.1977, Aktenzeichen: II ZR 156/75, in: Entscheidungen des Bundesgerichtshofs für Zivilsachen (BGHZ) 68, S. 191, 195.

BGH (1977), Urteil des Bundesgerichtshofs vom 19.09.1977, Aktenzeichen: II ZR 11/76, in: Neue Juristische Wochenschrift, 1977, S. 2316.

BGH (1977), Urteil des Bundesgerichtshofs vom 20.01.1977, Aktenzeichen: II ZR 217/75, in: Entscheidungen des Bundesgerichtshofs für Zivilsachen (BGHZ), 68, S. 212, 215.

BGH (1990), Urteil des Bundesgerichtshofs vom 09.07.1990, Aktenzeichen: II ZR 194/89, in: Entscheidungen des Bundesgerichtshofs für Zivilsachen (BGHZ), S. 112, 103, 111 - 112.

BGH (2000), Urteil des Bundesgerichtshofs vom 10.05.2000 - 3 StR 101/00, in: Neue Juristische Wochenschrift, S. 2285.

BGH (2001), Urteil des Bundesgerichtshofs vom 17.9.2001, Aktenzeichen: II ZR 178/99, in: Zeitschrift Das Steuerrecht 2001, S. 1853.

BGH (2005), Urteil des Bundesgerichtshofs vom 19.09.2005, Aktenzeichen: II ZR 342/03, in: Neue Zeitschrift für Gesellschaftsrecht, 2005, S. 971, 973-974 und in: Neue Zeitschrift für Gesellschaftsrecht, 2005, S. 968, 970.

BGH (2005), Urteil des Bundesgerichtshofs vom 27.06.2005, Aktenzeichen: II ZZ 113/03, in: Zeitschrift für Wirtschaftsrecht, S. 1414.

BMF (2003), BMF-Erlass „Einkommensteuerliche Behandlung von Venture Capital und Private Equity Fonds; Abgrenzung der privaten Vermögensverwaltung vom Gewerbebetrieb", BMF v. 16.12.2003 - IV A 6 - S 2240 - 153/03, BStBl 2004 I S. 40 BStBl 2006 I S. 632.

DrittelbG (2012), Drittelbeteiligungsgesetz vom 18. Mai 2004 (BGBl. I S. 974), das zuletzt durch Artikel 10 des Gesetzes vom 30. Juli 2009 (BGBl. I S. 2479) geändert worden ist.

GmbHG (2012), Gesetz betreffend die Gesellschaften mit beschränkter Haftung in der im Bundesgesetzblatt Teil III, Gliederungsnummer 4123-1, veröffentlichten bereinigten Fassung, das zuletzt durch Artikel 5 des Gesetzes vom 31. Juli 2009 (BGBl. I S. 2509) geändert worden ist.

HGB (2012), Handelsgesetzbuch in der im Bundesgesetzblatt Teil III, Gliederungsnummer 4100-1, veröffentlichten bereinigten Fassung, das zuletzt durch Artikel 8 des Gesetzes vom 1. März 2011 (BGBl. I S. 288) geändert worden ist.

MitbestG (2012), Mitbestimmungsgesetz vom 4. Mai 1976 (BGBl. I S. 1153), das zuletzt durch Artikel 9 des Gesetzes vom 30. Juli 2009 (BGBl. I S. 2479) geändert worden ist.

OLG München (2007), Beschluss des Oberlandesgerichts München vom 11.12.2007, Aktenzeichen: 31 Wx 048/07, OLGR München, 2008, S. 136.

Englische Gesetzestexte, Erlasse und Gerichtsentscheidungen

Borland's Trustee v Steel Brothers & Co Ltd. [1901] 1 Ch. 279, 280.

CA (1985), Companies Act 1985, http://www.legislation.gov.uk/ukpga/1985/6/pdfs/ukpga_-19850006_en.pdf (abgerufen am 01.12.2012).

CA (2006), Companies Act 2006, http://www.legislation.gov.uk/ukpga/2006/46/pdfs/ukpga_-20060046_en.pdf (abgerufen am 01.12.2012).

Cameron v Glenmorangie Distillery Co. Ltd. (1896) 23 R 1092, 1095.

Insolvency Act (1986), Insolvency Act 1986, http://www.legislation.gov.uk/ukpga-/1986/45/pdfs/-ukpga_19860045_en.pdf (abgerufen am 01.12.2012).

North-West Transportation Co. Ltd. V Beatty [1887] App Cas 589, 593.

Phillips v Manufacturers' Securities Co (1907) 116 LT 290.

Re DKG Contractors Ltd., 1990, B.C.C., S. 903.

Salomon vs. Salomon & Co. Ltd., 1869, WL 4725.

Shuttleworth v Cox Bros & Co. (Maidenhead) Lt. [1927] KB 9, 18-23.

Sidebottom v Kershaw, Leese & Co Lt. [1920] 1 Ch 154.

Worcester Corsetry Ltd. v Witting [1936] Ch 640: Link Agricultural Pty Ltd. v Shanahan [1998] 28 ACSR 498.